"十三五"水体污染控制与治理科技重大专项重点图书

城镇降雨径流污染控制技术与应用

孙德智　齐　飞　编著

中国建筑工业出版社

图书在版编目(CIP)数据

城镇降雨径流污染控制技术与应用 / 孙德智，齐飞编著. — 北京 ：中国建筑工业出版社，2023.7
“十三五”水体污染控制与治理科技重大专项重点图书
ISBN 978-7-112-28829-8

Ⅰ. ①城… Ⅱ. ①孙… ②齐… Ⅲ. ①城市－降雨径流－水污染－污染－研究 Ⅳ. ①X522

中国国家版本馆 CIP 数据核字（2023）第 112573 号

本书为“‘十三五’水体污染控制与治理科技重大专项重点图书”之一，是“水体污染控制与治理”科技重大专项“城市水污染控制”主题成果之一。

本书介绍了城镇降雨径流污染控制技术工艺包、应用模式和成套技术，并辅以工程典型案例，评估了关键技术应用绩效，以期为我国城镇降雨径流控制和城镇水环境质量改善工作中的各个阶段，包括技术选择、方案设计、工程实施和运行维护等重要环节提供相应的技术参考和科学支撑。

本书的主要服务对象为城市水务、住房和城乡建设、市政和水生态环境保护等管理部门，以及从事城镇径流污染控制、城镇排水系统、海绵城市建设、城镇黑臭水体治理和城镇水环境质量改善的科研人员、规划设计人员和工程技术人员。

责任编辑：于 莉 杜 洁

责任校对：王 烨

“十三五”水体污染控制与治理科技重大专项重点图书

城镇降雨径流污染控制技术与应用

孙德智 齐 飞 编著

*

中国建筑工业出版社出版、发行（北京海淀三里河路 9 号）

各地新华书店、建筑书店经销

北京红光制版公司制版

天津翔远印刷有限公司印刷

*

开本：787 毫米×1092 毫米 1/16 印张：21¾ 字数：496 千字

2023 年 8 月第一版 2023 年 8 月第一次印刷

定价：**108.00** 元

ISBN 978-7-112-28829-8

(40907)

“十三五”水体污染控制与治理科技重大专项重点图书
（城市水污染控制主题成果）

编 委 会

前　　言

近年来，我国城镇化建设速度加快，城镇土地利用类型发生了巨大变化，不透水下垫面比例快速上升，城市下垫面透水性能大幅降低。随之而来的是城镇降雨径流入渗量和地表注蓄量急剧减少，导致城镇区域雨水径流比例高、径流系数大。日益严重的全球气候变化和愈发频繁、强烈的极端气候事件，又加剧了这一问题，造成城镇区域洪峰流量和洪水总量显著增加，洪涝灾害风险骤然增大。此外，城镇化进程的加剧与城镇精细化管理之间的矛盾日益突出。城镇人口的快速聚集、各行各业的快速发展、交通的繁忙和拥挤等都导致城镇下垫面污染物沉积量和城镇排水系统负荷显著增加。伴随着降雨的冲刷，大量污染物随降雨径流进入不堪重负的排水系统，造成初期雨水污染与合流制排水系统溢流问题，最终诱发城镇水体黑臭和水生态环境恶化。

我国城镇降雨径流污染负荷较高，已达城镇水污染负荷的20%左右，部分特大型城市甚至达到35%以上，成为城镇水环境污染负荷的重要来源之一。然而，我国城镇降雨径流污染控制技术的研究与工程实践起步晚、存在问题多，先后经历了合流制管网建设、分流制管网建设（雨污分流改造）、溢流污染控制、初期雨水污染净化和海绵城市建设等技术发展阶段。

在“水体污染控制与治理”科技重大专项（简称水专项）的支持下，自“十一五”以来，我国在城镇降雨径流污染控制技术方面取得快速进步和发展。在此背景下，本书以水专项城镇降雨径流污染控制技术的研究成果为基础，结合国内外研究进展和实践经验，开展技术集成，构建了城镇降雨径流污染控制成套技术，覆盖城镇降雨径流污染诊断评估技术、污染源头削减技术、污染过程控制技术和污染后端治理技术等全链条技术环节，凝练了城镇降雨径流污染控制技术工艺包、应用模式和成套技术，总结了工程典型案例，评估了关键技术的应用绩效，以期为我国城镇降雨径流污染控制和城镇水环境质量改善工作中的各个阶段，包括技术选择、方案设计、工程实施和运行维护等重要环节提供相应的技术参考和科学支撑。

本书包括10章。其中，第1章概述了城镇降雨径流污染的定义、来源和种类，解析了我国城镇降雨径流污染现状与成因，介绍了国内外城镇降雨径流污染控制技术发展趋势和主要技术路线；第2章给出了城镇降雨径流污染负荷的计算方法；第3～5章总结了城镇降雨径流污染控制全链条控制技术，分别为源头削减技术、过程控制技术和后端治理技术；第6章凝练了城镇降雨径流污染控制技术工艺包、应用模式和成套技术；第7章总结了我国城镇降雨径流污染控制工程典型案例；第8～10章分别从关键技术和不同规模工程的应用绩效角度对已建典型工程进行了评估。

本书由孙德智、齐飞主编，参加编写人员还包括：王振北、王峥、陈森、刘龙严、黄冲、梁家辉、杨贝贝和周洋等人。

本书的编写工作也得到了住房和城乡建设部水专项实施管理办公室、水专项城市水污染控制主题专家组、“城镇水污染控制与水环境综合整治整装成套技术”标志性成果凝练团队等的大力支持，在此表示衷心的感谢。

限于编者水平和编著时间，疏漏和不妥之处在所难免，恳请读者批评指正。

目　录

第1章 绪 论

1.1 城镇降雨径流污染控制技术发展背景

1.1.1 城镇降雨径流污染的定义

城镇降雨径流污染，也被称为城镇非点源污染（Non-point Source Pollution，简称NPS污染），有广义和狭义之分。

广义上是指由城镇降雨径流、大气沉降、雨水对管道沉积物的冲刷、混合雨污水溢流和城镇水土流失等方式造成的城镇面源与径流污染。

狭义上单指城镇降雨在对城镇大气和下垫面（如居民区、商业区、停车场和道路等）进行淋洗和冲刷作用下，各类污染物进入雨水径流，随径流一起进入城镇水体，从而对水体造成不同程度的污染和生态破坏。

近些年，城镇水体受点源污染的影响基本上得到有效治理，但是水体水质整体上并未因此得到改善，其原因是城镇降雨径流污染造成的水环境问题日益突出。随着城镇化进程的不断加快，土地利用类型也发生了很大改变，不透水地面面积迅速增加，使得城镇区域降雨的下渗滞留能力大大降低，加速了地表径流的产生，给城镇水环境带来了巨大冲击，以城镇降雨径流为载体的城镇降雨径流污染已经成为了制约城镇水环境的重要原因，严重影响了城镇的可持续发展。据统计，城镇每年由降雨径流污染所产生的污染负荷相当于污水处理厂排放的污染负荷，城镇降雨径流污染中的许多污染物浓度在数量级上与未经过处理的城镇污水基本相同，甚至更高。城镇降雨径流污染对于城镇水环境的危害性已经引起世界许多国家的普遍重视，已成为目前全球环境问题研究的前沿和热点，美国环保署（EPA）也已将其列为导致河流和湖泊污染的第三大污染源。欧美等国家早在20世纪70年代就开始对城镇降雨径流污染开展大量的研究工作，我国在这方面的研究工作始于20世纪80年代。进入21世纪，我国有关城镇降雨径流污染控制的工作开始加快，特别是2015年以后，这方面的技术研发和工程应用蓬勃开展，取得了明显的效果。

1.1.2 城镇降雨径流污染的来源、种类及负荷

1. 城镇降雨径流污染的来源

城镇降雨径流污染物来源复杂，种类繁多，主要来自于三个方面：大气湿沉降（降水）、大气干沉降（地表冲刷）以及雨污管道系统。

(1) 大气湿沉降

空气中的污染物随着城镇降水被沉降至地面，称为大气湿沉降。这部分污染物负荷主要取决于当地的大气污染状况。大气污染越严重，由城镇降水带来的污染物浓度越高。

(2) 大气干沉降

大气干沉降指的是旱天大气中的气溶胶及其他污染物被植物吸附或依靠重力沉降到地表的现象。旱天时，这些污染物沉积在城镇下垫面（如居民区、商业区、停车场和道路等）；降雨时，沉积在地表的污染物被淋洗和冲刷，形成径流污染。

在排水设施不健全的区域，地表沉积的污染物被雨水冲刷之后就会以地表漫流的形式进入城镇河道。在这些地区，雨水排出不畅，形成地表积水，对路面污染物、生活垃圾以及动植物的有机废弃物等面源污染源浸泡，溶解更多污染成分，增大了雨水污染负荷。特别是生活垃圾等有机质受到较长时间的雨水浸泡后，使得径流中 COD、TN 和 TP 显著增多。

(3) 雨污管道系统

雨污管道系统通过降雨径流对水体水质的影响主要分为三大部分，一部分是合流制排水系统溢流出的雨污水；另一部分是分流制排水系统中雨水口垃圾与污水的进入；第三部分是管道内的沉积物被降雨径流冲刷出来进入水体，形成冲击性污染。

在合流制排水系统中，生活污水（可能含有少部分工业废水）和城镇雨水混合在同一管道系统内，一同输送到污水处理厂。当雨污水总流量超过管道系统本身的输送和处理能力时，就会发生管网溢流。如果没有调蓄设施，这部分溢流的混合雨污水会直接排入受纳水体。

另一个重要的降雨径流污染源是分流制排水系统中雨水口垃圾与污水的混入。这些垃圾和污水将直接伴随雨水排入受纳水体，造成径流污染。

第三个降雨径流污染源是管道沉积物。无论是合流制还是分流制，管道沉积物普遍存在，当雨洪径流流速较大时，管道沉积物被冲起并随径流排出进入河道，这往往是受纳水体雨天水质突变、“小雨小臭，大雨恶臭”的主要原因。

2. 城镇降雨径流污染的种类

城镇降雨径流所携带的污染物有物理性、化学性和生物性三类，来源复杂且分布广泛，主要有建筑材料的腐蚀物、建筑工地上的淤泥和沉淀物、路面的砂子尘土和垃圾、汽车轮胎的磨损物、汽车漏油、汽车尾气中的重金属、大气的干湿沉降、动植物的有机废弃物、城镇公园喷洒的农药以及其他分散的工业和城镇生活污染源等。这些污染物以各种形式积蓄在街道、阴沟和其他不透水地面上，在降雨的冲刷下通过不同途径进入受纳水体中，对水生态环境质量产生巨大的负面作用。

一般来讲，通常关注的城镇降雨径流污染物主要有悬浮颗粒物、有机质、营养元素、重金属、农药和新污染物等。

(1) 悬浮颗粒物

城镇降雨径流中最基本的污染物就是粒径介于 1.0（胶状）～10000μm（沙粒）之间

的悬浮颗粒物。这些颗粒物主要来自于土壤颗粒、大气沉降、汽车轮胎和道路磨损颗粒及路面除冰剂。这些颗粒物具有较大的比表面积，能附着多种污染物，可附着城镇降雨径流中80%以上的污染物。此外，一些颗粒物本身就含有一些污染物，如汽车轮胎磨损形成的颗粒物中含有重金属，据估计城镇降雨径流中15%～60%的Zn来自于汽车轮胎磨损形成的颗粒物。

大暴雨时，降雨径流中携带着大量的悬浮颗粒物；降雨径流流速较小时，这些颗粒物在径流过程中沉淀下来，成为地表径流沉积物。这些携带污染物的地表径流沉积物与土壤和河流底泥性质不尽相同，都是潜在的环境风险来源，污染底栖生物的食物来源。

（2）有机质

城镇降雨径流中的有机质主要来源于土壤、植物枯枝落叶、鸟类粪便、城市垃圾和石油副产品等，能够引起水体色度、COD和BOD_5升高，降低水体的溶解氧含量。城镇降雨径流中的有机质也可作为降雨径流中各种污染物的载体，使各种污染物与之结合、作用、共同存在。

（3）营养元素

城镇降雨径流中N和P等营养元素主要来源于大气沉降、城镇绿地和垃圾的堆放。N、P等营养物质进入水体会引起藻类及其他浮游生物等迅速繁殖，使水中溶解氧含量降低，导致水中的鱼类等水生动植物大量死亡，造成水体富营养化。有研究表明，城镇每年由地表径流向外输出TN和TP分别为$10kg/hm^2$和$1.0kg/hm^2$。有研究报道，北京城镇路面径流对受纳水体TP的贡献高达83.1%。城镇降雨径流已经成为城镇河湖营养盐的重要贡献之一。

（4）重金属

重金属是城镇降雨径流中最常见的污染物。其中，Cu、Zn和Pb是最普遍的重金属污染物。这些重金属对水生生物、鱼类和鸟类等都有毒害作用，能够通过食物链逐级富集进入到人体，并在人体内长时间积累，最终可能导致神经紊乱、癌症以及畸形儿的出现等。

在城镇降雨径流众多的重金属污染物中，Cu、Zn、Pb和Mn主要来自于机动车带来的交通污染。这些重金属以可溶性盐、螯合态或颗粒物结合态存在于地表径流中，不同的重金属在不同的颗粒物粒径组分中存在的比例也不同。例如，Cu和Zn以溶解态存在于地表径流中的量为20%～100%，以颗粒物结合态存在于地表径流中的量为0～70%以上；Pb和Cr只存在于粒径＞5μm的颗粒物上；Fe、Al和Si有＞70%的量存在于大颗粒物上，小部分与0.45～5μm的颗粒物结合。

（5）农药

在城镇绿地和住宅附近的地表径流中，农药是常受关注的污染物之一。有报道称，拟除虫菊酯类农药逐渐取代了有机磷酸酯类农药的使用，成为城镇降雨径流主要的农药类污染物。美国加州首府萨克拉曼多住宅周围的地表径流中均检出多种拟除虫菊酯类农药。其中，联苯菊酯在地表径流中的浓度为73mg/L，在悬浮颗粒物中的浓度为1.211mg/kg。

该区域降雨径流 3.0h 对城市河流产生的该污染物污染负荷值，相当于 6 个月农业灌溉径流产生的污染负荷值。可见，地表径流污染中农药污染负荷之重。在高速公路沿线，为了抑制野草的生长，也经常施用除草剂。对美国加州高速公路的调查研究发现，在高速公路地表径流中检测到了所有施用的除草剂，主要包括氨磺乐灵、异恶酰草胺、草甘膦、敌草隆和二氯吡啶酸。其中，草甘膦和敌草隆最高浓度均达 10mg/L，氨磺乐灵最高浓度达 200mg/L。刘志刚等对北京城市道路地表径流中有机氯农药（OCPs）的污染特征进行了研究，结果显示六六六（HCH）、滴滴涕（DDT）和六氯苯（HCB）的几何平均浓度分别为 25.1ng/L、10.6ng/L 和 5.91ng/L。

（6）新污染物

新污染物是指那些具有生物毒性、环境持久性、生物累积性等特征的有毒有害化学物质，这些有毒有害化学物质对生态环境或者人体健康存在较大风险，但尚未纳入环境管理或者现有管理措施不足。目前国际上广泛关注的新污染物有持久性有机污染物、内分泌干扰物、抗生素和微塑料等。

1）持久性有机污染物

持久性有机污染物（POPs）的长期残留性和半挥发性使其可以从水体和土壤中挥发出来进入空气中，附着在空气颗粒表面，随着雨水进入到地表径流。在降雨径流中，主要的 POPs 为多环芳烃（PAHs）和多氯联苯（PCBs）。

PAHs 主要产生于沥青道路磨损和汽油燃烧，易暴露于地表径流。有报道称，地表径流沉积物和颗粒物中 PAHs 的含量介于 0.09～80mg/kg。地表径流中 PAHs 的含量除受水体地形、水文条件和气候的影响外，水体中颗粒物的含量和粒径分布以及 PAHs 的分子量大小都是影响 PAHs 在地表径流中存在和迁移的重要影响因素。对浙江新城降雨径流中 PAHs 的污染研究发现，40%的街道粉尘粒径在 250nm 以下，而多达 55%的 PAHs 附着在其表面。由于小颗粒物具有较大的比表面积，易于 PAHs 的沉积与附着。因此，街道粉尘颗粒物中 PAHs 的含量随颗粒物粒径的减小而升高。另外，分子量大的 PAHs 多与颗粒物结合，而分子量小的 PAHs 与颗粒物之间作用力较弱，更易于传输。王建龙等以北京市某高架桥的典型场次降雨径流作为研究对象，通过对多场降雨径流中 PAHs 的监测，研究了高架桥降雨径流中 PAHs 的污染特性以及冲刷规律，结果表明城市降雨径流中∑16PAHs、∑6PAHs 的 EMC 均值分别为 1923.7ng/L、460.2ng/L。

PCBs 主要来自城镇工业生产、电气设备中应用的燃油和化石燃料的燃烧。有研究报道，在挪威卑尔根市 68 处雨水截留井沉积物中检测到 PCBs，其浓度变化区间为0.0004～0.704mg/kg。其中，有 14 个采样点 PCBs 的浓度高于 0.1mg/kg。这些雨水截留井沉积物中的 PCBs 种类、浓度分布与地表各个地区建筑物上附着的 PCBs 的分布相符，验证了该地区 PCBs 的污染主要来自于大气沉降。韩景超等以小区路面、停车场、汇流口、小区屋面以及交通干道为研究对象，采集降雨径流样品测定了 14 种 PCBs 的浓度。结果表明，不同城市功能区降雨径流中颗粒态 PCBs 浓度和成分组成有差别但变化不大，大小分别为：小区屋面＞交通干道＞汇流口＞停车场＞小区路面（337.9ng/L、306.3ng/L、

240.1ng/L、193.2ng/L、172.7ng/L）。

2）内分泌干扰物

内分泌干扰物（Endocrine Disrupting Chemicals，即EDCs），也称为环境激素（Environmental Hormone），是一种外源性干扰内分泌系统的化学物质，它们并不直接作为有毒物质给生物体带来异常影响，而是类似雌激素对生物体起作用，其具有低剂量性，即使ng/L级的含量，也能使生物体的内分泌失衡，从而产生异常影响甚至导致癌症的发生。环境中具有内分泌干扰作用的化学物质种类数量多且来源广泛，EDCs的分类及主要物质见表1-1，这些物质有较为丰富的化学结构多样性，大多EDCs均表现出脂溶性、疏水性和化学稳定性，同时具有较长的半衰期，呈现出难降解和难去除的特点。

内分泌干扰物（EDCs）分类　　表1-1

类别	内分泌干扰物	
天然内分泌干扰物	甾类激素	雌酮（E1）、雌二醇（E2）、雌三醇（E3）
	非甾类激素	植物性激素
合成内分泌干扰物	甾类激素	乙炔基雌二醇（EE2）
	多卤化合物	多溴联苯、多溴二苯醚（PBDE）、全氟辛、烷磺酸、全氟辛酸
	酚类化合物	双酚A（BPA）、壬基酚、辛基酚
	邻苯二甲酸盐	邻苯二甲酸二（2-乙基己基）酯、邻苯二甲酸二异壬酯、邻苯二甲酸酯（PAEs）等
	农药	有机氯化物（二氯二苯基三氯乙烷、林丹等）、有机磷酸酯（毒死蜱等）、氨基甲酸酯（甲萘威等）
	药物和个人护理品（PPCPs）	抗炎药、抗过敏剂、抗精神病药、激素类药物等

降雨径流是城镇水环境中酚类EDCs的重要来源之一。BPA是酚醛树脂合成的原材料，酚醛树脂绝缘板已被广泛安装在城市的建筑物外墙中，尤其是在大型公共建筑外墙中；乙氧基烷基苯酚（APE）已被用作清洁私人汽车、建筑墙、玻璃器皿等的洗涤剂。因此，在降雨径流中可能包含BPA和烷基苯酚等酚类化合物。Zhao等研究了东江流域惠州市惠城区中BPA、NP和4-叔辛基苯酚（4-t-OP）三种酚类EDCs在降雨径流和点源污染中的负荷情况，结果显示城镇降雨径流样品中的BPA在两个采样点的最大浓度分别高达5873ng/L和2397ng/L，平均比NP和4-t-OP浓度高数十倍。城镇降雨径流中的酚类EDCs负荷是污水处理厂出水中EDCs负荷的3～62倍，这表明降雨径流是受纳水体中酚类EDCs的重要来源。范重阳等分析了深圳市石岩河流域中PAHs、PAEs、BPA和E1、E2、EE2等主要内分泌干扰物的季节性分布特征。结果表明，城市降雨径流污染影响着这几类污染物的季节性分布，主要内分泌干扰物雨季浓度为旱季浓度的0.15～7.9倍，其中BPA和多数PAHs雨季浓度明显高于旱季。

3）抗生素

城镇不同功能区内环境、人口密度、人员活动方式的不同，导致各功能区产生和累积的抗生素种类不同。罗丽婵从抗生素污染物的角度，分析了深圳市不同功能区路面积尘中溶解态抗生素和颗粒物上吸附的抗生素的含量水平，确定了城市降雨径流污染中典型抗生素污染物的种类。

表 1-2 给出了城镇 5 个功能区内溶解态抗生素的含量。可以看出，在不同功能区内溶解态样品中检出 2 种抗生素，分别是诺氟沙星和脱水红霉素。在商业区检出诺氟沙星 1 种溶解态抗生素，含量为 5.2ng/m^2；在医院周边检出诺氟沙星和脱水红霉素 2 种溶解态抗生素，含量分别为 4.7ng/m^{2}和 1.9ng/m^2；在居民区、工业区和填埋区均无溶解态抗生素检出。

城镇 5 个功能区内溶解态抗生素含量（ng/m^2） **表 1-2**

抗生素	商业区	居民区	工业区	填埋区	医院周边
诺氟沙星	5.2	ND	ND	ND	4.7
脱水红霉素	ND	ND	ND	ND	1.9

注：ND 表示未检出。

表 1-3 给出了城镇 5 个功能区内颗粒物吸附抗生素的浓度。可以看出，在不同功能区的颗粒物样品中检出 8 种抗生素，分别是林可霉素、诺氟沙星、氧氟沙星、环丙沙星、脱水红霉素、罗红霉素、克拉霉素和头孢拉定。其中，仅在颗粒物样品中检出而未在溶解态样品中检出的 6 种抗生素是林可霉素、氧氟沙星、环丙沙星、罗红霉素、克拉霉素和头孢拉定。8 种抗生素检出浓度范围为 ND～882.2ng/g。

城镇 5 个功能区内颗粒物吸附抗生素浓度（ng/g） **表 1-3**

抗生素	商业区	居民区	工业区	填埋区	医院周边
林可霉素	ND	ND	ND	188.2	ND
诺氟沙星	281.5	611.7	ND	429.6	94.1
氧氟沙星	76.6	735.4	ND	50.2	148.9
环丙沙星	ND	294.9	ND	ND	57.0
脱水红霉素	14.4	230.4	118.6	ND	25.3
罗红霉素	ND	882.2	ND	121.6	39.3
克拉霉素	ND	350.4	ND	ND	18.7
头孢拉定	ND	39.6	ND	2.3	ND

注：ND 表示未检出。

在商业区检出 3 种颗粒物吸附的抗生素，抗生素浓度大小为诺氟沙星＞氧氟沙星＞脱水红霉素；在居民区检出 7 种颗粒物吸附的抗生素，抗生素浓度大小为罗红霉素＞氧氟沙星＞诺氟沙星＞克拉霉素＞环丙沙星＞脱水红霉素＞头孢拉定；在工业区检出脱水红霉素 1 种颗粒物吸附的抗生素；在填埋区检出 5 种颗粒物吸附的抗生素，抗生素浓度大小为诺氟沙星＞林可霉素＞罗红霉素＞氧氟沙星＞头孢拉定；在医院周边检出 6 种颗粒物吸附的抗生素，抗生素浓度大小为氧氟沙星＞诺氟沙星＞环丙沙星＞罗红霉素＞脱水红霉素＞克拉霉素。

4）微塑料

微塑料由于颗粒微小，水生生物很容易将其吸收至体内。微塑料除了本身可能带有的毒性外，还可能吸附其他有毒物质并共同转移，使这些有毒物质通过食物链不断富集，从而危害其他物种生存环境。

王愔睿以塑胶跑道、人造草坪、网球场、篮球场和羽毛球场作为研究区域，探究了塑胶场中微塑料的赋存及释放规律。研究表明，仅在人造草坪和塑胶跑道的径流中检测到了微塑料，浓度分别为 9.82×10^3 个/L 和 6.91×10^3 个/L。

3. 城镇降雨径流污染负荷

通过文献调研，收集整理了国内外部分国家或城市的降雨径流水质数据，见表 1-4。美国城镇降雨径流中污染物种类众多，德国城镇降雨径流中污染物限于常规污染物，仅有 COD、NH_3-N、TN 和 TP，重金属检出频度和量较低。

国内外城镇降雨径流水质（mg/L）　　**表 1-4**

国家或城市	SS	COD	NH_3-N	TN	TP	Pb	Zn	Cu
美国	100	65	—	1.5	0.33	0.14	0.16	0.034
德国	—	84.5	0.75	2.1	0.35	—	—	—
北京	734	582	2.4	11.2	1.74	0.1	1.23	—
上海	76.9	42.6	—	4.8	0.14	—	—	—
澳门	—	2～49	—	2.1～2.7	—	—	—	—
南京	47～77	40～51	—	5.8～7.4	0.19～0.27	—	—	—
昆明	27.2	4.92	—	4.86	0.25	—	—	—

与美国相似，北京城镇降雨径流中污染物种类较多且浓度略高。除北京外，我国上海、南京和昆明城镇降雨径流中污染物种类较少，均为常规污染物 SS、COD、TN 和 TP，除 TN 浓度高于美国和德国外，其他污染物浓度均低于美国和德国。

通过文献调研可以看出，天然雨水、径流雨水、溢流污水、生活污水、污水处理厂出水中污染负荷存在显著差别，见表 1-5。

不同类型雨污水污染物浓度（mg/L）　　**表 1-5**

雨污水类型	SS	COD	TN	TP
天然雨水	＜1	9～16	—	0.02～0.15
径流雨水	67～101	40～73	0.4～1.0	0.7～1.7
溢流污水	150～400	260～480	3～24	1～10
生活污水	100～350	260～900	20～85	4～15
污水处理厂出水	＜5～30	—	15～25	＜1～5

由表 1-5 可知，径流雨水的污染负荷明显高于天然雨水，这是因为天然雨水仅溶解了少量的空气污染物，而径流雨水不仅溶解了少量的空气污染物，还冲刷和携带了大量的地表污染物。对比溢流污水和生活污水，可以发现溢流污水的污染负荷高于径流雨水的污染负荷，但低于生活污水的污染负荷。在合流制排水系统中，雨天大量的径流雨水涌入管道

对生活污水进行了稀释，降低了部分污染负荷。然而，一旦管网存在淤积，其污染负荷将显著提高。显然，径流雨水和溢流污水的SS负荷远远超出污水处理厂出水的SS负荷。未经处理的径流雨水和溢流污水将严重影响受纳水体的水环境治理，是城镇水环境改善的重要限制因素之一。若对径流雨水和溢流污水不加以控制，势必对水体造成严重危害。

1.2 我国城镇降雨径流污染现状及成因

1.2.1 我国城镇降雨径流污染负荷

1. 城镇降雨径流污染特征

在查阅近300篇城镇降雨径流污染相关文献的基础上，选取100篇能够提供降雨径流污染负荷监测数据的文献，对文中监测数据资料进行提取和整理，结果如图1-1所示。

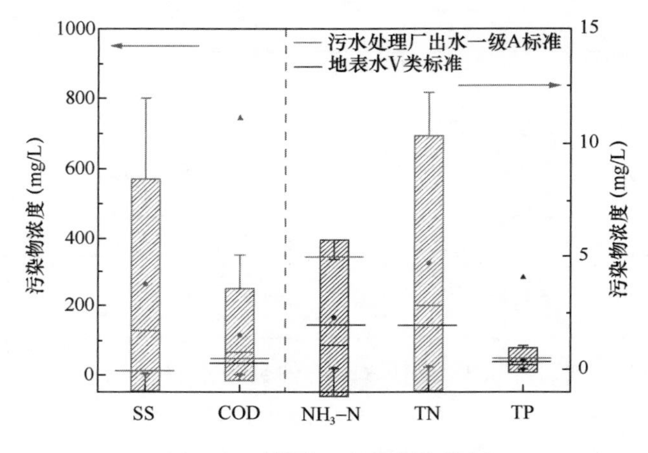

图1-1 城镇降雨径流污染特征

由图1-1可知，降雨径流中SS、COD、NH_3-N、TN和TP的平均浓度分别为261.83mg/L、116.71mg/L、2.30mg/L、4.69mg/L和0.42mg/L。由于我国尚未颁布适用于降雨径流水质的专门标准，为评价降雨径流对自然水体的影响，本节选取《地表水环境质量标准》GB 3838—2002中V类标准进行水质评价。由于该标准中没有对SS设定标准，故选用《城镇污水处理厂污染物排放标准》GB 18918—2002中一级A标准对SS进行评价，具体评价标准见表1-6。

水质评价标准（mg/L） 表1-6

参考标准	SS	COD	NH_3-N	TN	TP
《地表水环境质量标准》GB 3838—2002 V类标准		≤40	≤2	≤2	≤0.4
《城镇污水处理厂污染物排放标准》GB 18918—2002 一级A标准	≤10	≤50	≤5	≤15	≤0.5

与上述标准相比，降雨径流污染物 SS 的平均浓度是我国污水处理厂出水一级 A 标准浓度限值的 26.18 倍，COD、NH_3-N、TN 和 TP 的平均浓度分别是我国地表水Ⅴ类标准浓度限值的 2.91 倍、1.15 倍、2.35 倍和 1.05 倍。上述结果表明我国当前降雨径流污染严重，若不对其处理而直接排入受纳水体，易造成水体黑臭和富营养化现象的发生。

2. 城镇合流制溢流污染特征

在查阅近 200 篇城镇合流制溢流污染相关文献的基础上，选取 19 篇能够提供合流制溢流污染负荷监测数据的文献，对文中监测数据资料进行提取和整理，结果如图 1-2 所示。

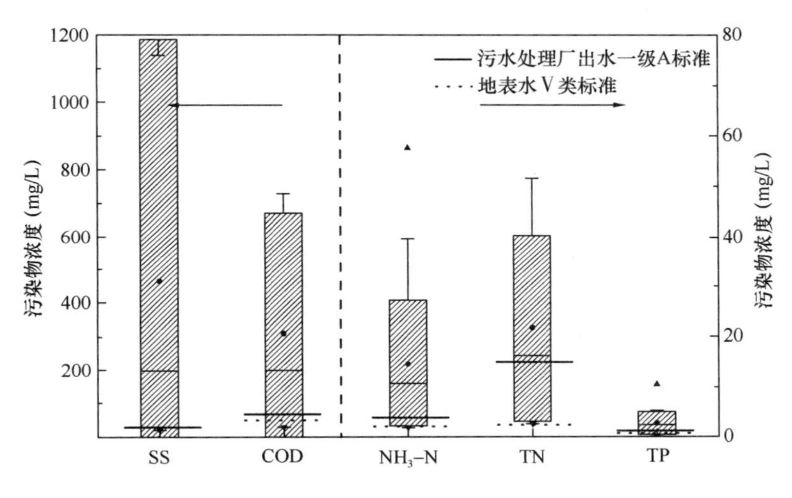

图 1-2 城镇合流制溢流污染特征

由图 1-2 可知，合流制溢流雨污水中 SS、COD、NH_3-N、TN 和 TP 的平均浓度分别为 463.56mg/L、309.98mg/L、15.65mg/L、20.65mg/L 和 2.76mg/L。将 SS 与《城镇污水处理厂污染物排放标准》GB 18918—2002 中一级 A 标准相比，合流制溢流雨污水中 SS 的平均浓度是一级 A 标准浓度限值的 46.36 倍。将 COD、NH_3-N、TN 和 TP 与《地表水环境质量标准》GB 3838—2002 中Ⅴ类标准相比，合流制溢流雨污水中 COD、NH_3-N、TN 和 TP 的平均浓度分别是地表水Ⅴ类标准浓度限值的 7.75 倍、7.83 倍、10.33 倍和 6.90 倍。显然，合流制溢流污染程度高于降雨径流的污染程度，是影响我国城镇水环境质量的重要因素。

1.2.2 城镇降雨径流污染成因解析

1. 降雨类型对径流污染特征的影响

根据气象部门的划分标准，按照 24h 内降雨量的大小将降雨类型分为小雨、中雨、大雨、暴雨、大暴雨和特大暴雨，由于从文献中提取到的暴雨、大暴雨和特大暴雨有效样本数较少，因此本节仅对小雨、中雨和大雨进行研究，降雨类型分类方法见表 1-7。

降雨类型的划分 表 1-7

降雨类型	降雨特征
小雨	24h 内降雨量≤10mm
中雨	24h 内降雨量 10.0～24.9mm
大雨	24h 内降雨量 25.0～49.9mm

通过对文献的梳理，按照上述降雨类型解析降雨类型对径流污染特征的影响，如图 1-3所示。由图 1-3 可知，大雨时 SS、COD、NH_3-N、TN 和 TP 的平均浓度分别为 547.07mg/L、133.24mg/L、1.63mg/L、3.22mg/L 和 0.29mg/L；中雨时 SS、COD、NH_3-N、TN 和 TP 的平均浓度分别为 162.36mg/L、96.21mg/L、2.17mg/L、4.26mg/L 和 0.41mg/L；小雨时 SS、COD、NH_3-N、TN 和 TP 的平均浓度分别为 108.72mg/L、92.69mg/L、2.80mg/L、4.67mg/L 和 0.56mg/L。相对而言，SS、COD 的浓度与降雨量呈正相关，降雨量越大浓度越高；NH_3-N、TN 和 TP 的浓度与降雨量呈负相关，降雨量越大浓度越低。这主要是因为 SS 和 COD 累积的污染负荷较高，其浓度受雨水冲刷影响较大，受稀释影响较小；而 NH_3-N、TN 和 TP 累积的污染负荷较低，更易被降雨量稀释而导致浓度偏低。

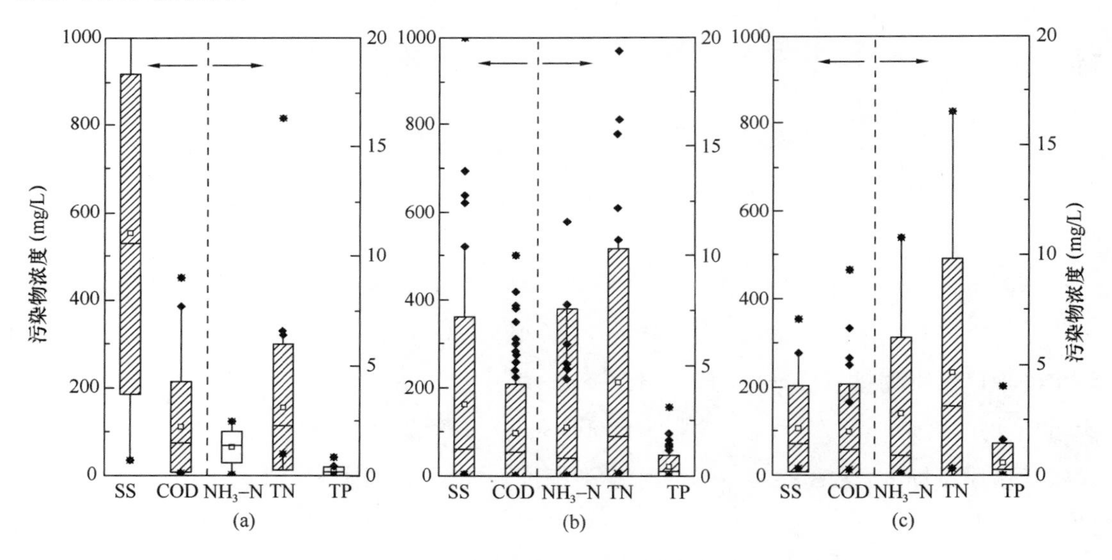

图 1-3 降雨类型对径流污染特征的影响

(a) 大雨；(b) 中雨；(c) 小雨

2. 城镇区域对降雨径流污染特征的影响

按照建设时间先后，城镇区域可分为新城区和老城区，城镇区域对降雨径流污染特征的影响如图 1-4 所示。

由图 1-4 可知，老城区降雨径流中 SS、COD、NH_3-N、TN 和 TP 的平均浓度分别为 387mg/L、151mg/L、3.5mg/L、3.9mg/L 和 0.4mg/L，新城区降雨径流中 SS、COD、NH_3-N、TN 和 TP 的平均浓度分别为 262mg/L、143mg/L、6.4mg/L、8.6mg/L 和

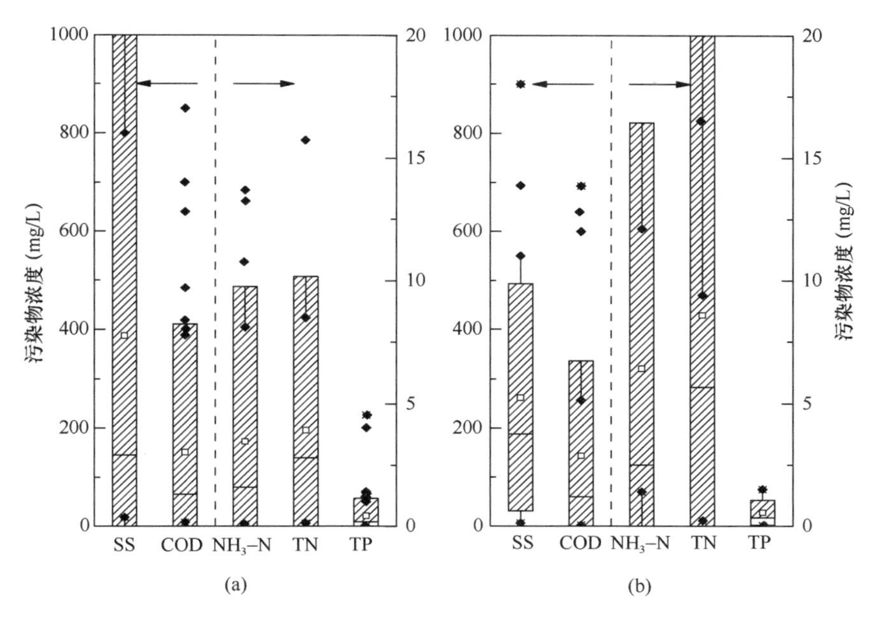

图 1-4　城镇区域对降雨径流污染特征的影响

（a）老城区；（b）新城区

0.6mg/L。老城区降雨径流中 SS 和 COD 平均浓度均高于新城区，这主要是因为老城区往往建筑密集，绿化率较低，大多为树池、街头花坛等，缺乏整体规模化的绿地，空气中粉尘含量较高，地面沉积物多，造成降雨径流中较高浓度的 SS；此外，老城区人口稠密，商业繁华，餐饮业尤为兴盛，大量的客流量会造成路面垃圾、油污等污染的增加，构成降雨径流中较高浓度的 COD；老城区路网密集、道路普遍较窄，不便于清扫车进入而多采用人工清扫的方式，清扫不够彻底，形成颗粒物和有机物的沉积，也造成降雨径流中较高浓度的 SS 和 COD。

新城区降雨径流中 NH_3-N、TN 和 TP 平均浓度均高于老城区，这主要是因为新城区交通便利，车流量较多，机动车尾气排放量大，产生较多的氮氧化物并在地面沉积；新城区绿化率高，需要施肥与定期维护，造成降雨径流中氮和磷浓度显著增高；此外，新城区有工业污染，大气干湿沉降导致降雨径流污染物含量更高。

3. 典型功能区对降雨径流污染特征的影响

为了能够较全面地反映城镇降雨径流污染特征，在分析城市土地利用及功能区划的基础上，选择有代表性的典型功能区作为研究区域，分别为居住区、商业区、工业区、交通区和文教区，解析典型功能区对降雨径流污染特征的影响，如图 1-5 所示。

由图 1-5 可知，不同功能区由于生产结构和生活方式等因素的不同，导致降雨径流中污染物含量呈现出差异性特征。

降雨径流中 SS 浓度大小顺序为：交通区＞商业区＞居住区＞工业区＞文教区。这主要是因为交通区是城市人类活动最频繁的地方，路面除了人类制造的大量垃圾外，车辆运动产生的固体颗粒物以及车辆轮胎与路面的摩擦产物也是 SS 的主要来源之一。因此，在

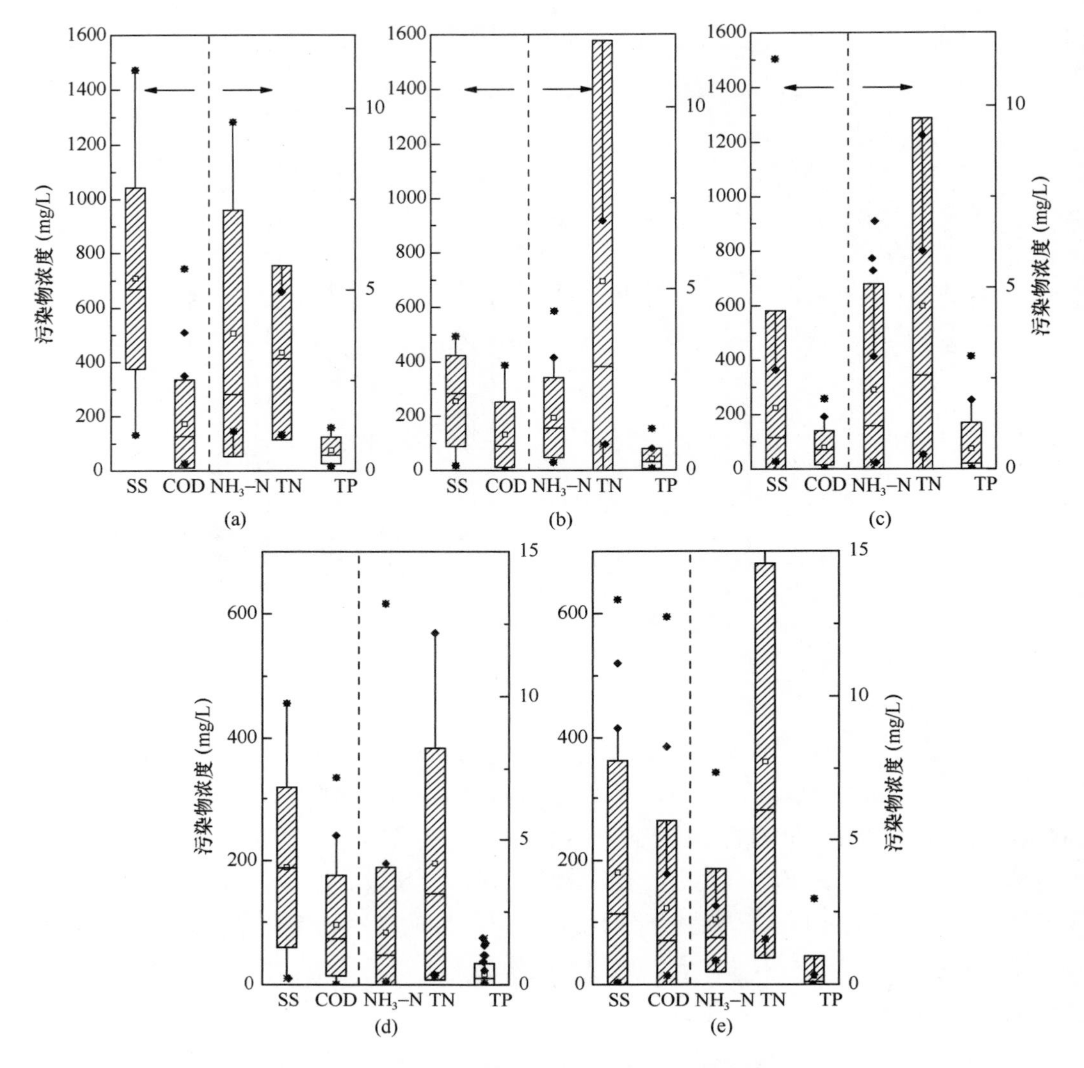

图 1-5　典型功能区对降雨径流污染特征的影响

（a）交通区；（b）商业区；（c）居住区；（d）工业区；（e）文教区

交通区降雨径流中 SS 平均浓度最高。在文教区，由于附近污染大的企业少，区域内绿化面积大，路面总体保持清洁，因此其 SS 浓度会减小。

由于降雨径流中 COD 大部分吸附在固体颗粒物上，故 COD 最高浓度出现在交通区，COD 最低浓度出现在居住区，COD 浓度大小顺序为：交通区＞商业区＞文教区＞工业区＞居住区。交通区机动车辆密集，COD 主要来源于车辆轮胎与路面的摩擦及洒落物，居民区车辆较少且经常清扫，故而 COD 浓度相对较低。

降雨径流中 NH_3-N 浓度大小顺序为：交通区＞文教区＞居住区＞工业区＞商业区。在降雨及形成产流的过程中，氮除了来自大气的干湿沉降外，绿化带的施肥和机动车辆的排放物也是其重要来源。

降雨径流中 TN 浓度大小顺序为：文教区＞商业区＞居住区＞工业区＞交通区。文教区洗刷及餐厅所用含氮洗涤剂以及对花草的施肥和维护等，都是降雨径流中 TN 的重要来源。

降雨径流中 TP 浓度在 5 个功能区中也有差异，其大小顺序为：交通区>居住区>工业区>商业区>文教区。磷除了来自大气沉降外，交通区的磷部分还来自绿化带的施肥与维护，这些物质在路面上累积就会随雨水汇入到径流中。

从整体上看，5 个功能区降雨径流中 SS 的平均浓度都超过了《城镇污水处理厂污染物排放标准》GB 18918—2002 中一级 A 标准，降雨径流中 COD 和 TN 的平均浓度都超过了《地表水环境质量标准》GB 3838—2002 中Ⅴ类标准。显然降雨径流中 SS、COD 和 TN 是各个功能区的主要污染物。相比较而言，交通区和商业区降雨径流污染最为严重，必须重点控制。

4. 城镇典型下垫面对降雨径流污染特征的影响

路面、屋面和绿地是城镇主要的下垫面类型，当降雨径流产生时，下垫面上大量污染物在雨水的冲刷下随径流一起进入受纳水体，对城镇生态环境构成严重威胁，图 1-6 给出了城镇典型下垫面对降雨径流污染特征的影响。

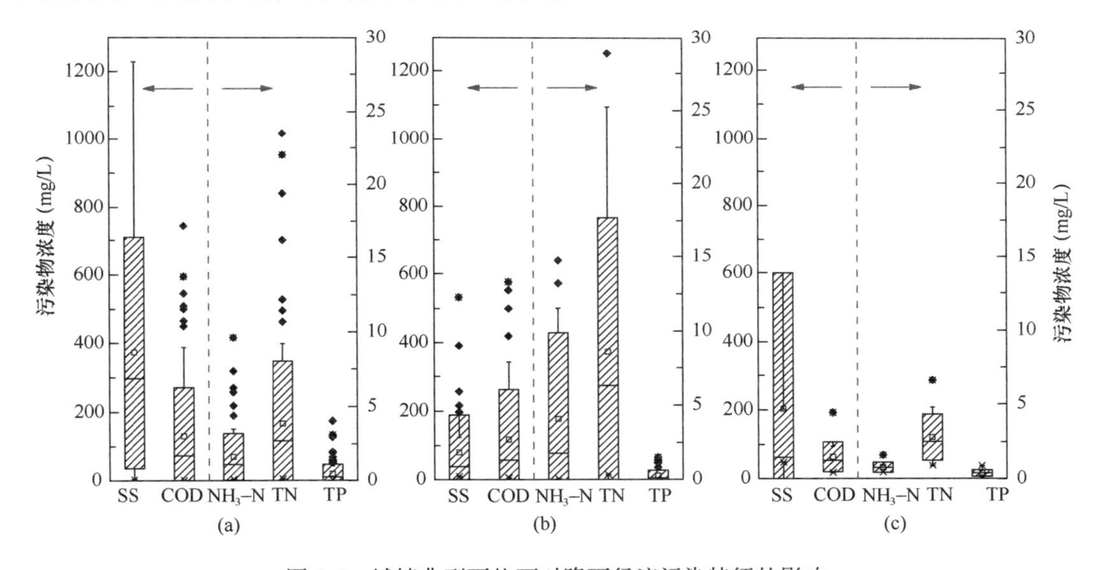

图 1-6　城镇典型下垫面对降雨径流污染特征的影响

(a) 路面；(b) 屋面；(c) 绿地

由图 1-6 可知，3 种下垫面的降雨径流中 COD 和 TN 的平均浓度均超出了《地表水环境质量标准》GB 3838—2002 中Ⅴ类标准；SS 指标以《城镇污水处理厂污染物排放标准》GB 18918—2002 中一级 A 标准作为对照，各种下垫面的降雨径流中 SS 的平均浓度均超出了这一标准。显然，SS、COD 和 TN 是城镇典型下垫面的主要污染物。

相比较而言，由于道路径流污染主要受交通等人类活动的影响，污染来源较为复杂，主要包括大气干湿沉降、轮胎和路面摩擦、汽车结构磨损、汽车尾气排放、汽车和行人等的携带物，因此其 SS、COD 和 TP 指标最为突出。

屋面径流中 NH_3-N 和 TN 浓度均为最高，COD 浓度相对较高。屋面径流中的污染物与大气干湿沉降和屋面材料密切相关，一方面大气中的含氮污染物随降雨的冲刷形成径流中高浓度的氮污染；另一方面，当前屋面种类繁多，包括沥青屋面、油毡屋面、混凝土屋面和瓦屋面等，沥青和油毡屋面在老化分解过程中会释放含氮有机物质。

与其他 2 种下垫面相比，绿地径流污染物浓度较低。这主要是由于绿地能够通过植物作用截留地表径流中大量 SS、COD 和 NH_3-N。此外，绿地植被也能够吸收地表径流中部分 COD 和 NH_3-N。但由于绿地需定期施肥和喷洒农药，导致绿地的 TP 浓度高于屋面。

1.3 城镇降雨径流污染控制发展历程和技术构成

1.3.1 国内外城镇降雨径流污染控制发展历程

在城镇化过程中，自然土地被转换成住宅土地或商业场所等，使得城镇地区出现更多的不透水地面，造成更多不受控制的地表径流，使城镇居民面临更多的洪水灾害以及给城镇水环境带来一定负荷的径流污染，影响城镇水环境质量。

传统的城市排水系统发展落后于气候变化和城镇化发展，无法有效解决当前城镇特征的降雨径流污染。不合理的城镇规划导致的城镇降雨径流污染，已经对环境造成了严重威胁。国内外针对降雨径流污染防治提出了各种雨水资源管理理念，包括美国的最佳管理措施及低影响开发技术、英国的可持续城市排水系统、澳大利亚的水敏性城市设计、新西兰的低影响城市设计与开发、德国的水资源政策指导方针、新加坡的“ABC 水计划”和我国的海绵城市建设。

1. 美国最佳管理措施及低影响开发技术

美国针对雨洪管理开发了“最佳管理措施”（Best Management Practices，简称 BMPs），BMPs 分为工程性措施和非工程性措施两大类。工程性措施主要是通过建设绿地植被、渗流过滤系统、干/湿塘和雨水湿地等工程措施来达到控制降雨径流污染的目的，在工程实际应用中需要综合考虑自然地理、气候条件等多方面的因素，并进行合理的选择。非工程性措施是指通过限制使用除冰盐、定期清扫路面、周期性地对排水管网进行疏通维护等强化管理的手段来实现控制污染的目的。

随着对 BMPs 的不断探索和开发，在 20 世纪 90 年代低影响开发（Low Impact Development，简称 LID）作为一种新型雨洪管理概念被提出来。1998 年美国成立了 LID 研究中心，随后 LID 被广泛应用并逐渐完善。

LID 主要通过贮存、渗透、蒸发、过滤、净化及滞留等多种雨水控制技术，将城镇开发后的雨水排出状态恢复至接近城镇开发前的状态，主要措施包括：透水铺装、绿色屋顶、下凹式绿地、雨水花园、植被浅沟、雨水湿地、雨水罐和雨水箱等工程性措施及替代道路设计、减少封闭区域、减少污染源和提高公众意识等非工程性措施。大量研究表明，使用了 LID 措施的区域相比于未使用区域，其对于小降雨事件的径流控制效果明显，并且还能对水质有一定的清洁净化作用。这些典型的工程性措施和非工程性措施在国内外得到了广泛的工程实践，包括英国、澳大利亚、新西兰、中国等。

2. 英国可持续城市排水系统

可持续城市排水系统（Sustainable Urban Drainage Systems，简称 SUDS）是在 20 世纪末提出来的，其被定义为："在具备城市排水系统基本功能的情况下，可持续城市排水系统还应能很好地适应城市的发展，并维护城市生态、环境的完整性。"也可以将可持续城市排水系统理解为：基于低影响开发理念，在尽量不破坏自然原生排水系统的前提下，通过采用雨水收集、贮存、利用等工程技术来实现城市水资源的循环、高效利用。

最早将可持续城市排水系统理念运用到实际中的是英国，英国最初构建可持续城市排水系统的主要目的是为了使雨水资源得到充分利用，减少暴雨时的城市洪涝灾害，维护城市水系统良性循环。

3. 澳大利亚水敏性城市设计

澳大利亚的水敏性城市设计（Water Sensitive Urban Design，简称 WSUD）是将城市对水系统的优化管理提升到城市规划的基本原则层面，强调通过城市开发初始阶段的整体规划和设计体系减少对水系统的负面影响，以顶层策略指导城市的可持续发展。这反映了人们在传统城市开发思路上的根本性改进。

国际水协会对 WSUD 的定义为：在不改变自然水循环的基础上，结合了城市水循环、城市规划设计和环境保护的综合性设计。WSUD 在城市设计过程中更加注重水资源的可持续性，其核心是围绕城市水系统的可持续性来对城市进行科学规划，并将城市水循环作为一个整体来进行综合管理。同时，WSUD 还强调自然原本的生态环境不可破坏，禁止未经处理的污水直接排放，将降雨径流和污水处理设施与景观建设融为一体。

4. 新西兰低影响城市设计与开发

低影响城市设计与开发（Low Impact Urban Design and Development，简称 LIUDD）是新西兰在借鉴 LID 和 WSUD 理念的基础上发展而来的一种适宜于新西兰当地的新型城市雨洪管理策略，主要强调本地化植物在城市低影响设计中的应用及其与城市蓝绿空间的有机结合，让城市绿地在城市发展中起到重要作用。与 WSUD 以水为核心的城市发展理念不同，LIUDD 只是将水循环视为整个城市开发和设计体系的一个分支，更加注重的是低影响开发设计场地以外的广阔环境，充分利用任何可用土地，在尽量避免破坏城市生态系统的前提下，实现雨水资源的充分利用。

5. 德国水资源政策指导方针

2000 年欧盟颁布的 Directive 2000/60/EC（2000）中指出各参与国在整体规划中，通过各种措施使水体达到良好状态，以满足共同体的各项指标要求；采用综合治理的方法（防止扩散和点源控制）预防污染，达到环境的标准和限制值；禁止排放污染物质和有毒物质。其中，水资源政策即为德国水资源政策指导方针，可有效指导未来 20 年或更长时间里影响整个欧洲城市的排水系统建设与管理。

6. 新加坡“ABC 水计划”

新加坡政府为了更好地解决水环境问题、完善水资源管理措施，于 2007 年颁布了“ABC 水计划”，提倡把社会、环境与人文融合起来，将城市水库、沟渠等雨水元素与城市环境紧密结合，打造亲水亲自然的城市空间，提高生活品质。该计划中的 ABC 分别意指“活跃”（Active），通过在水环境打造宜居的集生活、活动及休闲为一体的社区空间，将人类活动与水结合起来；“美丽”（Beautiful），美化沿河的景观；“清洁”（Clean），通过植被等对降雨径流中的污染物进行处理，避免污染物进入水体，实现雨水再利用。

7. 我国海绵城市建设

我国为了有效缓解由降雨径流污染带来的城市水环境问题，提高雨水利用率，在结合欧美等国家一些先进的雨洪管理手段上，于 2013 年 12 月提出了海绵城市的理念。2014 年住房和城乡建设部印发了《海绵城市建设技术指南——低影响开发雨水系统构建（试行)》，该指南明确给出了海绵城市的定义：“指城市能够像海绵一样，打破原来以排为主的城市雨水管理理念，将建筑、道路、绿地等城市基础设施作为载体，下雨时对雨水吸收蓄存、渗透净化，需要时将蓄存的雨水释放出来加以利用”。同时，该指南还从规划、设计、工程建设、维护管理四个方面指出海绵城市系统构建的内容、要求和方法，并提供了我国部分实践案例。随着海绵城市的大力建设，国内相关学者也开展了合流制溢流污染控制、降雨径流调蓄、雨水回用等有关降雨径流污染控制的相关研究与工程应用。

1.3.2 城镇降雨径流污染控制技术构成

在城镇降雨径流污染治理过程中，形成了多种多样的技术，依据技术的特点和适用阶段，可以将其划分为诊断评估技术、源头削减技术、过程控制技术和后端治理技术，如图 1-7所示。

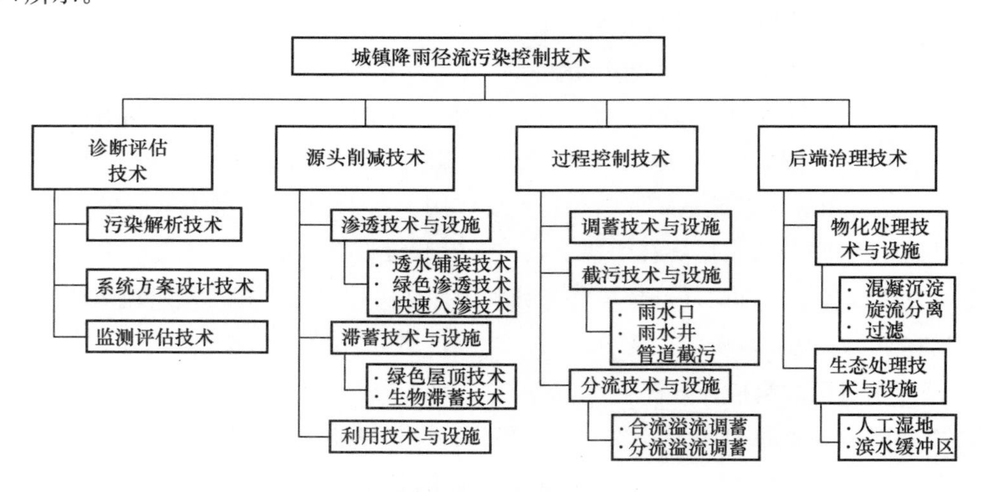

图 1-7 城镇降雨径流污染控制技术构成

针对现阶段我国城镇降雨径流污染控制缺乏基础性大数据支持、在技术参数选择和技术统筹应用等方面存在严重不足及现有技术尚未实现规范化和标准化等问题，有必要深入分析国内外城镇降雨径流污染控制技术的相关研究文献。通过文献调研，有效地梳理城镇降雨径流污染控制技术的发展历程、提炼城镇降雨径流污染控制技术研究热点，对比国内外技术差距，判断未来我国城镇降雨径流污染控制技术发展方向，分析近年来我国城镇降雨径流污染控制技术发展状况，为后续城镇降雨径流污染控制技术评估提供基础依据和判别参照。

1. 诊断评估技术

城镇降雨径流诊断评估技术发展历程如表 1-8 所示。国内外城镇降雨径流诊断评估技术主要依托于模型对城市降雨径流量、径流水质及径流污染负荷进行模拟评估，在整个技术的发展过程中经历了模型的建立及校准、模型间的耦合联用及模型对技术性能评估三个阶段。

城镇降雨径流诊断评估技术发展历程　　表 1-8

<table>
<tr><th rowspan="2">年份</th><th colspan="4">国内</th><th colspan="2">水专项</th><th colspan="4">国外</th></tr>
<tr><th>模型开发</th><th>模型校准</th><th>模型耦合</th><th>模型评估</th><th>模型耦合</th><th>模型评估</th><th>模型开发</th><th>模型校准</th><th>模型耦合</th><th>模型评估</th></tr>
<tr><td>1995—1999 年</td><td rowspan="2">不透水降雨径流量计算模拟</td><td></td><td></td><td></td><td></td><td></td><td>径流冲刷模型</td><td></td><td></td><td></td></tr>
<tr><td>2000—2004 年</td><td>拟牛顿法</td><td></td><td></td><td></td><td></td><td>水质模型</td><td></td><td></td><td></td></tr>
<tr><td>2005—2009 年</td><td>产汇流计算模拟</td><td>单纯性法</td><td></td><td></td><td></td><td></td><td>水文影响评价系统</td><td>遗传算法</td><td>GIS 与 SWMM 模型的耦合</td><td rowspan="3">模型与 LID 的联用</td></tr>
<tr><td>2010—2014 年</td><td>产流模型、汇流模型</td><td>模式搜索算法</td><td>SWMM 与 GIS 的耦合</td><td>SWMM 评估 LID</td><td rowspan="2">SWMM 与 GIS 的耦合</td><td rowspan="2">SWMM 与 LID、调蓄池的联用</td><td>径流预测的混合智能模型</td><td rowspan="2">人工神经网络算法</td><td>气象模型与降雨径流模型的耦合</td></tr>
<tr><td>2015 年至今</td><td>雨水水质水量在线监测系统</td><td>遗传算法、人工神经网络</td><td>多模型的耦合联用</td><td>SWMM 模型与海绵城市建设</td><td>气象降雨径流预报模型、卫星降雨径流模型</td><td>卫星遥感与降雨径流模型的耦合</td></tr>
</table>

国内外研究者主要研究了新降雨径流模型的开发、模型的校准、多种模型间的耦合联用、利用模型预测降雨径流水质水量、利用模型模拟评估技术性能，用以优化改进降雨径流污染控制技术参数，监测评估降雨径流量与污染物的控制效果。国外在诊断评估技术方面的发展早于国内。前期，国外主要研究简单模型的构建，模型预测的精度优化及工程应用，重点集中在冲刷模型和污染负荷模型的开发。随着互联网技术的普及和一系列先进算法的出现，国外学者将这些先进的算法引入到相关模型的建立及参数优化中，提高了模型对降雨径流量、径流水质、径流污染负荷模拟预测的准确性。2010 年以后，一系列与模型间的耦合联用复合模型的开发建立得到越来越多的关注，复合模型的开发建立对于发挥各自模型的优势、提高模型的使用范围、应用的空间尺度、精确度及操作便利性发挥着重要作用。同时，通过模型对技术应用效果进行评估可以进一步指导技术参数的选择和优化。未来国外城镇降雨径流诊断评估技术将进一步朝着智能化和自动化的在线监测系统模型方向发展。

国内前期发展较为缓慢，主要借鉴国外先进经验，利用国外较为成熟的模型工具解决我国降雨径流污染控制面临的问题。近年来，随着对城镇内涝与降雨径流污染认识的逐步提高，我国逐步开始针对模型工具中的参数进行本土化率定，开展模型算法的校正，提高预测精确度。当前阶段，我国主要研究 SWMM 模型和其他先进算法及多模型的耦合联用，以及这些模型参数的本土化率定。这些内容已经在众多的城镇降雨径流污染负荷诊断、设施规划设计中得到应用。

国内城镇降雨径流诊断评估技术的整体发展落后于国外。预计未来我国城镇降雨径流诊断评估技术的发展趋势是进一步推广 SWMM 模型的使用范围，开发适用于我国不同城市特点的诊断评估模型。

2. 源头削减技术

城镇降雨径流污染源头削减技术以径流雨水入渗和净化为中心，主要通过利用低影响开发技术、雨水生物滞留设施等有效减缓径流速度，增加径流入渗，减少径流量。随着研究者对径流认识的改变，相关研究者发现初期降雨径流中污染物成分复杂、种类多、处理难度大。因此，在雨水入渗的基础上进一步研究了通过源头削减技术实现降雨径流中污染物的有效削减和去除。其中典型技术原理为通过筛选和应用具有高效渗透性能、高强度和高除污性能的基质填料，从而实现降雨径流在入渗的过程中污染物的同步削减。城镇降雨径流污染源头削减技术发展历程如表 1-9 所示。

城镇降雨径流污染源头削减技术发展历程　　表 1-9

<table>
<tr><th rowspan="2">年份</th><th colspan="3">国内</th><th colspan="3">水专项</th><th colspan="3">国外</th></tr>
<tr><th>雨水入渗</th><th>雨水净化</th><th>景观构建</th><th>雨水入渗</th><th>雨水净化</th><th>景观构建</th><th>雨水入渗</th><th>雨水净化</th><th>景观构建</th></tr>
<tr><td>1995—1999 年</td><td></td><td></td><td></td><td></td><td></td><td></td><td rowspan="2">植草浅沟、透水铺装、生物滞留技术</td><td></td><td></td></tr>
<tr><td>2000—2004 年</td><td>传统生物滞留技术</td><td></td><td></td><td></td><td></td><td></td><td></td><td></td></tr>
<tr><td>2005—2009 年</td><td>雨水花园、透水铺装、下凹式绿地、植草浅沟、绿色屋顶</td><td>高效介质的筛选</td><td>植物选择</td><td></td><td></td><td></td><td>LID 技术的开发与推广</td><td>高效基质的选择</td><td>植物选择与风景园林设计</td></tr>
<tr><td>2010—2014 年</td><td>LID 技术的应用及技术参数的优化改进</td><td>吸附剂除磷</td><td rowspan="2">植物搭配与场地规划</td><td rowspan="2">透水铺装、下凹式绿地、雨水花园、绿色屋顶、植草沟、旱溪</td><td rowspan="2">高效介质的筛选</td><td rowspan="2">景观雨水花园；植物搭配与场地规划</td><td>LID 技术参数的优化与改进；LID 与排水系统联用</td><td rowspan="2">净化介质的改性与应用；透水混凝土净化性能提升</td><td rowspan="2">设施景观维护及管理</td></tr>
<tr><td>2015 年至今</td><td>SWMM 与 GIS 指导 LID 的建设；LID 与雨水排水系统的联用技术；透水混凝土的堵塞改进</td><td>介质改性与结构设计</td><td>反射路面与透水路面的结合</td></tr>
</table>

早在20世纪90年代初期，国外就开始了基于雨水入渗的LID技术研发及工程应用，并逐步向具有截污功能的介质填料的研发及应用方面发展，重点集中在通过利用生物滞留措施增加径流雨水的入渗，减少径流量，突出的关键技术包括应用面积较大的透水铺装技术和生态植草沟技术。随着技术的不断发展，国外研究者开始关注降雨径流中污染物的去除，研究者通过优化技术参数、筛选改性填料基质以及技术间的相互联用等措施提高技术性能。为了有效解决降雨径流污染随机性、设施污染控制效果监测难等问题，国外在2000年前后将数学/数值模拟以及水力学模型引入LID工程性措施的规划设计与效能评估中，通过与SWMM模型以及GIS等先进管理系统的联用，实现了城市降雨径流污染控制与城市规划建设的统一。预计未来国外城镇降雨径流污染源头削减技术将进一步围绕具有高效渗滤和除污染功能介质的开发进行研究，并开展智能化监测与相关设施的管理与运维。

国内城镇降雨径流污染源头削减技术的发展主要通过引进国外相关LID设施雨水管理技术以及结合我国城市特点，进一步开发适用于我国不同城市及典型下垫面的径流雨水控制措施，其中较为常用的是生态滞蓄技术。在此基础上，逐步研究LID技术与模型、调蓄设施和管网等的协调运作方式。为了进一步增加城市美观度，我国也将景观规划设计与降雨径流污染源头治理设施紧密结合。预计未来我国城镇降雨径流污染源头削减技术的发展趋势是围绕城镇降雨径流污染控制的低影响开发设施中技术参数的优化和管理，研发高效、低廉、低碳的“渗、滞、蓄、净”功能介质。此外，面向智慧化的设施监测与运维技术也是未来一大发展方向。

3. 过程控制技术

城镇降雨径流污染过程控制技术以城镇排水管道雨水口、降雨径流雨水调蓄贮存、溢流雨污水和初期雨水的净化等为主，城镇降雨径流污染过程控制技术发展历程如表1-10所示。

城镇降雨径流污染过程控制技术发展历程　　表1-10

<table>
<tr><th rowspan="2">年份</th><th colspan="2">国内</th><th colspan="2">水专项</th><th colspan="2">国外</th></tr>
<tr><th>雨水分流调蓄</th><th>径流截污净化</th><th>雨水分流调蓄</th><th>径流截污净化</th><th>雨水分流调蓄</th><th>径流截污净化</th></tr>
<tr><td>1995—1999年</td><td></td><td rowspan="2">截污型雨水口设计技术；雨水井设计技术；旋流分离设计技术</td><td></td><td></td><td rowspan="2">雨水调蓄池建设设计技术；旋流分离技术</td><td rowspan="2">雨水口设计技术；雨水检查井设计技术</td></tr>
<tr><td>2000—2004年</td><td>径流冲刷计算、径流浓度预测</td><td></td><td></td></tr>
<tr><td>2005—2009年</td><td>雨水调蓄池设计技术</td><td>环保型雨水口的优化设计</td><td></td><td></td><td>基于模型的雨水调蓄池设计技术；基于模型的雨水调蓄池与雨水管道联用技术</td><td>雨水检查井、雨水口动态水质监测技术</td></tr>
</table>

续表

<table>
<tr><th rowspan="2">年份</th><th colspan="2">国内</th><th colspan="2">水专项</th><th colspan="2">国外</th></tr>
<tr><th>雨水分流调蓄</th><th>径流截污净化</th><th>雨水分流调蓄</th><th>径流截污净化</th><th>雨水分流调蓄</th><th>径流截污净化</th></tr>
<tr><td>2010—2014年</td><td>雨水排水系统设计；
雨水管道与低影响开发联用技术；
数字化雨水调蓄管控技术</td><td>截污型雨水口设计技术</td><td rowspan="2">雨水调蓄池设计技术；
雨水调蓄池数值化管理技术；
雨水调蓄池与雨水管网、水质净化厂联用技术</td><td rowspan="2">雨水口优化设计技术；
自动净化雨水检查井技术</td><td rowspan="2">雨水调蓄池水质水量动态监测技术；
雨水调蓄池优化调度联用技术；
雨水调蓄池与低影响开发联用技术；
雨水调蓄池维护管理及评估技术</td><td rowspan="2">智能净化型雨水口设计技术；
高效雨水检查井净化技术</td></tr>
<tr><td>2015年至今</td><td>水质模拟平台与雨水系统联用技术；
雨水管网、调蓄池联用技术</td><td>雨水口、LID、雨水管道联用技术</td></tr>
</table>

在城镇降雨径流污染过程控制技术领域，国外首先建立了相应的溢流雨污水模型系统，通过对溢流量的模拟预测指导调蓄池的相关设计，利用旋流分离技术对进入管道的雨水进行初步处理，去除浓度较高的SS，防止其在管道中的沉积和堵塞；其次，通过优化雨水口的设计以及与其他类型城市面源与径流污染控制技术的联用，实现对径流雨水中SS的有效去除。由于在径流汇流过程中实现污染物的削减较为困难，当前阶段以调蓄和SS的去除为主。因此，预计该类技术未来发展趋势为降雨径流汇流过程中多种污染物的协同去除以及与其他类型城镇降雨径流污染控制技术的高效联用，研发能够在实现径流量高效控制的同时完成多种径流污染控制的关键技术。

在这一技术领域，国内的总体发展趋势与国外较为接近。不同点在于我国在SWMM模型结合雨污水调蓄池和城市排水系统的设计与建设方面获得了较快的发展，通过与SWMM模型的联用，有效地指导了雨污水调蓄池和城市排水系统建设；另外，高效截污净化型雨水口技术得到大力发展，实现了SS和其他污染物在降雨径流汇流过程中的削减。预计未来我国城镇降雨径流污染过程控制技术的发展趋势为高效截流型雨水排水管道系统的优化设计和水质净化型多级雨污水调蓄池的设计。

4. 后端治理技术

城镇降雨径流污染后端治理技术主要依托于雨水人工湿地、生态缓冲带以及物化措施，在入河前实现降雨径流污染物负荷的高效削减。这些技术主要包括：生物、生态和物化处理。其中，以生态/生物处理为主。城镇降雨径流污染后端治理技术发展历程如表1-11所示。

城镇降雨径流污染后端治理技术发展历程　　表 1-11

年份	国内		水专项		国外	
	生态处理技术	物化处理技术	生态处理技术	物化处理技术	生态处理技术	物化处理技术
1995—1999 年					缓冲带、雨水湿地填料研发与筛选；缓冲带、雨水湿地植被研发与筛选	雨水过滤罐技术
2000—2004 年	缓冲带设计技术、人工湿地设计技术	高效混凝剂筛选				
2005—2009 年	人工湿地及缓冲带植物选择技术	高效雨水沉淀设计技术			雨水湿地与调蓄池联用技术；模型与雨水湿地联用技术	固定式雨水过滤技术
2010—2014 年	人工湿地类型选择、高效填料的选择	混凝剂、雨水调蓄池、雨水沉淀池耦合联用	基于模型的雨水湿地设计技术；雨水湿地高效介质筛选	高效混凝剂筛选；雨水硅藻土处理技术；雨水斜管沉淀技术	人工湿地管理技术；人工湿地评价模型	雨水净化回用系统设计技术
2015 年至今	基于 GIS 和 SWMM 的湿地及缓冲带建设技术；雨水湿地与海绵城市建设技术	自动化雨水混凝沉淀处理技术				

国内外降雨径流污染后端处理均以径流生态/生物处理为中心，通过雨水人工湿地和生态缓冲带等技术和工程措施，实现降雨径流污染的高效处理，并形成亲水景观。在这一研究领域，国内外均在雨水人工湿地和生态缓冲带的科学构建方面开展了大量研究工作，国外的研究领先于国内。这主要体现在雨水人工湿地、生态缓冲带的功能截污净化介质以及优化植被配置等方面。当前阶段主要利用生态/生物处理技术，结合亲水景观，建设具有径流污染削减效果的城镇雨水湿地和缓冲带，并针对其优化运行和维护管理技术开展深入研究。随着大量生物/生态处理设施的建设与使用，开发高效、低成本、智慧化的运行与维护技术至关重要，也将成为未来的重要发展方向之一。在“双碳”目标的大背景下，有针对性地配置绿色植被，高效应用高生物质净水材料，在实现污染物削减的同时，提高生态/生物处理技术的汇碳能力也将是未来的重要发展方向之一。

除生态/生物处理技术外，物化处理技术对于去除降雨径流中的 SS 依然发挥着重要作用，主要包括混凝沉淀、絮凝沉淀、旋流分离、快速过滤、超滤膜分离等技术措施。在国内，这些技术主要应用于调蓄就地处理及雨水综合利用。

在后端治理技术与设施方面，近年来国内研发重点在于不同类型的人工湿地削减降雨径流中污染物的性能以及优质湿地填料的筛选和改性；开发了絮凝沉淀、旋流分离及快速过滤等多项技术的装备，并进行了大量工程应用。小型化、一体化、自动化、智慧化的物化降雨径流污染后端治理技术与装备具有节约场地、便于操作与维护等特点，是未来的重要发展方向之一。此外，面向新污染物高效去除的后端物化与生物/生态径流污染控制耦合技术是保障受纳水体生态风险的最后一道屏障，也是重要的发展方向。

1.4 城镇降雨径流污染控制目标与技术路线

1.4.1 控制目标

经过近30年的快速发展，我国城镇污水处理系统日趋完善，城镇水环境点源污染得以有效控制。由城镇化进程导致的降雨径流污染问题日益突显，降雨径流中SS和COD浓度较高，平均浓度高于我国《地表水环境质量标准》GB 3838—2002中Ⅴ类标准，降雨径流污染负荷已占城镇污染负荷的近20%，部分特大型城市达到35%以上，逐渐成为城镇水环境污染负荷的重要来源之一。城镇降雨径流污染控制以“削减径流量和径流污染负荷、增加雨水回用”为控制目标，采用“源头削减-过程控制-后端治理”组合技术措施来减少降雨径流进入受纳水体，巩固城镇黑臭水体治理成效，实现城镇水环境改善。

1.4.2 技术路线

城镇降雨径流污染是在降雨径流与地表污染物的相互作用下形成的。城镇降雨径流污染过程就是降雨及其形成的径流对地表污染物的溶解、冲刷，最终排入受纳水体的过程。

按照下垫面的不同，降雨在城镇中最初形成径流的汇水面主要有屋面、路面、广场和绿地，把这4类汇水面作为城镇降雨径流污染的源头削减区域，把降雨径流进入管网中的这段区域作为过程控制区域，把降雨径流从管网出来到进入受纳水体之前的区域作为后端治理区域。最后根据这三个区域，采用单项或多项组合控制集成技术来实现城镇降雨径流污染的有效控制。城镇降雨径流污染控制路线如图1-8所示。

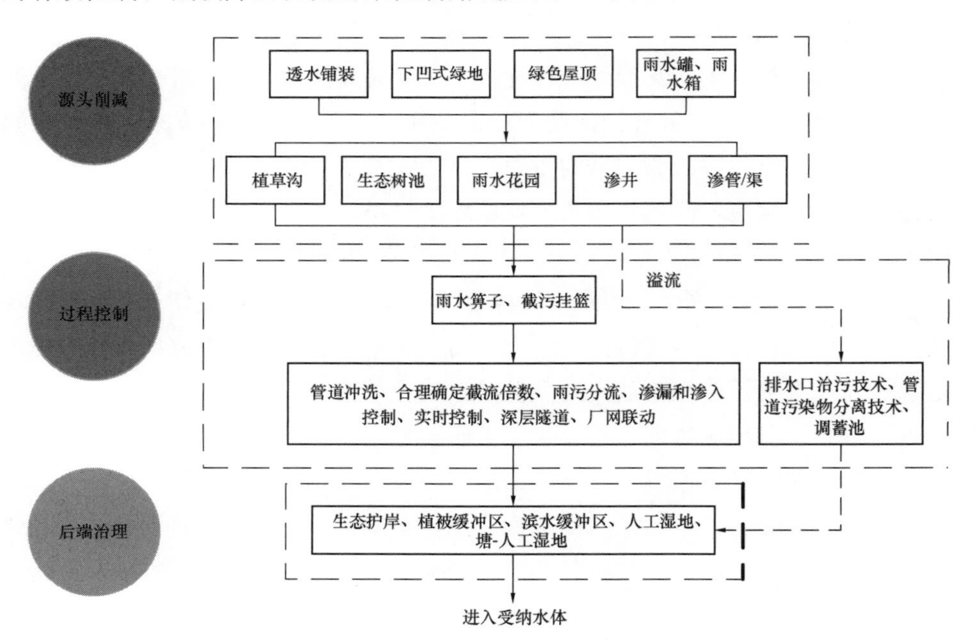

图1-8 城镇降雨径流污染控制路线图

第 2 章　城镇降雨径流污染负荷评估方法

近年来，随着我国城镇化进程的不断推进，城镇雨洪灾害频发，因降雨诱发的径流污染问题已经成为制约我国城镇黑臭水体治理和城镇水环境质量改善的重要因素。为了提高城市韧性，有效控制城镇雨洪内涝及其诱发的径流污染问题，对城镇雨水管理提出了更高的要求。因城镇降雨及其诱发的径流污染具有显著的随机性和复杂性特征，直接监测难度较大，给降雨水量和水质的及时分析带来很大的困难。因此，国内外形成了以理论计算和模型模拟为主的城镇降雨径流水质水量诊断评估方法，用于对降雨径流污染的“产-汇-流”表达，从而有效指导降雨径流污染控制设施的规划、建设及管理维护，实现城镇降雨高效利用与污染净化。

本章针对城镇降雨径流污染负荷计算方法进行论述，从雨水入渗、地表径流、污染物累积和冲刷等环节，梳理城镇降雨径流污染负荷的计算流程与方法和常用的商业化模型及软件，主要包括：暴雨洪水管理模型（Storm Water Management Model，SWMM）、城市排水管网模型（Inforworks CS）、水文模拟模型（Hydrological Simulation Program-Fortran，HSPF）、土壤和水评估模型（Soil and Water Assessment Tool，SWAT）、水动力计算模型（MIKE）等。这些城镇降雨径流污染负荷计算方法、商业化模型和软件，能够用于解析不同尺度、不同场景城镇降雨径流水量及污染负荷，评估和预测绿色基础设施、初期雨水净化设施和溢流污染控制设施对径流污染的削减效果。

2.1　城镇降雨径流污染负荷计算

通常，可以通过分别对区域内晴天污染物沉降量、雨天的径流入渗量、径流水量和水质的监测与计算，建立污染负荷与影响因素之间的关系和相应表达式，从而间接得到城镇降雨径流污染负荷；也可以在降雨径流形成后，同步观测径流水量和水质，获取不同降雨历时的污染负荷。本节从雨水入渗、地表径流、污染物累积和降雨径流冲刷等几个方面进行逐一介绍。

2.1.1　雨水入渗量

雨水入渗量是指雨水降落到地表，并通过下渗作用透过不饱和土壤进入地下的雨水量。

雨水入渗量通常采用格林-安普特（Green-Ampt）方程计算，此方程不仅适用于雨强大于下渗能力的情况，而且对暴雨开始时雨强小于下渗能力的情况也适用。

雨水入渗量一般分为两种情况计算：①累积下渗量小于饱和累积下渗量；②累积下渗量等于或大于饱和累积下渗量。

（1）当累积下渗量小于饱和累积下渗量，即 $F<F_s$时，$f=I$。

$$F_s = \frac{S \cdot IMD}{i/K_s - 1} \quad (i > K_s) \tag{2-1}$$

$$F_s = 0 \quad (i \leqslant K_s)$$

（2）当累积下渗量等于或大于饱和累积下渗量，即 $F \geqslant F_s$时，$f = f_p$。

$$f_p = K_s\left(1 + \frac{S_{wf} \cdot IMD}{F}\right) \tag{2-2}$$

式中 F——累积下渗量，mm；

F_s——饱和累积下渗量，mm；

S——土壤湿润锋处的毛细管吸力，mm；

f——下渗率，mm/s；

i——雨强，mm/s；

S_{wf}——湿润锋处的毛细管吸力，mm；

IMD——土壤初始不饱和度，mm/mm；

K_s——土壤的饱和导水率，mm/s；

f_p——稳定下渗率，mm/s。

2.1.2 地表径流量

地表径流量是指雨水降落到地表，并沿着地表形成径流的雨水量。地表径流量通常通过非线性滞蓄方程进行计算。根据区域特点，将其划分为几个子汇水区（包括路网和沟渠），子汇水区可概化为 3 种单元：不透水有滞蓄单元 A_1、透水有滞蓄单元 A_2和不透水无滞蓄单元 A_3，如图 2-1 所示。每个单元的径流只接进入汇水口或沟渠，一个单元的径流不经过另一个单元。

地表径流量的非线性滞蓄方程是通过联合曼宁方程的连续性方程建立的。每个单元的连续性方程见式(2-3)。

$$\frac{dV}{dt} = A_n \cdot \frac{dh}{dt} = A_n I^* - Q_{wn} \tag{2-3}$$

式中 V——某个单元中的径流体积，$V=A_n h$，m^3；

A_n——第 n 个单元的表面积，m^2；

h——水深，m；

t——径流时间，s；

I^*——净雨，净雨 = 雨强 − 蒸发 − 下渗，m/s（注：下渗量可用式（2-1）和式（2-2）进行求解）；

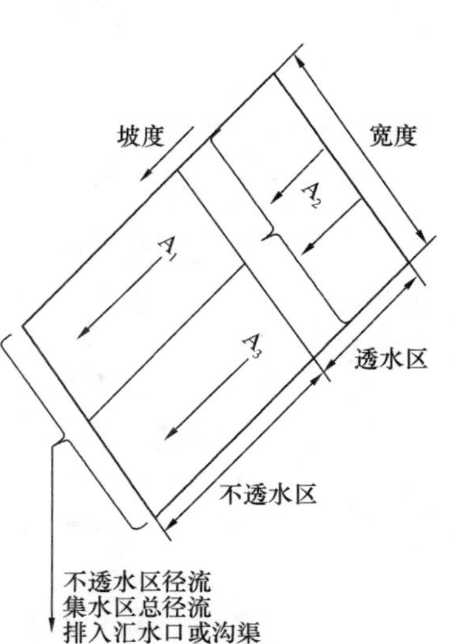

图 2-1 集水区的 3 种单元划分图

Q_{wn}——第 n 个单元的出流流量，m^3/s。

Q_{wn}用曼宁公式表示，见式（2-4）。

$$Q_{wn}=W\cdot\frac{1.49}{n}(h-h_p)^{5/3}slp^{1/2} \tag{2-4}$$

式中　W——子集水区宽度，m；

n——糙率；

h_p——洼地深度，m；

slp——子集水区坡度，%。

2.1.3　污染物累积

污染物累积过程是指晴天时污染物在汇水区地表的累积变化状况，即污染物随时间的累积。地表中污染物的累积通常发生在晴天期间，可以采用如下模型进行计算：污染物累积线性模型、污染物累积幂指数模型、污染物累积对数模型、污染物累积渐进性模型以及其他模型。

1. 污染物累积线性模型

将污染物累积量用等效晴天累积天数与日负荷量来计算。其中，等效晴天累积天数由晴天数和路面清扫情况决定。该模型结构简单，便于理解；但是随着晴天数的增长，累积量将呈现无上限增长，且该模型没有考虑污染物的晴天累积速率。因此，它的使用受到一定的限制，其表达式如式（2-5）所示。

$$P_t=t_e\cdot Y(s)_u \tag{2-5}$$

$$t_e=(y-t_s)(1-\varepsilon_s)+t_s$$

式中　P_t——上次降雨后经过 t 天晴天时单位面积的污染物累积量，mg/m^2；

t_e——等效晴天累积天数，d；

$Y(s)_u$——单位面积下垫面固体日负荷量，$mg/(m^2\cdot d)$；

y——最近一次降雨事件后所经历的天数，d；

t_s——最近一次清扫街道后所经历的天数，d；

ε_s——街道清扫频率。

2. 污染物累积幂指数模型

污染物的累积过程还可以表示为晴天数的幂指数形式，表达式如式（2-6）和式（2-7）所示。其中，式（2-6）表示累积初期地表污染物残留量为零，即一场降雨过程将地表冲刷干净；式（2-7）表示存在初期污染负荷，地表污染物残留量不为零情况。可以看出，污染物的累积速率随初期残留负荷而相应减小。

$$P_t=P_m(1-e^{-k_1t_q}) \tag{2-6}$$

$$P_t=P_s+(P_m-P_s)(1-e^{-k_1t_q}) \tag{2-7}$$

式中　P_m——集水区内最大可累积污染物量，mg/m^2；

P_s——集水区内前一场降雨结束时的地表残留污染物负荷，即晴天时的初期污染负荷，mg/m²；

k_1——累积系数，d^{-1}；

t_q——最近一次降雨事件后所经历的晴天天数，d。

3. 污染物累积对数模型

根据污染物累积速率随时间增加而逐渐减小，累积量趋近于极大值的假设，累积模型可以表示成一个对数方程，如式（2-8）所示。

$$P_t = a \cdot \ln t + c \tag{2-8}$$

式中　a、c——常系数。

4. 污染物累积渐进性模型

Sartor 和 Boyd（1972）、Roesner（1982）先后提出了渐进性模型（饱和模型）：

$$P_t = \frac{P_m t}{N + t} \tag{2-9}$$

式中　N——半饱和常数，即 $P_t = P_m/2$ 时所经历的时间，d。

目前广泛采用的 SWMM 模型将渐进性模型作为备选模型，具有较为理想的模拟效果。

5. 污染物累积其他模型

晴天的污染物累积量还可以采用式（2-10）进行计算：

$$\frac{dL_{si}}{dt} = k_i - k_{2i} L_{si} \tag{2-10}$$

式中　i——第 i 种地表特征；

L_{si}——单位面积下垫面的降尘量，g/m²；

k_i——降尘沉降速率，g/(m²·d)；

k_{2i}——降尘的消耗率（由风、交通车辆以及生物化学衰减所引起的降尘消耗），d^{-1}。

某种污染物的累积量 L_{ij} 与降尘量 L_{si} 成正比，即：

$$P_t = L_{ij} = f_{ij} \cdot L_{si} \tag{2-11}$$

式中　f_{ij}——第 i 种地表特征上的第 j 种污染物的比例系数，mg/g；

L_{ij}——开始降雨时第 i 种地表特征单位面积下垫面第 j 种污染物的累积量，mg/m²。

下垫面有不同类型，如屋顶、路面和草地等，它们的降尘残留量不同。对于屋顶，因为不考虑清扫，所以只考虑降雨冲刷后的降尘残留量；对于路面，要考虑街道清扫；对于草地，不考虑清扫，但是计算时要考虑降尘贡献到初始累积量的有效部分。

2.1.4　降雨径流冲刷

降雨径流冲刷是指降雨或冰雪融水产生的地表径流在流动过程中对地表的冲击，将沉积在地表的污染物冲刷下来，溶解在径流中，形成径流污染。

1. 初期冲刷效应

地表累积污染物在降雨的冲刷下，从地表向雨水径流中转移，通常出现初期雨水径流污染物浓度高于后期的现象，称之为初期冲刷效应（first flush phenomena）。城市停车场、沥青路面等不透水区域是初期冲刷效应发生的主要区域。

对降雨径流污染物初期冲刷效应有不同的定义方式，主要采用无量纲化的污染物输送函数来表示。当无量纲化的污染物输送速率大于无量纲化的降雨径流量输送速率时，则显示初期冲刷效应。

通过对初期降雨径流的研究，发现在初期 20%～30%径流量范围内污染物的输送比率大于径流量的输送比率，可能含有 50%以上雨水径流污染物，表现出明显的初期冲刷效应。

通常采用初期冲刷率（mass first flush，MFF）定量描述初期冲刷效应，即用标准化后的污染物量与径流量的比值来表示。

$$\mathrm{MFF}=\frac{\int_0^t C(t)Q(t)\mathrm{d}t/M_\mathrm{f}}{\int_0^t Q(t)\mathrm{d}t/V}=\frac{\int_0^t C(t)Q(t)\mathrm{d}t/\int_0^t Q(t)\mathrm{d}t}{M_\mathrm{f}/V} \tag{2-12}$$

式中　MFF——初期冲刷率；

$C(t)$——污染物浓度，mg/L；

$Q(t)$——降雨径流量，L/s；

M_f——冲刷污染物总量，mg；

V——径流体积，L。

Ma 等提出用 MFF 来定量描述降雨径流初期冲刷效应，如图 2-2 所示。MFF 曲线在斜率为 1.0 的直线之上，说明降雨径流污染物输送较径流量输送更快，表现出初期冲刷效应。径流量输送 n%时，污染物输送率与径流量输送率的比值率可描述为 MFF_n。

降雨径流污染物的初期冲刷效应受降雨强度、汇流面积、不透水面积比例、污染物种类等影响。随着降雨强度的增加，地表累积的污染物更易被冲刷，从而使初期冲刷效应强度增加，但是增加幅度不大。汇流面积对初期冲刷效应影响很大，存在一个最大影响面积值。当汇流面积小于此值时，表现为冲刷不足，导致初期冲刷效应强度降低；当汇流面积大于此值时，汇流时间过长，也会导致初期冲刷效应强度降低。由于不透水表面污

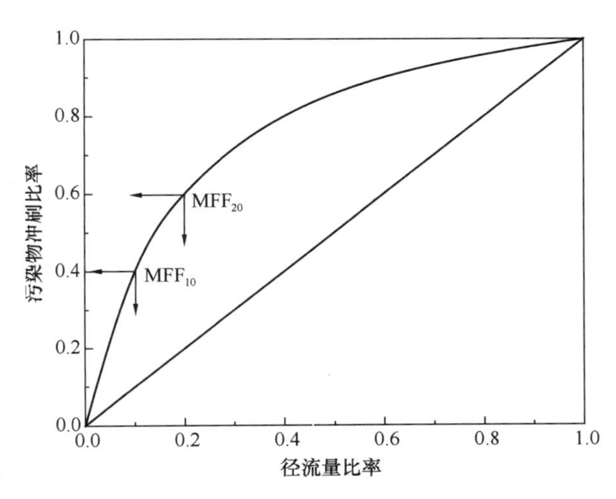

图 2-2　初期冲刷效应定量描述示意图

染物更易转移至雨水径流中，因此随着不透水面积的增加，初期冲刷效应增强。污染物种类对初期冲刷效应有一定的影响，由于溶解性污染物更易转移到雨水径流中，使其更趋向于前期输送，从而使初期冲刷效应有更明显的趋势。

由于初期雨水径流中污染物浓度相对较高，比后期降雨含有更多的污染物。因此，初期雨水径流污染物控制是降雨径流污染控制的重点。

2. 污染物冲刷经验模型

计算降雨径流污染冲刷常用的方法包括累积量方法和经验法。

（1）累积量方法

累积量方法计算式如式（2-13）所示：

$$\Delta L_{ij} = L_{ij}[1 - \exp(-c_{3i} \cdot P)] \tag{2-13}$$

式中　ΔL_{ij}——降雨过程从第 i 种地表特征单位面积下垫面冲刷的第 j 种污染物的量，mg/m^2；

c_{3i}——第 i 种特征地表的冲刷系数，mm^{-1}；

P——降雨量，mm。

（2）经验法

经验法计算式如式（2-14）所示：

$$\frac{dM_{t_F}}{dt_F} = -c \cdot \bar{I} \cdot M_{t_F} \tag{2-14}$$

式中　M_{t_F}——t_F时刻单位面积下垫面污染物量，mg/m^2；

t_F——冲刷时间，s；

c——污染物冲刷系数，mm^{-1}；

$\bar{I}$——平均降雨强度，mm/s。

将式（2-14）积分后得：

$$M_{t_F} = P_t e^{-c \cdot \bar{I} \cdot t_F} \tag{2-15}$$

累积污染物转移至雨水径流中的速率表示为：

$$R_M = -\frac{dM_{t_F}}{dt} = c \cdot \bar{I} \cdot M_{t_F} \tag{2-16}$$

式中　R_M——单位面积下垫面的冲刷速率，$mg/(m^2 \cdot min)$。

但有研究表明污染物冲刷系数 c 不是一个恒定值，而是与地表特征和污染物特征密切相关的特性值。Ian Brodie 和 Prasanna Egodawatta 等认为，能够被冲刷的污染物小于地表累积的污染物，能够被冲刷的污染物与雨滴动能以及暴雨强度有关，是非恒定值。因此，对式（2-16）进行了修正，见式（2-17）。

$$R_M = -\frac{dM_{t_F}}{d\,t_F} = c \cdot \bar{I} \cdot c_F \cdot P_t \cdot e^{-c \cdot i \cdot t_F} \tag{2-17}$$

式中　c_F——修正系数，其值小于 1.0，随着降雨强度的增加而增加。

污染物冲刷系数与污染物的性质有很大关系，通常情况下溶解性的污染物冲刷系数较高，而非溶解性的颗粒污染物冲刷系数较低。颗粒污染物的冲刷系数小于溶解性污染物，主要原因是颗粒污染物在冲刷过程中同时存在沉降过程。当冲刷量大于沉积量时，显示的是正冲刷，否则为负冲刷。因此，颗粒污染物地表输移过程可以用式（2-18）的模型描述：

$$\frac{\partial M_s}{\partial t_F}+\frac{\partial VM_s}{\partial L}=v_e-v_h \tag{2-18}$$

式中　M_s——单位面积下垫面输送悬浮颗粒污染物量，mg/m^2；

L——坡面长度，m；

V——径流体积，L；

v_e——污染物冲刷速度，mg/（m^2 • s）；

v_h——污染物沉降速度，mg/（m^2 • s）。

对全部雨水冲刷下垫面内颗粒污染物冲刷效应，可以用式（2-19）表示。

$$\frac{\mathrm{d}M_g}{\mathrm{d}t_F}=v_h-v_e \tag{2-19}$$

式中　M_g——单位面积下垫面颗粒污染物量，mg/m^2。

v_e可用随机冲刷模型表示，见式（2-20）。

$$v_e=c\bar{I}M_g \tag{2-20}$$

颗粒污染物在地表径流中的沉淀用浅流沉降模型式（2-21）表示：

$$v_h=\frac{\alpha v_{set}M_s}{h} \tag{2-21}$$

式中　α——浓度变化系数；

v_{set}——沉降速度，m/s；

h——径流深度，m。

3. 降雨径流过程模拟与计算

降雨扣除降雨损失后的雨水转化为地表径流，地表径流水力模型在数学上可用完整的一维圣维南方程组来描述。

圣维南方程组包括动量方程和连续方程。其中，动量方程见式（2-22），连续方程见式（2-23）。

$$u\frac{\partial u}{\partial t}+\frac{\partial u}{\partial t}+g\frac{\partial h}{\partial t}=g(slp_o-slp_f)-\frac{uI}{h} \tag{2-22}$$

$$\frac{\partial q}{\partial x}+\frac{\partial h}{\partial t}=I \tag{2-23}$$

式中　x——水流方向的距离，m；

q——通过相应断面的单宽流量，m^3/s；

u——x 方向断面的流速，m/s；

slp_o——地表坡度，%；

slp_f——阻力坡度，%；

I——净雨强，mm/s；

g——重力加速度，m/s^2。

忽略圣维南方程组的对流项和压力坡度后，得到的就是运动波方程；忽略对流项和惯性项后，得到的就是扩散波方程。运动波方程在大多数情况下可以很好地模拟坡面流运动过程，且能够简化计算。

降雨径流在雨水管道中输送也可采用圣维南方程组来计算，但是所需参数较多，计算复杂。采用 Muskingum 法计算管道流量具有方法简单、计算精度高等优点，可以替代圣维南方程组计算管道流量。

Muskingum 法以连续性方程表示水量平衡方程式，以槽蓄方程代替动量方程来描述，见式（2-24）。

$$\begin{cases} Q_{in} - Q_{out} = \dfrac{dS_w}{dt_F} \\ S_w = K_w[\mu I + (1-\mu)Q] \end{cases} \tag{2-24}$$

式中 Q_{in}、Q_{out}——分别为入流和出流流量，m^3/s；

S_w——河段蓄水量，m^3；

t_F——冲刷时间，s；

K_w——相应河段蓄水量（S_w）下稳定流状态河段传播时间，s；

μ——参数，也称流量比重因子。

式（2-24）的差分解为：

$$\begin{cases} Q_{t_F+\Delta t_F} = C_1 Q_{I,t_F} + c_2 Q_{I,(t_F+\Delta t_F)} + c_3 Q_{t_F} \\ c_1 = (\Delta t_F + 2K_w\mu)/[\Delta t_F + 2K_w(1-\mu)] \\ c_2 = (\Delta t_F - 2K_w\mu)/[\Delta t_F + 2K_w(1-\mu)] \\ c_3 = [2K_w(1-\mu) - \Delta t_F]/[\Delta t_F + 2K_w(1-\mu)] \end{cases} \tag{2-25}$$

式中 Q_{I,t_F}、$Q_{I,(t_F+\Delta t_F)}$——Δt 时段始末的入流量，m^3/s；

Q_{t_F}、$Q_{t_F+\Delta t_F}$——Δt_F时段始末的出流量，m^3/s；

Δt_F——计算时间，s；

c_1、c_2、c_3——系数，$c_1+c_2+c_3=1$。

若已知上端入流量及初始时刻的下端入流量，就可以逐时计算出下端流量。

4. 降雨径流污染负荷计算

（1）完全混合降雨径流水质的计算

降雨径流水质计算过程中，通常假定单元内的降雨径流与污染物完全混合，即假定单元内的污染物浓度与出流浓度相等，其表达式见式（2-26）。

$$\frac{dVC_{ij}}{dt} = V\frac{dC_{ij}}{dt} + C_{ij}\frac{dV}{dt} = Q_I C_{Iij} - QC_{ij} - k_1 C_{ij} V + S_c \tag{2-26}$$

式中 C_{ij}——第 i 种下垫面的第 j 种污染物的浓度，mg/L；

V——径流体积，m^3；

Q_I——入流流量，m^3/s；

C_{Iij}——第i种下垫面的第j种污染物的入流浓度，mg/L；

Q——出流流量，m^3/L；

k_1——第一衰减系数，d^{-1}；

S_c——源或漏，g/s。

（2）降雨径流水质计算

当降雨发生时，产生的降雨径流会对上次降雨径流冲刷剩余污染物和晴天时地表累积的污染物形成冲刷，使得地表的污染物进入径流中，从而造成降雨径流的污染。

常用的计算降雨径流中污染物浓度的方法主要有次降雨的径流平均浓度、多场降雨的径流平均浓度和代表某一地点的多场降雨的径流平均浓度等。

次降雨是指总降雨量至少为0.127cm的降雨，且一次降雨过程不得有连续6h的零降雨间隔。即如果两场降雨之间的间隔不大于6h，视为一次降雨。

1）次降雨的径流平均浓度

在任意一场降雨引起的降雨径流过程中，由于降雨强度的随机性变化，使得降雨径流中污染物的浓度随时间变化很大（呈数量级的变化）。因此，目前国内外通常采用“次降雨的径流平均浓度”来表示在一场降雨的地表径流全过程排放的某类污染物的平均浓度，见式（2-27）。

$$\mathrm{EMC} = \frac{M}{V} = \frac{\int_0^T C_t Q_t \mathrm{d}t}{\int_0^T Q_t \mathrm{d}t} \tag{2-27}$$

式中 EMC——某场降雨径流中某一污染物的平均浓度，mg/L；

M——某场降雨径流中污染物的总量，g；

V——某场降雨所引起的径流体积，m^3；

C_t——某污染物在t时刻的瞬时浓度，mg/L；

Q_t——地表径流在t时刻的径流排水量，m^3/s；

T——某场降雨的总历时，s。

2）多场降雨的径流平均浓度

降雨径流污染的随机性不仅表现在某一场降雨径流过程中污染物浓度的随机变化，还表现在不同场次降雨的EMC值的随机变化。大量的现场测试结果表明，对于不同场次的降雨径流事件，EMC值不同。美国环保署经过研究发现，不同场次降雨径流的EMC值呈现出对数正态分布。通常用多场降雨的EMC值的算术平均值表示污染物浓度的大小，表示为average EMC，或称为EMC平均值。

3）代表某一地点的多场降雨的径流平均浓度

代表某一地点的多场降雨的径流平均浓度，即SMC，是经过对某一地点多场降雨径流平均浓度的测试、统计并计算得到的一个平均值，该值可以近似反映某地的多场降雨的径流平均浓度。实地检测的径流场次越多，SMC值越能准确反映该处实际的径流平均浓度。SMC通常以多场降雨的EMC值的中位数来表示。

(3) 降雨径流水质模型计算

降雨径流冲刷量与降雨强度、降雨历时等因素有关。降雨径流冲刷量通常可以用简单的一级动力学方程计算，见式(2-28)。

$$\frac{\mathrm{d}M}{\mathrm{d}t}=-kM_{\mathrm{f}} \tag{2-28}$$

$$k=cr$$

积分后得：

$$M_t=P_0\mathrm{e}^{-cR_t}$$

式中 M_{f}——不透水下垫面可冲刷的污染物量，kg；

M_t——降雨径流开始t时后不透水下垫面残留的污染物量，kg；

P_0——上次降雨后经过0d晴天时集水区内的污染物累积量，kg；

R_t——降雨开始t时后的累计径流量，mm；

k——衰减系数，s^{-1}；

r——径流量，mm/s。

则一场降雨冲刷排放的地表污染物量为：

$$M'=P_0(1-\mathrm{e}^{-cR_{\mathrm{T}}}) \tag{2-29}$$

式中 M'——单场降雨冲刷排放的地表污染物量，kg；

R_{T}——次降雨总径流量，mm。

假设集水区面积为A，则降雨径流过程中污染物浓度C_t可表示为：

$$C_t=-\frac{1}{A}\frac{\mathrm{d}M_t}{\mathrm{d}R_t}=\frac{cP_0}{A}\mathrm{e}^{-cR_t} \tag{2-30}$$

因此，降雨径流开始时污染物浓度可以表示为：

$$C_0=\frac{cP_0}{A} \tag{2-31}$$

该降雨径流水质模型的建立基于一定的理论基础，即地表污染物的冲刷过程符合指数关系。通过参数之间的定量传递，将地表污染物累积量和冲刷效率关联，即可构建降雨径流的水质计算模型。

(4) 经验计算法

经验计算法是根据美国国家城镇降雨径流污染研究计划在华盛顿地区获得的数据提出的一种方法，见式(2-32)。

$$m_t=(C_{\mathrm{F}}\times\psi\times A\times P\times C)\times 0.01 \tag{2-32}$$

式中 m_t——t时间段内降雨径流排放的污染负荷，kg；

C_{F}——代表一年产生降雨径流的降雨次数在总降雨次数中的比例系数；

ψ——平均径流系数；

A——径流区总面积，hm^2；

P——年降雨量，mm；

C——污染物径流量的加权平均浓度，mg/L；

0.01——单位换算系数。

该方法成功用于我国四川九寨沟各湖泊子集水区内的公路和栈道的污染负荷研究；张善发等利用该方法对上海市地表径流污染负荷进行了系统研究，得出了一些有价值的成果。

2.2 城镇降雨径流污染负荷计算常见商用模型

采用传统的数学表达式计算降雨径流污染负荷过程复杂、计算量大，需要耗费较多的人力和物力。研究者将相关数学表达式植入计算机并进行整合优化，开发了各类城镇降雨径流模型，大大提高了计算效率和对降雨径流及其污染的管理效率。此类模型耦合了污染物累积模型、径流冲刷模型、水量模型和水质模型等，将下垫面污染物随降雨径流流动的过程（包括沉淀、内部化学作用等）作为整体进行模拟。通过模拟城镇降雨径流及其中污染物在径流中的迁移转化、评估径流污染控制技术设计效果及雨水管理方案可行性等，达到防洪排涝、减缓溢流、控制径流污染的目的。

目前城镇降雨径流污染负荷计算与预测模型多达数十种，其中常用的模型包括 SWMM 模型、HSPF 模型、SWAT 模型、Infoworks CS 模型和 MIKE 模型，各模型的特点及适用性汇总于表 2-1 中。

常用的城镇降雨径流污染负荷计算商用模型特点及适用性 **表 2-1**

项目	SWMM 模型	HSPF 模型	SWAT 模型	Infoworks CS 模型	MIKE 模型
输入参数	坡面漫流宽度、平均地表坡度、非渗透面积比例、曼宁糙率系数、洼地贮存深度、地表渗透率	水文气象、土地利用、高程、累积和冲刷系数、污染物衰减系数和受纳水体特征等	数字地形图、土地利用栅格图、土壤类型图、土壤类型表、土地利用表、地下水埋深数据及雨水管网布置图、降雨数据、气象数据、自然水文数据	径流深度、降水深度、径流系数、渗透速率、汇水区面积、降雨强度、流量、曼宁系数、坡度和洼地蓄水量等	土地利用、数字地形图、下渗情况、蒸发量、土壤初始含水率、雨水管道布置图、降雨资料、气象资料、水文参数、污染物累积和冲刷参数
水力学模拟功能	采用动力波模型，求解圣维南方程组，分析管网中水流状态，用于系统的设计及优化	河流水库水文水质过程模拟模块可以有效地对水力学行为进行模拟	采用简化的圣维南方程组进行网格单元汇流计算	采用动力波模型，求解圣维南方程组，分析管网中水流状态，用于系统的设计及优化	采用动力波模型，求解圣维南方程组，分析管网中水流状态，用于系统的设计及优化
水文模拟功能	使用地下水渗透模型模拟地下水层对渗透流的影响，能评价任何基础设施	透水地段水文水质过程模拟模块可以对降雨径流的水文过程进行模拟	有效评估不同尺度下非点源污染并识别污染关键区域，建立不同管理情景来评价不同管理措施的效果	有多种产汇流模型，包括但不限于固定径流系数，SCS、Green-Ampt、Horton 等产流模型，以及 Large Catch Wallingford 等汇流模型	能够真实模拟由降雨到径流的完整过程，符合径流形成原理

续表

项目	SWMM模型	HSPF模型	SWAT模型	Infoworks CS模型	MIKE模型
LID设施评估功能	已开发并应用低影响开发下垫面，具备模拟各种类型LID设施的功能	透水下垫面模块和不透水下垫面模块可以指导LID设施建设	在我国应用于城市地区的很少，主要应用在流域水文研究和非点源污染模拟方面	包括水文和水动力的模拟方法，可以在集水区中批量设置，也可以详细模拟单个LID设施，辅助设计	已开发并应用LID模块，具备模拟各种类型LID设施的功能
模拟计算能力	可进行单场降雨和连续降雨的模拟，模型计算稳定，运行速度较快	地表径流计算使用Philip方程和Chezy-Manning公式；在不透水下垫面区域，采用线性函数累积模型及冲刷模型模拟径流过程	以水文响应单元（Hydrological Response Unit，HRU）为计算单元，计算效率高，无需多余的人工投入	使用可变步长的稳定计算引擎，附带图形和报告组件，包括提示和数据管理工具；能够并行计算，利用独立显卡，支持多任务、多程计算，可以利用硬件提升计算速度	可进行单场降雨和连续降雨的模拟，模型计算稳定，运行速度较快
模拟校核能力	提供了模拟及监测数据导入和导出的功能，方便模型参数率定和校核	采用正交极差分析法、人工率定法以及响应曲面法等对HSPF模型进行校核和优化	通过精确的空间参数（专题地图、水文水质和气象监测等）及实测资料拟合提高模拟精度；对长期径流量模拟结果较短期的更准确，日尺度模拟结果精度有待提高	流量和流速通过预测和观测曲线调整匹配	提供了模拟及监测数据导入和导出的功能，方便模型参数率定和校核
操作便捷性	模型界面简单，提供详细的操作手册以及案例，便于技术人员使用	模型参数较多，参数间交互作用机制复杂，需要培训使用	模型界面简单，提供详细的操作手册以及案例，便于技术人员使用	需要在良好掌握ArcGIS的基础上才能使用该软件，软件模块众多，需要培训	模型界面简单，提供详细的操作手册以及案例，便于技术人员使用
推广难易程度	开源软件，方便推广使用	商业软件需要购买使用	开源软件，方便推广使用	商业软件需要购买使用	商业软件需要购买使用

2.2.1 SWMM模型

1. SWMM模型原理

SWMM模型是美国环保署于1971年开发的动态降雨-径流水质水量预测和管理模型。SWMM模型是城市雨洪资源化研究的有效工具，可以模拟完整的城镇降雨径流过程，包括产汇流计算和累积冲刷过程中的污染物浓度计算。其主要应用包括：进行地表径流分布式模拟、定量分析区域水质和排污情况。该模型适用于排水系统的规划、分析、设计以及管理措施的评估。

SWMM模型主要由4个计算模块和1个服务模块组成，计算模块包括径流模块

(Runoff)、输送模块（Transport）、扩充输送模块（Extran）和存储处理模块（Stroage/Treatment）；服务模块功能为统计分析和绘图。

SWMM 模型输入信息包括：水文气象、土地利用、累积和冲刷系数以及排水管网参数等；输出信息包括：模拟区域任何地点的污染负荷、管道溢流以及最佳管理实践效果评价。

通过上述模块和输入信息，模型可以计算并模拟城区产汇流的径流水量和污染物运移全过程，主要包括：时变降雨量、地表水蒸发、不透水区地表径流、透水区土壤侵蚀与下渗、管道溢流及受纳水体水质变化。模型模拟的污染指标主要包括 SS、BOD_5、COD、TN、TP 和大肠杆菌等 10 种，也可模拟用户自定义的污染物。

SWMM 模型应用广泛，是最完善且复杂的模型。由于对各子流域逐一模拟的运行方式，SWMM 模型尤为适合大面积含多种下垫面的城镇区域径流模拟。此外，该模型灵活性较好，无特定输入的时间间隔，与其他模型如 HSPF 模型相比，SWMM 模型的模拟结果与实测值更为接近，模拟的径流量达到峰值时所需的时间最短。

SWMM 模型的缺点和局限性是对输入数据和参数要求很高，输入格式单一，无法直接导入 GIS 或 CAD 格式的管网图，限制了模型的使用范围。此外，该模型无法模拟污染物的生化反应和相互转化，对与水质密切相关的管道内泥沙运动模拟较差。

2. SWMM 模型计算

（1）研究区域概化

地表产汇流模型的研究区域概化如图 2-3 所示。SWMM 建模时，首先根据地表类型以及雨水径流流向，将研究区域划分为若干子区域，明确每个子区域的透水面积 S_1、有滞蓄库容的不透水面积 S_2、无滞蓄库容的不透水面积 S_3。每个子区域表面被概化为一个非线性蓄水池，其入流项包括降水和来自上游子区域的出流；流出项包括下渗量、蒸发量和出流量。如图 2-3 所示，S_1 的特征宽度等于整个汇水区的宽度 L_1，S_2 和 S_3 的特征宽度 L_2 和 L_3 可分别用式（2-33）求得。分别计算各子区域的产流量和污染负荷，求和可得出研究区域的径流出流过程线，并估算出各处污染物浓度。

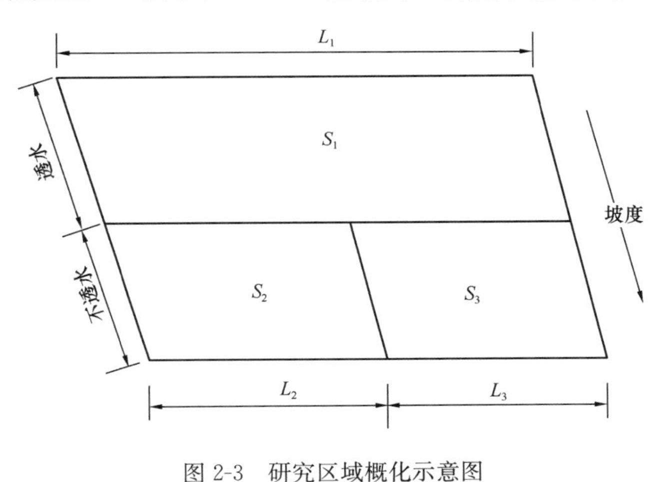

图 2-3　研究区域概化示意图

$$L_2=\frac{S_2}{S_2+S_3}\times L_1;\quad L_3=\frac{S_3}{S_2+S_3}\times L_1 \tag{2-33}$$

式中　L_1——S_1 的特征宽度，m；

L_2——S_2 的特征宽度，m；

L_3——S_3的特征宽度，m；

S_2——有滞蓄库容的不透水面积，m^2；

S_3——无滞蓄库容的不透水面积，m^2。

（2）产流量计算

地表产流量是降雨量扣除各种损失后剩余的径流量，即降雨量－损失量。当降雨强度超过雨水下渗强度时（若有下渗），地表开始积水并形成地表径流。

1）无洼不透水地表上的降雨损失主要为蒸发，产流量计算见式（2-34）。

$$R_1 = P - E \tag{2-34}$$

式中 R_1——无洼不透水地表的产流量，mm；

P——降雨量，mm；

E——蒸发量，mm。

2）有洼不透水地表上的降雨损失主要为填洼，产流量计算见式（2-35）。

$$R_2 = P - D \tag{2-35}$$

式中 R_2——有洼不透水地表的产流量，mm；

D——洼蓄量，mm。

3）透水地表的降雨损失主要包括洼蓄和下渗，产流量计算见式（2-36）。

$$R_3 = (I - f) \cdot T - D \tag{2-36}$$

式中 R_3——透水地表的产流量，mm；

I——降雨强度，mm/h；

f——入渗强度，mm/h；

T——降雨历时，h。

（3）产流时的下渗量计算

SWWM模型提供了3种产流时下渗量的计算方法供选择，即Horton（霍顿）模型、Greeen-Ampt（格林-安普特）模型和SCS－CN模型（Curve Number Method，径流曲线数法）。

1）Horton模型

Horton模型是Horton于1933年提出的一个经验模型。

$$f_t = f_c + (f_0 - f_c)e^{-kt} \tag{2-37}$$

式中 f_t——t时刻的下渗率，mm/h；

f_c——土壤稳定下渗率，mm/h；

f_0——初始下渗率，mm/h；

k——与土壤的物理性质有关的下渗衰减系数，h^{-1}。

2）Green-Ampt模型

Green-Ampt模型是Green和Ampt于1911年提出的一个具有理论基础的物理模型，其物理基础是多孔介质水流的Darcy定理。

$$F=\frac{K_s S_w(\theta_s-\theta_i)}{i-K_s} \tag{2-38}$$

式中　F——降雨累积入渗深度，mm；

θ_s、θ_i——分别是饱和时、初始时单位体积的水分含量；

S_w——浸润面上土壤的吸水能力，mm；

K_s——饱和的水力传导率，mm/h。

3）SCS-CN 模型

SCS-CN 模型是 20 世纪 50 年代美国水土保持局提出的一个经验模型，最初用于估算农业区域 24h 的可能降雨量，后来常被用于城镇化流域洪峰流量过程线的分析，净雨量（地表径流量）计算方法见式（2-39）。

$$P_e=\frac{(P-J_a)^2}{P-J_a+S} \tag{2-39}$$

式中　P_e——累积的净雨量（有效降雨量或地表径流量），mm；

P——累积降雨量，mm；

J_a——初始损失量（包括地表洼蓄量、径流形成之前的截流量和入渗量），mm；

S——潜在的最大入渗量，mm。

在式（2-39）中，J_a与 S 之间的关系采用经验式（2-40）确定。

$$J_a=\alpha \cdot S \tag{2-40}$$

系数 α 的率定可由实测径流数据确定，一般取 $\alpha=0.2$。

通过对不同汇水区径流资料的分析就可以获得一组径流曲线。因此，式（2-39）可以转换为式（2-41）。

$$P_e=\frac{(P-0.2S)^2}{P+0.8S} \tag{2-41}$$

由式（2-41）得出汇水区的径流量主要取决于两个参数——累积降雨量和潜在的最大入渗量。SCS 入渗公式主要根据反映流域综合特征的参数 CN 计算潜在的最大入渗量 S。

$$S=25.4\left(\frac{1000}{CN}-10\right) \tag{2-42}$$

式中　CN——当日的径流曲线系数，与流域前期湿度条件（Antecedent Moisture Condition，AMC）、坡度、植被和土地利用方式有关，反映了降水前流域的综合特征。CN 值越大，越容易产生径流，反之则产流越困难。

SCS 定义了 3 种 AMC，即Ⅰ—干旱状态（凋萎点），Ⅱ—平均湿度状态，Ⅲ—湿润状态（田间持水量状态）。其中，Ⅰ状态下的 CN 值是干旱状态下逐日曲线数的最小值；Ⅱ状态下的 CN 值可查表（见附表 1）得到；Ⅰ和Ⅲ状态下的 CN 值可由Ⅱ状态下的 CN 值推求，具体见式（2-43）和式（2-44）。

$$CN_1=CN_2-\frac{20\times(100-CN_2)}{100-CN_2+\exp[2.533-0.0636\times(100-CN_2)]} \tag{2-43}$$

$$CN_3=CN_2\times\exp[0.00673\times(100-CN_2)] \tag{2-44}$$

式中　CN_1、CN_2、CN_3——分别是 AMC 为干旱、平均湿度和湿润状态下的曲线数值。

表 2-2 比较了 3 种入渗模型的特点、优势及适用范围。其中，Horton 模型比较适合城市地区，在很多城市降雨径流的下渗计算中使用了该模型。

SWMM 三种入渗模型比较　　**表 2-2**

模型	特点及优势	适用范围
Horton 模型	假设降雨强度总是大于入渗率；描述入渗率随降雨历时的变化关系；没有考虑土壤类型、土壤水分含量以及入渗量；作为土壤蓄水量的函数	待率定的参数少；适用于小范围模拟
Green-Ampt 模型	假设土壤层存在急剧变化的土壤干湿界面，降雨初期雨强可小于入渗率；可计算入渗率随时间变化的情况，考虑降雨入渗使下垫面经由不饱和到饱和的变化过程，将入渗过程分为土壤未饱和阶段和土壤饱和阶段分别进行计算	对土壤资料的要求高
SCS-CN 模型	根据反映流域特征的综合参数 *CN* 进行入渗计算，*CN* 值根据日降雨量与径流量几率进行确定，与土壤类型、土地用途、植被和土壤初始饱和度、土壤前期条件等因素相关。 该方法能给出完整的流量过程线，通过计算土壤吸收水分的能力来进行降雨扣损，并不反映降雨过程（降雨强度）对产流的影响；对较小的洪峰流量估计偏低	适用于大范围（大到 50km^2）和较大设计暴雨强度的模拟

（4）地表汇流计算

地表汇流计算的任务是模拟各个子流域的雨水汇流至出口控制断面或排至城市河网和雨水管网的过程。在 SWMM 模型中，它是通过把子流域的 3 个组成部分（洼蓄透水区域、洼蓄不透水区域、无洼蓄不透水区域）近似作为非线性水库处理而实现的，即联立求解曼宁方程和连续方程。

图 2-4 为非线性水库方法的汇水子区域概化示意图，降雨 I 是该非线性水库的入流，入渗流和地表径流是该非线性水库的出流 Q。该模型假设：汇水子区域出口处的地表径流为水深等于 $(y-y_d)$ 的均匀流，且水库的出流量是水库水深的非线性函数。

线性水库的连续方程见式（2-45）。

$$\frac{dV}{dt}=A\frac{dh}{dt}=AI^*-Q \tag{2-45}$$

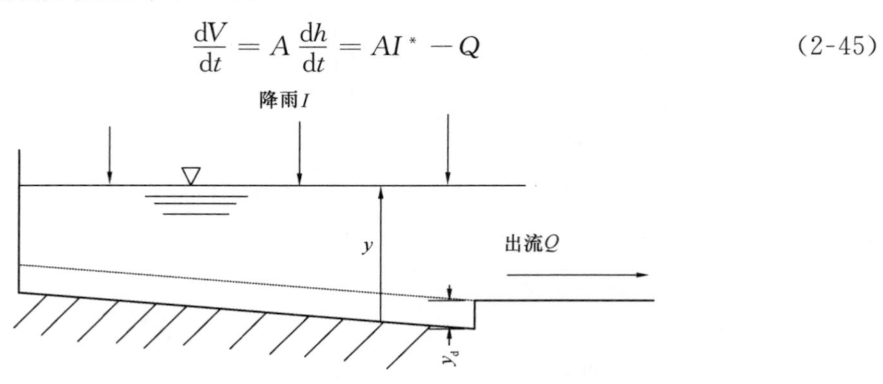

图 2-4　非线性水库方法的汇水子区域概化示意图

式中　I^*——净雨强度，mm/s。

出流量的计算采用曼宁方程，参考式（2-4）并联立方程式（2-45），合并为非线性微分方程，求解未知数 y。

$$\frac{\mathrm{d}h}{\mathrm{d}t}=I^*-\frac{1.49W}{An}(h-h_{\mathrm{p}})^{\frac{5}{3}}slp^{\frac{1}{2}}=I^*+WCON(h-h_{\mathrm{p}})^{5/3} \tag{2-46}$$

式中　$WCON$——由面积、宽度、坡度和糙率构成的流量演算参数，等于$-\frac{1.49W}{An}slp^{1/2}$。

对于每一时间步长，用有限差分法求解式（2-46）。为此，方程右边的净入流量和净出流量为时段平均值，净雨强度 I^* 值在计算中也是时段平均值。则式（2-46）转换成式（2-47）：

$$\frac{h_2-h_1}{t}=I^*+WCON\left[h_1-\frac{1}{2}(h_2-h_1)-h_{\mathrm{p}}\right]^{5/3} \tag{2-47}$$

式中　h_1——时段内水深初始值，m；

h_2——时段内水深末时值，m。

该模型的计算分为三步：1）用 Green-Ampt 或 Horton 入渗公式计算降雨时间内的平均潜在入渗率；2）由差分方程迭代（Newton-Raphson 迭代法）求解可得时段内水深末时值 h_2；3）将 h_2 代入曼宁方程得出时段末的汇水子区域瞬时出流量 Q_2。

对于无洼蓄不透水面积，入渗率 f 和洼蓄量 y_{d} 均取为 0；对于有洼蓄不透水面积，入渗率 f 取为 0。

（5）地表污染物的累积模型

累积过程是指晴天时污染物在汇水区地表的累积变化状况，即污染物随时间的累积。在透水区采用 RUSLE（修正土壤流失方程）方程，在不透水区可由线性函数、幂函数、指数函数和饱和函数累积方程表示，即污染物累积量与时间成以上 4 种对应的函数关系，且污染物累积增至最大累积量时停止。

1）线性函数累积方程

$$P_t=\min(P_{\mathrm{m}}\cdot C_1\cdot t_{\mathrm{e}}) \tag{2-48}$$

2）幂函数累积方程

$$P_t=\min(P_{\mathrm{m}}\cdot C_1\cdot t_{\mathrm{e}}{}^{C_2}) \tag{2-49}$$

3）指数函数累积方程

$$P_t=P_{\mathrm{m}}(1-e^{-C_1t_{\mathrm{e}}}) \tag{2-50}$$

4）饱和函数累积方程

$$P_t=\frac{P_{\mathrm{m}}\,t_{\mathrm{e}}}{N+t_{\mathrm{e}}} \tag{2-51}$$

式中　P_t——单位下垫面累积量，kg/m²；

P_{m}——单位下垫面最大累积量，kg/m²；

C_1——累积率常数，d^{-1}；

C_2——时间指数，当 $C_2=1$ 时幂函数累积方程变成线性函数累积方程的特殊情况；

N——半饱和常数，即达到最大累积量一半时的天数。

（6）地表污染物的冲刷模型

污染物的冲刷过程是指降雨形成径流以后，地表被侵蚀和污染物质溶解的过程。SWMM 主要有 3 种冲刷模型：指数方程、流量特性冲刷曲线和次降雨平均浓度曲线。

1）指数方程

指数方程指被冲刷污染物量与残留在地表的污染物量成正比，与径流量成指数关系。

$$P_{\mathrm{off}}=\frac{-\mathrm{d}P_{\mathrm{p}}}{\mathrm{d}t}=C_1 r^n P_{\mathrm{p}} \tag{2-52}$$

式中 P_{off}——t 时刻径流冲刷的污染物量，kg/s 或 kg/h，与径流量成一定的指数关系，与剩余地表污染物量成正比；

C_1——冲刷系数；

P_{p}——t 时刻单位下垫面剩余污染物的量，$\mathrm{kg/hm^2}$ 或 $\mathrm{kg/m^2}$；

r——t 时刻子流域单位面积的径流量，mm/h；

n——冲刷指数。

该方法中需要输入的参数是 r 和 n，各污染物对应的参数值各不相同。

2）流量特性冲刷曲线

此方法假设冲刷量与径流量为简单的函数关系，污染物的冲刷负荷完全独立于地表累积的污染物总量。

$$P_{\mathrm{off}}=C_1 r^n \tag{2-53}$$

3）次降雨平均浓度曲线

此方法是流量特性冲刷曲线的特殊情况，当冲刷指数等于 1.0 时，系数 C_1 代表污染物平均浓度（g/L），即 EMC，具体计算方法如式（2-27）所示。在上述 3 个模型中，剩余的地表污染物量为 0 时，冲刷即停止。

3. SWMM 模型应用案例

SWMM 模型已应用于国内外城市区域暴雨洪水的地表径流过程、地表径流量和污染负荷量的估算与预测，以及对合流制和分流制排水管网、排污管道和其他排水系统的规划、分析、设计方面。以下介绍近年来一些具有代表性的 SWMM 模型在地表径流方面的应用情况与研究进展。

（1）方案评估与影响分析

1）规划方案评估

董欣等以深圳河湾地区的排水系统规划为例，参考典型降雨年的排污状况，用 SWMM 模型定量分析了该地区排污情况，评价了该地区“布局规划方案”在近期和远期的环境影响，结果显示 SWMM 模型是区域排水分析计算的有效工具之一。

周志才建立了上海市松江国际生态商务区 SWMM 模型，评估了海绵城市建设对该区域降雨径流控制和污染负荷控制的效果。结果表明，随着重现期增大，与传统开发模式相比，海绵城市建设径流总量削减率呈下降趋势，径流峰值削减率呈上升趋势。

2）排水管网设计评估

陈明辉等以东莞市新旧城区为试点，建立了基于 SWMM 的排水管网水力模型，用于评价该城区排水管网承载力；为了整治城区内涝，提出增加管径的建议，并模拟出管道充满度改善和积水点减少的优化设计方案。

程伟等采用 SWMM 模型，对比分析了平坦区域管道垂直式和水平式两种布置形式在实际暴雨条件下，随着重现期提高节点积水情况及管道过流能力的变化。结果表明，随着重现期的提高，在平坦区域垂直式管道布置方式在暴雨条件下可以有效减少检查井积水的数目，相比于水平式管道布置方式更有优势。

马俊花等应用 SWMM 模型模拟了北方某小区合流制排水管网在不同时段的工作状态，对比得出溢流最主要原因是管径过小与地表不透水面积过大。增大下游管径后，模拟节点溢流持续时间从 70min 降到 8min，优化效果显著。

李彦伟等采用 SWMM 模型模拟所选区域排水系统的运行现状，分析得出其“瓶颈制约”，并提出改变节点高程和增大管径两种管网改善方案。

李朋等利用 SWMM 模型分析了厦门市海绵试点区建设措施在径流控制中的作用。结果显示，低影响开发措施布置可有效缓解雨水管网排水压力，多数出水口出水量小于对应的调蓄湿塘容积，能够实现径流控制要求。

3）模拟城市化对降雨的影响

Camorani 等通过 SWMM 模型模拟分析了城市化对不同重现期降雨的影响，结果表明城市化能明显增加高频率、小流量的城市降雨场次，而对重现期较长的降雨影响不显著。

梁春娣等利用 SWMM 模型分别模拟了城市开发前（天然状态下）、开发后无调控措施（普通混凝土路面）及开发后利用透水路面对 2 年、10 年及 100 年设计暴雨进行调控的径流过程。结果显示，城市化进程显著增大了洪峰流量，缩短了径流持续时间，透水路面在削减洪峰流量和洪量方面具有显著的作用。

王雯雯等利用 SWMM 模型对城市化前后及加入透水砖和下凹式绿地两种 LID 措施等不同情境下的城市水文效应进行了模拟。结果显示，城市化后洪峰流量显著增大、洪峰时间提前、径流系数变大。铺设透水砖和采用下凹式绿地可有效缓解雨水管网的排洪压力、削减洪峰流量、减小径流系数，二者组合实施可以更好地发挥控制流量的作用，增加雨洪资源的利用量。

4）分析源头减排措施效果

张胜杰利用 SWMM 模型模拟了绿色屋顶等源头减排措施在削减洪峰流量、推迟洪峰、减小径流系数方面的效果。结果显示，与常规开发相比，采用源头减排措施后洪峰流量削减了 53.0%，峰流量出现时间由 52min 延迟为 133min；径流系数减小了 0.22。

吴建立等利用 SWMM 模型对深圳城区内河典型区域（清湖周边区域）暴雨径流及水

质进行模拟，考查了不同重现期和不同透水面积条件下暴雨径流及水质随时间的变化关系。

熊赟等基于SWMM模型评估了绿化屋顶、下沉式绿地和透水铺装三种适用于城镇区域地表径流产汇流调控手段的效果。结果表明，将绿化屋顶、下沉式绿地和透水铺装应用于流域管装的居住小区，其年径流总量控制率可提高到69%，年SS排放总量可降低41%。

王建龙等借助SWMM模型评估了海绵小区改建前后的雨水调控效果。结果表明，在重现期较小时，通过海绵小区改造可有效削减峰值流量、延缓峰值时间，在实现外排减少且随总量削减的同时，提高了排水能力；随着重现期的增加，海绵小区改造后雨水径流控制总量逐渐增加，但增加幅度逐渐减小；同时，峰值流量削减率逐渐降低；当重现期大于5年以后，径流总量控制率增加值和峰值削减效果均开始降低。

熊向陨等在深圳市光明新区建立了SWMM模型，分析了海绵城市技术措施对暴雨径流的影响。结果表明，下凹式绿地在对地表径流削减方面表现出较好的优势，而透水铺装在对洪峰流量削减方面表现出一定的优势。

(2) SWMM模型校验与完善

1) 校验排积水能力

钟力云采用SWMM模型，以3年为重现期校核上海市某小区排水系统排除地表积水的能力。结果显示，SWMM模型可较好地给出城镇排水系统在各种工况下运行的实际情况。

从翔宇等选取北京市典型小区，采用SWMM模型计算了不同频率设计暴雨下小区排水效果以及积水、道路坡面流等情况。结果显示，面对10年一遇的暴雨洪水，平式和凹式绿地比凸式绿地的入渗量分别增加了10%和36%，径流量分别减少了30%和53%，洪峰流量分别降低了10%和35%。

刘俊等采用SWMM模型对上海市区排水和地表淹水过程进行了模拟，从结果看由模型根据实测雨量模拟的淹水结果与实际情况总体比较吻合，节点的淹水过程趋势验证了SWMM模型的精确性和可靠性。

2) 校验污染负荷模拟误差

马晓宇等利用SWMM模型对温州市某典型住宅区的径流污染负荷进行了计算，结合当地实测数据率定模型参数，分析在4种不同降雨情境下的SS、COD、TN和TP的污染负荷量及累积变化过程。结果表明，SWMM模型对4种污染物模拟的相对误差均小于10%。

3) 提高精度

Park等研究了子汇水区划分方法与分辨率对SWMM模型模拟和预测径流污染结果的影响。结果表明，将不同土地利用类型的子汇水区合并后，污染物的总量会减少。因此，为了保证模拟结果的准确性，应该尽量保证子汇水区的土地利用类型相同。

4) 多手段耦合模拟

Barco等将SWMM模型应用于南加利福尼亚某大型城市区域（$217km^2$）。研究结果证明了SWMM、GIS和优化方法的耦合应用是大型城市区域非点源污染模拟的有效工具。

郑磊等利用GIS对空间数据的处理和分析功能，结合SWMM模型建立了雨水管网规划GIS系统，实现了雨水管网设备的属性数据及空间数据的一体化管理，为城市暴雨积水计算提供了可视化分析的手段。

2.2.2 HSPF模型

1. HSPF模型原理

HSPF模型由美国环保署在20世纪70年代末用Fortran语言编写，以Stanford流域模型（Stanford Watershed Model）为基础，借鉴并集成了HSP（Hydrological Simulation Program）、ARM（Agricultural Runoff Management）、NPS（Nonpoint Source Runoff）等模型，用于模拟城市、森林、农村等较大流域内水文水质过程，在城市化地区对于长期水文效应分析较为有效。

HSPF模型能够应用于大多数流域和不同气候带，包括沙特阿拉伯的干旱地区、美国东部和欧洲的湿润地区、加拿大东部的冰雪覆盖区；能够模拟不同时间尺度（每分钟、每小时或每日）的洪峰流量；结构特点使其容易对程序进行改变和扩展，是一种半分布式水文水质模型，在解决较大范围水质水量问题方面优势明显。

HSPF模型需要输入大量空间和属性信息，输入信息包括：水文气象、土地利用、高程、累积和冲刷系数、污染物衰减系数和受纳水体特征等；输出信息包括：地表径流量时间序列、污染物负荷过程线、流域内某点水量水质的时变过程、污染物对受纳水体的影响等。

HSPF模型可以综合模拟地表径流、土壤流失、管渠河道水流等过程，实现对泥沙、BOD_5、DO、N、P、农药和大肠杆菌等污染物相互作用及迁移转化过程的连续模拟。HSPF模型广泛应用于防洪规划与管理、点源和非点源污染分析、土壤侵蚀和沉积物运移研究、城市最佳管理实践（BMPs）效果评价等方面。

HSPF模型的主要缺点和局限包括：

（1）不能进行排水管内水流的复杂计算，不适合场次暴雨的模拟；

（2）在城区应用局限较大，模型校正时参数不唯一；

（3）模拟精度受到空间和属性等数据限制，对数据输入要求较高，须有连续水文水质监测数据来校正模型；

（4）假设其中的Stanford流域模型对所有地区均适用，模拟只限于均匀混合的河流、水库和一维水体，因此对于复杂流域或水体的研究，需要与其他模型结合使用。

HSPF模型包括PERLND、IMPLND、RCHRES 3个应用模块，分别对透水区、不透水区、河道与混合水库的水文和水质进行模拟。上述三大应用模块又可分为若干个子模块，详见图2-5～图2-8。

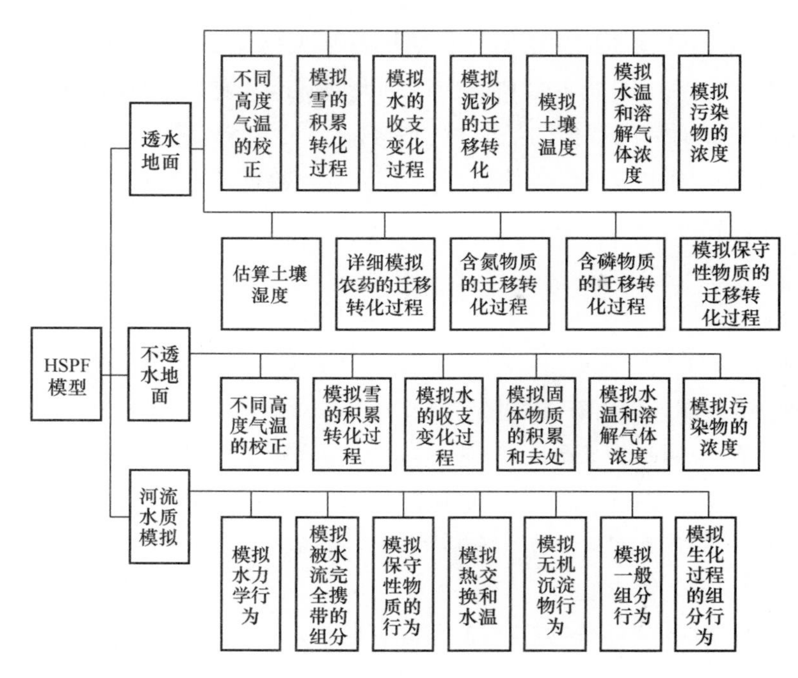

图 2-5　HSPF 模型结构图

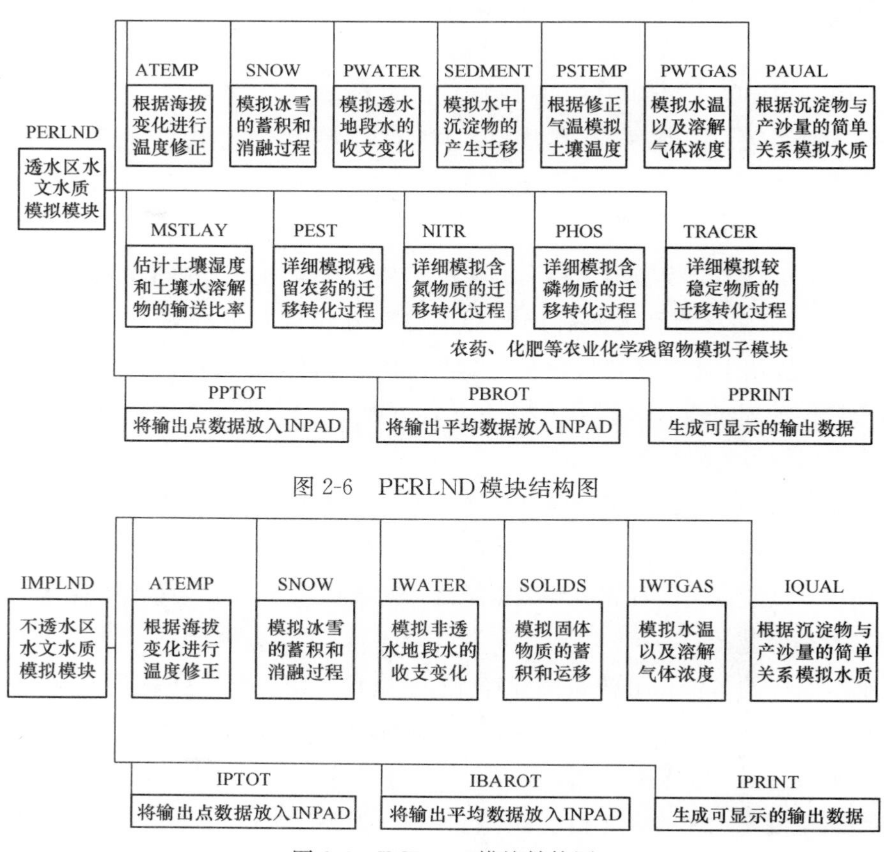

图 2-6　PERLND 模块结构图

图 2-7　IMPLND 模块结构图

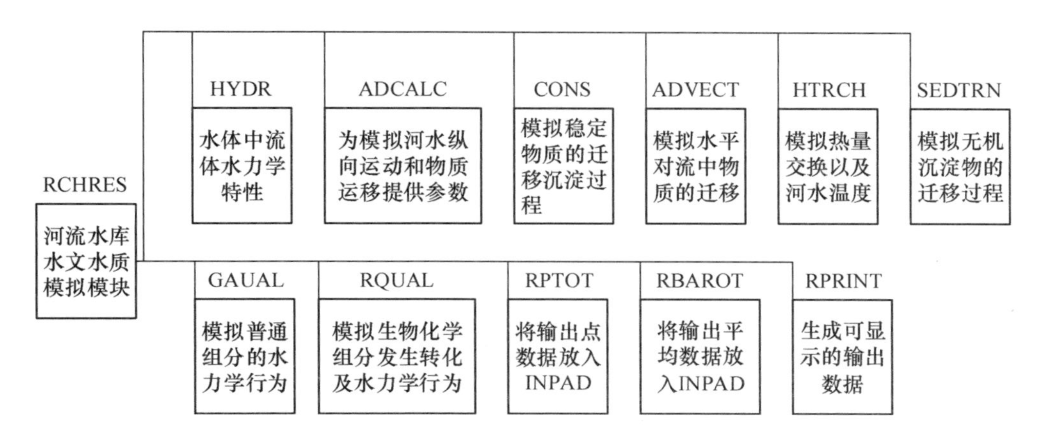

图 2-8　RCHRES 模块结构图

2. HSPF 模型计算

（1）水量计算模拟

水量计算模拟主要是模拟一定区域内地表降水径流的变化过程。在透水区，径流量采用 Stanford 模型计算（参数修正），使用地表径流、壤中流和地下径流 3 种方式模拟径流过程，地表径流计算使用 Philip 方程和 Chezy-Manning 公式；在不透水区，采用线性函数累积模型及冲刷模型模拟径流过程。

模拟降水水文过程时，对于透水地面采用的计算方法是以斯坦福模型Ⅵ为基础，但对其中的一些参数进行了修正。地表径流产生的过程可概述如下：当降雨、降雪事件发生时，被地表截留一部分，再扣除地表填洼、下渗、蒸发，最后形成地表径流；地表植被的截留和填洼、土壤上中下层的持水能力随土壤特征、时间、作物种植、耕作方式等不同而不同。不透水地面的主要水文过程指的是降雨、降雪扣除屋顶集水、蒸发、植物等截留后，形成地表径流。

（2）水质计算模拟

HSPF 模型可模拟多种水质要素，包括：泥沙、DO、BOD_5、农药、TN、NO_2-N、NO_3-N、TP、氯化物。其中，泥沙、N 和 P 是非点源污染最主要的污染物。污染物的迁移转化则考虑 N、P、农药等污染物的复杂平衡过程。

1）泥沙模拟

产生水体泥沙的土壤侵蚀分为雨滴溅蚀、径流冲蚀和径流运移等若干子过程，采用土壤表面降雨侵蚀模型计算。

2）N 和 P 的模拟

模型能够模拟无机 N 和 P 在土壤及水体中的迁移转化。N 和 P 在土壤中的迁移转化过程包括：植物固定及吸收、矿化作用、吸附、解吸等。N 在水体中的迁移转化过程包括：溶解态硝酸盐、亚硝酸盐、氨的纵向对流；氨的水底释放；铵电离；铵气化；氨和亚硝酸盐的硝化作用；硝酸盐的反硝化作用；BOD 物质衰减导致的氨化作用；水中泥沙对氨的吸附、解吸作用；吸附态氨的沉积、冲刷和纵向对流。P 在水体中的迁移转化过程包括：溶解态磷酸盐的纵向对流；磷酸盐的水底释放；水中泥沙对磷酸盐的吸附、解吸作用；吸附态磷酸盐的沉积、冲刷和纵向对流。

2.2.3 SWAT模型

1. SWAT模型原理

SWAT模型是20世纪90年代初由美国农业部农业研究中心（USDA-ARS）开发的，是流域尺度的分布式物理机制的模型。截至2011年，SWAT模型已发布7个版本。该模型不仅可以模拟地表径流、入渗、地下水流、回流等水文过程，还可以研究环境要素（土壤温湿度、蒸散发、大气）的影响，并能对产沙输沙、营养物质等水质变化进行模拟。目前SWAT模型模拟的流域尺度范围基本在0.004～491665km^{2}之间。

SWAT模型吸取了田间尺度非点源污染模型（CREAMS）、地下水污染物对农业生态系统影响模型（GLEAMS）、作物生长模型（EPIC）和河道演算模型（ROTO）的主要特征，是一个综合性的模型。

SWAT模型在具体应用时针对模拟对象特点开发出各种改进模型，包括SWIM、SWATMOD、SWAT -G、AVSWAT 、ArcSWAT 和E-SWAT 等。此外，SWAT 模型已被并入BASINS（Better Assessment Science Integrating Point and Nonpoint Sources）系统。

SWAT模型在世界范围内普遍应用，具有所需实测监控数据少，计算效率高，免费提供模型源代码、理论文件和用户手册等资料的优势。一方面，SWAT模型基于物理机制，对数据要求链接于HSPF，能在缺少某些实测监控数据的情况下作出水质水量变化的连续模拟，时间步长为每日；另一方面，SWAT模型是分布式模型，由于SWAT模型以HRU（Hydrological Response Unit，水文响应单元）为计算单元，对具有特定土地利用类型和土壤类型组合的HRU区域逐个进行计算，并将计算结果叠加，因此对大尺度或使用多种管理决策的研究区域进行模拟时计算效率高，无需投入过多时间和经费。

SWAT模型与GIS、BASINS的结合是已有的成功范例，GIS支持SWAT模型在地形、土地利用、土壤等空间信息方面数据的输入，大大提高了SWAT模型在数据管理、参数提取、结果表达等方面的效率。

总体来说，SWAT模型对长期径流量模拟结果较短期的更准确，日尺度模拟结果精度有待提高。当然，欲达到更精确的模拟效果、扩大应用领域，SWAT模型还有诸多有待完善之处，主要包括以下5个方面：

（1）增强污染物模拟功能 。目前SWAT模型对非点源污染模拟多集中在氮、磷营养物上，细菌等微生物的迁移模拟模块需进一步完善，也应扩展对石油、重金属、内分泌干扰物等其他污染物的模拟功能。

（2）建立适应我国的数据库及代换程序模块十分必要。由于SWAT模型中土壤、地形和产汇流特点、模型自带的土壤和植物数据库与我国的差异很大，严重影响模型效率和精度。

（3）获取更精确的空间参数。利用大量实测资料（专业地图、水文水质和气象监测等）改进模型校准方法，提高模拟精度。

（4）模型需联用发挥 SWAT 模型的作用。根据地区特点和管理需要，开发不同条件下的 SWAT 模型也成为一种新的需求。

（5）SWAT 模型对城市化进程的水文响应模拟有待加强。人类行为对自然循环的影响越来越大，对流域雨洪和水体水质影响巨大。目前，SWAT 模型对城市化进程的水文响应模拟尚不完善，更真实地模拟城市景观和更短时间步长的水文响应是 SWAT 模型改进的一个方面。

2. SWAT 模型计算

（1）基本计算框架

SWAT 模型的模拟包括水循环的路面部分（即产汇流和坡面汇流部分）和水面部分（即河网汇流部分），城镇地表径流只考虑路面部分。在水循环的路面部分中，SWAT 模型考虑了气候、水文、植被覆盖和下垫面类型等多方面因素。在计算蒸散发时，考虑水面蒸发、裸地蒸发和植被蒸腾 3 种类型，并各自进行模拟计算。

SWAT 模型基于水量平衡，把不透水层以上的非饱和含水带及浅层地下水视为整体，对每个 HRU 的地表径流量和洪峰流量分别进行模拟。对径流成分进行模拟计算的水量平衡方程见式（2-54）。

$$SW_t = SW_0 + \sum_{i=1}^{t}(R_{\text{day}} - R_{\text{surf}} - E_{\text{a}} - W_{\text{seep}} - R_{\text{gw}}) \tag{2-54}$$

式中　SW_t——计算末期土壤含水量，mm；

SW_0——计算初期土壤含水量，mm；

R_{day}——第 i 天的降水量，mm；

R_{surf}——第 i 天的地表径流量，mm；

E_{a}——第 i 天的蒸散发量，mm；

W_{seep}——第 i 天土壤剖面底层的渗漏量和侧流量，mm；

R_{gw}——第 i 天的基流量，mm。

（2）产流计算

总体来说，SWAT 模型产流部分模拟的径流成分包括坡面地表径流、壤中流、浅层地下径流和深层地下径流 4 个部分。模型提供 SCS 径流曲线数法和 Green-Ampt 入渗法来计算地表径流量。Green-Ampt 方法需要以小时为单位的降雨数据，实际应用较少。SCS 径流曲线数法见本章第 2.2.1 节。

（3）汇流计算

1）汇流时间

汇流时间指从降雨事件开始至所有子流域径流到达流域出口的时间。总汇流时间是坡面汇流时间与河道汇流时间的和。

$$t_{\text{conc}} = t_{\text{ov}} + t_{\text{ch}} \tag{2-55}$$

$$t_{\text{ov}} = \frac{L_{\text{slp}}}{3600 \cdot u_{\text{ov}}},\quad t_{\text{ch}} = \frac{L_{\text{c}}}{3.6u_{\text{c}}} \tag{2-56}$$

式中 t_{conc}——汇流时间，h；

t_{ov}——坡面汇流时间，h；

t_{ch}——河道汇流时间，h；

L_{slp}——子流域的坡长，m；

u_{ov}——坡面流流速，m/s；

u_{c}——平均河道流速，m/s；

L_{c}——子流域平均河道流长，km。

L_{c}可近似按照式（2-57）计算：

$$L_{c}=\sqrt{L\cdot L_{cen}} \tag{2-57}$$

式中 L——子流域内最远处点距离出口的距离，km；

L_{cen}——河道与子流域形心之间的距离，km。

一般近似认为 $L_{cen}=0.5L$，即 $L_{c}=0.71L$。

u_{ov}和 u_{c}可以由曼宁公式获得，见式（2-58）和式（2-59）。

$$u_{ov}=\frac{q_{ov}^{0.4}\cdot slp^{0.3}}{n^{0.6}} \tag{2-58}$$

$$u_{c}=\frac{0.489\cdot q_{ch}^{0.25}\cdot slp_{ch}^{0.375}}{n^{0.75}} \tag{2-59}$$

式中 q_{ov}——坡面流平均流量，m^3/s；

q_{ch}——河道平均流量，m^3/s；

n——子流域的曼宁糙率系数；

slp——子流域的平均坡度，m/m；

slp_{ch}——河道坡度，m/m。

综上，可将式（2-55）转化为式（2-60）。

$$t_{conc}=\frac{L_{slp}\cdot n^{0.6}}{3600\cdot q_{ov}^{0.4}\cdot slp^{0.3}}+\frac{0.403\cdot L_{c}\cdot n^{0.75}}{q_{ch}^{0.25}\cdot slp_{ch}^{0.375}} \tag{2-60}$$

2）坡面汇流量

SWAT 模型中考虑坡面汇流的滞时现象，由 SCS 径流曲线数法计算得到的地表径流汇流公式如下：

$$R_{surf}=(R'_{surf}+R_{sotr,i-1})\left[1-\exp\left(-\frac{k_{surlag}}{t}\right)\right] \tag{2-61}$$

式中 R_{surf}——进入河道的流量，m^3/d；

R'_{surf}——坡面产流量，m^3/d；

$R_{sotr,i-1}$——前一天滞蓄在子流域中的坡面产流量，m^3/d；

k_{surlag}——径流滞蓄系数。

在给定产流时间的情况下，地表径流滞蓄系数越大，表明滞蓄在子流域中的水量越少。

3. SWAT模型应用案例

SWAT模型凭借其完善的模型结构与强大的模拟能力，在流域水文过程模拟、径流污染模拟和水资源管理中得到了广泛应用，主要包括：流域水量平衡、长期地表径流、平均径流模拟、产沙量、农药输移和非点源污染等。此外，SWAT模型还能够评价已有因素和未来可能因素对大范围水资源的影响，包括土地管理措施、BMPs等人类活动，以及气候变暖等自然变化。

(1) 水文过程模拟和非点源污染分析

杨菁荟等通过研究指出，SWAT模型可以有效评估不同尺度下非点源污染并识别污染关键区域，建立不同管理情景来评价不同管理措施的效果。

Chiang等评估了土地利用变化和放牧管理对流域产沙和氮、磷营养元素流失的影响。结果显示，牧区营养物施用量增大引起Beatty流域总氮流失增加，城市用地导致Moore Creek子流域的产沙和氮流失增加。

唐莉华等分析了北京市内的温榆河流域非点源污染的时空产输出特性。结果表明，非点源输出汛期所占比例超过全年的90%，以轮作小麦和玉米为主的旱地污染负荷模数最大，林地和果园较小。

朱丽等应用SWAT模型对中尺度的北京市密云县红门川流域进行了研究。结果表明，模型对月流量模拟的相对误差在模型校准期和验证期均小于15%，决定系数R^2大于0.8，Nash系数高于0.7，表明SWAT模型对红门川流域产流的模拟结果良好，证实了SWAT模型中的灵敏性分析模块可以应用在面积较小的中尺度流域。

(2) 环境变化下的水文响应

应用SWAT模型模拟不同土地利用/覆盖变化（LUCC）和气候等环境变化下的水文情况，可探究环境变化的水文响应，寻求不同气候条件下流域最佳的土地利用/覆盖情景。

王艳君等采用SWAT模型模拟了秦淮河流域面源污染。结果表明，降雨条件下林地向旱地、水田向旱地、林地向水田转化时径流系数增加幅度均小于0.1，而水田、旱地向建设用地转化时径流系数增加0.2～0.3，林地向建设用地转化时径流系数增加0.3以上。

根据使用SWAT模型对美国波特兰地区RockCreek流域的模拟研究结果，Franczyk等提出高度城市化的流域对气候变化的径流响应更为敏感，RockCreek流域在年均气温升高1.20℃、年均降雨量增加2%的气候变化和更密集化的城市发展影响下，预计2040年的年均径流量将至少增加5.2%。

(3) 本地化的版本改进

SWAT模型在国际上广泛的适用性表现为模型在不同时空尺度上、不同地形条件下的可靠模拟和对模拟精度的不断提高等方面。针对世界各地不同的地理特征，SWAT模型经过各种相应的改进，在低山、森林、城市、湿地等各种类型的地区都得到了较好的应用。

Sang等在对SWAT模型的灌溉模块和用水模型进行改进后，将其应用于天津市，弥补了 SWAT 模型在高强度人类活动地区应用的不足，Nash-Sutcliffe 模型效率（NSE）系数和相关系数都有了较大提高。

Gassman 等总结了 37 个应用 SWAT 模型进行污染物流失模拟的研究，以及 113 个应用 SWAT 模型进行率定和验证结果的评价参数确定性系数和 NSE 系数。

（4）模型在我国适应性研究

SWAT 模型在我国城市地区的研究与应用较少，主要应用在流域水文研究和非点源污染模拟方面。SWAT 模型理论研究主要涉及模型改进、提高模型的便捷有效性等方面；然而，在管理措施、作物产量以及模型的比较与联用方面的研究较为欠缺。

SWAT 模型在我国的应用研究已覆盖所有水资源一级区，研究流域范围在 0.7 万～42.8 万 km^2之间，多集中在长江、海河和黄河三大流域，涉及不同地形环境的适用性研究，如干旱半干旱区、半干旱半湿润区、西北寒区、丘陵地区、湿地、湖泊、水库、闸坝群区、灌区、强人类活动区等。

薛亚婷等在赤水河流域采用 SWAT 模型进行了面源污染模拟。结果表明，SWAT 模型在该流域具有一定的适用性，径流模拟效果及污染负荷模拟效果均良好。

2.2.4 Infoworks CS 模型

Infoworks CS 模型是由英国 Wallingford 公司以沃林福特程序（Wallingford）为基础改进并集成的。模型的主要计算单元包括产流计算、汇流计算、管道水力计算和产流过程线，能够应用于产汇流计算和水质模拟。

Infoworks CS 模型输入信息主要包括：水文气象、土地利用、累积和冲刷系数以及管网布置和尺寸大小等参数。Infoworks CS 模型目前已经实现了与 GIS 功能的结合，用户界面友好，采用带有图形分析功能的关联数据库。此外，该模型能够实现各种方案实际效果的预测和对比。

1. 产汇流计算

Infoworks CS 模型基于详细的子集水区划分，采用分布式模型模拟降雨径流过程，根据不同土地类型的产流特性进行径流计算。

Infoworks CS 提供了许多通用和其特有的降雨-径流模型，主要计算单元包括：初期损失、产流模型和汇流模型。其中，产流模型有固定比例径流模型、Wallingford 固定径流模型、新英国可变径流模型、美国 SCS 模型、Green-Ampt 渗透模型、Horton 渗透模型和固定渗透模型等；汇流模型有双线性水库模型、大型汇水面积径流模型、Desbordes 径流模型和 SWMM 模型等。Infoworks CS 产汇流模型各类模块对比见表 2-3。

Infoworks CS 产汇流模型各类模块对比 **表 2-3**

模型名称	简介	适用性
固定比例径流模型	定义实际进入系统的雨量比例	用于估计汇水区的径流系数
Wallingford 固定径流模型	英国集水区参数率定后的模型	适用于英国以内或邻近的集水区

续表

模型名称	简介	适用性
新英国可变径流模型	反映汇水区在模拟过程中透水表面积状况的变化	适用于模拟长期降雨过程中汇水区湿度变化，在英国重要的透水汇水区应用
美国 SCS 模型	农村汇水区模型	适用于农村及其他汇水区的表面
Green-Ampt 渗透模型	透水及半透水表面的渗透模型	适用于农村及其他汇水区的表面。该模型在美国与 SWMM 汇流模型联合使用
Horton 渗透模型	透水及半透水表面的渗透模型	适用于农村及其他汇水区的透水表面，可以与其他所有汇流模型联用
双线性水库模型（Wallingford）	双线性水库模型采用线性水库模拟坡地汇流。每个节点将对应子集水区产生的净雨转化为入流过程线。采用串联的两个线性水库模拟水面的蓄水能力，每个水库有一个相对固定的存储和输出关系。该模型的汇流参数取决于降雨强度、汇流面积和坡度	适用于子区域面积小于 $1hm^2$ 的集水区汇流计算
大型汇水面积径流模型	该模型考虑了集水区的特性，假设管道具有滞蓄作用，使其出流过程线与实际相对应。为真实反映水流特征，采用滞后因子反映径流量峰值稍滞后于降雨峰值这一现象	适用于子区域面积小于 $100hm^2$ 的集水区汇流计算
Desbordes 径流模型	该模型假设一个特定参数来反映集水区出口流量与集水区降雨量的比例关系	该模型适用于连续性的模拟
SWMM 模型	通常与 Horton 或 Green-Ampt 渗透模型联用，并由连续性方程和曼宁方程联立求解	采用非线性水库法模拟地表径流

2. 水质模拟计算

Infoworks CS 模型能够模拟水质变化过程、沉积物及污染物的累积输送过程，可以模拟的水质参数主要有：SS、BOD_5、COD、NH_4^+-N、TN 和 TP。

Infoworks CS 模型模拟地表沉积物累积及冲刷时，可将子集水区划分为不同的城市功能区，如居民区、商业区、工业区和混合区等；也可划分为不同的土地用地类型，如道路、屋顶和绿地等。不同的城市功能区或土地用地类型可取不同的污染物累积、冲刷参数，力争使模型能够更加真实地模拟集水区地表状况。

3. 地表沉积物的累积模型

Infoworks CS 模型默认采用以下方程来描述地表沉积物的累积过程，污染物的沉积数学表达式见式（2-62）。

$$M_0 = M_d \cdot e^{-k_1 NJ} + \frac{P_s}{k_1}(1 - e^{-k_1 NJ}) \tag{2-62}$$

式中 M_0——沉积物最大累积量或每一时间段内的污染物沉积量，kg/hm²；

M_d——初始沉积物的量，kg/hm²；

NJ——旱天时间，d；

P_s——累积率，kg/(hm²・d)；

k_1——衰减系数，d^{-1}，地表沉积物量增加时，沉积物累积率将会衰减。

4. 地表沉积物的冲刷模拟

冲刷是指在径流期间地表被侵蚀及污染物溶解的过程。Infoworks CS 提供了两种冲刷模型供沉积物的冲刷模拟，分别为 Desbordes Model（单线性水库径流模型）和水力径流模型。

（1）Desbordes Model 模型计算初始，由旱天累积模型计算地表沉积物总累积量。降雨径流开始时，模型计算降雨强度下的暴雨侵蚀系数，得到冲刷进入管网的沉积物量，再由污染物附着系数计算出冲刷的污染物总量。

$$K_a(t) = C_1 \cdot I(t)^{C_2} - C_3 \cdot I(t) \tag{2-63}$$

式中 $K_a(t)$——暴雨侵蚀系数；

$I(t)$——有效降雨量，m/s；

C_1、C_2、C_3——系数。

$$\frac{dM_e}{dt} = K_a M(t) - f_t \tag{2-64}$$

式中 M_e——冲刷进入管网的沉积物量，kg/(hm²・s)；

$M(t)$——表面累积的沉积物量，kg/(hm²・s)；

K_a——与降雨强度对应的侵蚀系数；

f_t 同式（2-37）。

（2）水力径流模型的污染物附着系数 K_{pn} 用于表征沉积物的量与其附着污染物的量之间的关系。即污染物的质量＝沉积物的质量×污染物附着系数，可用式（2-65）表达。

$$K_{pn} = C_1(I_{MKP} - C_2)^{C_3} + C_4 \tag{2-65}$$

式中 C_1、C_2、C_3、C_4——系数；

I_{MKP}——最大降雨强度，mm/h。

冲刷的污染物量计算公式为：

$$M_n(t) = K_{pn}(i) \cdot f_n(t) \tag{2-66}$$

式中 $M_n(t)$——污染物量，kg/(hm²・s)；

K_{pn}——附着系数；

$f_n(t)$——TSS 负荷，kg/(hm²・s)。

2.2.5 MIKE 模型

MIKE 模型是丹麦水资源及水环境研究所（DHI）研发的产品，在城市内涝和流域水环境污染模拟等多个领域得到了广泛应用。该模型系列软件包括 MIKE 11、MIKE 21、

MIKE FLOOD、MIKE URBAN、MIKE BAISIN、MIKE SHE 等。其中，MIKE 11 是一维水模拟软件，其在水质、水流和泥沙的输运等问题中都有较多应用；MIKE 21 是二维水模拟软件，常被用于模拟河流、河口及海洋的泥沙、水流及环境场，为工程应用及规划提供所需的设计条件和参数；MIKE URBAN 是城市地表产汇流和管网模拟软件，有全面的供排水管网模型，可以用来计算有压和无压管道水流情况；MIKE FLOOD 包括完整的一维和二维洪水模拟引擎，基于 FLOOD 平台可以将 MIKE 11、MIKE URBAN 与 MIKE 21 三种模型进行耦合，实现模拟城区排水在管网中和在地表可能出现积水处的水流情况，以及对洪水、海洋风暴和堤坝决口等问题的模拟；MIKE BASIN 适用于流域或区域尺度，是基于 GIS 进行水资源规划和管理的工具软件，用以解决地表水产汇流及水质模拟等问题；MIKE SHE 能够模拟水文循环的许多过程，常应用于流域管理、洪泛区研究、环境评估、地表水和地下水的相互影响等。

梁灵君等采用 MIKE 11 软件对北京市典型区域构建了流域降雨径流模型。模拟结果表明，自 20 世纪 90 年代末到 2005 年，随着城市化水平显著增强，降雨初期损失和汇流过程中的沿途损失减少；随着城市排水管网体系进一步完善，降水汇流历时明显缩短，径流产生及汇流的速率由缓变快，同期降水产生的洪水总量增加显著。

杨静等以深圳某居住小区为例，基于 MIKE FLOOD 构建了 1.5m×1.5m 精度的管网和地表耦合模型，模拟该区域径流及峰值，评价内涝风险。孙楠等运用 MIKE FLOOD 模型模拟了山西太原某老旧小区海绵化改造效果。董良海等利用 MIKE FLOOD 分析了萍乡市试点老旧城区海绵城市改造后的效果，在 30 年一遇 2h、降雨量 86.6mm 条件下，年径流总量控制率为 75.8%，TSS 削减率为 68.9%。张旭等利用 MIKE URBAN 构建了西安中心城区排水管网模型，在不同的降雨重现期下，研究区 90%以上的管道处于满流状态，60%以上的检查井发生溢流，满流管段数和溢流井个数会随着降雨频率的增加而增加，但增幅相对减小。

田开迪等利用 MIKE SHE 模型对灞河流域进行了径流模拟。结果表明，年径流模拟效果较好，证实了 MIKE SHE 模型在灞河流域的适用性。张叶等基于 MIKE 21 模型，以 COD、TP、NH_3-N 为特征性指标，模拟研究了北京市潮白河顺义段的水动力与水质。

2.2.6 其他模型

1. SWC 模型

SWC（Storm Water Calculator）模型是 2014 年由美国环保署发布的城市雨洪管理计算机模型，使用 SWMM 5 的径流、入渗和 LID 子模型作为其后台计算引擎，通过内嵌的美国长期的气象、水文和 LID 设施等资料测算模拟区域的径流量。该模型主要用于分析降雨径流生成量、滞留量和 LID 设施类型及其面积，也可以直观显示出模拟区域的降雨径流比例关系。每种控制设施都有特定的设计参数，同时根据实际情况，使用者可以将所需设施的默认参数进行修改。SWC 模型适用于土壤均匀、场地规模较小的环境中，模拟的水文过程包括植被表面的蒸发、洼蓄降雨的蒸发、土壤的渗透损失和地表漫流等。

2. DRAINMOD 模型

DRAINMOD 模型由北卡罗来纳州立大学 Skaggs 教授于 20 世纪 70 年代开发，是一种计算机模拟长期的农田排水模型，主要应用于农业领域。该模型被开发以来，已被应用于控制排水、灌溉、湿地水文、氮动态、现场废水处理、森林水文和其他应用程序的农业排灌系统。近年来，DRAINMOD 模型也逐渐被应用于 LID 设施调控效果的模拟，如验证和校准生物滞留池的水文特性等。

3. HYDRUS 模型

HYDRUS 模型是由美国盐土实验室（US salinity laboratory）研发的，该模型可用来计算盐分运移规律和包气带水分，通过建模不仅可以分析饱和-非饱和多孔介质水的流动和多种溶质运移，也可以模拟非均匀土壤的水流区域。近年来，该模型在农业领域和室内模拟试验中得到了广泛应用。

4. RECARGA 模型

RECARGA 模型是由威斯康星州立大学研发的，可对不同设计要素下生物滞留池的水文性能进行分析，从而为生物滞留池的合理设计提供理论依据。RECARGA 模型采用 TR-55CN 程序分别模拟研究区的透水区域及不透水区域的径流量，运用 Green-Ampt 方程模拟蓄水层至介质层土壤的入渗，并通过 van Genuchten 非线性方程模拟控制土壤层内（介质层至沙砾层）及沙砾层至天然土壤间的水分运动。利用 RECARGA 模型可以对生物滞留池的各项要素如面积、根区土壤特性等反复进行设计模拟，从而达到特定的性能目标。

5. SUSTAIN 模型

SUSTAIN（System for Urban Stormwater Treatment and Analysis Integration）是用于城市开发区内 LID/BMPs 选址、布局、模拟和优化的决策支持系统。SUSTAIN 模型采用 ArcGIS 9.3 作为基础平台，综合应用了水文、水力和水质分析模型，同时考虑了成本管理和优化分析技术，以实现不同尺度流域中暴雨管理方案经济性和有效性的评估与分析。

第3章　城镇降雨径流污染源头削减技术

城镇降雨径流污染的源头削减技术主要指降雨落在下垫面形成径流进入排水管网前，在下垫面采取的工程性和非工程性的技术措施，包括对雨水的截流与渗透、收集与贮存、蒸发与蒸腾和对雨水中污染物进行沉淀、凝聚、吸收、吸附、过滤、生物降解等多种作用，实现对进入排水管网的雨水径流量和污染负荷的削减。源头削减技术是降雨径流污染整体控制中最为有效、也是较为经济的控制措施之一。

本章介绍了城镇降雨径流污染控制的源头削减技术，主要包括：截流与渗透技术、贮存技术、传输控制技术、组合技术及相关设备与材料。

3.1　截流与渗透技术

城镇降雨径流污染的截流与渗透通常通过绿色屋顶、下沉式绿地、雨水花园、透水铺装等具有截流或渗透功能的设施实现。

3.1.1　绿色屋顶

1. 技术概况与原理

绿色屋顶也称种植屋面或屋顶绿化，即在刚性混凝土屋面上种植植物，通过其植被层、蓄排水层、过滤层、基质层的下渗吸水和蓄积作用，达到调控屋面雨水径流量和截留污染物的目的。

有些绿色屋顶只种植草皮、花坛类植物，能够在一定程度上停滞径流和截留雨水中的污染物，总厚度比较小，对屋顶载重负荷要求低，维护比较简单，称之为生态绿色屋顶。有些绿色屋顶则种植树木，不仅能够调控径流和净化污染，还可以营造屋顶花园，提供休闲场所，但其厚度大，对屋顶载重负荷要求高，称之为花园式绿色屋顶。表3-1列出了上述两种绿色屋顶的主要特点。

绿色屋顶特点比较　　　　**表3-1**

比较项目	生态绿色屋顶	花园式绿色屋顶
维护	采用耐旱植物，维护简单	维护要求高
种植物	草皮、地衣、草本植物等	树木、多年生植物等
总厚度	60～300mm	300～500mm
承重要求	60～150kg/m^2	180～500kg/m^2
建造费用	低	高
主要用途	生态、暴雨管理	屋顶公园，休闲场所

2. 结构特点及设计参数

（1）构造

绿色屋顶由多层结构组成，其基本构造如图 3-1 所示。根据建设所在地的气候特点、屋面形式、植物种类等因素，可以适当增减绿色屋顶的构成层次。

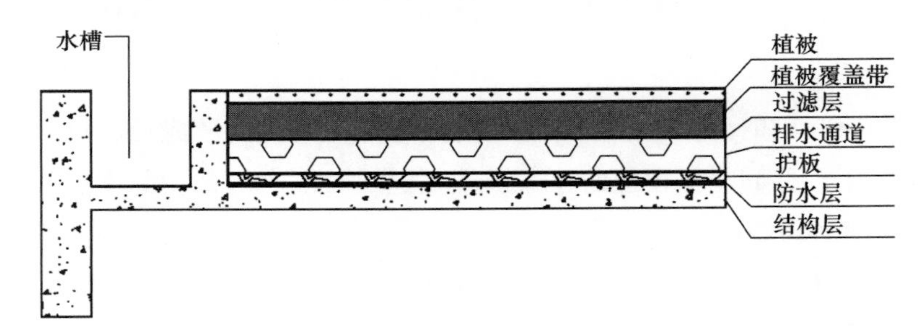

图 3-1　常见绿色屋顶构造示意图

（2）结构设计要求

绿色屋顶的结构设计要求主要包括：坡度要求、防渗层要求、排水层要求、土工布要求、土壤层要求、溢流设计要求。

1）绿色屋顶的坡度要求

屋顶坡度宜大于 2%（或 1°），小于 15%（或 8°）。绿色屋顶的最小坡度要求是为了保证排水通畅；如果坡度小于 2%，则需采用水泥抹面，使得雨水排水方向的坡度达到要求。绿色屋顶的最大坡度要求则是为了保持屋顶的稳定；如果坡度大于 15%，可以采用支架等结构实现。

在国外，对绿色屋顶的最大坡度要求各不相同，例如美国华盛顿州规定绿色屋顶的最大坡度为 36%（20°），密歇根州规定绿色屋顶的最大坡度为 18%（10°）。资料显示，美国建造的绿色屋顶最大坡度为 100%（45°），保障绿色屋顶的总负荷为 60～150kg/m^2。

2）绿色屋顶的防渗层要求

①防渗层可采用玻璃纤维、PVC、HDPE 和 EPDM 等防渗材料；

②防渗层厚度宜大于 60mm。

绿色屋顶土壤层很薄，长时间后植物根系很容易到达防渗层。如果防渗层不能保证不被植物根系刺穿，则建议采用保护层，且保护层应满足下列要求：

①保护层可采用热塑塑料或者其他满足要求的保护膜；

②保护层厚度宜大于 30mm。

3）绿色屋顶的排水层要求

①排水层可采用成品输水板、砾石、陶粒或其他满足要求的材料；

②满足承重要求；

③排水层厚度大于 30mm；

④最大排水能力大于 4 L/s。

4）绿色屋顶的土工布要求

绿色屋顶土工布应采用非织造针刺土工布，并应满足下列要求：

①刺穿强度大于 10kg，防止土工布破损；

②通常绿色屋顶土壤层渗透系数在 1×10^{-5}～1×10^{-4} m/s 之间，所以规定土工布渗透系数大于 1×10^{-4} m/s；

③土工布的孔径要求是由种植土壤决定的，要求种植土壤通过土工布的比例不得超过 7%。

5）绿色屋顶的土壤层要求

①土壤层厚度应按照种植植物要求确定，其适宜厚度为 100～250mm。

土壤层厚度的其他要求：满足种植植物的培养；减小屋面承重。土壤层厚度越大，其滞留的雨水量就越大。表 3-2 说明随着土壤层厚度的增加，径流因子减小，但是屋面的承重增大，需要寻找一个合适的平衡点。

绿色屋顶中径流因子与土壤层厚度的关系　　表 3-2

土壤层厚度（mm）	径流因子	土壤层厚度（mm）	径流因子
50	94	150	85
75	92	200	77
100	88		

绿色屋顶宜选择耐旱耐淹的草皮、地衣、草本植物。如果部分植物需要更厚的种植土壤厚度时，不要整体提高土壤层厚度，可以将这些区域的排水层隔断，采用种植土。通常这样可以提高种植土厚度 5～10cm。其设置形式如图 3-2 所示。

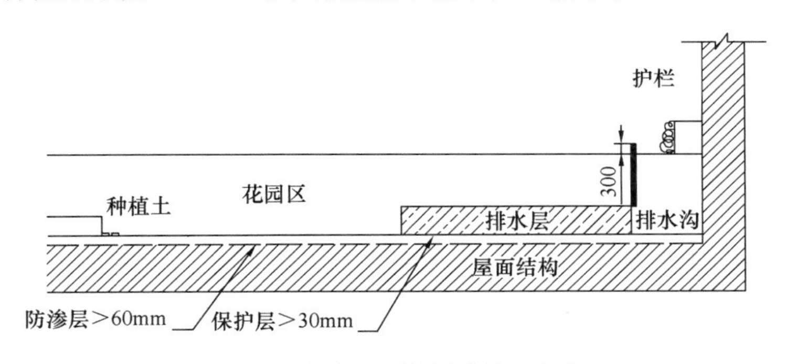

图 3-2　绿色屋顶花园式处理方式

②田间持水点湿度大于 10%。

田间持水点湿度要求是为了保证植物的生长要求，减少浇洒频次；最大孔隙率和渗透系数要求是为了在土壤中间蓄存更多的雨水，同时既满足雨水入渗到排水层的速率又能保证污染物去除。

③黏土含量小于 1%。

④最大孔隙率大于 25%。

⑤渗透系数大于 1×10^{-5} m/s，小于 1×10^{-4} m/s；pH 宜为 5.5～7.9。

6）绿色屋顶的溢流设计要求

当有平台雨水直接溅落到绿色屋顶时，在溅落范围内宜设置鹅卵石槽或砾石槽，以防止雨水冲蚀种植土壤。其中，砾石槽或鹅卵石槽的设置如图 3-3 所示。

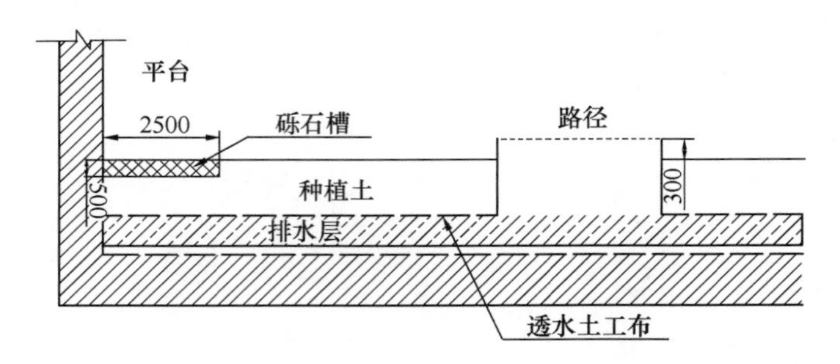

图 3-3　绿色屋顶平台落水处理

绿色屋顶的溢流设施可采用导流罩、鹅卵石/砾石槽和鹅卵石/砾石通道。在绿色屋顶上设置砾石通道或者鹅卵石通道时，可将通道与排水层连通。通道周边采用防渗层与种植土层隔离，通道较种植土顶面高 2～5cm，可将通道作为溢流设施。图 3-4 是采用鹅卵石通道作为溢流设施的处理方式。

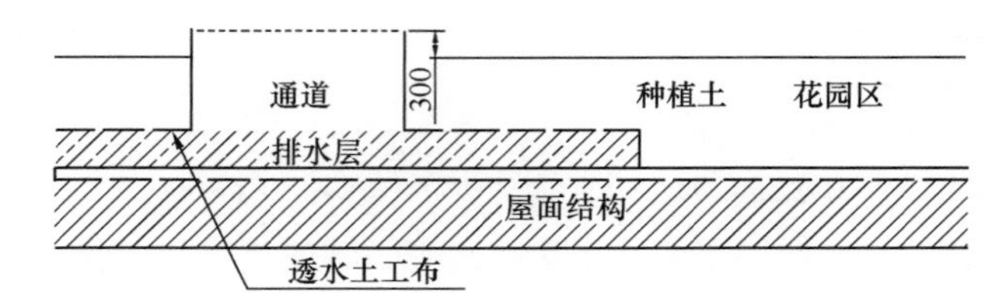

图 3-4　绿色屋顶采用鹅卵石通道溢流雨水处理方式

绿色屋顶宜采用滴灌或微喷灌系统。绿色屋顶使用了各种有机合成材料和种植物等易燃物，需要设置消防措施。

（3）绿色屋顶的施工工序

绿色屋顶应按照图 3-5 所示的工序进行施工。

其中，绿色屋顶的种植土在铺设前应经过测试，其各项指标应满足设计要求。种植土铺设前应采用绿色屋顶使用的土工布进行筛分，通过量不得大于 7%，应铺设平整，保持自然状态，不应夯实。

植物种类选择：①宜选用低矮的草本地被、灌木和攀援植物，可选用小型乔木，不宜选用大型乔木；②应选择根系穿刺能力弱、抗风、耐旱、耐高温的植物；③宜选择易移栽、耐修剪、管理粗放、生长缓慢的植物；④宜选择抗污染能力强、可耐受和滞留有害污染气体的植物。

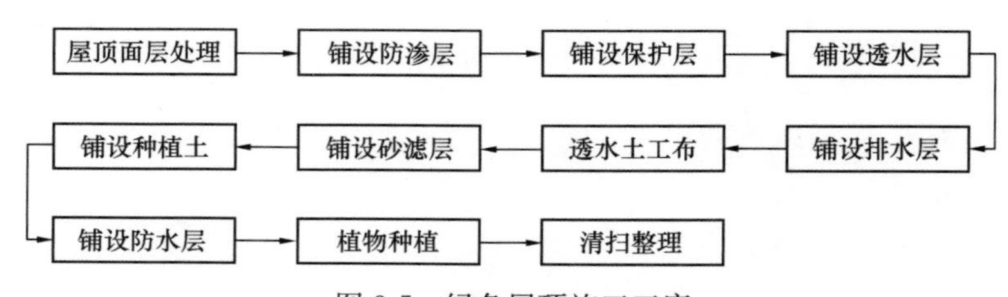

图 3-5　绿色屋顶施工工序

3. 适用范围及优缺点

绿色屋顶适用于符合屋顶荷载和防水等条件的平屋顶建筑和坡度≤15°的坡屋顶建筑，具有如下 3 项优点：

(1) 不仅能够削减屋面产生的雨水径流量、降低峰值流量、净化径流雨水水质，还能减轻温室效应、净化空气、减弱噪声；

(2) 加强屋顶的隔热效果，改善局部小气候；

(3) 不占用城市用地，绿色植被还能增加城市绿化面积，改善城市景观环境，减轻城市热岛效应，在一定程度上还能有效保护屋顶，延长建筑物使用寿命等。

该技术也存在如下 4 项缺点：

(1) 对污染物去除效率不稳定；

(2) 造价和维护成本比普通屋顶高；

(3) 受到屋顶负荷的限制；

(4) 对设计和施工水平要求较高，需要定期检查、维护或更换防水材料等。

4. 运行维护要求

利用技术和管理手段对绿色屋顶进行养护可以保证其在服务期内具有良好的性能并减少整体的费用。一般绿色屋顶维护包括绿化养护和排水设施养护。

(1) 绿化养护

绿色屋顶有效地发挥其径流污染控制作用离不开植物的健康生长，植物的维护应该作为重点。一般种植的植物都需要浇水、施肥、修剪、除草和防治病虫害等管理措施。

由于外来入侵植物的根系会破坏防水层，因此绿色屋顶的除草工作十分重要；化学制剂会加速防水层的老化，应避免使用化学除草剂；部分屋顶可能受到更强的光照和反射的热量，对该区域的植物应当增加浇水量；尽可能使用无污染、无异味的肥料，避免过度施肥，减少氮磷元素进入排水系统，以免引起次生污染。

许多难以人工维护的屋顶绿化面积较小，管理问题不会很大；但面积较大的可人工维护的屋顶花园，操作难度和工作量较大。因此，公共屋顶花园的维护一般应由有园林绿化种植管理经验的专职人员承担。

(2) 排水设施养护

除了绿化养护，屋顶排水设施养护至关重要。因此，要定期对屋顶绿化中的排水管道、冲沟以及排水观察井等排水设施进行检修，定期清理以避免杂物淤积、堵塞排水口和排水通道，避免雨水及其中的杂质侵蚀屋顶表层，造成屋顶漏水，影响建筑以及屋顶绿化的使用寿命。此外，在冬季确保灌溉系统及时回水，防止水管冻裂。遇大雪等天气，组织人员及时清除降雪，减轻屋顶荷载。

5. 技术达成效果与成本

大量研究表明，绿色屋顶对径流量有显著的调控作用，能够非常有效地削减屋顶径流量，但其截流效果变化范围较大，主要受基质厚度、坡度、降雨强度、季节、植被因素以及绿色屋顶运行时间长短的影响。De Nardo 等研究发现，绿色屋顶的截流效果为 45%；

Van Woert 等研究发现，小雨时 3 种典型屋顶（只有基质的屋顶、碎石层屋顶和绿色屋顶）的截流效果分别为 99.3%、79.9%和 96.2%，中雨时绿色屋顶比碎石层屋顶的截流效果高 48%，大雨时 3 种典型屋顶的截流效果分别为 38.9%、22.2%和 52.4%；Carter 等在佐治亚州的试验研究表明，绿色屋顶的截流能力变化范围为 39%～100%，平均截流能力为 78%；Teemusk 等研究发现，当降雨强度为 21mm 时，绿色屋顶能够削减 87%的屋顶径流，大暴雨时，绿色屋顶的作用非常微弱；Gregoire 等发现，在欧洲和美国绿色屋顶的年均截流效果为 56%；Jarrett 等利用 28 年的降雨资料，研究发现密集型绿色屋顶能够削减 45%～55%的径流量。

有关绿色屋顶对径流量控制的研究成果较多，而水质方面控制的研究成果较少。王书敏等研究发现，裸露屋顶和绿色屋顶径流 pH 有差异，裸露屋顶径流 pH$<$7，而绿色屋顶径流 pH 能增加到 8.0 左右，这就意味着绿色屋顶能够调节径流 pH。此外，绿色屋顶径流中 NH_4^+-N、TN 和 TP 浓度较裸露屋顶低，且季节差异明显（夏季污染物浓度较低，春季污染物浓度较高）。Berndtsson 等对瑞典马尔默和隆德的研究表明，绿色屋顶可以有效降低径流的 NH_4^+-N 和 TP 浓度。总体来说，绿色屋顶对径流水质有较好的净化效果，对 NH_4^+-N、SS、COD 和重金属的去除效果稳定。其中，对 COD 的去除率可达 70%以上，对 Cu、Zn、Cd 等重金属的去除率与季节有关，对 TN 和 NO_3^--N 等的去除稳定性较差，这可能与氮的微生物反硝化作用有关，可考虑对基质中的微生物及酶进行深入研究，对 TP 的去除率较低。

绿色屋顶造价的组成部分主要包括：防水层及保护层、排水层、景观绿化、绿化浇洒系统及附属设施。其造价的变化主要在于是否需要额外设置防水层及附属设施的选取。通常防水层及保护层造价为 200～300 元/m^2；排水层造价为 200～300 元/m^2；景观绿化造价为 100 元/m^2；绿化浇洒系统及附属设施造价为 100～200 元/m^2。

6. 应用实例

绿色屋顶技术在深圳光明新区万丈坡 1～5 号楼的裙楼得到了应用，总面积约 6380m^2。1～5 号楼裙楼皆为平屋顶，天然降雨通过绿色屋顶后部分下渗，通过排水板排出，其余雨水从屋顶表面溢流，最终出水皆通过屋面各雨水斗收集后外排。工程实景和结构分别如图 3-6 和图 3-7 所示。

图 3-6　深圳光明新区万丈坡小区绿色屋顶实景图

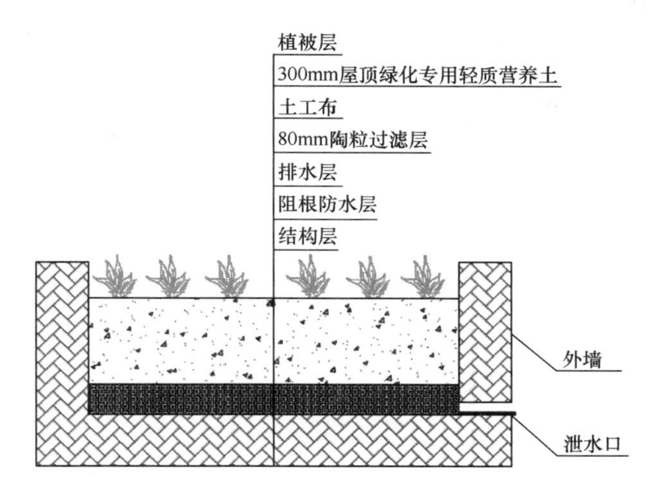

图 3-7　深圳光明新区万丈坡小区绿色屋顶结构图

该技术也在深圳光明新区招商局光明科技园 A 栋的裙楼以及 A6、B3、B4 栋的屋顶得到了应用，总面积约 6070m²。降雨时屋面下渗雨水由排水板收集，随坡度汇入排水沟中。溢流雨水直接通过表面径流进入排水沟，排水沟盖板上铺设卵石，径流经过卵石能起到一定的净化作用。排水沟的水最终经雨水斗进入雨水立管后排出。工程实景和结构如图 3-8所示。

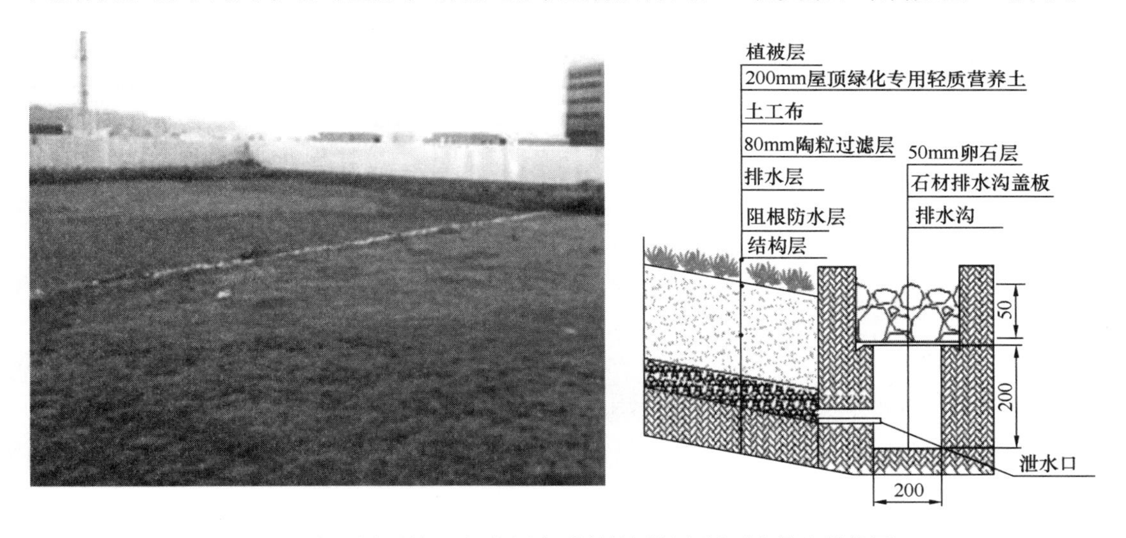

图 3-8　深圳光明新区招商局光明科技园绿色屋顶实景和结构图

3.1.2　下沉式绿地

1. 技术概况与原理

下沉式绿地是在绿地建设时使绿地高程在一定程度上低于周围地面，以利于周边雨水径流的汇入，实现雨水径流的渗透和植被对污染物的截留。

下沉式绿地分为狭义和广义两种概念。狭义的下沉式绿地有时也被称为低势绿地或下凹式绿地，一般是指绿地高程低于周围不透水路面或地面高程 200mm 左右的绿地，以便于将周围不透水地面产生的雨水径流引入到绿地进行净化下渗，从而减轻城镇降雨径流污染。广义的下沉式绿地除了包括上面狭义的下沉式绿地之外，还包括那些具有一定的调蓄容积的设施，如雨水花园、雨水湿地、雨水塘、洼地等生态雨水设施。

2. 结构特点及设计参数

（1）构造

下沉式绿地的基本结构分为雨水调节空间、蓄水层、种植土壤层、碎石排水层、复合土工布，具体构造如图 3-9 所示。周边园区内道路及广场雨水径流利用线性排水沟收集后进入下沉式绿地，周边市政道路雨水径流经雨水口内截流装置截流后进入下沉式绿地，设施底部设置碎石排水层，下渗径流通过排水层内盲管快速排出，经排水盲管收集的下渗径流可作为周边绿化浇灌用水，或者直接排入市政管网。暴雨情况下，如果径流来不及下渗，则通过绿地上方设置的 500mm×500mm 溢流口直接排入附近的市政管网。

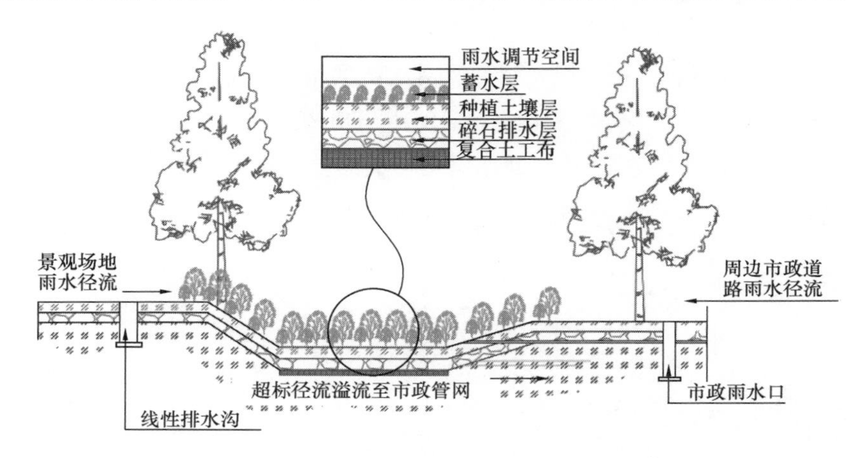

图 3-9　下沉式绿地构造示意图

（2）结构设计要求

下沉式绿地一般建于汇水区的低地势处，便于路面雨水自然漫流至绿地，降低管道、沟渠等雨水输送系统的建造费用。周边雨水宜分散进入下沉式绿地，当集中进入时应在入口处设置缓冲措施。绿地宽度较宽条件下，宜在下沉式绿地前设置缓冲空间，通过缓坡过渡连接下沉式绿地。

1）下沉式绿地的下凹深度应根据植物耐淹性能和土壤渗透性能确定，一般为 100～200mm。

2）下沉式绿地内一般应设置溢流口（如雨水口），保证暴雨时径流的溢流排放，溢流口顶部标高一般应高于绿地 50～100mm。

3）下沉式绿地构造层设计厚度和材质如表 3-3 所示。

下沉式绿地构造层设计厚度和材质　　表 3-3

构造层	厚度（mm）	材质
超高/蓄水层	100～200	净空
溢流口	高于设计液位 50	溢流装置采用溢流管、排水箅子等装置

续表

构造层	厚度（mm）	材质
种植土	200～300	渗透系数≥10^{-5}m/s
原土	原土顶部高于地下水位应大于 1m	渗透系数≥10^{-6}m/s

4）横向设计

下沉式绿地横向设计可灵活分散布置，单组下沉式绿地设计规模不宜过大，设计面积应根据下沉式绿地服务汇水区面积确定。下沉式绿地面积与汇水区面积之比一般以控制年径流总量为目标进行规模计算后确定，通常可取 10%～20%。当下沉式绿地以水质净化为控制目标时，其面积与汇水区面积之比按高限取值。下沉式绿地距离建筑物基础、道路基础的水平距离应大于 3m，否则应采取必要的措施防止次生灾害的发生。

①确定待处理径流量

$$V = 0.001P \cdot \psi \cdot A \tag{3-1}$$

式中　V——进入下沉式绿地待处理的雨水径流量，m^3；

P——降雨量，mm；

ψ——汇水区的综合径流系数，若地表类型单一，可根据《室外排水设计标准》GB 50014—2021 选取；若为多种地表类型，可根据规范通过对不同地面种类加权平均得到；

A——汇水区面积，m^2。

②确定雨水下渗量

首先，根据绿地系统建设规划目标和现场情况，确定下沉式绿地的建设面积。其次，在现场实测土壤渗透条件基础上，计算雨水下渗量 F。

$$F = k \cdot J \cdot A_s \cdot t \tag{3-2}$$

式中　F——计算时段内下沉式绿地的雨水下渗量，m^3；

k——土壤渗透系数，m/s；

J——水力坡降，一般可取 1；

A_s——下沉式绿地面积，m^2；

t——渗透时间，s，指降雨过程中设施的渗透历时，一般可取 2h，或者根据经验选择当地的平均降雨历时。

③确定绿地下沉深度

$$h = \frac{V - F}{A_s} \tag{3-3}$$

式中　h——下沉深度，m。

④校核淹水时间

下沉式绿地的淹水时间与下沉深度和土壤渗透性能有关，一般设定为绿地下沉空间蓄满雨水时雨水全部下渗所需的时间。校核时，应根据绿地植物类型控制淹水时间不超过 1～3d，一般可取 48h。

$$t_d = \frac{h}{k} \tag{3-4}$$

式中　t_d——淹水时间，h。

（3）植物配置

下沉式绿地通常采用乔灌草相结合的多种群落结构，形成景观层次丰富的绿地景观，优先选择具有一定耐涝性的乡土植物，表 3-4 列出了推荐的植物品种。为提高下沉式绿地的绿地美化和改善生态功能，也可与其他雨水收集设施相结合。

推荐在下沉式绿地中使用的植物品种及其优缺点　　表 3-4

名称	科属	优点	缺点
狗牙根	禾本科狗牙根属	根茎发达、繁殖迅速、耐涝	—
雀稗	禾本科雀稗属	湿地常见草种、耐涝	—
马蹄金	旋花科马蹄金属	耐荫、耐湿、稍耐旱	不耐践踏
斑叶芒	禾本科芒属	喜光、耐寒、耐旱、耐涝	—
细叶芒	禾本科芒属	喜光、耐寒、耐旱、耐涝、观赏性强	—
花叶燕麦草	禾本科燕麦草属	喜光、耐寒、耐旱、耐水湿	—
蒲苇	禾本科蒲苇属	常绿、耐寒、耐旱、观赏性强	—
细叶针茅	禾本科针茅属	常绿、叶细长、喜光、管理粗放	—
金叶苔草	莎草科苔草属	常绿、叶金黄、喜光、观赏性强	不耐涝
棕叶苔草	莎草科苔草属	常绿、叶棕黄、喜光、观赏性强	不耐涝

3. 适用范围及优缺点

下沉式绿地可广泛应用于除道路隔离带以外的各类型绿地中，城市建筑与小区、绿地、广场以及道路两侧人行道以外的沿街绿地等均可应用，具有如下 3 项优点：

（1）利用下凹空间充分蓄积雨水，可显著增加雨水下渗时间；

（2）通过绿地对蓄积的雨水进行初期净化，对污染物的削减起到很大作用；

（3）下渗出水还能起到补充地下水的作用。

该技术也存在 3 项缺点：

（1）下沉式绿地边缘低于周围路面，易产生不安全感；

（2）如区域配套的排水设施不完善，易导致脏污水直接流进下沉式绿地，增加管理难度；

（3）大范围使用下沉式绿地时，下沉式绿地受坡度和汇水区竖向条件限制，实际调蓄容积往往较小。

4. 运行维护要求

（1）应及时补种修剪植物、清除杂草；

（2）进水口不能有效收集汇水区径流雨水时，应加大进水口规模或进行局部下凹处理等；

（3）进水口和溢流口因冲刷造成水土流失时，应设置碎石缓冲或采取其他防冲刷措施；

（4）进水口和溢流口堵塞或淤积导致过水不畅时，应及时清理垃圾与沉积物；

（5）调蓄空间因沉积物淤积导致调蓄能力不足时，应及时清理沉积物；

（6）边坡出现坍塌时，应进行加固；

（7）由于坡度导致调蓄空间调蓄能力不足时，应增设挡水堰或抬高挡水堰和溢流口高程；

（8）当调蓄空间雨水的排空时间超过36h时，应及时置换树皮覆盖层或表层种植土；

（9）出水水质不符合设计要求时应更换填料。

5. 技术达成效果与成本

众多学者采用试验装置、单体野外观测和模型模拟等方法对下沉式绿地的径流调蓄作用进行了大量的研究。丛等运用SWMM模型对北京某小区进行模拟分析，结果表明，当暴雨重现期为10年时，与凸式绿地相比，下沉式绿地的入渗量增加了36%，径流量减少了53%，洪峰流量降低了35%。Tian分析了在不同设计降雨频率的情况下，济南市城区下沉式绿地的径流削减效果，得出下沉式绿地的降雨拦蓄效果较为明显，对降雨重现期为1年和3年的径流削减率分别为76.55%和63.45%。曲婵对西北大学长安校区的下沉式绿地进行SWMM模型模拟，发现当绿地的下沉深度为10cm、绿化率为40%时，校区内下沉式绿地能完全消纳周围4.7hm^2不透水面积产生的88.54m^3径流量；当降雨强度为9.69mm/h、降雨量为27.5mm时，校区内下沉式绿地可以减少10.17%的洪峰流量，延迟洪峰时间为0.16h。宋召凤对下沉式绿地在不同设计暴雨条件下减洪效果的计算结果显示，径流削减率随下沉深度的增加而升高，随降雨重现期的增加而降低，下沉式绿地对重现期小于4年的降雨径流的削减率均高达100%。

下沉式绿地不仅对雨水径流具有蓄积作用，同时还能对雨水进行一定程度的净化。有研究表明，小型自然型下沉式绿地对径流中COD、NH_4^+-N和TP的平均削减率分别为52.21%、48.98%和47.35%。Yang等研究发现宜兴市绿地对降雨有很好的净化作用，每年对COD、TN、NH_4^+-N和TP的削减量分别为233.6×10^3kg、70.9×10^3kg、12.6×10^3kg和1.7×10^3kg。范群杰发现模拟绿地对COD的削减效果最好，最大削减率达到83.08%，平均削减率为56.87%；对NH_4^+-N、TN和TP的平均削减率分别为70.11%、39.70%和40.81%。上述研究表明，下沉式绿地对雨水径流有良好的净化效果，但对每种污染物的削减率有所差异，对COD和SS的削减效果最好，其次是TP和重金属，对NH_4^+-N和TN的削减率相比其他污染物较低。

总体来说，下沉式绿地具有蓄/渗雨水、削减洪峰流量、净化雨水和防止土壤侵蚀、投资较低等优点，是一种能同时满足环境、生态、经济等多重效应的新型雨水利用措施。它的应用将有效缓解城市水资源匮乏和降雨径流污染，同时能在一定程度上防止城市内涝。

6. 应用实例

北京未来科技城滨水公园内下沉式绿地面积为900m^2，汇水区面积为1914m^2，汇集了大路、陡坡、相邻绿化区及透水路面的径流，现场实景如图3-10所示。陡坡上沿坡设置20m×5m标准径流小区并在下方接入容积1m^3集水池用于监测降雨径流量。该下沉式绿地对SS的削减率大于55%，对COD的削减率为24.28%～36.35%，对氮、磷的去除率较低。降雨强度一定时，进水污染物负荷越高，污染物浓度削减率越低。进水污染物负荷一定时，降雨强度越大，污染物浓度削减率越低。

(a) (b) (c)

图 3-10 北京未来科技城滨水公园内下沉式绿地径流小区装置图
(a) 径流小区；(b) 径流小区出口集流桶；(c) 绿地排水口集流桶

该下沉式绿地仅在 2016 年 9 月 26 日和 10 月 7 日降雨条件下，排水口有出水产生。其余条件下，下沉式绿地均能削减全部径流及污染物。天然降雨的污染物浓度很低，而径流小区的初期径流污染物浓度较高，SS 和 COD 浓度达到 373mg/L 和 141.40mg/L，TP 和 TN 浓度最高可达 1.503mg/L 和 11.46mg/L。这说明降雨径流污染的主要来源是降雨对下垫面的冲刷造成的土壤颗粒、道路沉积物等的流失从而导致其携带的污染物流失。总体来说，下沉式绿地基本能截留所有降雨径流，对污染物总量的削减率达到 99%以上。

3.1.3 雨水花园

1. 技术概况与原理

雨水花园指在地势较低的区域建设具有削减径流量和截留污染物的浅凹绿地，通过浅凹绿地中的植物、土壤和微生物等，完成蓄/渗雨水及净化污染物，使地表径流逐渐渗入土壤，涵养地下水，或使之补给景观用水、厕所用水等城市用水，是一种生态可持续的降雨径流污染源头削减设施。

雨水花园根据地形地质条件、用途及景观效果等因素分为入渗型雨水花园、过滤型雨水花园和植生滞留槽 3 种，各自的特点如表 3-5 所示。

雨水花园形式及特点 **表 3-5**

形式	特点
入渗型雨水花园	可同时实现污染控制、雨水入渗；结构简单，易于施工维护；地下水位及不透水层埋深需大于 1.2m
过滤型雨水花园	可作为雨水收集回用的预处理设施；可结合地下建筑顶板上层结构设计；地下水位及不透水层埋深需大于 0.7m
植生滞留槽	可作为雨水收集回用的预处理设施；不受地下水位及不透水层埋深限制；应用范围广泛，可用于人行道、广场等

2. 结构特点及设计参数

（1）构造

雨水花园主要由进水设施、存水区、覆盖层、土壤层、种植物、砂滤层（仅适用于Ⅲ类和Ⅳ类水质等级的雨水径流）、地下排水层和溢流设施构成，典型构造如图 3-11 所示。

（2）设计参数

1）一般要求

单个雨水花园的集水面积不宜大于 0.5hm^2，其原因为：①单体占地面积太大，与景观效果不协调；②延长汇流时间，加大了径流污染控制量。

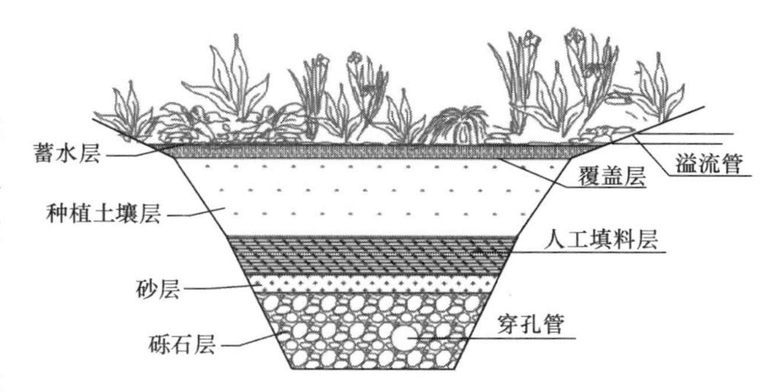

图 3-11　雨水花园构造示意图

入渗型雨水花园的雨水需要入渗，需要对场地土壤、地下水位及不透水层埋深提出要求，其底部土壤渗透系数应大于 4×10^{-6}m/s，地下水位及不透水层埋深应大于 1.2m。

过滤型雨水花园只需要对地下水位及不透水层埋深提出要求，雨水花园底部地下水位及不透水层埋深应大于 0.7m，雨水花园自身的土壤需要经过配置以保证其渗透系数符合要求。

根据雨水径流水质及雨水去向，雨水花园可设置成在线型或者离线型，可选择图 3-12的组合形式。按照《地表水环境质量标准》GB 3838—2002，雨水水质分为五类，Ⅰ～Ⅲ类为清洁水质的雨水；Ⅳ类为有一定污染水质的雨水；Ⅴ类为污染较为严重水质的雨水。

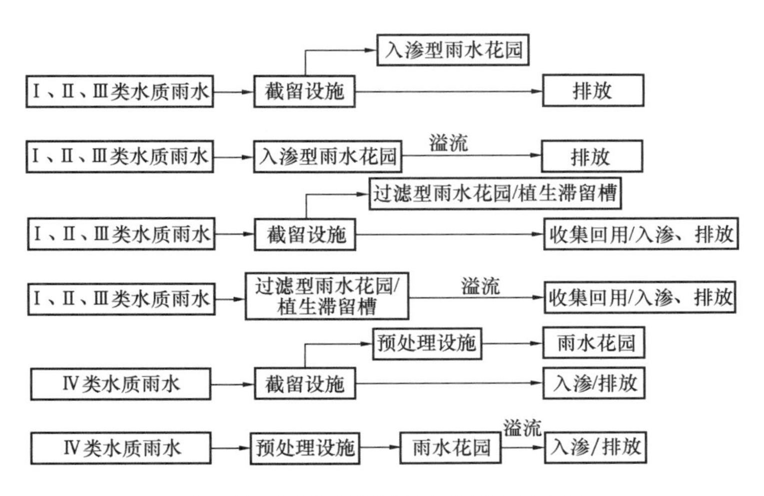

图 3-12　不同水质的雨水花园设计方法

2）进水要求

雨水花园作为初期雨水径流处理设施，作用是将初期雨水径流经过处理后排放、入渗或收集回用。然而，Ⅲ类和Ⅳ类水质雨水不宜收集回用。其中，Ⅳ类水质雨水径流由于水质较差，需要开展更频繁的维护，也可能使得入渗雨水污染地下水，需要采取预处理设施。雨水花园预处理设施可采用沉砂槽、过滤设施等。

①屋面雨水通常落水管直接接入雨水花园，广场及没有路沿道路的雨水直接漫流进入雨水花园，而有路沿道路的雨水则可以采用道牙、立箅或其他方式进入雨水花园。

②为了使雨水花园运行效果良好，雨水应顺畅、均匀地进入雨水花园。如果集水区有一定的坡度，雨水径流会冲蚀雨水花园，需要采用配水设施使得进水均匀且不会冲蚀雨水花园。雨水花园最大存水深度宜设置为 10～30cm。入渗型和过滤型雨水花园存水区四周宜设置大于 2∶1(H∶V) 的边坡。

③雨水花园最大存水深度越大则滞留的雨水量就越大，有利于更好地实现低影响开发目标。但最大存水深度过大有两个不利影响：一是影响景观效果；二是排水时间延长，影响种植物的生长，且夏季容易滋生蚊虫。通常要求存水深度为 10～30cm，既兼顾了景观效果，同时也保证了滞留雨水能够在 36h 内入渗或者排放。雨水花园应设置 5～10cm 的覆盖层，覆盖层宜采用枯树皮和树叶。

④雨水径流水质为Ⅲ类或Ⅳ类时，土壤层下面宜设置 15～30cm 的砂滤层。雨水径流水质为Ⅰ类或Ⅱ类时，可用 5～10cm 的豆砾石层代替砂滤层。

3）覆盖层设计

覆盖层对雨水花园的主要作用如下：

①保持雨水花园中的土壤湿度，有利于种植物生长；

②防止雨水冲蚀土壤层；

③提供微生物环境，有利于雨水中污染物的去除；

④泥沙包裹在树皮、树叶中，有利于雨水花园的维护。

4）面积设计

雨水花园面积的计算公式由达西定律推导而得。入渗型雨水花园的渗透系数采用的是底层土壤的渗透系数，而过滤型雨水花园和植生滞留槽的渗透系数则是采用的其中配置土壤的渗透系数；平均存水深度按最大存水深度的 0.5 倍计算；雨水花园的雨水排空时间通常为 48h 或 72h。

入渗型雨水花园面积按照式（3-5）计算。

$$A_f = \frac{V_{WQ} \times d_f}{i \times (h_f + d_f) \times t_f \times 3600} \tag{3-5}$$

式中 A_f——雨水花园面积，m^2；

V_{WQ}——雨水花园径流污染控制量，m^3；

d_f——种植土壤层厚度，m；

i——雨水花园底层土壤渗透系数，m/s；

h_f——雨水花园平均存水深度，m，h_f=0.5×最大存水深度；

t_f——雨水花园雨水排空时间，h，一般按 36h 设计。

过滤型雨水花园和植生滞留槽面积按照式（3-6）计算。

$$A_{\mathrm{f}}=\frac{V_{\mathrm{WQ}}\times d_{\mathrm{f}}}{k\times(h_{\mathrm{f}}+d_{\mathrm{f}})\times t_{\mathrm{f}}\times 3600} \tag{3-6}$$

式中　k——雨水花园内配置土壤渗透系数，m/s。

5）种植要求

雨水花园中应采用本地植物，其耐淹或挺生时间应大于36h。雨水花园中植物的布置宜与景观专业配合设计。

雨水花园的种植要求如下：

①乔木挡水能力很强，应种植在雨水花园周边，有利于保持雨水花园土壤层的湿度，有利于种植物生长和保持雨水花园的污染物去除效果。乔木不能种植在雨水花园进水口处，若种植在雨水花园内部，容易导致水流不畅，影响雨水花园的正常运行。

②植生滞留槽表面用于种植物的空间不大，其他空间均有盖板遮挡，建议根据景观设计要求种植1～2株灌木。

6）土壤层设计

雨水花园的土壤层厚度宜为40～80cm，采用配置土壤，配置土壤应满足表3-6的要求，不能含有杂草、植物种子、砾石、混凝土块、块砖等杂物。此外，通过控制土壤中黏土、粉质土和砂质土体积百分比，使土壤维持一定的孔隙率和渗透系数，用以保证土壤有机质含量，既有助于雨水花园中种植物的生长，也有利于土壤及植物根系吸附污染物。

雨水花园配置土壤特性　　**表3-6**

参数	要求	参数	要求
渗透系数（m/s）	$3\times10^{-6}\sim1\times10^{-5}$	黏土（%）	<10
pH	5.5～6.5	砂质土（%）	30～55
有机质含量（%）	3～5	粉质土（%）	35～60

表3-6中的渗透系数的确定根据如下：

①当雨水花园最大存水深度为30cm时，36h排空雨水需要的土壤渗透系数为3×10^{-6}m/s；

②过高的土壤渗透系数会导致雨水花园污染物去除效果下降。

研究结果显示，pH在5.5～6.5之间时，N、P等污染物最容易被土壤及植物根系吸附。

7）砂滤层设计

设置砂滤层的目的：①加强雨水过滤，提高污染物去除效果；②铺设豆砾石可以隔开土工布和土壤层，防止黏土堵塞土工布。

设计时砂滤层的渗透系数需要大于土壤层的渗透系数一个数量级以上，从而保证设置砂滤层不影响整个雨水花园的雨水排空时间。

8）地下排水层设计

①穿孔管设置如图3-13所示。其中，宽度方向每3m设置一根穿孔管，管径不小于

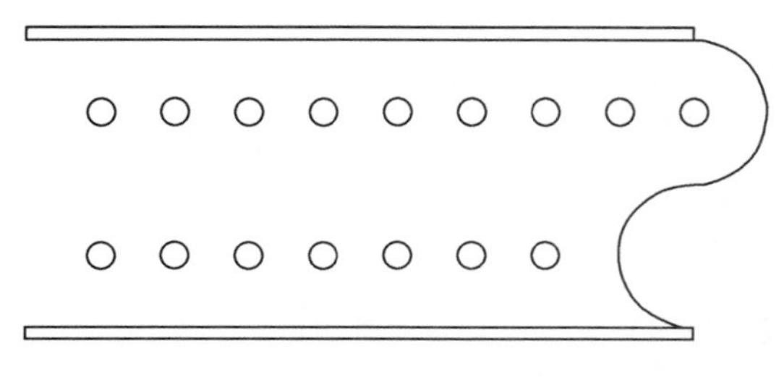

图 3-13　雨水花园地下穿孔管设置图

150mm，排水能力不应小于雨水花园的最大入渗能力。

②穿孔管外包砾石层，砾石层采用的水洗砾石不仅用于蓄水、排水，同时还能够培养生物膜，有利于氮素的去除，但不能用鹅卵石替代。

③砾石层应采用透水土工布包覆。透水土工布宜选用非织造土工布，其渗透性能应大于雨水花园的最大渗水要求，满足保土性、透水性和防堵性的要求。

短纤维针刺土工布是目前应用最广的非织造土工布之一。纤维经过开松混合、梳理（或气流）成网、铺网、牵伸及针刺固结等工艺最后形成成品。针刺形成的缠结强度足以满足土工布铺放时的抗张应力，不会造成撕破、顶破。由于其厚度较大、结构蓬松，且纤维通道呈三维结构，过滤效率高，排水性能好，其渗透系数达 0.01～0.1m/s。短纤维针刺土工布施工方便，价格便宜，具有一定的增强和隔离功能，因此用于反滤和排水最为合适。

④当雨水花园使用很长时间后，地下穿孔管内可能有泥沙淤积，可通过立管灌水清淤，也可通过立管溢流雨水清淤，清淤立管管径宜为 100～150mm。

9）溢流设计

不同类型的雨水花园溢流形式如图 3-14 所示。雨水花园可根据其类型及雨水去向选择下列溢流形式：

①雨水花园可以通过堰流或者雨水箅子将雨水排往下游实施入渗、收集回用、滞留或者排放。

②过滤型雨水花园和植生滞留槽可以采用其地下排水管溢流雨水。这两种溢流形式如图 3-15 和图 3-16 所示。

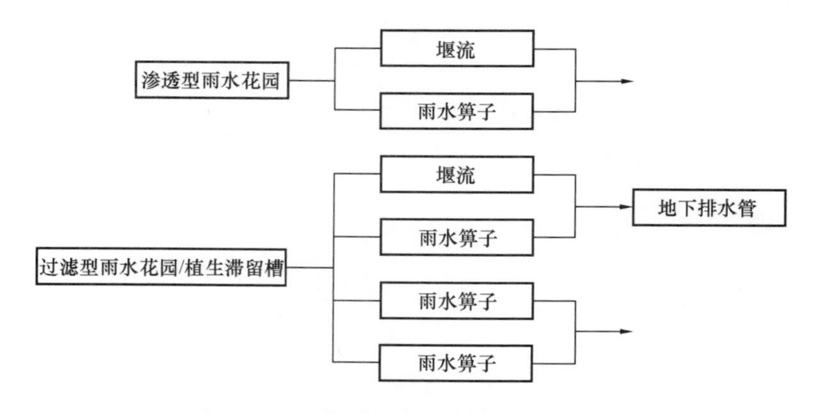

图 3-14　不同类型的雨水花园溢流形式

不管采用何种溢流形式，溢流口高程均应与雨水花园最大存水深度线保持一致，否则会减少雨水花园雨水径流污染处理量，影响其低影响开发的效果。雨水花园溢流排水能力

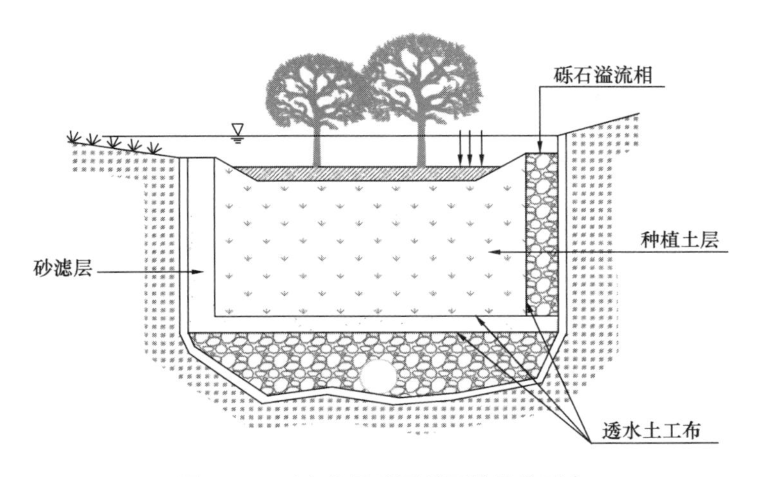

图 3-15 雨水花园采用砾石槽溢流雨水

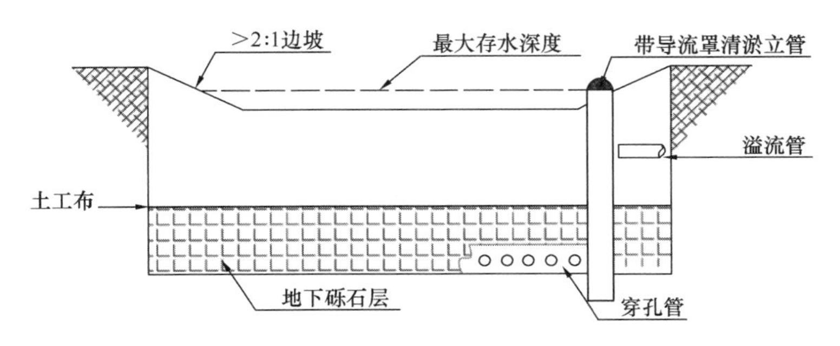

图 3-16 雨水花园采用带导流罩清淤立管溢流雨水

应不小于设计进水流量。过滤型雨水花园和植生滞留槽采用地下排水管溢流时，地下排水管的排水能力应按照设计进水流量设计，不再按照其最大入渗能力设计。

（3）植物选择

植物在雨水花园中起着重要作用，主要通过吸收和蒸腾作用去除污染物。在选择植物时应该注意：①应选择兼具除污能力和景观观赏性的植物；②应选择湿生或半湿生，兼具耐涝双重特性的植物；③宜选择根系发达、生命力强、抗逆性高、抗污染和抗病虫害的植物；④宜选择可相互搭配种植共同作用构成稳定生态系统的植物；⑤优先选用对当地气候条件、土壤条件和周边环境有更好适应能力的乡土植物，少量搭配外来物种。表 3-7 列出了部分推荐的植物品种。

推荐在雨水花园中使用的植物品种及其优缺点 **表 3-7**

名称	科属	优点	缺点
芦苇	禾本科芦苇属	根系发达，具有优越的传氧性能，有利于 COD 降解，适应性、抗逆性强	植株高、蔓延速度过快，小面积雨水花园不适用
芦竹	禾本科芦竹属	生物量大，耐旱	植株高，小面积雨水花园不适用
香根草	禾本科香根草属	根系发达、抗旱耐涝、抗寒热、抗酸碱、对氮磷去除效果明显	植株高、繁殖快，小面积雨水花园不适用

续表

名称	科属	优点	缺点
香蒲	香蒲科香蒲属	根系发达、生产量大，对COD和氨氮去除效果明显	植株高、繁殖快，小面积雨水花园不适用
美人蕉	美人蕉科美人蕉属	对COD和氨氮去除效果明显	根系较浅
香菇草	伞形科天胡属	喜光、可栽于陆地和浅水区，对污染物的综合吸收能力较强	不耐寒
姜花	姜科姜花属	生物量大，对氮吸收能力较强、观赏性强	不耐寒、不耐旱
茭白	禾本科茭白属	对Mn、Zn等金属有一定富集作用，对BOD_5去除率较高，可食用	不耐旱
慈姑	泽泻科慈姑属	叶形奇特、观赏性强，对BOD_5去除率高，可食用	根系较浅
灯芯草	灯芯草科灯芯草属	耐旱、根系发达、净水效果良好	—
石菖蒲	天南星科菖蒲属	常绿、根状、茎横走多分枝	不耐旱
旱伞草	莎草科莎草属	常绿、茎直立、丛生无分枝	不耐寒
条穗苔草	莎草科苔草属	常绿、喜光、喜湿润、耐寒	—
千屈菜	千屈菜科千屈菜属	耐旱、观赏性强	对污染物去除能力不强
黄菖蒲	鸢尾科鸢尾属	耐旱、观赏性强	—
泽泻	泽泻科泽泻属	耐寒、耐旱、观赏性强	—
红莲子草	苋科苋属	耐旱、叶终年通红、观赏性强	—
三白草	三白草科三白草属	耐旱、观赏性强	—

(4) 雨水花园的施工工序

雨水花园有3种形式，其结构上有所不同，施工工序也有一定的差别。过滤型雨水花园和植生滞留槽通常采用地下穿孔管作为溢流设施；入渗型雨水花园通常采用堰溢流，其溢流设施施工包含在预处理设施施工中。

入渗型和过滤型雨水花园土方开挖可采用人工或小型机械施工，底部土壤不应夯实，植生滞留槽底部土壤应夯实。如开挖后发现底部土壤较密实，可以超挖30cm，用超挖土加上5cm厚的建筑细砂，混合均匀后回填。土方开挖完成后，应根据设计要求立即铺砂，铺砂后不得采用机械碾压。地下排水层砾石应采用土工布与底部土壤层隔离，挖掘面应便于土工布的施工和固定。

入渗型和过滤型雨水花园可参照图3-17和图3-18开展施工。

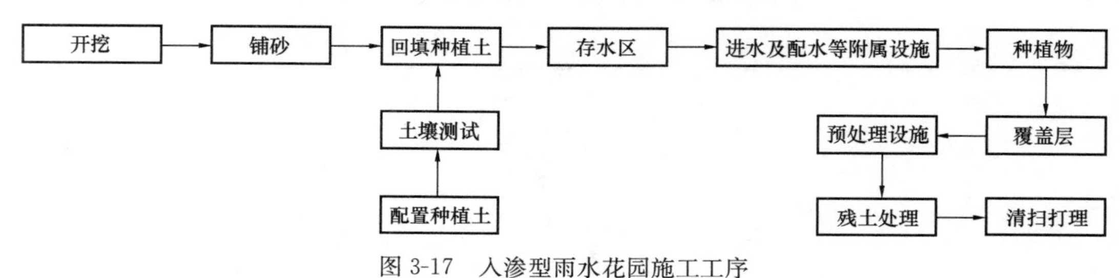

图3-17 入渗型雨水花园施工工序

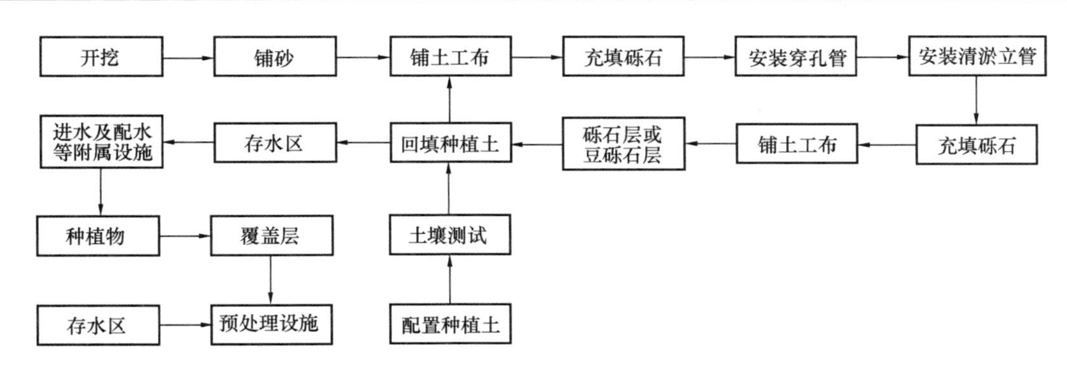

图 3-18　过滤型雨水花园施工工序

3. 适用范围及优缺点

雨水花园适用范围较广，一般居民区、商业区、工业区、城市道路和停车场等多数场所均可采用此类措施，建筑与小区、道路及停车场的周边绿地，以及城市道路绿化带等城市绿地内也可采用雨水花园。当雨水水质低于地表Ⅳ类水质时，雨水需要经过预处理后方可进入雨水花园。

雨水花园具有如下 4 项优点：

（1）能减少雨水径流量，延缓洪峰出现时间，降低洪涝灾害的发生；

（2）能有效去除污染物，特别是对悬浮颗粒物、重金属、氮、磷和病原体等的去除率较高；

（3）下渗雨水可回补地下水；

（4）建设和维护成本较低，自然景观的融合度高，景观效果好。

该技术也存在如下 4 项缺点：

（1）占地面积较大，各独立单元一般只能处理较小汇水区范围内的降雨径流；

（2）对漂浮物的清除频率要求高；

（3）表层土壤易板结，需定时进行表层土壤修复更换，维修频率要求高；

（4）对土壤的排水性能要求高。

4. 运行维护要求

雨水花园在运行时往往会出现堵塞、土壤板结、植物过度繁盛、干旱和冻害等问题。只有采取针对性维护措施，才能保证雨水花园持续长久的运行。表 3-8 列出了雨水花园维护内容、维护重点及目标、维护周期。

雨水花园维护要求　　**表 3-8**

维护内容	维护重点及目标	维护周期
种植物维护	补种植物；施肥；清除杂草	1 年 2 次；根据检视结果确定
种植物修剪	修剪种植物	1 年 3 次；满足景观绿化要求
杂物及垃圾清理	进水及配水设施；存水区；溢流设施	1 年 4 次；根据检视结果确定
覆盖层	更换覆盖层	1 年 1 次；根据检视结果确定

续表

维护内容	维护重点及目标	维护周期
表层种植土	更换表层种植土	1年1次；需要新种植植物时；满足景观绿化要求
地下排水层	利用清淤立管清理地下穿孔管	1年1次；根据检视结果确定
种植土壤层	更换表层种植土壤层或砂滤层	检视结果显示过滤层及地下排水层失去功效，通常在使用5～10年后
土工布	土工布出现损坏，更换新的土工布	

注：1. 更换覆盖层时，不应采用机械，而应采用人工方式，以免覆盖层中垃圾没有清理出去；
2. 重新铺设覆盖层应根据初始施工时要求进行。

5. 技术达成效果与成本

雨水花园中植被的蒸腾作用与蓄积雨水的蒸发作用可调节周边环境的温湿度，缓解热岛效应；雨水花园中土壤、植被的渗透作用与截留作用可增加雨水径流阻碍，削减流量，补充地下水源，降低洪涝发生率；雨水花园能够有效去除径流中的各类污染物，如SS、TN、TP、重金属以及病原体的去除率分别可达80%以上、50%以上、60%以上、45%～95%以及70%～100%。

雨水花园在经济方面的价值其实也是来自于它的生态属性。因为雨水花园具有良好的生态景观效果，可以使其周围的环境价值得到提升。比如，带有雨水花园的住宅将会有更高的价值，配备雨水花园的步行商业街能吸引更多的人流，拥有大型雨水花园的地方更容易成为区域活动的焦点。除此之外，雨水花园收集的雨水能够补充城市用水，大大减少了城市用水的花费。

雨水花园的建设成本主要来自工程材料和人工费用。其中，工程材料主要有人工土、填料、砾石、排水管等。目前，国内雨水花园的成本在400～1000元/m^2。

6. 应用实例

雨水花园技术在北京未来科技城滨水公园停车场得到了具体的应用。雨水花园面积为58m^2，现场实景和结构分别如图3-19和图3-20所示。雨水花园主要包括积水层、植被种植层和排水层等。其中，积水层15cm、植被种植层30cm、砂过渡层5cm、排水层50cm，用直径200mm的穿孔PVC管布置于排水层中进行下渗后雨水的排水。雨水花园通过土壤层的过滤、植物根部的吸附和吸收，以及微生物系统等作用去除雨水径流中的污染物，而后较清洁的雨水渗入土壤，涵养地下水或排入市政管道。

在2016—2017年间，对汛期主要降雨过程中雨水花园入流量和出流量进行了现场监测。监测结果显示，雨水花园可削减降雨径流量15%～85%，可削减污染物排放量35%～95%，同时具有较好的生态景观效果。对2017年8月2日雨水花园降雨径流削减过程进行监测，该日降雨量为22.5mm，径流总量控制率达73.9%，洪峰流量削减率达49.0%，洪峰延迟时间25min，达到了示范区的设计要求。

图 3-19　北京未来科技城滨水公园停车场雨水花园实景图

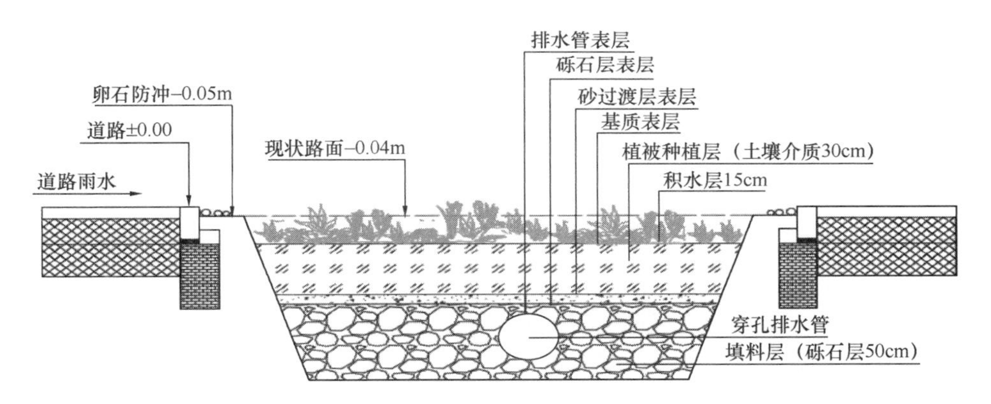

图 3-20　北京未来科技城滨水公园停车场雨水花园结构图

3.1.4　透水铺装

1. 技术概况与原理

透水铺装是一种新型的城市铺装形式，通过采用大孔隙结构层或者排水渗透设施使地表雨水径流能够就地下渗，从而达到增加雨水下渗、减少地表径流的目的；此外，通过特殊的铺装材料，还可以在实现雨水下渗过程中截留、吸附、吸收和降解径流污染物，达到削减径流污染物的目的。

透水铺装按照面层材料不同可分为透水砖铺装、透水水泥混凝土铺装和透水沥青混凝土铺装。嵌草砖、园林铺装中的鹅卵石、碎石等也属于透水铺装。3 种典型透水铺装概况如下：

（1）透水砖铺装，即在街道路面上铺设的小型透水路面砖，如图 3-21 所示；

（2）透水水泥混凝土铺装，常用孔隙率为 15%～25%的混凝土构建，也常用无砂混凝土构建，如图 3-22 所示；

（3）透水沥青混凝土铺装，俗称沥青混凝土，是由具有一定级配组成的矿料、碎砾石、石屑或砂、矿粉等与一定比例的路用沥青材料在严格控制条件下拌制而成的混合料，如图 3-23 所示。

图 3-21　透水砖铺装

图 3-22　透水水泥混凝土铺装

2. 结构特点及设计参数

（1）构造

透水路面应包括面层、基层、底基层和垫层四层，如图 3-24 所示。

图 3-23　透水沥青混凝土铺装

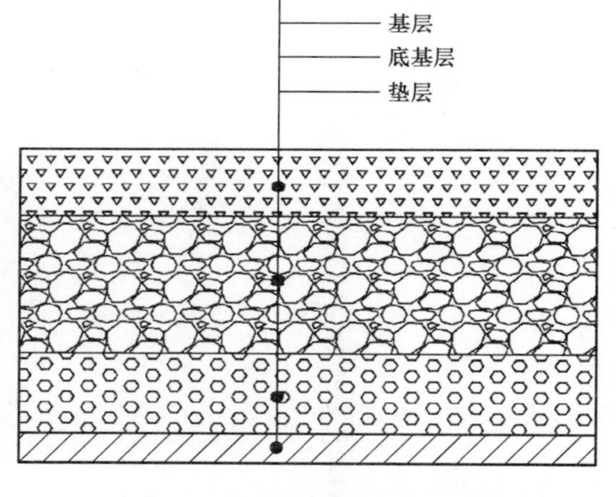

图 3-24　透水路面基本构造示意图

（2）结构设计要求

1）透水面层设计要求

①透水砖作为透水面层时，渗透系数应大于 1×10^{-4}m/s；孔隙率应大于 20%；抗压强度应大于 35MPa，抗折强度应大于 3.2MPa。

②透水水泥混凝土作为透水面层时，水泥混凝土厚度应按照道路专业要求设计，水泥宜采用高强度等级的矿渣硅酸盐水泥；停车场水泥混凝土厚度宜为 100～150mm，道路水泥混凝土厚度宜为 150～300mm；孔隙率宜为 15%～21%。

③透水沥青混凝土作为透水面层时，停车场沥青混凝土厚度宜为 50～100mm，道路

沥青混凝土厚度宜为 100～150mm；孔隙率宜大于 16％。

2）透水基层设计要求

①当轻交通流量的行车道采用透水水泥混凝土或透水沥青混凝土作为透水面层时，基层土壤夯实度通常在 94％以上，并设置防渗设施，需要在透水垫层中设置排水设施。

②当停车场和人行道采用透水砖或透水水泥混凝土等作为透水面层时，基层土壤夯实度通常在 90％左右。

3）透水垫层设计要求

透水垫层厚度不宜小于 150mm，孔隙率不应小于 30％。设计时，应根据相关规范规定的设计标准、蓄存水量要求及蓄存雨水排空时间确定透水垫层厚度。透水垫层厚度越大，其所蓄存的雨水量就越大。

例如，透水路面要求蓄存 100mm 净降雨，透水垫层孔隙率为 35％，底层土壤渗透系数为 1×10^{-6}m/s，要求雨水排空时间为 36h。则满足设计目标要求的最小透水垫层厚度为：$D_p=0.10/0.35=0.286\text{m}=286\text{mm}$；满足雨水排空时间要求的最大透水垫层厚度为：$D_p=(1\times10^{-6}\times36\times3600)/0.35=0.370\text{m}=370\text{mm}$；因此最终设计透水垫层厚度为 286mm。

透水垫层应采用连续级配砂砾料和单级配砾石等透水性材料。单级配砾石垫层的粒径应为 5～10mm，连续级配砂砾料垫层的粒径应为 5～40mm。

4）基层土壤不允许入渗的透水垫层设计要求

①设置 150mm 砂滤层，砂应满足相应的要求。

②在砂滤层与透水垫层之间设置透水土工布层，透水土工布应满足相应的要求。

③砂滤层下沿道路横向设置穿孔管。

④穿孔管管径宜为 100～150mm，钻孔应满足相应的要求。

⑤穿孔管沿透水路面横向坡度应大于 1％。

⑥穿孔管周边采用砾石槽包裹，砾石槽采用与透水垫层相同的材料，砾石槽断面宜采用梯形断面，梯形上底宽度宜为 0.5m、下底宽度为 0.2m、高为 0.2m。穿孔管上下各设置 5cm 砾石层。

⑦穿孔管可连接检查井排放或连接渗透井入渗。

⑧砂滤层与基层土壤之间应设置防渗层，防渗层应按道路专业设计要求选择材料，包裹砾石槽，但不能阻断砂滤层雨水进入砾石槽中。

⑨土壤不能入渗或入渗能力很差、透水垫层蓄存的雨水不能入渗或入渗能力差时，需要将雨水排出；为了保证排出雨水的水质，需设置砂滤层过滤雨水后排出，砂滤层及排水设施的设置如图 3-25 所示；排出雨水可以接检查井排放或接渗透井入渗，其结构如图 3-26所示。

⑩砾石槽采用梯形断面是为了使得砂滤层雨水有更大的接触面积进入砾石槽中通过穿孔管排放。透水找平层渗透系数应大于 5×10^{-4}m/s，厚度宜为 20～50mm。透水找平层宜采用粗砂、细石、细石透水混凝土等材料。

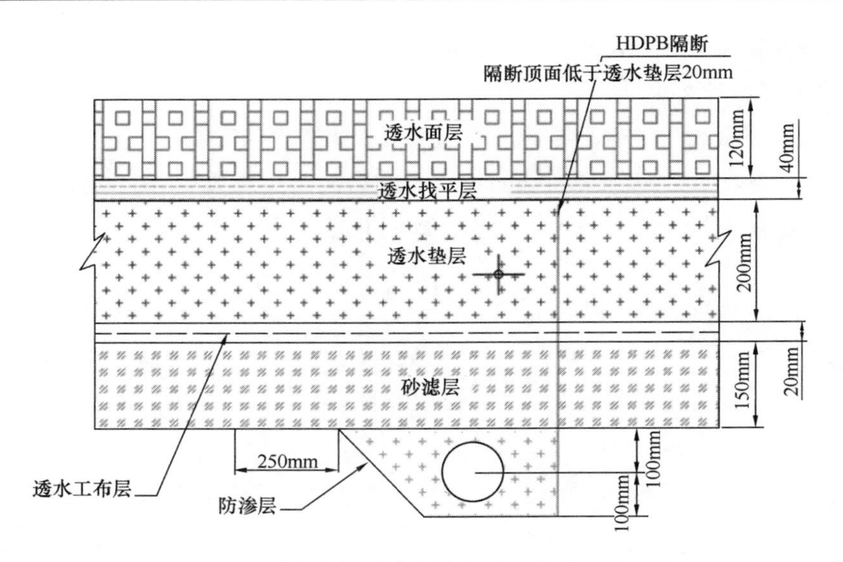

图 3-25 透水垫层下砂滤层和地下排水层设置图

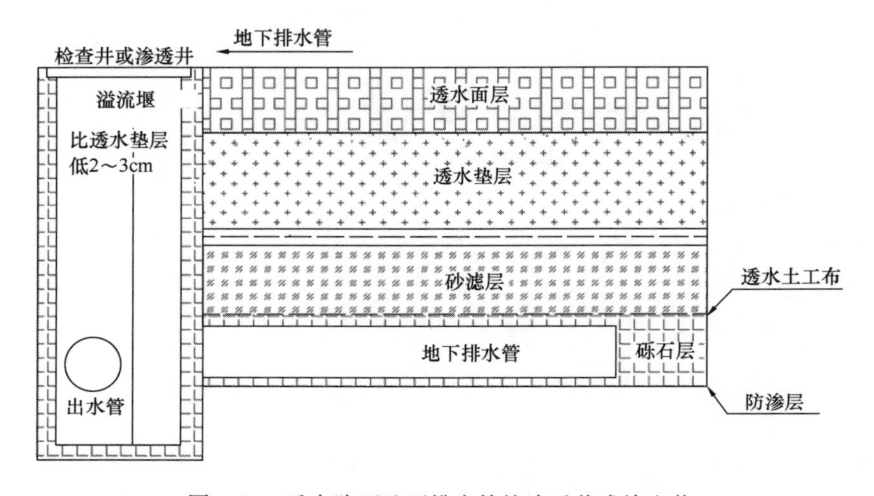

图 3-26 透水路面地下排水管接渗透井或检查井

（3）溢流设计要求

尽管透水路面具有很好的径流总量和外排洪峰控制能力，但是在以下两种情况下需要在透水路面设置溢流设施：

1）透水路面长时间使用后，透水面层堵塞严重，其透水能力大大下降；

2）在连续性降雨等极端条件下导致透水路面的蓄水能力饱和。

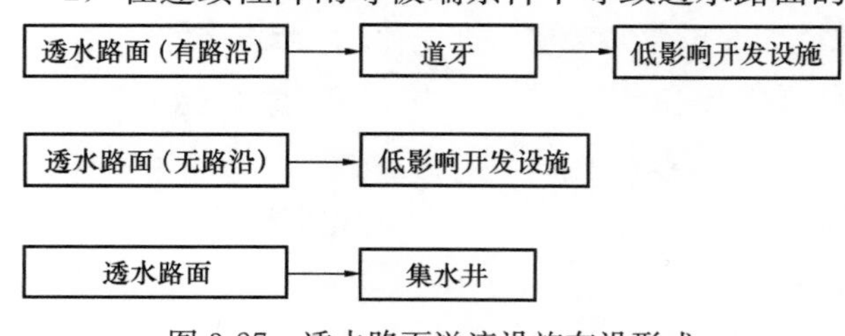

图 3-27 透水路面溢流设施布设形式

透水路面溢流设施布设形式如图 3-27 所示；其与道牙溢流、渗透井、植生滞留槽、植被草沟等低影响开发设施的关系见图 3-28。

透水路面的溢流量，即流经透水路面的径流量与透水路面有效雨

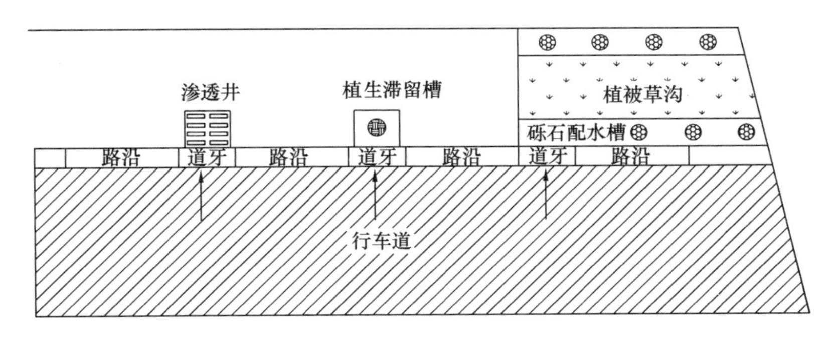

图 3-28　透水行车道溢流方式示意图

水贮存量之差。其中，透水路面有效雨水贮存量应按式（3-7）计算：

$$V_p = 0.5 \times (D_p \times \theta_p + D_c \times \theta_c) \times L_{pmax} \times W_p \tag{3-7}$$

式中　V_p——透水路面有效雨水贮存量，m^3；

D_p、D_c——分别是透水垫层和透水面层的厚度，m；

θ_p、θ_c——分别是透水垫层和透水面层的孔隙率；

L_{pmax}——透水路面隔断长度，m；

W_p——透水路面宽度，m。

如果有雨水引导至透水垫层中，则其有效雨水贮存量应扣除该部分雨水量；透水路面设置地下排水设施时，由于排水设施中砂滤层排水速度很慢，在计算中不考虑其积极的排水影响；透水找平层厚度较小，孔隙率小，不考虑其积极的雨水贮存影响。

考虑到以下原因时，雨季有效雨水贮存量采用 0.5 倍的最大贮存量：①透水路面长时间使用后由于堵塞的原因，其实际存水能力减小；②道路存在坡度，其实际贮存厚度因坡度原因而减小；③考虑到前期降雨的影响，其实际存水能力也会减小。

（4）透水路面的施工工序

首先，路基开挖应达到设计深度，应将原土层夯实；壤土、黏土路基压实系数应大于 90%，路基基层应平整。其次，基层纵坡、横坡及边线应符合设计要求。透水路面应按照图 3-29 所示的工序进行施工。

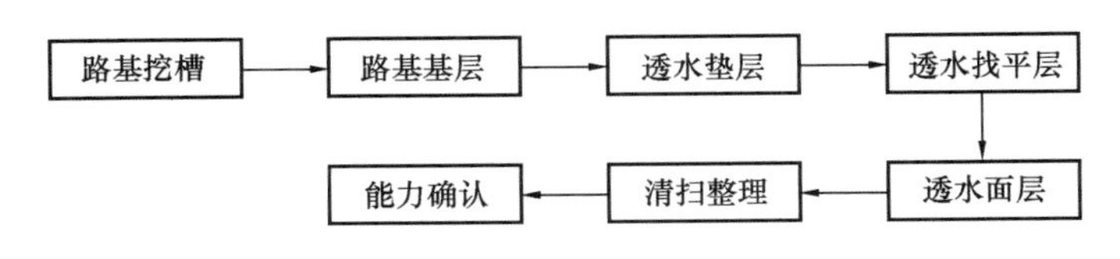

图 3-29　透水路面施工工序

3. 适用范围及优缺点

透水砖与普通砖相比，由于具有较大的孔隙率和良好的透水性，可以使雨水快速渗透到地下，起到延缓径流和削减水量的作用。中小雨时，铺装产流较少，降雨径流削减效果显著。

透水砖铺装多用于人行道；透水水泥混凝土铺装多用于轻负荷的人行道、机动车道或公园、住宅等园区内便捷道路；透水沥青混凝土铺装则多用于城市快速路、高速公路等需要具有一定负荷能力的机动车道。

基于上述分析，透水铺装有如下 3 项优点：

（1）能够增加雨水下渗和降低雨水径流量；

（2）对降雨径流水质有一定的净化作用，能够保护地下水资源的安全；

（3）具有调温、调湿、减尘、降噪的作用，使用植草砖类型的透水铺装还能增加城市绿地面积，美化环境。

透水铺装也存在如下 3 项缺点：

（1）在使用过程中容易发生堵塞问题；

（2）在后续的管理维护中需定期清理，保养要求高；

（3）与传统铺装相比，价格较高。

4. 运行维护要求

为保障透水铺装具有降雨径流下渗和削减污染物的能力，应长期保持透水铺装具有良好的透水能力。

堵塞是多孔隙透水铺装材料面临的最严重问题之一。长期使用后，透水路面的堵塞物通常位于铺装面层顶部 2.0cm 范围内。对于常见的孔隙堵塞问题就需要定期检查、疏通，可采用淋洗、负压抽吸、高压水流冲洗等方法进行清理。当透水铺装面层损坏时，需及时进行修缮。同时，应尽量避免在铺装表面使用融雪剂与杀虫剂之类的化学药品，避免污染地下水水质。常见透水路面维护要求如表 3-9 所示。

常见透水路面维护要求 **表 3-9**

维护内容	维护重点及目标	维护周期
路面清扫	清除路面的垃圾	按照环卫要求定期清扫
透水面层整理	首先采用高能吸尘器清理，再采用高压清洗机清洗；用压缩空气吹脱；根据生产厂家要求采用专业设备清理	根据透水路面检视结果确定；根据路面卫生状况不同，3～7 年一次
更换透水面砖	更换透水面砖	根据路面卫生状况不同，通常在使用 5～15 年后；透水面砖出现破损后
更换透水面层、透水找平层、透水垫层、砂滤层	更换透水面层、透水找平层、透水垫层、砂滤层	通常在使用 10～25 年后

5. 技术达成效果与成本

与传统不透水路面相比，透水路面可以更有效地增加雨水渗透速率，减少地表暴雨径流量，降低峰值流速，延迟暴雨达到峰值流量的时间。Fassman 等的研究结果显示，透水沥青路面比不透水沥青路面可以多截留 70%的雨水径流量，径流系数仅为 0.29～0.67。Collins 等监测北卡罗莱纳州东部透水连锁铺装和透水网格的地表径流情况，发现 2 种透水铺装系统可以贮存 6mm 的降雨而不产生径流，即贮存体积约占到中等降雨量的 30%。

赵飞等的研究结果显示，在透水铺装结构层内安装雨水收集管时，透水铺装对雨水径流的削减率为 40%～90%，比无收集措施提高约 10%；还发现透水铺装能够消纳自身同面积的不透水铺装产生的地表径流，但当透水铺装面积比例低于 1/3 时，透水铺装地面对雨水径流的削减能力会显著下降。

透水铺装在消纳暴雨径流和调节洪峰流量的同时，对雨水径流中的多种污染物也有良好的净化效果。金建荣等研究了以水泥稳定碎石为基层的缝隙透水砖、以碎石为基层的缝隙透水砖、透水混凝土 3 种透水铺装对径流中污染物的去除效果，结果表明 3 种透水铺装对 TP、SS、COD、Cr、Mn、Cu、Zn、Pb 及石油类均有显著的去除效果，但对 TN 的去除率较低，3 种透水铺装中均发生了明显的 NO_3^--N 释放现象，以水泥稳定碎石为基层和以碎石为基层的缝隙透水砖对 NH_4^+-N 的去除效果要优于透水混凝土铺装。赵现勇等的研究结果表明，不同结构的透水路面对雨水径流中不同种类污染物的削减效果有所差异，透水草皮砖对 COD 和 TN 的削减效果最好，透水砖对 TP 的削减效果最佳，削减率高达 94.6%；降雨强度越小，透水路面对污染物的净化效果越好。Brown 等的研究结果表明，多孔沥青（PA）出流中的 TN、NO_3^--N 和 NH_4^+-N 浓度显著高于透水连锁混凝土（PICP）和透水混凝土（PC），而 PICP 和 PC 出流中的 TN 浓度无显著差别，这可能是由于 PA 中的 pH 较高，大大超过了硝化细菌的最佳 pH 范围；PA 出流中的正磷酸盐浓度要小于 PICP 和 PC，这可能是由于 PA 中的正磷酸盐与金属阳离子快速沉淀的结果。研究发现，与透水网格相比，透水砖对重金属的去除效果较好，但经两种透水铺装处理后的水中的重金属浓度均达标。

透水铺装的成本比传统铺装要高，但可以减少铺设传统排水管道和控制系统的支出。各种透水铺装的投资成本如表 3-10 所示。

常见透水铺装投资成本　　　　表 3-10

透水路面设施	投资（元/m^2）
透水砖	50～100
透水水泥混凝土	200～400
透水沥青混凝土	100～200

注：透水路面的投资价格是指比传统做法增加的造价。

6. 应用实例

透水铺装在北京未来科技城进行了应用，总共铺设透水铺装的面积约 60 万 m^2，范围涉及央企地块内透水砖、园区道路透水砖、公园步道和广场透水砖以及透水混凝土铺装等。该技术在园区雨水入渗、涵养本地水资源、控制降雨径流和削减径流污染等方面发挥了作用。根据 2015 年和 2016 年的监测结果，透水地面相对于不透水地面可削减径流 30%～70%，可削减污染物排放量 40%～60%，同时具有较好的生态环境效果。

3.1.5　入渗设施［渗透井（管）、渗透洼地、渗透沟］

1. 技术概况与原理

入渗设施是指将雨水渗透到地下土壤的设施，包括渗透井（管）、渗透洼地和渗透沟。

2. 结构特点及设计参数

（1）构造

1）渗透井（管）是采用单独的渗透井或者渗透井与渗透管结合的方式实现雨水入渗，基本结构包括：渗透检查（集水）井、渗透管、渗透井（管）周边砾石蓄水层、进水设施和溢流设施等，如图 3-30所示。

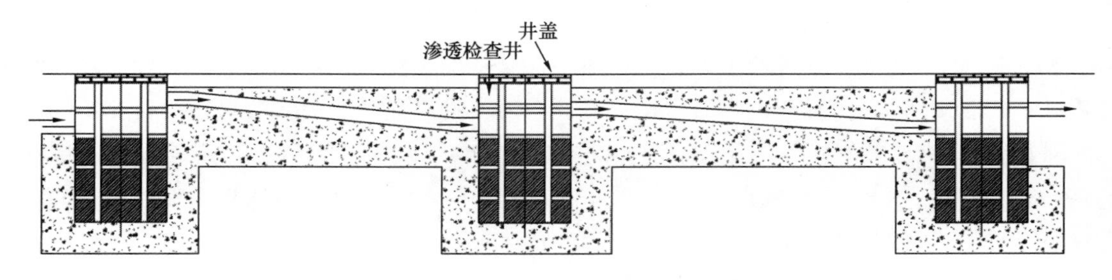

图 3-30　渗透井（管）构造示意图

当需要控制的径流总量和洪峰流量较小时，可采用独立的渗透井实现雨水入渗；反之可采用渗透井与渗透管结合的方式实现雨水入渗。

渗透井（管）需要设置检查井以便于维护，保证其正常运行；也需要采用集水井作为进水设施。在既需要设置检查井又需要设置集水井的地方，可以设置集水检查井。

2）渗透洼地的基本结构包括：植物种植区、进水设施、存水区、种植土壤层、土工布层、蓄水层和溢流设施等，如图 3-31 所示。

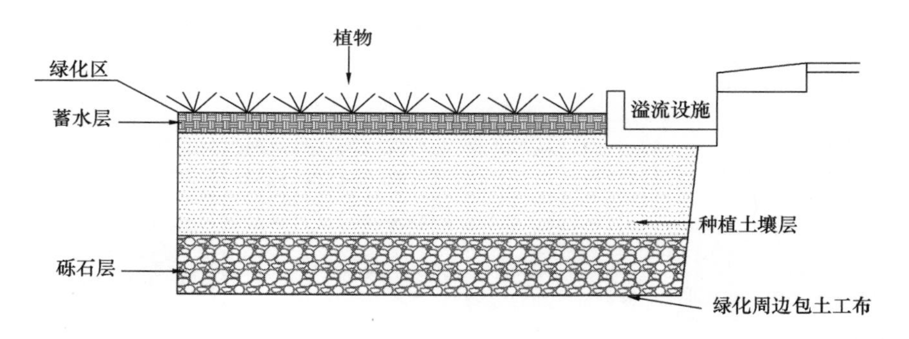

图 3-31　渗透洼地构造示意图

渗透洼地最大存水深度宜设置为 10～30cm，存水区四周宜设置大于 2∶1（H∶V）的边坡。渗透洼地土壤层厚度宜为 20～40cm，渗透系数应在 $5.0\times10^{-5}\sim1.0\times10^{-4}$m/s 之间。

3）渗透沟的基本结构包括：豆砾石过滤层、蓄水层、砂滤层和溢流设施等，如图 3-32所示。

豆砾石过滤层厚度宜为 10～20cm，级配为 5～10mm，采用水洗豆砾石；渗透沟底部应设置砂滤层，砂滤层厚度宜为 15～20cm。渗透沟与渗透洼地不同，其没有采用种植土壤层过滤雨水，而是采用豆砾石层过滤雨水，其蓄水层中水质状况比渗透洼地要差一些，

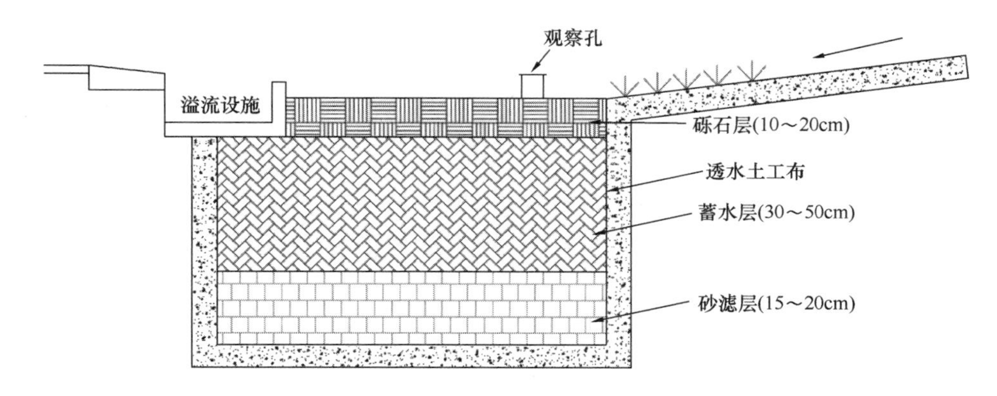

图 3-32　渗透沟构造示意图

因此应在蓄水层下设置砂滤层。渗透沟应设置溢流设施，溢流设施可采用雨水口或溢流堰。渗透沟每 50m 宜设置一个观察孔。

（2）结构设计要求

1）渗透井（管）的设计要求

入渗设施底部距地下水位或不透水层应大于 0.6m，入渗设施下层土壤渗透系数应介于 $4\times10^{-6}\sim1\times10^{-3}$m/s 之间，建造入渗设施的地形坡度宜小于 15%。地下建筑顶板与覆土层之间设有入渗设施时，可利用顶板上层结构建造渗透洼地。地下建筑顶板上通常设有一定厚度的覆土用于绿化，为了使绿化植物正常生长，需要在建筑顶板上布设渗排管或输水板，将渗透洼地入渗下来的多余雨水引流走，使雨水能不断地渗下来。

①渗透井的设置应满足下列要求：渗透井底部应设置沉砂室，沉砂室深度宜大于 0.2m；沉砂室上部应设置渗水区，渗水区外宜采用砾石，砾石外层宜采用土工布包裹；集水渗透井宜设置截污挂篮；渗水区钻孔孔径宜为 15～20mm，间距宜为 10～15cm，渗水区至少应设置 3 层孔。

②渗透井管的设置应满足下列要求：渗透管宜采用穿孔 PVC 或 HDPE 管、无砂混凝土管或排疏管等透水材料，渗透管管径不应小于 150mm，渗透管铺设坡度宜为 0.5%～2%；渗透管渗透层应采用砾石，砾石层最小厚度为 300mm，砾石外层应采用土工布包裹；渗透检查井的间距不应大于渗透管管径的 150 倍；渗透检查井的出水管标高应高于进水管口标高，但不应高于上游相邻井的出水管口标高；渗透管不宜设置在行车路面下，如设在行车路面下时覆土深度不应小于 0.7m；渗透井管的进水设计应采用分散式、多点进水的方式，保证更有效地利用渗透井管的入渗能力；更高效地利用渗透井内的沉砂室，避免出现进水井内的沉砂室需要清理而下游的沉砂室没有用上的情况。

③渗透井（管）的容积设计：渗透井（管）用于雨水径流总量和洪峰流量控制时，其有效蓄水容积应不小于渗透井（管）要求控制的雨水滞留入渗量 V_R 和雨水滞留量 V_D；渗透井（管）的有效蓄水容积等于其平均蓄水标高下的蓄水容积。平均蓄水标高等于进水渗透井的出水管标高与溢流口标高的平均值，应包括渗透井的容积、渗透沟的容积和砾石层的体积×孔隙率。

2）渗透洼地和渗透沟的设计要求

渗透洼地和渗透沟的设计主要包括种植土壤层、蓄水层和种植物的设计。

①种植土壤层设计

渗透洼地和渗透沟种植土壤层厚度通常为 20～40cm。渗透洼地和渗透沟应使雨水能够较为迅速地进入到蓄水层中，要求其种植土壤层渗透系数比自然土壤大；但为了保证进入蓄水层的雨水水质，也可相应提出最大渗透系数的要求。

②蓄水层设计

渗透洼地和渗透沟蓄水层宜采用砾石或蓄水模块，砾石层厚度宜为 30～50cm；蓄水层与种植土壤层之间应设置透水土工布；蓄水层与存水区的蓄水容积应大于雨水滞留入渗量 V_R 和雨水滞留量 V_D 的最大值。

③种植物设计

渗透洼地和渗透沟种植土壤层的厚度决定了其不能种植乔木；渗透洼地和渗透沟雨水排空时间为 24h，种植物应选择耐淹植物；渗透洼地和渗透沟宜种植耐淹的草本植物或灌木。

（3）溢流设计要求

渗透井（管）应设置溢流设施，保证渗透井（管）的有效蓄水容积。根据渗透井（管）溢流设施设置的不同，将形成离线型和在线型两种不同的雨水渗透系统。其中，在上游渗透井设置溢流管，形成离线型雨水渗透系统；在末端渗透井设置溢流管，形成在线型雨水渗排系统。二者具体差异如表 3-11 所示。

在线型雨水渗排系统与离线型雨水渗透系统比较　　表 3-11

系统	优势	劣势
在线型雨水渗排系统	取代排水系统	雨水入渗、污染物去除效果较差
离线型雨水渗透系统	需要另外的排水系统	高效的雨水入渗、污染物去除效果

（4）入渗设施的施工工序

渗透井（管）、渗透洼地和渗透沟等入渗设施应保证施工安装的精确度，对于成套产品应有可靠的成品保护措施，施工现场应保证清洁，防止泥沙等汇入渗透设施内，影响渗透能力和设施的正常使用。入渗设施应按照图 3-33 所示的工序进行施工。

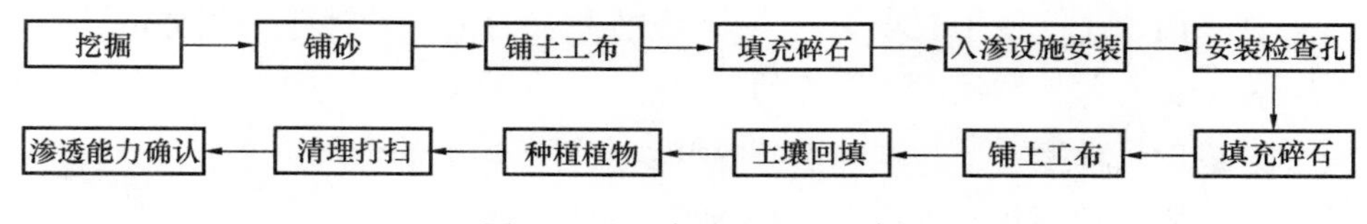

图 3-33　入渗设施施工工序

3. 适用范围及优缺点

入渗设施主要适用于建筑与小区、道路及停车场的周边绿地内。渗透井应用于降雨径流污染严重、设施底部距离季节性最高地下水位或岩石层小于 1.0m 及距离建筑物基础小于 3.0m（水平距离）的区域时，应采取必要的措施防止发生次生灾害。不得建在容易发生坍塌、滑坡灾害的危险场所；不得建在自重湿陷性黄土、膨胀土和高含盐等特殊土壤的地质场所。

入渗设施不得对其他构筑物、道路、管道等基础产生影响。入渗设施与构筑物之间的距离应满足表 3-12 的要求。当入渗设施与道路及管道基础之间的距离不能满足要求时，应采用防渗层隔断蓄水层与基础。

入渗设施与构筑物距离要求　　表 3-12

构筑物	最小距离要求（m）
建筑物基础	3.0
取水井	15.0
化粪池	30.0

总的来说，入渗设施占地面积小，建设和维护费用较低，但其水质和水量控制作用有限。

4. 运行维护要求

渗透洼地建成后应按照种植物要求做好养护工作，入渗设施预处理应按照该设施维护要求进行维护。渗透井（管）、渗透洼地和渗透沟的维护要求见表 3-13～表 3-15。

渗透井（管）维护要求　　表 3-13

维护内容	维护重点及目标	维护周期
检查井	清理沉砂室淤积；清理入渗区渗透孔	1 年 2 次；根据检视结果确定
溢流设施	清理溢流设施淤积	1 年 2 次；根据检视结果确定
渗透管、渗透井周边砾石及土工布	更换渗透管、渗透井周边砾石及土工布	检视结果显示雨水入渗不畅、排水不畅，通常在使用 5～10 年后

渗透洼地维护要求　　表 3-14

维护内容	维护重点及目标	维护周期
种植物维护	补种、施肥、清除杂草，保证种植物生长	按植物要求定期维护；根据检视结果确定
种植物修剪	景观需要	1 年 3 次；根据检视结果确定
清淤	清理存水区淤积；清理进水及溢流设施淤积	1 年 2 次；根据检视结果确定
存水区	修复存水区边坡坍塌；更换表层 5cm 土壤；平整存水区	1 年 1 次；根据检视结果确定
蓄水层及土工布	更换蓄水层砾石及土工布	检视结果显示雨水入渗不畅，通常在使用 5～10 年后

渗透沟维护要求　　表 3-15

维护内容	维护重点及目标	维护周期
清淤	清理豆砾石过滤层淤积；清理溢流设施淤积	1 年 2 次；根据检视结果确定
豆砾石过滤层	更换豆砾石层	2 年 1 次；根据检视结果确定
蓄水层、土工布及砂滤层	更换蓄水层、土工布及砂滤层	检视结果显示雨水入渗不畅，通常在使用 5～10 年后

5. 技术达成效果与成本

入渗设施对削减降雨径流量和增加径流入渗发挥着重要的作用。同时，入渗设施对降雨径流中的SS、COD和重金属等污染物均有较高的去除效率。

入渗设施的年维护费用为其建设费用的5%～20%。表3-16总结了各类入渗设施的投资建设费用情况。

图3-34 人工雨水速渗井

各类入渗设施的投资建设费用

表3-16

入渗设施	投资（元/m^2）
渗透井（管）	—
渗透洼地	200～800
渗透沟	200～800

6. 应用实例

陕西省西咸新区沣西新城在城市降雨径流污染控制设施的建设过程中，在咸阳职业技术学院修建了人工雨水速渗井，如图3-34所示，井深2.75m，外直径3m，容积13.49m^3，渗透速率136.5m/d。

3.2 贮存技术

3.2.1 雨水罐

1. 技术概况与原理

雨水罐也称雨水桶，为地上或地下封闭式的简易雨水集蓄利用设施，可用塑料、玻璃钢或金属等材料制成。雨水罐容量较小，是一种贮水量数十升到数百升的独立蓄水系统，与室内水管没有连接，通常仅满足室外用途，比如浇花、清洗等。

2. 结构特点及设计参数

（1）构造

雨水罐一般由进水口、过滤筛网、罐体、出水口和溢流部件等组成。

（2）设计要求

雨水罐通常与植草沟、入渗沟、滞留池等降雨径流控制措施进行组合应用。它既有商业化的成熟产品可供购买使用，也可以根据使用者需求向厂家定制或自行设计建造。

3. 适用范围及优缺点

雨水罐适用于单体建筑屋面雨水的收集利用。对于雨水量较小的屋面，可以采用地面式雨水罐；对于建筑外立面有特殊要求且雨水量较大、周边场地有条件时，可以采用地下式雨水罐。

雨水罐作为雨水调蓄设施，一般位于低影响开发雨水系统的前端，应在所需收集雨水的建筑物周边就近布置，且以不影响建筑整体景观风貌为宜。

雨水罐一般具有如下优点：具有收集、贮存和回用屋面雨水的功能，可减少外排水量和绿化灌溉等自来水用水量；多为成型产品，施工安装方便；维护要求也不高，合理设置格栅等污物拦截设施，还可进一步降低维护需求。

雨水罐也存在如下缺点：雨水罐所收集的雨水必须在相邻的两场降雨间隔时间内用完，以充分发挥其调蓄能力、减少外排水量，并避免雨水变质、产生臭味等。

4. 运行维护要求

（1）进水口存在堵塞或淤积导致的过水不畅现象时，应及时清理垃圾与沉积物；

（2）及时清除雨水罐内的沉积物；

（3）北方地区，在冬季来临前应将雨水罐及其连接管路中的水放空，以免受冻损坏；

（4）防误接、误用、误饮等警示标识损坏或缺失时，应及时进行修复和完善。

5. 技术达成效果与成本

雨水罐能够提高雨水资源利用率；雨水中溶解氧含量较高，雨水浇灌有利于植物成长；雨水偏酸性，雨水浇灌可在一定程度上改善土壤质量。

雨水罐的成本与其材质、容积和配件的选择有关。国内雨水罐的成本在 2000～4000 元之间。

6. 应用实例

无锡某小区屋面面积为 $6000m^2$，80％的屋面进行雨水收集后回用于小区景观水补水、绿地浇洒和车辆冲洗。雨水回用系统由雨水井、弃流井、雨水罐、调蓄水池、斜板沉淀池和清水池等组成。其中，用于贮存雨水的雨水罐 5 个，每个调蓄水量 $15m^3$。杂用水管网系统最高日用水量为 $44.9m^3$。其中，景观水补水 $20.0m^3$，绿地浇洒 $21.0m^3$，车辆冲洗 $3.9m^3$。

3.2.2　蓄水池

1. 技术概况与原理

蓄水池是指具有雨水贮存功能的雨水集蓄利用设施，同时也具有削减峰值流量的作用，主要包括绿色建筑与小区内的景观水体、钢筋混凝土蓄水池、砖石砌筑蓄水池及塑料蓄水模块拼装式蓄水池。用地紧张的城市大多采用地下封闭式蓄水池。

2. 结构特点及设计参数

（1）构造

蓄水池是用人工材料修建、具有防渗作用的蓄水设施。根据地形和土质条件其可以修建在地上或地下，即分为开敞式和封闭式两大类。蓄水池一般由池体和配套设施组成。

配套设施主要有：①引水沟（渠），是蓄水池的重要组成部分，根据地形条件一般可用衬砌沟渠，将水源与蓄水池连接起来，引水沟最好与坡面自然雨水冲沟相连，长度应能确保足量引水；②沉砂池，作用是沉淀水中大于规定粒径的泥沙，使水的含沙量符合水质要求并与下游渠道挟沙能力相适应，使沉砂池坡面洪水泥沙沉积在沉砂池内，同时亦便于清出，避免蓄水池被大量淤积而减少蓄水量，增加清淤量；③拦污栅，在沉砂池或过滤池的水流入口处均应设置拦污栅，以拦截汇流中挟带的枯枝残叶、杂草等污物；④进水管（渠），主要作用是将雨水输送到蓄水池；⑤护栏，主要作用是防止人畜进入、保护人畜和工程安全，总体高度≥0.7m，底部实墙高度0.2m。

（2）设计要求

1）蓄水池应建在基础稳定的基层上，基层应具有足够的承载力，蓄水池盛满水后，基层的下沉量不得对池体有破坏性影响。

2）在湿陷性黄土地区建造蓄水池，应遵守《湿陷性黄土地区建筑标准》GB 50025 的技术要求。

3）池体强度应大于最高水压，蓄水池盛满水后，池体不得产生开裂、倒塌等工程事故。

4）对于不同用途的蓄水池，应有防水等级区别。

5）蓄水池应优先收集屋面雨水，不宜收集机动车道路等污染严重下垫面雨水。雨水进入蓄水池前，宜进行泥水沙分离或粗过滤。当蓄水池具有沉淀或过滤处理功能且出水水质满足水质要求时，可不另设清水池。当采用中水清水池接纳处理后的雨水时，中水清水池应有容纳雨水的足够容积。

6）蓄水池应设置溢流系统，溢流出水口包括溢流竖管和溢洪道，排水能力应根据下游雨水渠或超标雨水径流排放系统的排水能力确定，且溢流管和通气管应设置防虫措施。

7）由塑料模块和硅砂砌块组合成的蓄水池，池体强度应满足地面及土壤承载力的要求，塑料模块应满足抗浮要求，外层应采用不透水土工膜或性能相同的材料包覆，池内构造应便于清除沉积的泥沙，兼具过滤功能时应能进行过滤沉积物的清除，硅砂砌块水池应设钢筋混凝土底板。

3. 适用范围及优缺点

蓄水池适用于有雨水回用需求的建筑与小区和城市绿地等，根据雨水回用用途不同，需配建相应的雨水净化设施；不适用于无雨水回用需求和降雨径流污染严重的区域。蓄水池一般布置在低影响开发雨水系统的末端，位于降雨径流污染控制设施之后、雨水溢流排放口之前，以充分发挥其贮存径流雨水的作用。

总体来说，蓄水池具有如下优点：节省占地、雨水管渠易接入、避免阳光直射、防止蚊蝇滋生、贮存水量大等，雨水可回用于绿化灌溉、冲洗路面和车辆等。同时，它也存在一些缺点，主要包括：建设费用高和维护管理要求高等。

4. 运行维护要求

（1）进水口、溢流口因冲刷造成水土流失时，应及时设置碎石缓冲或采取其他防冲刷措施；

（2）进水口、溢流口堵塞或淤积导致过水不畅时，应及时清理垃圾与沉积物；

（3）沉淀池沉积物淤积高度超过设计清淤高度时，应及时进行清淤；

(4) 应定期检查泵和阀门等相关设备，保证其能正常工作；

(5) 防误接、误用、误饮等警示标识、护栏等安全防护设施及预警系统损坏或缺失时，应及时进行修复和完善。

5. 技术达成效果与成本

蓄水池的主要作用是收集雨水，进行贮存回用。其蓄集雨水量与池体容积密切相关，蓄水池容积越大，蓄集的水量越多。

蓄水池的成本较高，费用高低主要取决于其规模。成本主要包括建设时的挖掘、修砌费用，以及运行时的设备电力消耗和维护费用等。

6. 应用实例

应用案例位于安徽省合肥市某公共建筑。项目按照绿色建筑二星级设计标识要求进行设计，依据《绿色建筑评价标准》GB/T 50378 的要求，本项目年径流总量控制率应达到55%。项目共有4栋高层建筑，并设有满铺两层地下室。项目用地面积为30225m^2；屋面面积为9043m^2；场地绿地面积约为6051m^2；建筑占地面积为8859m^2；道路及硬质铺装面积为15315m^2，其中道路面积约为4434m^2，硬质铺装面积为10881m^2，硬质铺装均使用透水砖，提高雨水入渗率，减少雨水地表径流量。蓄水池容积为160m^3，服务的绿化灌溉面积、道路冲洗面积和车库冲洗面积分别为6051m^2、4434m^2和12390m^2。

3.2.3 湿塘

1. 技术概况与原理

湿塘，也被称为湿式滞留池或湿式滞留塘，是以雨水为主要补给水源，具有雨水调蓄和净化功能的景观水体。湿塘有时结合绿地和开发空间等场地条件设计为多功能调蓄水体，即平时发挥正常的景观及休闲、娱乐功能，降雨时发挥调蓄和净化功能，实现径流量和污染物的协同处理。

2. 结构特点及设计参数

(1) 构造

湿塘一般由进水口、前置塘、主塘、溢流出水口、护坡及驳岸和维护通道等构成，其典型构造如图3-35所示。

(2) 设计要求

1) 进水口和溢流出水口应设置碎石和消能坎等消能设施，防止水流冲刷和侵蚀。

2) 前置塘为湿塘的主要预处理设施，起到沉淀径流中大颗粒污染物的作用；池底一般为混凝土或块石结构，便于清淤；前置塘应设置清淤通道及防护设施，驳岸形式宜为生态软驳岸，边坡坡度（垂直：水平）一般为1：2～1：8；前置塘沉泥区容积应根据清淤周期和所汇入径流雨水污染物负荷确定。

3) 主塘一般包括常水位以下的永久容积和贮存容积。永久容积水深一般为0.8～2.5m；贮存容积一般根据所在区域相关规划提出的“单位面积控制容积”确定；具有峰值流量削减功能的湿塘还包括调节容积，调节容积应在24～48h内排空。主塘与前置塘之

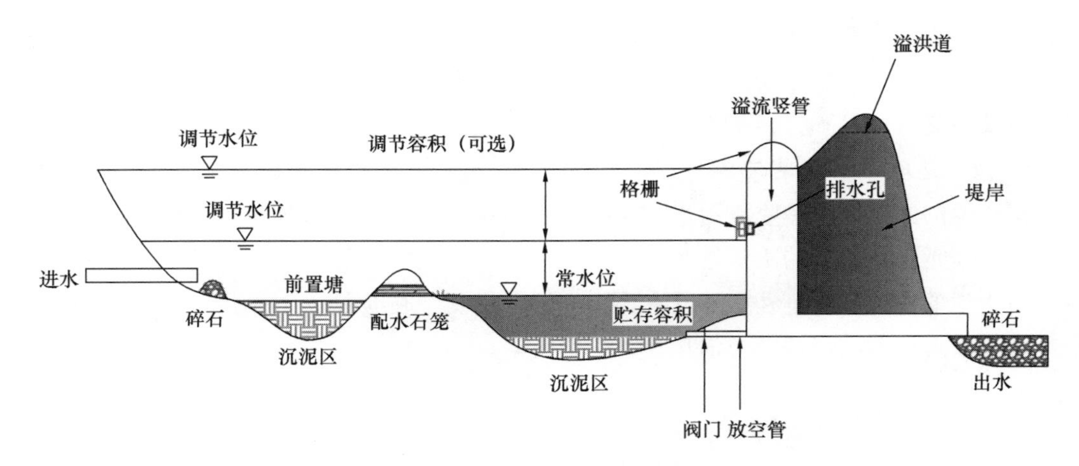

图 3-35　湿塘典型构造示意图

间宜设置水生植物种植区（雨水湿地），主塘驳岸宜为生态软驳岸，边坡坡度（垂直∶水平）不宜大于 1∶6。

4）溢流出水口包括溢流竖管和溢洪道，排水能力应根据下游雨水管渠或超标雨水径流排放系统的排水能力确定。

5）湿塘应设置护栏、警示牌等安全防护与警示措施。

3. 适用范围及优缺点

湿塘适用于建筑与小区、城市绿地和广场等具有空间条件的场地。

总体来说，湿塘可有效削减较大区域的径流总量、径流污染和峰值流量，是城镇降雨径流污染控制的重要组成部分之一。它也存在一些缺点，如对场地条件要求严格，建设和维护费用较高。

4. 运行维护要求

（1）进水口、溢流出水口因冲刷造成水土流失时，应设置碎石缓冲或采取其他防冲刷措施；

（2）进水口、溢流出水口堵塞或淤积导致过水不畅时，应及时清理垃圾与沉积物；

（3）前置塘/预处理池内沉积物淤积超过 50％时，应及时进行清淤；

（4）防误接、误用、误饮等警示标识、护栏等安全防护设施及预警系统损坏或缺失时，应及时进行修复和完善；

（5）护坡出现坍塌时应及时进行加固；

（6）应定期检查泵、阀门等相关设备，保证其能正常工作；

（7）应及时收割、补种、修剪植物及清除杂草。

5. 技术达成效果与成本

设计结构、径流中污染物的浓度、场地土壤背景值、种植的植物类型和植物的搭配均影响湿塘对降雨径流中污染物的去除效果。一般来说，湿塘对 SS、TN 和 TP 的去除率可达 85％、25％和 40％左右。

湿塘的建设成本主要包括土工工程与植物种植等，年运行维护费用一般为建设费用的2%～10%。

6. 应用实例

西咸新区沣西新城为了有效调蓄城市雨水径流、控制径流污染，在中心绿廊二期建造了大型人工湿塘，如图 3-36 所示。

图 3-36　西咸新区沣西新城中心绿廊二期人工湿塘

湿塘总面积 123000m^2，总容积 110700m^3，自然土壤入渗率 15.12mm/h，正常水位下平均水深 100mm，调蓄水深 800mm，其排放口出流采取溢流方式。

对一场 21h 降雨的监测结果表明，湿塘在调蓄径流量、净化径流污染物方面起到了很好的效果，其中径流总量控制率为 82.43%，延迟峰值时间 25min，峰值削减率为 49.56%，对 SS、TN、TP、COD 和 NH_3-N 的去除率分别为 52.23%、58.23%、50.23%、52.36%和 59.22%。

3.2.4　雨水湿地

1. 技术概况与原理

雨水湿地一般位于园林绿地中种有树木或灌木的低洼区域，且以树皮或地被植物作为覆盖。它通过将雨水滞留下渗来补充地下水并降低暴雨地表径流的峰值，还可通过吸附、降解、离子交换和挥发等过程减少径流污染，是一种高效的径流污染控制设施。

雨水湿地分为表面流雨水湿地和小型潜流雨水湿地两种形式。表面流雨水湿地，即在雨水管线附近有天然洼地、池塘和景观水体等，将其加以改造使其既能满足雨水径流污染控制和洪峰流量控制目标，同时又能兼顾景观设计、易于维护管理。小型潜流雨水湿地，与污水处理中采用的潜流湿地结构与功能相同。

2. 结构特点及设计参数

（1）构造

表面流雨水湿地应包括进水及预处理前池、深水通道、浅水区、出水池和出水及溢流设施。表面流雨水湿地的总面积不宜小于汇水区面积的 1.0%，且不宜大于 15hm^2，其基本构造如图 3-37 所示。

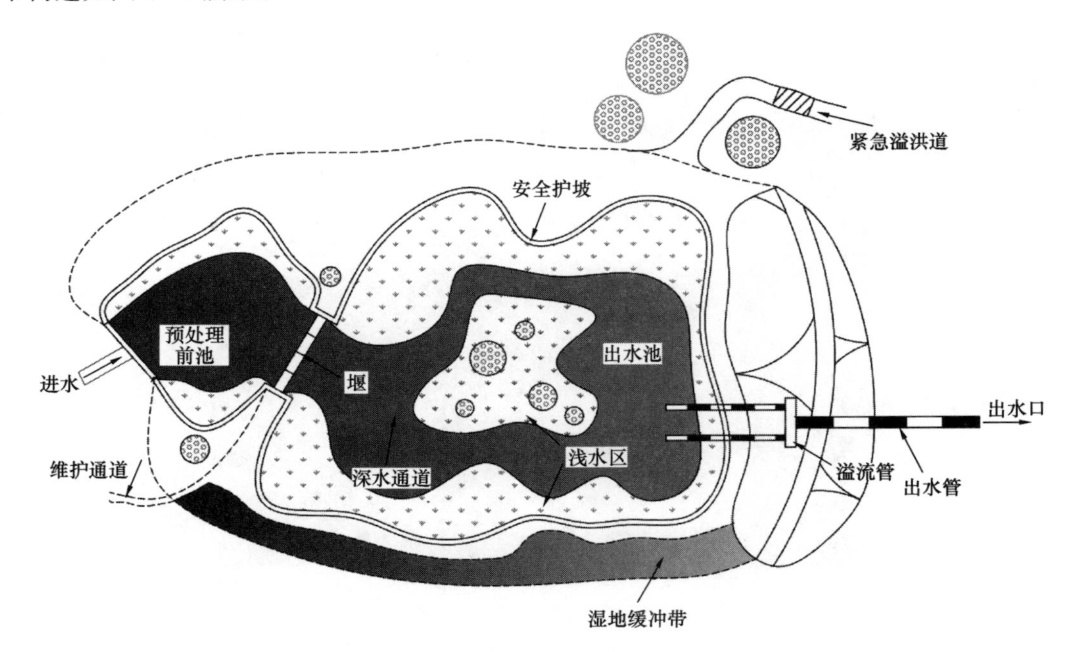

图 3-37　表面流雨水湿地构造示意图

小型潜流雨水湿地应包括配水设施、填料层、存水及种植物区和溢流设施。小型潜流雨水湿地可采用表面配水或地下穿孔管配水，其基本构造如图 3-38 所示。

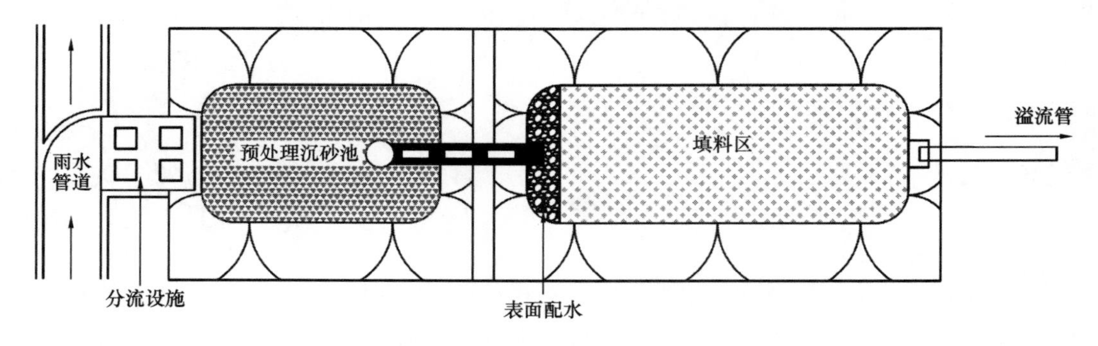

图 3-38　小型潜流雨水湿地构造示意图

（2）设计要求

表面流雨水湿地宜设置为在线型；小型潜流雨水湿地由于规模小，雨水滞留能力小，宜设置为离线型。雨水湿地组合形式如图 3-39 所示。该技术不适用于处理地表Ⅴ类及以上水质的雨水。Ⅲ类和Ⅳ类水质的雨水径流由于泥沙量比较大，宜设置沉砂设施，以防止堵塞雨水湿地。

设计雨水湿地时，应根据汇水区面积、蒸发量、渗透量和湿地滞留雨水量等实际情况计算其水量平衡，保证在 30d 干旱期内不会干涸。研究结果显示：当表面流雨水湿地的总面积小于汇水区面积的 1.0％时，由于出现干涸现象其污染物去除效果会急剧下降。因

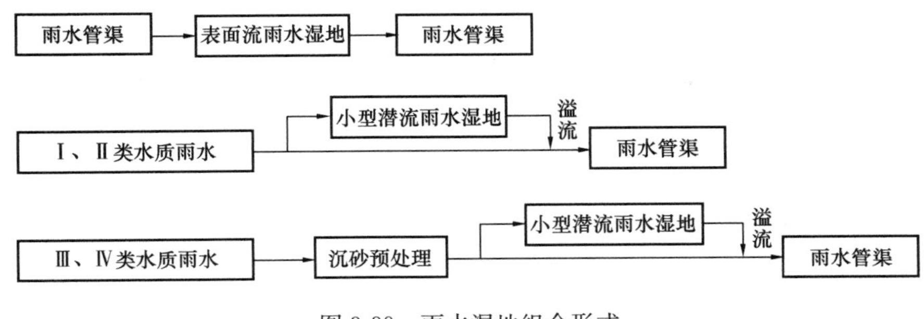

图 3-39　雨水湿地组合形式

此，需要规定雨水湿地最小面积要求。当表面流雨水湿地面积受到限制时，可采用砾石等填料提高其污染物去除效果及滞留能力。

小型潜流雨水湿地存水深度宜为 15～30cm，存水区边坡应大于 2∶1（H∶V）。当小型潜流雨水湿地地形坡度小于 2%、底部土壤渗透系数大于 1.0×10^{-7}m/s 且高于地下水位时，应设置防渗层。由于小型潜流雨水湿地规模相对较小且采用砾石填料层，水质较差时，容易堵塞配水管和填料层，因此宜采用沉砂槽或沉砂井等沉砂预处理设施。小型潜流雨水湿地应设置溢流设施，溢流设施可采用溢流管或溢流井，溢流口高程应与最大存水高程持平。

1）表面流雨水湿地深水通道设计要求：

①深水通道容量及水深要求是为了保持雨水湿地的景观要求及容纳水质处理要求的水量。

②设置深水通道时应延长水力停留时间，主要措施包括：延长水道长度；使水流通道蜿蜒曲折，既能延长水道长度也能减缓流速；同植草沟设计一样，可采用砾石或鹅卵石设置台坎，延长水力停留时间。

2）表面流雨水湿地宜设计常水位、滞留水位和溢流水位。常水位设计要求如下：

①雨水湿地内超过 35%的面积水深小于 15cm，超过 65%的面积水深小于 50cm，满足景观及深水植物生长要求；

②雨水湿地内常水位太浅会导致雨水湿地容易干涸，不利于雨水湿地植物生长及污染物去除；

③雨水湿地内常水位太深也会影响水生植物生长，同时影响湿地的景观效果和雨水滞留能力，表面流雨水湿地岸边高程应高于溢流口 30cm 以上；

④当表面流雨水湿地岸边处常水位水深超过 1.2m 时，此处护坡设计应设置两级平台，平台应符合下列条件：下部平台宽度大于 1.0m 时，位于常水位下 0.5m 处；上部平台宽度大于 1.0m 时，位于常水位上 0.5～0.8m 处。

3）表面流雨水湿地出水池设计要求：

表面流雨水湿地设置出水池是为了防止泥沙被冲起来，进一步提高污染物的去除效果，满足污染负荷去除要求。出水池常水位水深宜为 0.8～1.2m；出水池常水位容量不小于常水位湿地总容量的 5%。

4）表面流雨水湿地防洪标准设计要求：

①适用于项目所在地的相关防洪和排水法律法规及规划；

②防洪标准宜采用 10 年一遇 24h 设计暴雨。

5）小型潜流雨水湿地配水设计要求：

小型潜流雨水湿地的配水方式可采用表面配水或穿孔管配水，如图 3-40 和图 3-41 所示。

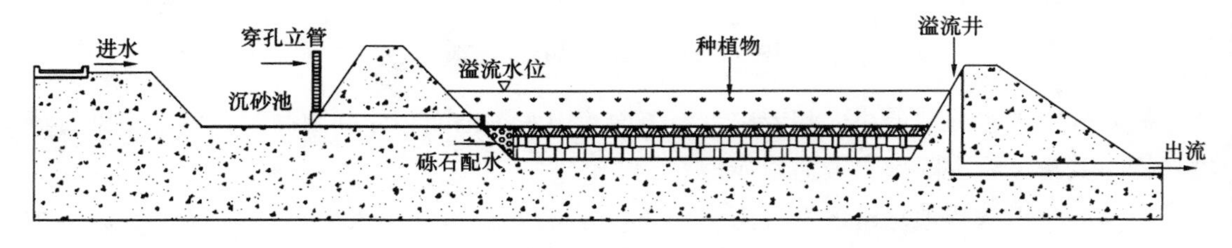

图 3-40　小型潜流雨水湿地表面配水

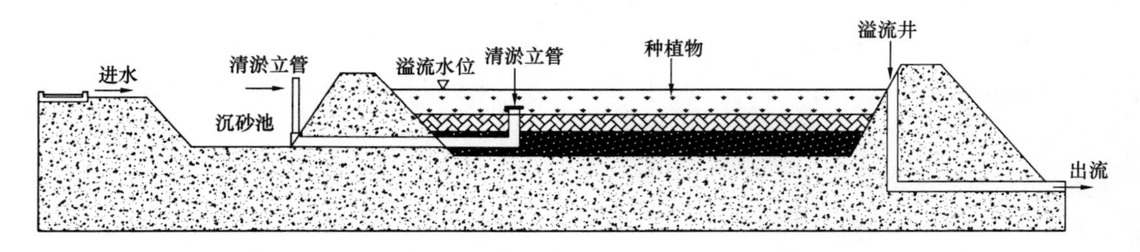

图 3-41　小型潜流雨水湿地穿孔管配水

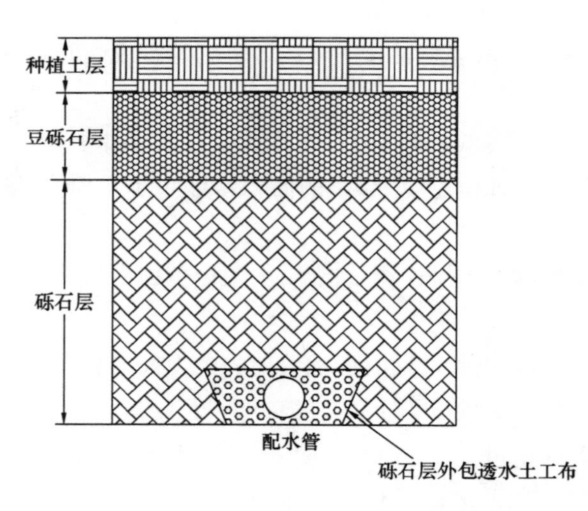

图 3-42　小型潜流雨水湿地的填料层

地下穿孔管配水设施设计要求如下：

①穿孔管直径宜为 150～300mm；

②穿孔管坡度宜为 1%～2%；

③穿孔管周边包裹砾石，砾石层外包透水土工布；

④宽度方向每 5m 设置一根穿孔管；

⑤每根穿孔管应设置清淤立管。

6）小型潜流雨水湿地的填料层设计要求（见图 3-42）：

①种植土层：按照种植物生长要求配置，通常厚度为 5～10cm；

②豆砾石层：厚度为 5cm；

③砾石层：厚度为 40～100cm，砾石层中可添加沸石或无烟煤等多孔性物质提高其污染物的去除效果；砾石层粒径分布如表 3-17 所示。

砾石层粒径分布　　表 3-17

筛孔（mm）	通过率（%）
9.5	100
4.75	50～70
3.35	10～30
2.36	0～10

7）雨水湿地水生植物选择：

雨水湿地应在深水区、浅水区、护坡、出水池周边种植水生植物，水生植物筛选应满足以下要求：

①根据水位水深对湿地进行分区，水生植物要根据各个区域的常水位水深配置，每个区域内种植一种水生植物，整个湿地水生植物种类宜为 5～7 种，小型潜流雨水湿地宜种植 3 种以上的水生植物；

②由于本地水生植物容易种植和维护，因此应采用本地水生植物，如千屈菜、菖蒲、慈菇、风车草、香蒲和芦苇等；

③满足景观设计要求且植被根系发达。

3. 适用范围及优缺点

表面流雨水湿地利用其较大的滞留能力，实现雨水径流污染控制、洪峰流量控制目标。由于表面流雨水湿地通常占地面积和容积较大，滞留雨水量大，有一定的蓄水深度，所以其通常建造在人口相对稀少的公园、高速公路、工业区等。在一些地下水位高或土壤渗透能力很差的区域，例如沿海区域，宜采用小型潜流雨水湿地控制径流污染，由于其设置便利，也可以实现中等的洪峰流量控制效果。

总体来说，雨水湿地具有如下优点：可有效削减污染物，具有一定的径流总量和峰值流量控制效果，能提供自然野生动物栖息地。此外，它也存在一些缺点：雨水湿地只有满足严格的水平衡要求，才能稳定地长时间运行；湿地植物维护频率要求较高，特别是对湿地植物的修剪、收割和补种；与其他控制径流污染的工程措施相比，其占地面积较大；如果湿地维护不当，会导致外来入侵性植物物种的大量繁殖；湿地植物枯萎后，若不及时收集处理残枝败叶，会造成二次污染，且建设及维护费用较高。

4. 运行维护要求

雨水湿地的运行维护要求主要包括如下 7 点。其中，维护重点及目标和维护周期见表 3-18。

（1）进水口、溢流出水口因冲刷造成水土流失时，应设置碎石缓冲或采取其他防冲刷措施；

（2）进水口、溢流出水口堵塞或淤积导致过水不畅时，应及时清理垃圾与沉积物；

（3）预处理池内沉积物淤积超过 50%时，应及时进行清淤；

（4）防误接、误用、误饮等警示标识、护栏等安全防护设施及预警系统损坏或缺失时，应及时进行修复和完善；

（5）护坡出现坍塌时应及时进行加固；

（6）应定期检查泵、阀门等相关设备，保证其能正常工作；

（7）应及时收割、补种、修剪植物及清除杂草。

雨水湿地维护要求　　表 3-18

维护内容	维护重点及目标	维护周期
种植物维护	补种、清除杂草，保证种植物生长	按植物要求定期维护；根据检视结果确定
种植物修剪	景观需要	1 年 3 次；根据检视结果确定
清淤	清理存水区淤积；清理进水及溢流设施淤积	1 年 2 次；根据检视结果确定
存水区	修复存水区边坡坍塌；平整存水区	1 年 1 次；根据检视结果确定

5. 技术达成效果与成本

雨水湿地对削减降雨径流中的 SS、COD、NH_4^+-N、TN 和 TP 具有良好的效果，其去除率分别可以达到 87.4%、87.6%、86.2%、67.8%和 63.8%。

雨水湿地的建设成本主要取决于雨水湿地的结构、配置、选址和场地等，一般来说，不同类型雨水湿地的建设成本如表 3-19 所示，其年运行维护成本约为建设成本的 2%～5%。

不同类型雨水湿地建设成本　　表 3-19

雨水湿地类型	建设成本（元/m^2）
表面流雨水湿地	500～1000
小型潜流雨水湿地	300～600

6. 应用实例

表面流雨水湿地在沣西新城新渭沙湿地得到了应用，总面积 33030m^2，自然土壤入渗率 21.24mm/h，地下水埋深在 10.5～13.1m 之间，蒸发量 1289mm，水力停留时间 51.6h。通过监测 2017 年 3 月 12 日的一场降雨，可知表面流雨水湿地径流总量控制率达 59.89%，峰值延迟时间 19min，峰值削减率达 41.23%，SS、COD、NH_3-N、TN 和 TP 的去除率分别为 41.23%、37.23%、45.26%、52.36%和 48.56%。

3.3 传输控制技术

传输控制技术是降雨径流污染源头削减技术中的一项主要技术，主要通过构建雨水生态传输通道，使得降雨径流在传输过程中实现径流入渗和污染物削减。常用的传输控制技术有植草沟技术和渗管/渠技术。

3.3.1 植草沟

1. 技术概况与原理

植草沟，也称植被浅沟，是一类表面种有植被、深度较浅、坡度较缓的地表沟渠，作为收集、输送和排放径流雨水的设施，可用于衔接其他单项雨水利用设施和雨水管渠系统，使雨水径流尽量还原自然本真状态，增加了雨水的自然下渗，延缓了雨水径流时间，在传输过程中还可通过植物、土壤、微生物作用对径流雨水起到初期净化的作用。

2. 结构特点及设计参数

（1）构造

根据地表径流在植草沟中输送和滞留过程的不同，植草沟可以分为排水型植草沟和入渗型植草沟。排水型植草沟主要利用其延长汇流时间和滞留能力，作为绿色排水设施，控制外排洪峰流量，同时也可以实现雨水入渗。入渗型植草沟则利用土壤的入渗能力实现雨水入渗。二者的结构形式如图 3-43 和图 3-44 所示，可将二者结合设计入渗排水植草沟。

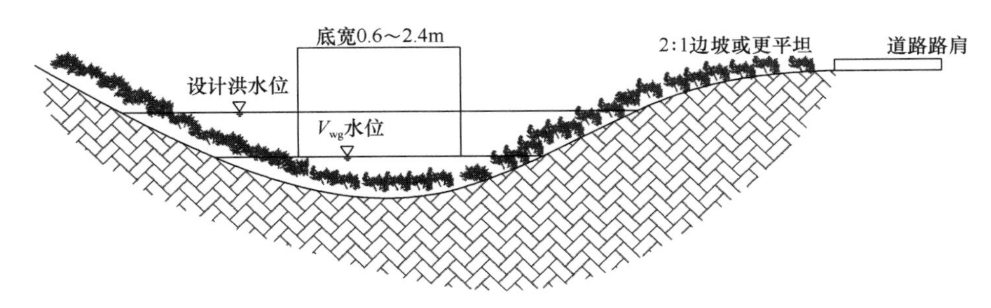

图 3-43　排水型植草沟断面

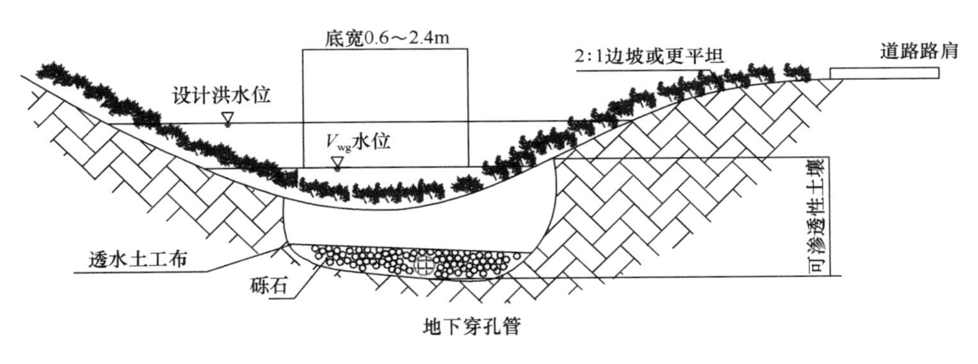

图 3-44　入渗型植草沟断面

（2）结构设计

设计时可以根据实际特点，选择图 3-43 和图 3-44 所示的一种形式，也可以二者兼顾使用。例如，设计项目中土壤入渗能力较好，地形坡度为 1%～3%，植草沟有一定的宽度，可以设计入渗型植草沟的同时实现雨水入渗和排水。

1）植草沟的土壤设计

植草沟最大深度通常为 0.20～0.40m。排水型植草沟地下水位及不透水层埋深应大于 0.60m 才能保证地下水不受污染以及地下水不会反渗到植草沟中。排水型植草沟主要作用是排水，故对其土壤渗透系数无特殊要求。入渗型植草沟由于需要设置地下蓄水层并顺利实现雨水入渗，故其地下水位及不透水层埋深应大于 1.20m，土壤渗透系数应在 $4\times10^{-6}\sim1\times10^{-4}$m/s 之间。这样既能保证不会污染地下水，又能满足雨水排水空间。

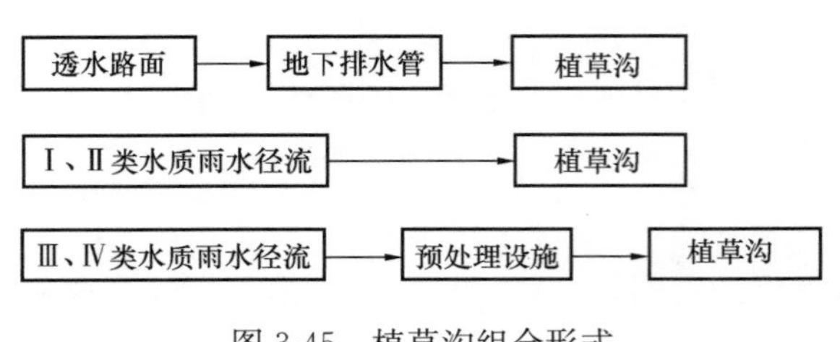

图 3-45 植草沟组合形式

2）植草沟的预处理设施

如前文所述，Ⅰ、Ⅱ类水质雨水径流水质较好，可以直接通过道路道牙、管道或者漫流进入植草沟；而Ⅲ、Ⅳ类水质雨水径流则需要采用预处理设施处理后进入植草沟。植草沟的预处理设施宜采用沉砂设施、雨水花园、砂滤设施或设备。排水型植草沟宜设置为在线型，入渗型植草沟宜设置为离线型。植草沟宜采用图 3-45 所示的组合形式。

Ⅲ、Ⅳ类水质雨水中含有大量的泥沙和油脂类污染物，如果不经过预处理则会在植草沟中分散开，造成植草沟大面积污染，不容易清理。采用沉砂设施、雨水花园、砂滤设施或设备可以将污染物集中起来，易于清理。当出现以下情况时，宜采用配水设施，具体技术要求如下：

①雨水径流通过管道进入植草沟；

②雨水进入植草沟时跌水超过 15cm；

③植草沟穿过道路时，采用管道连接。

3）植草沟的坡度设计

排水型植草沟坡度宜为 1%～5%，最小坡度要求是为了便于排水，最大坡度要求是为了避免过大的流速冲蚀植草沟。入渗型植草沟坡度宜小于 2%，坡度要求是为了蓄存雨水，加强雨水入渗。植草沟的汇水面积不宜超过 $2hm^2$。透水路面可以与植草沟结合使用，其结构形式如图 3-46 和图 3-47 所示。

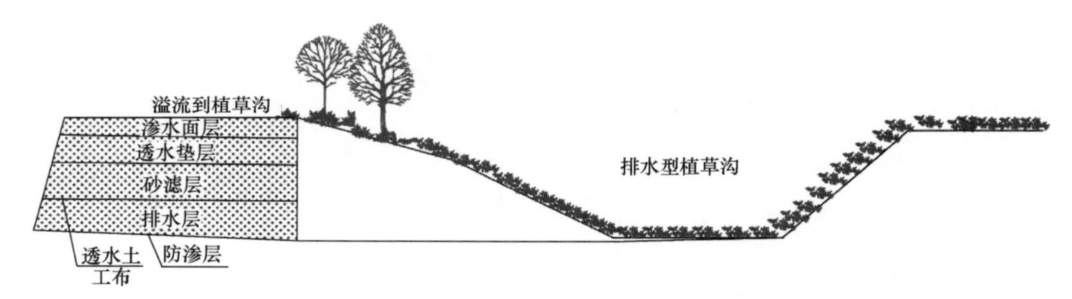

图 3-46 透水路面与排水型植草沟的组合

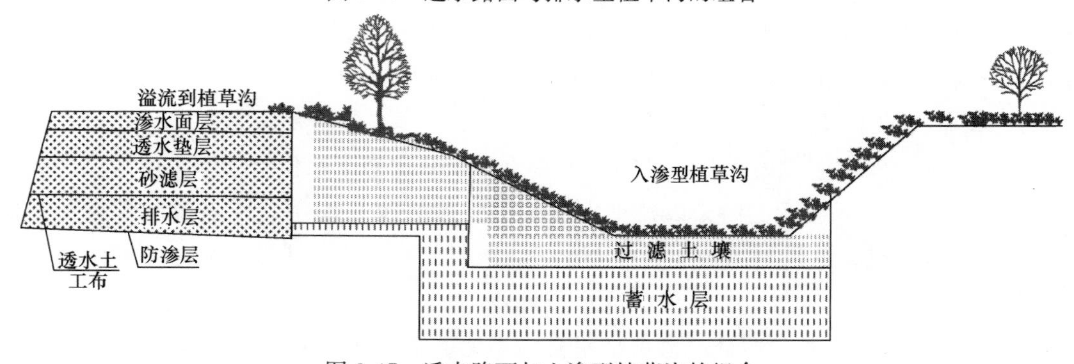

图 3-47 透水路面与入渗型植草沟的组合

4）植草沟的进水设计

植草沟要求进水顺畅、均匀地流入，不会对植草沟土壤造成冲蚀。当雨水通过管道或跌水的形式进入植草沟时，需要采用配水设施使进水均匀且不会冲蚀植草沟。

5）植草沟的断面设计

植草沟断面设计计算方法如式（3-8）所示。其中，排水型植草沟应满足 2 年一遇设计降雨排水要求。

$$Q = \frac{A_g \cdot r^{\frac{2}{3}} \cdot S_g^{\frac{1}{2}}}{n} \tag{3-8}$$

式中　Q——设计流量，m^3/s；

A_g——断面面积，m^2，抛物线断面：$A_g=2/3 \cdot d \cdot B^2$；梯形断面：$A_g=B \cdot d+z \cdot d^2$，$d$ 为断面最大深度，通常介于 20～40cm 之间；B 为断面底面宽度，m；z 为梯形断面边坡（$H:V$）；

r——水力半径，m，计算公式见式（3-9）和式（3-10）；

抛物线断面：
$$r = \frac{2d B^2}{3 B^2 + 8 d^2} \tag{3-9}$$

梯形断面：
$$r = \frac{B + z \cdot d}{z + \sqrt{1+z^2}} \tag{3-10}$$

S_g——植草沟坡度，%；

n——曼宁系数，取值见表 3-20。

植草沟中曼宁系数 n 取值　　**表 3-20**

植草沟形式	种植物	最小值	最大值	平均值
A：直线形植草沟	1 较短种植物（＜10cm），很少杂草	0.022	0.033	0.027
	2 较短种植物（＜10cm），较多杂草	0.026	0.033	0.030
B：弯曲形植草沟	1 较长种植物（＞10cm），很少杂草	0.026	0.040	0.032
	2 较长种植物（＞10cm），较多杂草	0.030	0.045	0.035

入渗型植草沟还应满足雨水排空时间小于 24h 和雨水径流总量控制要求。

其中，根据雨水排空时间确定入渗型植草沟的断面最大深度。

$$d = k_g \cdot t_g \tag{3-11}$$

式中　k_g——表层土壤渗透系数，m/s；

t_g——雨水排空时间，s，＜86400。

根据满足径流总量控制要求确定断面尺寸。

$$V_R = A_{ave} \cdot L_g \tag{3-12}$$

$$A_{ave} = \alpha \cdot A_g \tag{3-13}$$

式中　V_R——植草沟雨水滞留入渗控制量，m^3；

A_{ave}——最大平均存水断面面积，m^2；

α——断面存水系数；

L_g——植草沟长度，m。

植草沟长度通常不宜小于30m，如果植草沟太短，其污染物去除能力将受到很大的影响。入渗型植草沟断面存水系数α取值见表3-21。

入渗型植草沟断面存水系数α取值 **表3-21**

植草沟坡度	α（设置台坎）	α（未设置台坎）
<0.5%	0.90	0.70
[0.5%，1.0%)	0.85	0.65
[1.0%，1.5%)	0.80	0.60
[1.5%，2.0%]	0.75	0.55

在上述设计的基础上，还应该满足如下几点要求：

①排水型植草沟断面尺寸根据曼宁公式计算（曼宁系数取值如表3-20所示），包括抛物线断面和梯形断面设计计算，需要注意的是断面最大深度宜为20～40cm。

②计算入渗型植草沟断面最大深度时，如果断面最大深度d在20～40cm之间则需要配置土壤，使得土壤渗透系数满足24h雨水排空时间的要求。

③为了使入渗型植草沟使用更大的存水空间，植草沟设有一定的坡度，故其最大平均存水断面面积不等于最大断面面积。

④入渗型植草沟底部宽度宜为0.5～2.5m，底部宽度与最大深度之比宜小于12。

⑤当绿地宽度不能满足入渗型植草沟要求时，可采用蓄水层，蓄水层设置应满足下列要求：

a. 蓄水层可采用地下形式，上层土壤层厚度宜为20～40cm，渗透系数应介于$5\times10^{-5}\sim1\times10^{-4}$m/s之间，以便于雨水能迅速进入蓄水层中；

b. 蓄水层孔隙率不小于30%，可采用级配砾石层、穿孔管或成品蓄水模块；

c. 蓄水层厚度宜为30～50cm；

d. 蓄水层与土壤之间应设置透水土工布；

e. 蓄水层不应对构筑物、道路、管道等基础产生影响；

f. 带蓄水层的植草沟积水量大，易对各种构筑物基础产生影响，可以采用防渗层隔断蓄水层与构筑物基础。

6）植草沟的流速设计

在两年一遇设计暴雨条件下植草沟中最大流速不应超过表3-22的要求。

植草沟最大流速要求 **表3-22**

土质	植被高度（cm）	最大流速要求（m/s）	
		植被状况一般	植被状况良好
粉质土、砂质土、壤土	5～15	0.6	0.9
	15～30	0.7	1.0

续表

土质	植被高度（cm）	最大流速要求（m/s）	
		植被状况一般	植被状况良好
粉质黏土、砂质黏土	5～15	0.9	1.2
	15～30	1.1	1.3
黏土	1～15	1.2	1.5
	15～30	1.4	1.7

当植草沟不能满足最大设计流速要求时，可以采用台坎降低流速，缓解雨水对植草沟的冲蚀。通常，台坎采用较大的石块堆放，但需要保证不影响排水要求、不会被水冲走且美观。

当排水型植草沟坡度大于 3%，入渗型植草沟坡度大于 1%时，宜设置雨水台坎。

雨水台坎的设置应满足：采用 150～200mm 块石，块石级配良好、干净；台坎顶面高度宜低于植草沟顶部 10cm；台坎设置宽度应保证其不会被雨水冲开；台坎设置间距按式（3-14）进行计算。

$$L_{gmax}=\frac{d}{1.5\cdot S_g} \tag{3-14}$$

式中　L_{gmax}——台坎设置间距，m。

7）植草沟的种植物设计

排水型植草沟以排水为主要目标，宜种植草皮和地衣等较矮的植物；入渗型植草沟则以雨水滞留和入渗为主要目标，宜种植草本花卉和草皮等植物。植草沟种植物的耐淹时间不得低于 24h，不得在植草沟中种植乔木及较大灌木。

（3）溢流设计

1）植草沟溢流设施应根据其入渗能力、滞留能力、排水能力进行计算确定。溢流设施可以设置在植草沟末端也可以设置在中间位置。

2）为保证植草沟的蓄水能力，溢流口宜设置在最高蓄水位下 3～5cm 处。

3）溢流口位置设置不宜太过密集，通常间距不宜小于 30m。

（4）植草沟的施工工序

植草沟的断面形状和坡度对其运行效果影响很大，必须严格按照设计施工，特别是不能出现过流量不一致的断面，不能出现涌水或跌水的情况。种植植物时应先种植坡面和边坡，再种植沟底；雨季施工时应采取防雨水侵蚀措施。具体施工工序如图 3-48 所示。

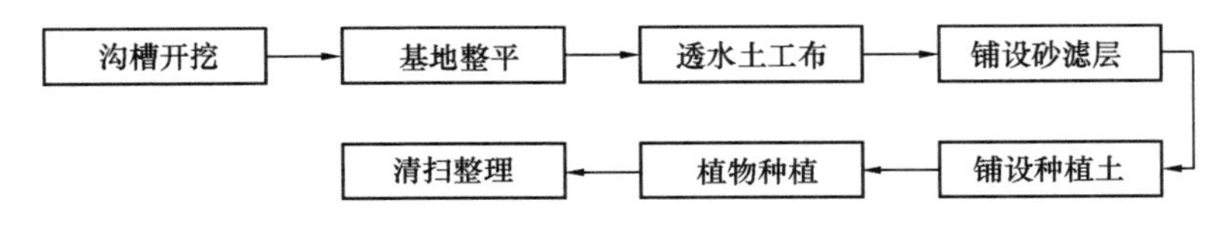

图 3-48　植草沟施工工序

3. 适用范围及优缺点

植草沟的主要作用是控制降雨径流污染和洪峰流量。其不仅能滞留雨水或入渗雨水，还可以作为排水设施。植草沟可以应用于各种用地类型，当土壤缺乏渗透能力时可以采用排水型植草沟；当土壤有较好的入渗能力时可以采用入渗型植草沟。

植草沟能蓄积一定的水量，且有一定的流速。因此，在容易发生坍塌、滑坡灾害的危险场所不得建造植草沟。自重湿陷性黄土在受水浸湿并在一定压力下土体结构迅速破坏，产生显著附加下沉；高含盐量土壤当土壤水分增多时会产生盐结晶，在这两类场地也不得建造植草沟。

总体来说，植草沟具有如下优点：不仅能有效降低雨水径流总量，实现径流错峰，而且还能利用表层植被实现对雨水径流污染物的过滤、吸附、吸收和生物降解；同时，植草沟可以增加城市、小区的绿化率，在一定程度上还具有净化空气和降噪的作用；此外，植草沟设计、施工简单，造价也比较低，且平时维护工作量小，如果设计得当，还具有一定的景观性。

植草沟也存在以下缺点：占地面积较大；对于降雨量过大、坡度过大、排水能力较差的地区皆不适用。

4. 运行维护要求

植草沟建成后应按照种植物要求做好养护工作，植草沟运行维护要求见表 3-23。

植草沟运行维护要求　　表 3-23

维护内容	维护重点及目标	维护周期
种植物维护	补种、施肥、清除杂草，保证种植物生长	按照植物要求定期维护；根据检视结果确定
种植物修剪	景观需要，保证合格的曼宁系数	1 年 3 次；根据检视结果确定
清淤	清除溢流设施、配水设施淤积垃圾；清除植草沟底部淤积	1 年 2 次；根据检视结果确定；雨后 24h 内
断面形状及坡度	修补坍塌部分，保持断面形状；修整植草沟底部，保持植草沟坡度；恢复台坎设置	1 年 1 次；根据检视结果确定；雨后 24h 内
蓄水层（若设置）	按照规范中入渗设施要求	检视结果显示雨水入渗不畅、排空时间不满足设计要求时；通常在使用 5～10 年后

5. 技术达成效果与成本

植草沟对降雨径流总量的控制率为 56%～90%，对 SS 的去除率可达 36%～85%。同时，可以有效地减少悬浮固体颗粒和有机污染物，去除 Pb、Zn、Cu、Al 等部分金属离子和油类物质。植草沟还兼具有美化与景观功能，柔化空间界限、减轻地界的冷硬感觉，改善空间感；此外，植草沟可代替传统的雨水管道，增强生态功能，保护生物多样性。

植草沟建设成本低廉，据估算，植草沟的建设成本仅为 50 元/m^2，维护成本约为 1 元/m^2。

6. 应用实例

植草沟在北京未来科技城得到了具体应用。在北区二号路建设道路雨水生态植草沟长度 15.82km，在南区建设道路雨水生态植草沟长度 14.60km，其现场效果如图 3-49 所示，结构如图 3-50 所示。

图 3-49　北京未来科技城生态植草沟实景图

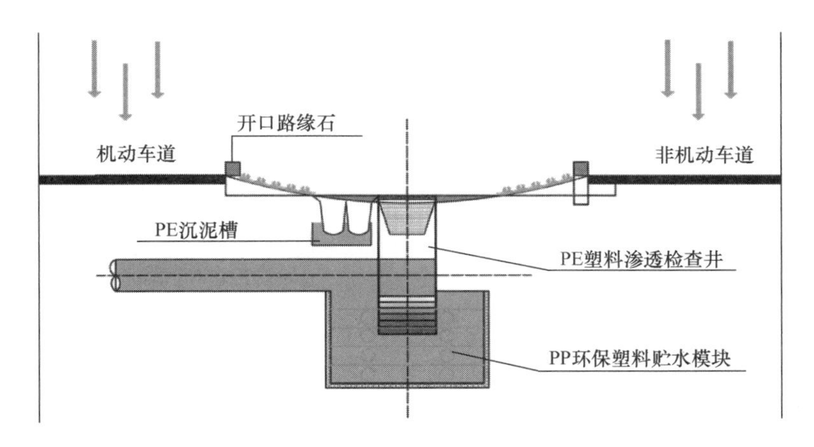

图 3-50　北京未来科技城生态植草沟结构图

2017 年生态植草沟的降雨径流减控与污染物削减效果如表 3-24 所示。监测结果显示，生态植草沟可使径流总量削减 22%～69%，洪峰滞后 40～510min，可削减污染物排放量 43%～93%，同时具有较好的生态景观效果。

生态植草沟径流削减效果　　**表 3-24**

日期	降雨量（mm）	排水滞后时间（min）	峰值削减率（%）	径流系数	总量削减率（%）
2017-06-21	10.5	40	31.0	0.544	69.0
2017-06-23	11.5	35	50.6	0.589	49.4
2017-08-11	31.1	60	37.2	0.890	62.8
2017-08-05	42.7	10	78.1	0.324	21.9
2017-08-02	48.8	510	48.8	0.277	51.2
2017-06-22	91.45	320	63.0	0.729	37.0

3.3.2 渗管/渠

1. 技术概况与原理

渗管/渠指具有渗透功能的雨水管/渠，可采用穿孔塑料管、无砂混凝土管/渠和砾（碎）石等材料组合而成。

2. 结构特点及设计参数

（1）构造

渗管/渠是一类雨水传输设施，通常结合植草沟、雨水花园、人工湿地等低影响开发设施组合使用。一般来说，渗管埋在土壤层之下，在管线的外围有一层透水土工布包裹，在更外围有砾石层填充。渗渠的结构与渗管类似，但是建设在地面以上，渠周围一般由无砂混凝土砌成，渠底有一层透水土工布，土工布底下是砾石层。

渗管/渠典型构造如图 3-51 所示，其中，渗渠的组成有水平集水管、集水井和检查井。

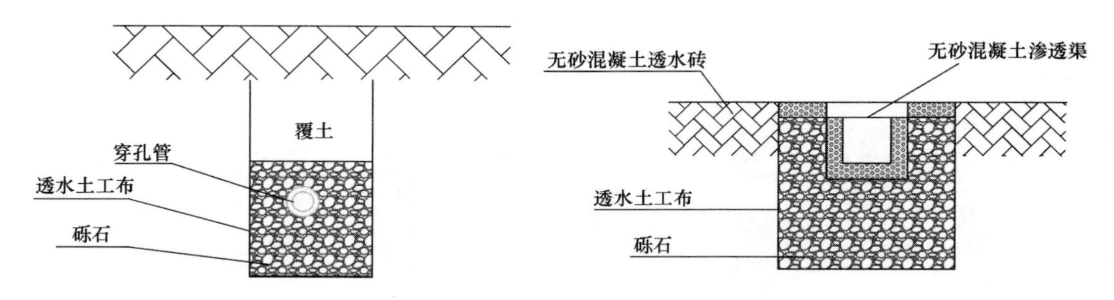

图 3-51　渗管/渠典型构造示意图

1）水平集水管

集水管通常为穿孔的混凝土管，水量较小时也可采用陶土管或铸铁管，也有采用带缝隙的干砌块石和装配式混凝土暗渠。钢筋混凝土集水管内径一般在 600～1000mm，具体所需管径应根据实际情况通过计算确定。

管壁上的进水孔有圆孔和条孔两种。圆孔直径为 20～30mm；条孔长度为 200mm，宽度为 60～100mm，孔眼应内大外小，交错排列在管渠上部 1/2～2/3 圆周部分。孔眼净距应根据集水管的强度要求确定，在满足强度要求的前提下，孔隙率应尽可能大一些，以增加渗入量，但最高不应超过 15%。采用条孔时，应注意满足钢筋混凝土集水管的强度和配筋要求。为了防止集水管进水孔堵塞，集水管之外应设置人工反滤层，反滤层应设置内层、中层和外层三层，内层、中层和外层滤料粒径分别为 10～35mm、5～10mm 和 1～5mm，反滤层厚 0.2～0.3m。其滤料粒径必须比进水孔的孔径略大一些，否则将发生堵塞。

2）集水井

集水井的直径和深度应根据集水管的直径和埋设深度来确定，原则上集水井的直径为集水管直径的 1.5～2.0 倍，最小井径不得小于 1.5m；井底应比集水管底低 0.3～0.5m；井身砌筑材料为混凝土或浆砌石。

3）检查井

为了便于检修与清通，在集水管直线段每隔 50～100m 处及其端部、转角处和断面变换处应设检查井。当检查井井口位于洪水位以下时，应将井盖密封并用螺栓固定，防止洪水冲开井盖涌入泥沙淤塞渗渠。

（2）设计要求

1）渗管/渠应设置植草沟、沉淀（砂）池等预处理设施。

2）渗管/渠开孔率应控制在 1%～3%之间，无砂混凝土管的孔隙率应大于 20%。

3）渗管/渠的敷设坡度应满足排水要求。

4）渗管/渠四周应填充砾石或其他多孔材料，砾石层外包透水土工布，土工布搭接宽度不应少于 200mm。

5）渗管/渠设在行车路面下时覆土深度不应小于 700mm。

3. 适用范围及优缺点

渗管/渠适用于建筑与小区及公共绿地内转输流量较小的区域，不适用于地下水位较高、径流污染严重及易出现结构塌陷等不宜进行雨水渗透的区域（如雨水管渠位于机动车道下等）。

总体来说，渗管/渠对场地空间要求小，但建设费用较高，易堵塞，维护较困难。

4. 运行维护要求

（1）进水口出现冲刷造成水土流失时，应设置碎石缓冲或采取其他防冲刷措施；

（2）设施内因沉积物淤积导致调蓄能力或过流能力不足时，应及时清理沉积物；

（3）当渗井调蓄空间雨水的排空时间超过 36h 时，应及时置换填料。

5. 技术达成效果与成本

渗管/渠对污染物的去除率（以 SS 计）可以达到 35%～70%，其建设与维护费用一般较高。

6. 应用实例

沣西新城在开展降雨径流污染控制过程中建设了渗管/渠设施，用于雨水的传输。整个渗渠长 6000m，容积 0.09m^3/m，如图 3-52 所示。

图 3-52　沣西新城渗管/渠实景图

3.4 组合技术应用

在我国开展城镇降雨径流污染控制的工程建设中，由于不同强度开发区可用空间差异较大，不同源头减排措施占地面积也存在差异，常常出现城市空间狭窄，有很多地块无法建设源头减排措施的情形。因此，结合不同开发强度的地块中源头减排改造建设空间的面积大小、格局分布、土壤质地、微地形条件等对多种源头减排技术进行优化组合是十分必要的。

在前文所述大量单项技术的基础上，根据下垫面特点，开展源头削减技术组合，形成组合工艺，为降雨径流污染源头削减提供可借鉴的思路与案例。

3.4.1 城市道路降雨径流污染控制源头技术组合应用

城市道路在城市建设面积中占有很高的比例，通常为硬化道路，按功能可以将其分为人行步道、行车道和道路周边，其透水性能差，污染成分复杂，降雨时能快速形成径流，极易造成城市面源污染。

道路雨水径流中的污染物主要来源于轮胎磨损、防冻剂使用、车辆的泄漏、杀虫剂和肥料的使用、丢弃的废物等，污染成分主要包括有机或无机化合物、氮、磷、金属、油类等。随着城市道路建设和交通流量的快速增长，路面污染物的总量不可避免地呈现大幅增长趋势。随着道路雨水径流或融雪进入水体，对城市水环境构成威胁。

在道路建设中常用的单项技术有雨水口、雨水检查井、渗滤管、植草沟和雨水花园。通常的组合模式为雨水口、渗滤管、植草沟和雨水花园之间的组合，其工艺流程如图 3-53所示。

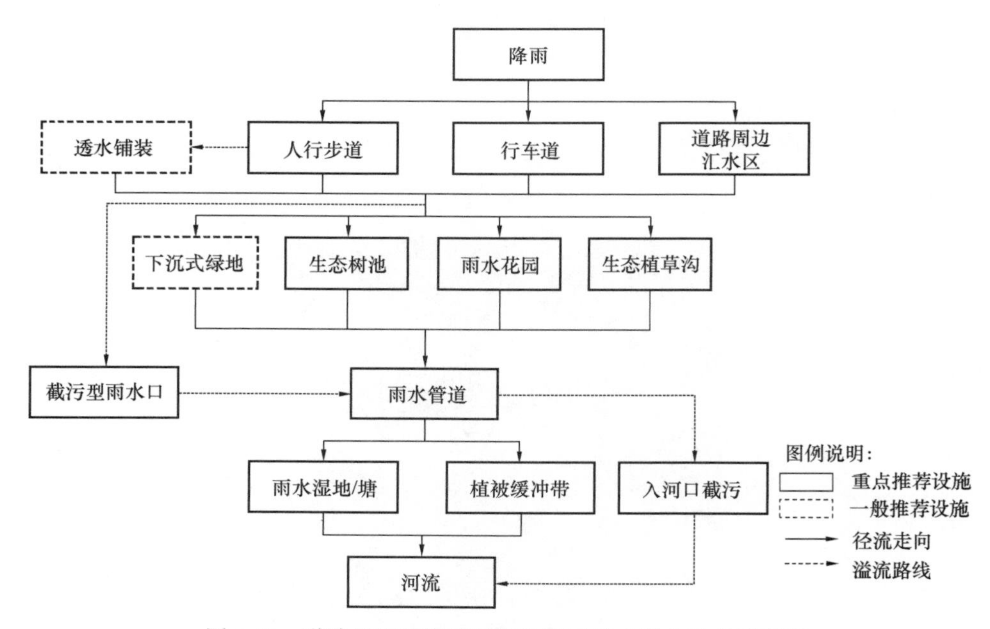

图 3-53　道路径流污染控制源头削减技术组合工艺流程图

在嘉兴万国路低影响开发降雨径流污染控制示范工程中，将透水铺装、下沉式绿地、生态树池、雨水花园、生态植草沟等源头削减技术进行高效组合。组合后的源头削减技术再与截污型雨水口、雨水管道等面源污染过程控制技术进行有效结合联用，流出管道的雨水进入雨水湿地/塘、植被缓冲带等进一步净化处理，最终进入水体。

经监测，通过该组合技术的实施，万国路两个降雨径流监测点的平均降雨径流外排总量削减率为50%左右，SS削减率为68.8%～85.9%，实现了该道路降雨径流中SS削减率不低于40%、降雨径流外排总量削减率不低于30%的目标。

3.4.2　建筑与小区降雨径流污染控制源头技术组合应用

建筑与小区在城市用地面积中占比最大，其带来的降雨径流污染负荷较高，是径流污染源头控制的核心环节，显著影响着整个汇水区对径流量和污染负荷的削减效果。

建筑与小区降雨径流污染控制常用的单项技术有透水铺装、下沉式绿地、绿色屋顶、雨水花园、植草沟、雨水断接、雨水收集净化装置和雨水收集管网。由于建筑小区与人类生活息息相关，因此在构建时需要满足一定的景观需求。常用的组合技术是绿色屋顶与雨水断接管相连，断接管的雨水进入缓冲槽消能后进入雨水花园或下沉式绿地；当地面技术达到饱和持水状态时，过多的雨水则通过设置在雨水花园或下沉式绿地中的雨水溢流口进入雨水管道，通过雨水管道顺利将其排走。其工艺流程如图3-54所示。

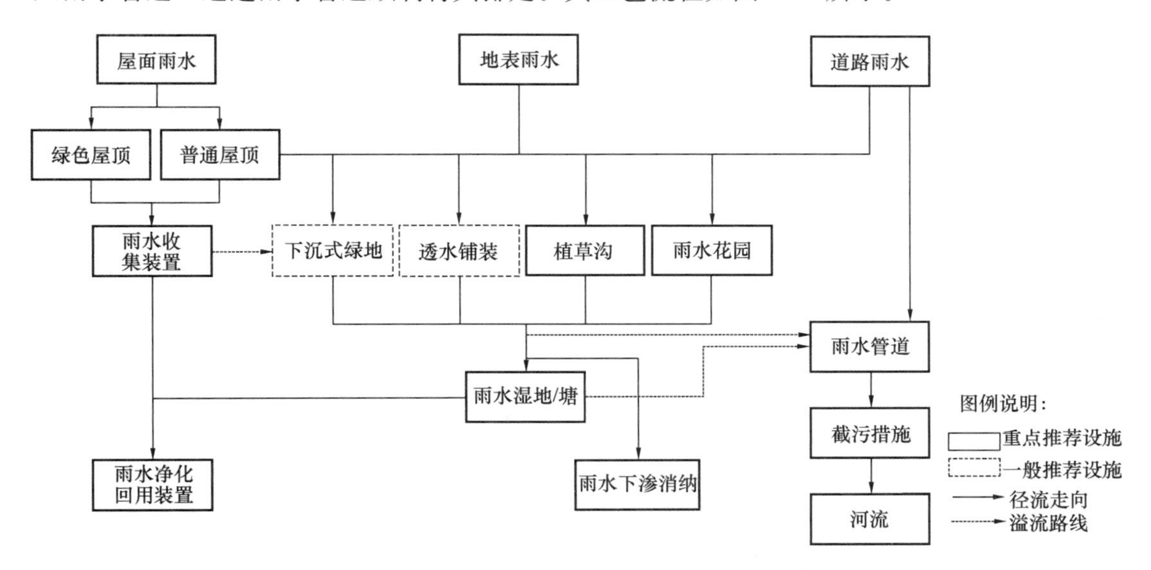

图 3-54　建筑与小区径流污染控制源头削减技术组合工艺流程图

嘉兴市建筑与小区径流污染控制工程中，首先利用绿色屋顶、雨水收集装置、雨水净化装置对屋面雨水进行有效收集和净化处理；其次，利用下沉式绿地、透水铺装、植草沟和雨水花园等源头削减技术对地表雨水进行初步净化处理。当降雨量过大时，路面溢流雨水先经源头削减技术处理，再溢流进入雨水湿地/塘进行收集处理。建筑小区内的道路雨水则通过雨水管道进入雨水湿地/塘进行收集处理，最终进入河流。

通过该组合技术的实施，工程应用小区（世合小区）6 个监测点雨水径流外排总量削减率为 12.1%～100%，污染物总量削减率为 69.6%～100%，实现了该小区降雨径流污染的有效控制。

3.4.3 集中绿地区域降雨径流污染控制源头技术组合应用

城市集中绿地是城市的重要组成部分，城市集中绿地对于调节城市区域环境、营造良好的城市景观效果发挥着重要作用。城市集中绿地通常规模较大，在滞留、贮存、利用雨水时所能发挥的空间更大，应尽可能充分地利用其对降雨径流污染进行控制、减弱以及净化。

城市集中绿地作为具有较高密度的人口流动场所，在建设时要兼顾景观效果。常用的单项技术有雨水花园、卵石沟、绿色屋顶、生态廊道、下沉式绿地、植草沟、雨水口、雨水井和雨水管道。其组合方式与建筑小区类似，通常最终径流雨水进入公园景观水体。工艺流程如图 3-55 所示。

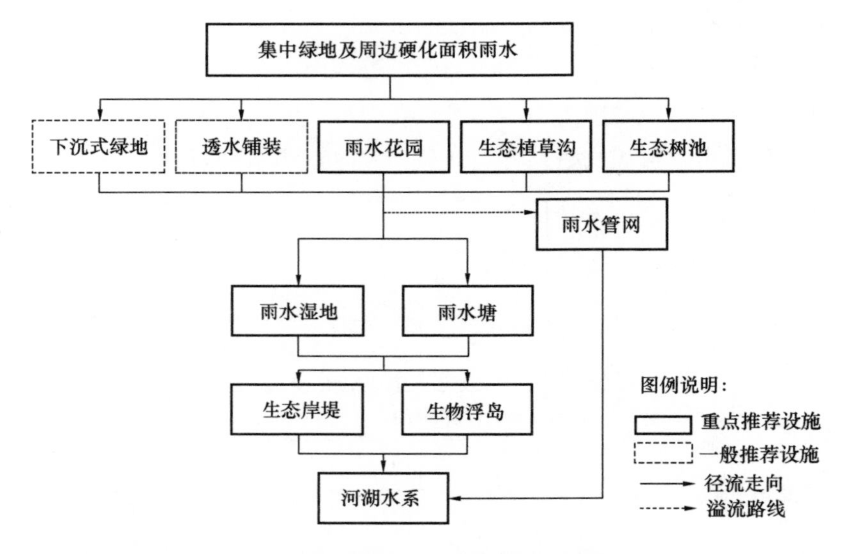

图 3-55　集中绿地及周边硬化面积径流污染控制源头削减技术组合工艺流程图

嘉兴市生态绿道网降雨径流污染控制工程中，利用下沉式绿地、透水铺装、雨水花园、生态植草沟和生态树池对集中绿地雨水进行初步收集和处理；当降雨量较大时，溢流雨水一部分进入雨水管网，一部分则进入雨水湿地/塘进一步净化，最终进入河湖水系。

通过该组合技术的实施，嘉兴市生态绿道网降雨径流污染控制工程实现了当降雨量≤20mm时降雨径流得到 100%控制；SS、COD、氨氮、总氮和总磷的去除率分别达 65.4%～89.4%、55.2%～83.6%、68.5%～94.0%、32.5%～87.1%和 60.3%～94.8%，营造了工程实施区域优良的景观效果，有效治理了区域降雨径流污染。

3.5　典型设备和材料研发与选用

欧美等发达国家在城市发展过程中起步较早，在低影响开发降雨径流污染控制设备和材料研发方面取得了较大的进展。我国城镇降雨径流污染控制研究与应用起步较晚，近年来逐步深入，也取得了长足的发展。本节梳理了在降雨径流污染源头削减方面的设备和材料，为相关工程设计、科学研究提供可借鉴的经验。

3.5.1　降雨径流污染源头削减设备和材料

源头削减是城镇降雨径流污染控制的首要环节，其设备和材料的研发也是国内外研发的重点。国外研发的设备和材料主要包括透水铺装、绿色屋顶、渗透排水井/渠/管、雨水口截污过滤装置和植草停车场五类。其中，透水铺装设备和材料包括缝隙型透水砖、气候砖、透水混凝土和透水沥青；植草停车场设备和材料主要为混凝土植草砖；绿色屋顶设备和材料主要为屋顶防水种植一体化系统；渗透排水井/渠/管设备和材料包括渗水井、渗滤沟和高强度覆膜螺旋波纹钢管；雨水口截污过滤装置设备和材料包括雨水口截留装置、水平格栅和岗哨井。国外源头减控设备和材料及其性能特点见表3-25。

国外源头减控设备和材料及其性能特点　　表3-25

序号	类别	设备和材料	性能特点
1	透水铺装	缝隙型透水砖	通常，方砖铺砌间隙为5～10mm；无停车人行道透水砖抗压强度等级不小于C40；有停车人行道透水砖抗压强度等级不小于C50；满足抗冻融循环50次
2		气候砖	砖面多孔，可以消纳30%的降水，能在一定程度上缓解暴雨对城市排涝设施的压力，能够通过蒸腾作用调节区域微气候，也可以缓解土壤盐碱化
3		透水混凝土	一般含有15%～25%的贯通孔隙，具有良好的透水、透气性，但其强度比普通混凝土弱
4		透水沥青	采用骨架-空隙结构，空隙率为15%～25%，具有排水、降噪和抗滑性能等诸多优点
5	植草停车场	混凝土植草砖	德国的一种透水路面产品，采用孔型混凝土砖，砖孔填以腐殖质拌土，在孔中可生长一些杂草，被大量应用与推广
6	绿色屋顶	屋顶防水种植一体化系统	德国绿化屋顶衍生设备，是防水防根种植的一体化系统，具有根部浇灌均匀、荷载轻、植物生长均匀等特点
7	渗透排水井/渠/管	渗水井	英国的一种用于渗透少量雨水的地下雨水管理设施，填充石块或塑料格架。要求预处理，需要在12～72h内排空
8		渗滤沟	美国的一种用于收集径流并下渗的小型地下渗滤设施，一般填充石块或塑料格架，与直线型项目配合良好，如高速公路
9		高强度覆膜螺旋波纹钢管	韩国的一种转输管材，寿命长，网状型的外部保护网为耐冲击材料，防止管材运输及施工时发生涂层损伤

续表

序号	类别	设备和材料	性能特点
10	雨水口截污过滤装置	雨水口截留装置	英国的一种雨水截污设备，核心材料是金属、纤维、织物、土工布，形状有挂篮、滤芯、“袜子”、网等
11		水平格栅	德国的一种用于过滤混合污水或溢流雨水的全自动运转清理设备，可截留漂浮物质和粗大物质，具有全自动清理栅网、水头损失小、过水能力大、在强腐蚀性污水中仍保持较长的使用寿命和运行效率等特点
12		岗哨井	澳大利亚的一种截污净化设备，水经过三级串联过滤处理后，可以排放或收集起来进行非饮用用途的重新利用

国内研发的设备和材料与国外类似。其中，透水铺装设备和材料包括混凝土透水砖、生态砂基透水砖、结构缝透水砖、再生透水砖、陶瓷硅砂透水砖、自洁式透水砖、蓄水型透水砖、透水水泥混凝土、透水沥青混凝土、透水塑胶和透水胶粘石；植草停车场设备和材料包括透水型多功能混凝土植草砖和植草格；绿色屋顶设备和材料包括屋顶绿化建筑基轻质材料、容器式屋顶绿化、异型屋面种植袋和轻质新型屋顶绿化；渗透排水井/渠/管设备和材料包括渗排水板、渗透管、渗透渠和线性排水沟；雨水口截污过滤装置设备和材料包括塑料集水渗透检查井、立体涡轮雨水箅子、雨水口自动截污装置、雨水收集预处理装置和截污挂篮沉淀装置。国内源头减控设备和材料及其性能特点见表 3-26。

国内源头减控设备和材料及其性能特点　　表 3-26

序号	类别	设备和材料	性能特点
1	透水铺装	混凝土透水砖	生产成本低，制作流程简单、易操作
2		生态砂基透水砖	通过“破坏水的表面张力”的透水原理，有效解决传统透水材料通过孔隙透水易被灰尘堵塞的问题
3		结构缝透水砖	结构稳定，透水性能好、衰减率低
4		再生透水砖	具有较高的透水性能，耐磨耐用
5		陶瓷硅砂透水砖	具有透水、透气、防滑、抗冻融性良好、减噪等诸多优点
6		自洁式透水砖	具有极强的防污自洁、净化空气与水的功能，有效地解决了透水砖的孔隙容易堵塞和对城市土壤污染的问题
7		蓄水型透水砖	通过增加砖体的厚度，在砖体的侧面设置了蓄水腔，兼顾透水、蓄水两种功能
8		透水水泥混凝土	具有较高的强度和良好的透水性
9		透水沥青混凝土	孔隙率大于 15%，比透水水泥混凝土强度高，但成本高
10		透水塑胶	采用环保树脂超强粘合剂和三元乙丙橡胶为主要材料，环保、无毒、无异味
11		透水胶粘石	具有蜂窝状连续孔隙，孔隙率不小于 20%，透水系数不小于 1.5mm/s

续表

序号	类别	设备和材料	性能特点
12	植草停车场	透水型多功能混凝土植草砖	除孔隙外，砖体自身也具有一定的透水能力，植草成活率较高
13		植草格	植草面积超过 95%，独特的平插式搭接，省工、快捷，可调节伸缩缝
14	绿色屋顶	屋顶绿化建筑基轻质材料	成本低，自身质轻，可以起到蓄水、滞水作用
15		容器式屋顶绿化	容器使用 PP 材料，寿命较长
16		异形屋面种植袋	施工工艺简单、周期短、对周围环境影响小，适用于异形和坡度不大于 60°的屋面
17		轻质新型屋顶绿化	最重要的特点是不用泥土、不用浇水、永久性生长
18	渗透排水井/渠/管	渗排水板	多应用于地库排水，同时兼具渗水、排水和蓄水功能
19		渗透管	可采用穿孔塑料管、无砂混凝土管和砾（碎）石等材料组合而成，占地面积小，具有较好的透水能力
20		渗透渠	布置灵活，安装简便，容积率高
21		线性排水沟	采用 U 形断面，分为平箅式、缝隙式两种盖板形式
22	雨水口截污过滤装置	塑料集水渗透检查井	对雨水进行渗透、滞留、净化，提高排水重现期
23		立体涡轮雨水箅子	降低雨水污染程度，采用三层立体的排水结构形式，泄水量更大，维护简单，检查方便
24		雨水口自动截污装置	具有雨水径流量与垃圾积累量溢流的自动调节功能，以便保证雨水口排水通畅
25		雨水收集预处理装置	在雨水收集过程中可过滤截留泥沙和垃圾
26		截污挂篮沉淀装置	外壳材质为 PE，内置不锈钢提篮及过滤网，可以在雨水收集过程中有效拦截较大污染物

3.5.2　雨水贮存与调控设备

目前，国内外雨水贮存和调控设备种类繁多，国外比较典型的有 Q-Bic 雨水箱、格兰富雨水调蓄池、浮力堰和滞洪池浮动出口装置；国内比较典型的有雨水贮水罐、塑胶水箱、PP 蓄水模块、硅砂蜂巢贮水净化模块、玻璃钢雨水调蓄装置、拱形调蓄装置、高精度限流阀和延时调节池。国内外雨水贮存和调控设备及其性能特点见表 3-27。

国内外雨水贮存和调控设备及其性能特点　　表 3-27

序号	区域	设备	性能特点
1	国外	Q-Bic 雨水箱	德国的一种雨水贮存设备，采用蜂窝状设计，具有均匀的顶面和侧面承载性能，可确保 50 年长期使用寿命
2		格兰富雨水调蓄池	集搅拌、清洗和曝气功能于一体；安装、维护便捷，运行成本低
3		浮力堰	德国的一种主要用于管网、河道的溢流、分流，以及水库大坝的泄洪等的调节设备
4		滞洪池浮动出口装置	美国的一种用于滞洪池的调节装置，用于调节滞洪池的水质和水量

续表

序号	区域	设备	性能特点
5	国内	雨水贮水罐	选用PE材质，可就地收集和利用雨水
6		塑胶水箱	具有杀菌、抗菌、坚固耐用、耐磨、耐酸、耐碱等特点，寿命长达10年以上
7		PP蓄水模块	拥有不小于95%的贮水空隙率及超过6t的抗压强度，组装方便
8		硅砂蜂巢贮水净化模块	底部铺设的透水防渗砂具有透气不透水的功能，实现水体与底层间的离子交换，起到对水质的保鲜作用
9			
10		玻璃钢雨水调蓄装置	承压力大，可制成雨水贮存罐（池）或调节池
		拱形调蓄装置	提供一个完整的径流污染控制系统，包括过滤、收集、贮存和下渗
11		高精度限流阀	一种基于涡流技术的流量控制设备，无电力需求，自启动，无移动部件，无需维护，具有超大过流孔径，无堵塞风险，安装简单，节省占地
12		延时调节池	在保证调节池原有调节能力的前提下，增加了延时调节容积

第4章　城镇降雨径流污染过程控制技术

城镇降雨径流污染过程控制是指降雨径流从地表进入收集系统（包括合流制管网、分流制雨水管道以及调蓄设施）后采用物理、化学、生物和管理技术削减径流量和污染负荷，达到径流污染控制的目的。这一过程的控制思路是降雨径流经雨水口汇流、收集以及排放口（溢流口）排放过程中采用的控制技术，包括：排水管网前端控制技术、雨水口技术、分流技术、排水管道的设计与维护、溢流污染与初期雨水污染控制及净化策略、净化关键技术等。

4.1　排水管网前端控制技术与策略

排水管网前端控制是从水质和水量两个方面来减少进入合流制管网系统和分流制雨水管道的径流总量、峰值流量和污染负荷。对于合流制管网系统，能够有效减少溢流次数、溢流水量以及溢流污染负荷，从而减小溢流处理构筑物的规模；对于分流制雨水管道，能够减少降雨径流总量和初期雨水的处理量，削减雨水污染物直接入河量。

常见的排水管网前端控制技术与策略主要有：城镇卫生管理、水土流失控制、雨水口管理和雨水口清洁。

4.1.1　城镇卫生管理

堵塞雨水口的垃圾多数是各种固体垃圾，主要包括生活垃圾、泥沙与落叶。

对于生活垃圾，应加强清扫、收集、运输、处理全过程的监督检查，确保生活垃圾及时清运；合理安排收运路线，尽量避开人流密集区域，严防生活垃圾散落、飞扬、露天堆放，防止跑冒滴漏，做到定时、定点和密闭化收运；及时开展生活垃圾无害化处理。此外，餐馆聚集区域的雨水口卫生问题较为突出，既有堆积的生活垃圾，又存在食物残渣，不仅引起雨水口堵塞，甚至产生 COD、NH_3-N、TN、TP 以及新污染物等径流污染，是需要严格管控的区域之一。

泥沙淤积和落叶聚集也是雨水口经常存在的问题，情况严重的造成雨水口丧失正常泄水功能。这些泥沙和落叶，部分随雨水汇入雨水口/井，部分由环卫工人清扫路面时扫入雨水口/井，雨水箅子难以完全阻止其落入雨水井中，堆积在雨水井中的泥沙和落叶也难以被雨水冲走，长此以往就造成雨水井的堵塞。淤积的泥沙和落叶相较于生活垃圾而言，清理难度更大、堵塞程度也更加严重，极易引发管道的堵塞，从而引发大面积排水系统的瘫痪。堵塞后的雨水口附近常年积水，造成严重的交通隐患，给市民的出行带来极大不便。

近年来，随着自动化、智能化机械设备的快速发展，采取机械化清扫联合作业模式，实施道路冲刷、清洗、吸扫联合作业。其中，主次干道和具备机扫条件的支路以机械化清扫为主，人工拾扫为辅，能够在很大程度上实现了排水管网前端径流污染控制。

因此，提升环卫清扫清运作业水平，提高机械化清扫率、保洁效率和质量，加强城镇清洁，是排水管网前端控制技术与策略中的一个重要环节。

4.1.2 水土流失控制

道路中央或周边通常设置有绿化带，遇到雨天绿化带中的土壤极易被雨水冲刷携带进入雨水口，造成管道沉积和堵塞。因此，定期检查绿化带土壤和植物情况，防止水土流失，也是排水管网前端径流污染控制的重要措施之一

4.1.3 雨水口管理

通常，雨水口管理主要包括：防止雨水口污水混接、加强雨水口清洁和日常雨水口维护。

建筑施工和临街商铺通常存在将废水直接经雨水口排入雨污水管道的问题，引起雨水口和管道的沉积和堵塞，增加溢流污染。施工废水中含有泥土、砂石、水泥浆等易凝集、沉降的物质，按照《污水排入城镇下水道水质标准》GB/T 31962—2015，施工废水应该在场地内进行预处理（沉淀或澄清），达标后排入城镇污水收集系统。但经常有施工单位将未经处理的废水接入雨水口，违规排放，不仅直接淤积和堵塞雨水口，而且由于水力条件变化，泥沙和水泥浆等进入排水管道后易于沉积，再加上水泥浆的固结作用，淤积后清疏困难，造成管道逐步堵塞，影响整条排水系统。道路沿线的房屋改建成临街商铺时，也存在将未经处理的污水接入雨水口违规排放的情况，尤以餐饮业或小店铺的问题突出。

城镇雨水口分布广、接近建筑，往往成为零星排水的接入点。为防止雨水口堵塞，应加强对雨水口的巡查与管理，开展智能化运行，有效防控污水接入雨水口。此外，加强对公众和相关个人及单位的宣传、教育、监管和考核，提高社会和行业对排水管网前端径流污染控制的关注程度，也能够在一定程度上控制降雨径流污染。

4.1.4 雨水口清洁

通常，雨水箅子和沉泥井用来截留生活垃圾、落叶和泥沙。雨水箅子和沉泥井在一段时间内都会累积一定程度的杂物。如果未及时得到清理，易造成雨水口堵塞。一旦出现较大降雨量，将不能正常快速排水，轻则造成路面积水，重则引发城镇内涝，给城镇经济、安全等带来巨大的损害。因此，需要定期清掏雨水口，以保证雨水口的正常排水功能。

4.2 雨水口技术

4.2.1 技术概况与原理

雨水口位于管网入口处，用于收集雨水径流。传统的雨水口组成包括雨水箅子（或路缘进水口）和集水池，可以用来捕集降雨径流冲刷路面带来的垃圾残渣、沉淀物质和污染物，是阻止城镇降雨径流污染物进入排水系统和城市内河的第一道关口。

近年来，为了强化雨水口对降雨径流污染物的截留能力，截污型雨水口被广泛开发和应用。

4.2.2 雨水口结构特点及设计要求

1. 雨水口结构特点

传统雨水口的构造包括进水箅、井筒和连接管三部分，如图 4-1 所示。传统雨水口内常有污染物的累积，特别是普通的平箅雨水口。污染物在清扫过程中落入雨水口内，在雨水冲刷下进入水体或沉积在管道中。因此，加强雨水口的清洁管理与维护，及时清除雨水口内的污染物质，能够有效防止管道的堵塞、腐蚀等。

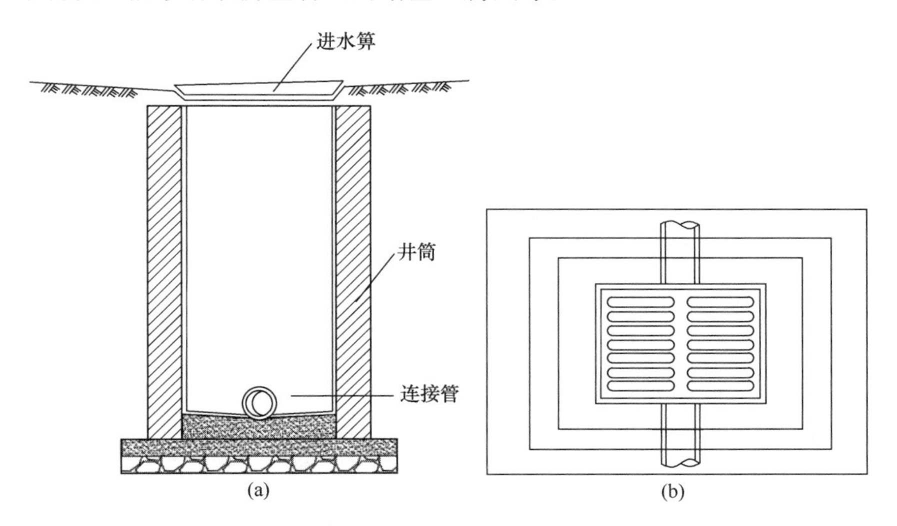

图 4-1　传统平箅雨水口剖面图和俯视图

（a）剖面图；（b）俯视图

为提高对降雨径流污染的强化处理，对传统雨水口进行了改进，加设截污挂篮、设置沉淀区域，用以去除垃圾、砂石等易沉淀污染物，形成了具有截污能力的环保雨水口，其结构如图 4-2 所示。为避免雨水口井底沉积的污染物在水流的冲击下悬浮并进入管道，沉淀区至少应有 0.4m 的深度，如图 4-3 所示。另外，对于具有油污等悬浮物污染的汇水区域，可采用图 4-4 所示的雨水口。通过设置悬浮物挡板来截留油污等悬浮物，也可采用滤网或透水混凝土墙对雨水进行过滤。

图 4-2 不同形式的环保雨水口截污挂篮

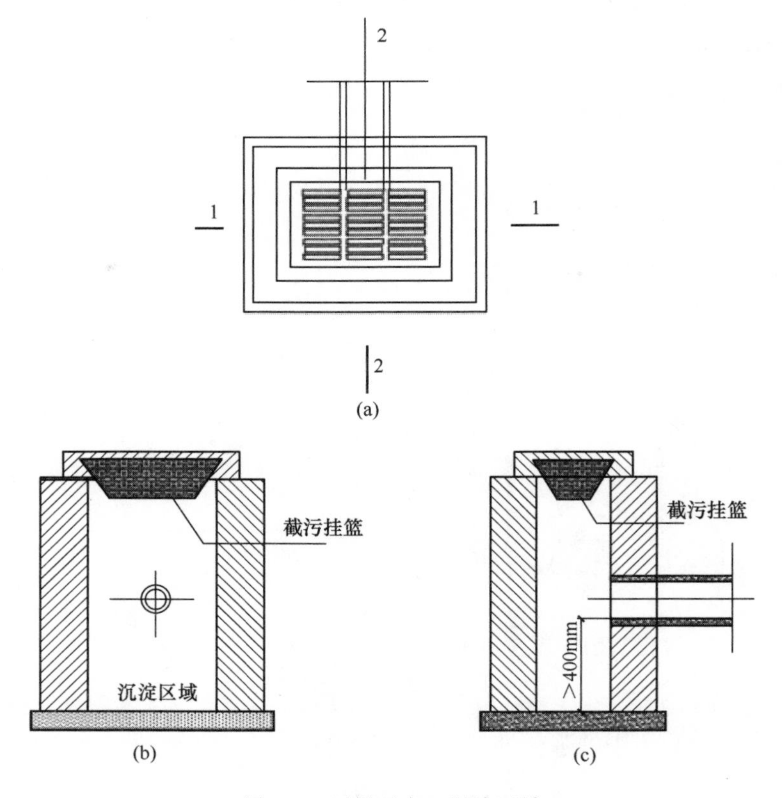

图 4-3 环保雨水口沉淀区域

(a) 平面图；(b) 1-1 剖面图；(c) 2-2 剖面图

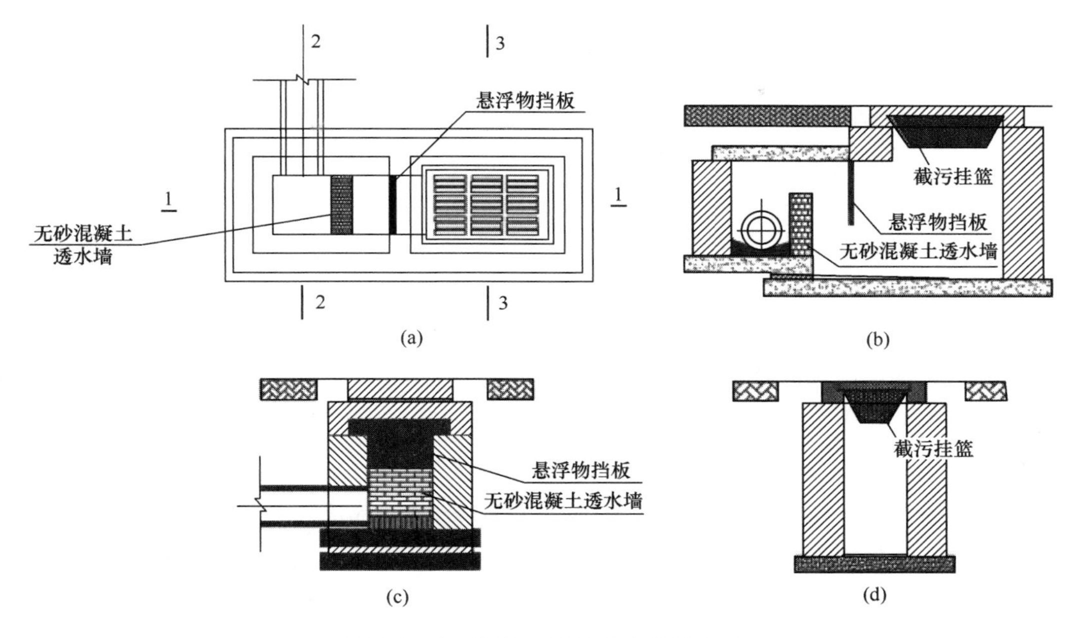

图 4-4 具有过滤、隔油功能的雨水口

(a) 平面图；(b) 1-1 剖面图；(c) 2-2 剖面图；(d) 3-3 剖面图

2. 雨水口的设计要求

雨水口的形式、数量和布置，应根据汇水面积所产生的径流量、雨水口的泄水能力和道路形式确定；雨水口的设置位置，应能保证迅速有效地收集地面雨水。其他具体设计要求如下：

(1) 砌筑用砖

品种、规格、外观、强度、质量应符合现行国家标准《烧结普通砖》GB/T 5101 的规定，并符合设计要求。一般砌筑用砖强度应不低于 MU10，且具有出厂产品质量合格证和试验报告单，进场后应送样复检合格。

(2) 水泥

一般采用 32.5 级普通硅酸盐水泥和矿渣硅酸盐水泥。水泥进场应有产品合格证和出厂检验报告，进场后应对强度、安定性及其他必要的性能指标进行取样复检，其质量必须符合现行国家标准《通用硅酸盐水泥》GB 175 等的规定。

当对水泥质量有怀疑或水泥出厂超过 3 个月时，在使用前必须进行复检，并按复检结果使用。不同品种的水泥不得混合使用。

(3) 混凝土拌和用水

宜采用饮用水。当采用其他水源时，其水质应符合国家现行标准《混凝土用水标准》JGJ 63 的规定。

(4) 砂

宜采用质地坚硬、级配良好且洁净的中粗砂，砂的含泥量不超过 3%，其质量应符合国家现行标准《普通混凝土用砂、石质量及检验方法标准》JGJ 52 的要求，进场后应取样复检合格。

（5）为了保证雨水口与路面顶面的平顺性，应按照设计高程，在路面沥青上面层施工前，安装完成雨水口井圈及井盖。

（6）道路雨水口顶面高程应比此处道路路面高程低 30mm，并与附近路面接顺。

4.2.3 雨水口运行维护要求

（1）保证施工时雨水口不受堵塞

雨水口施工时，由于工人疏忽导致雨水口时有堵塞，或水泥砂浆误倒入雨水口造成堵塞。为此，管理单位需加强对施工单位的施工和验收监管。

（2）防止污水接入雨水口

施工废水的排放是巡视重点。由于施工废水中往往含有泥土、砂石、水泥浆等易凝集和沉降的物质。因此，防止污水接入雨水口对于有效控制降雨径流污染负荷加重具有重要意义。

（3）防止垃圾进入雨水口

雨水口设置低于地面且有一定面积的孔洞，在有效收集雨水的同时杂物也容易进入，往往存在道路清扫人员将一些灰、土、树叶等杂物扫入雨水口的情况，甚至使雨水口井身堵塞。相关排水管理部门应建立管理制度，与环卫部门协调，开展宣传、教育、监管与考核，有效地减少人为造成的雨水口堵塞。

4.2.4 雨水口适用范围及优缺点

1. 雨水口适用范围

雨水口常用来收集道路、地面和绿地的雨水，应用于合流制污水管网、分流制雨水管网和收集设施。

2. 雨水口优缺点

优点：在雨水口设置截污挂篮可以用来捕集垃圾残渣、沉淀物质和污染物，防止固体污染物堵塞管道，能够在降雨径流中的污染物进入收集系统前实现一定程度的削减。

缺点：雨水口面临的最大问题就是雨水口的堵塞和雨水口的抗压强度。由于雨水口建于道路两侧或绿地之中，接收的降雨径流水质较为复杂且含有较高浓度的 SS，长期沉积将会堵塞雨水口。其次，道路雨水口对其材质及抗压强度有较高的要求，若所用材料为普通材料则安全性不能满足要求。

4.2.5 雨水口应用实例

图 4-5 是一种新型环保雨水口示意图，包括进水管、布水盖子、截污过滤装置、滤排管和出水管等。

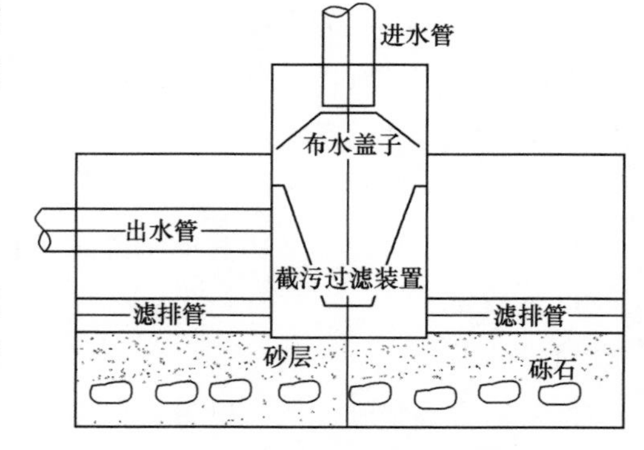

图 4-5 新型环保雨水口示意图

道路径流进入进水管，跌落在布水盖子上

的顶盖中。在重力作用下，散落在与盖子顶部相连的斜板上，由雨水口四周进入截污过滤装置。道路径流首先经过截污过滤装置截留配水中的较大颗粒物，之后经过滤排管进入石英砂层、砾石层以及周边土壤。当雨水井中的积水深度达到出水管的高度时，雨水口中积存的水通过出水管流出。该技术在北京机场高速辅路、北京市朝阳区左家庄街道所辖区域内小区得到了成功应用，已运行 4 个雨季，成功截留了至少 90%的进入雨水口和雨水管道的垃圾，节约了 90%以上的管道维护费用。

该技术可有效缓解城市排水管道堵塞的问题，提高管网运行和维护效率，节约维护成本，进而助力缓解城市内涝，减轻城市降雨径流污染，已成为住房和城乡建设部 2016 年第一批海绵城市 36 项先进技术之一。

4.3 分流技术

4.3.1 技术概况与原理

由于初期雨水中污染物浓度较高，不便于资源化利用。因此，将初期 2～5mm（10～20min）降雨径流采用分流设施分出，经贮存调蓄-集中处理后排入河流或回用于景观用水、生活洗刷以及地下水补给；剩余较干净的雨水可以经过简单的处理后直接利用，实现不同水质降雨径流的分质分流处理。

4.3.2 分流设施结构特点及设计要求

1. 分流设施结构特点

分流设施由雨水进水管、弃流井、初期雨水管、浮球阀、雨水出水管、雨水感应器、时间继电器和液位计等组成，具体工艺原理如图 4-6 所示。

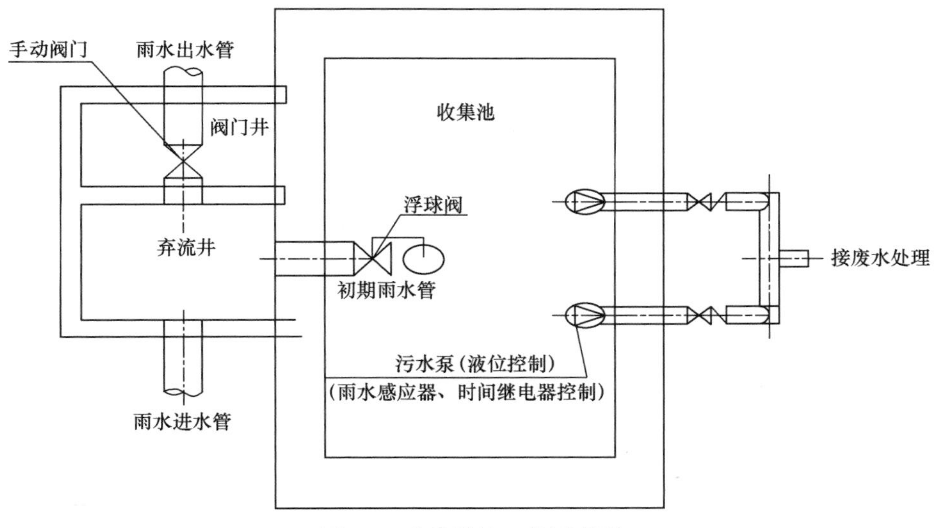

图 4-6　分流设施工艺原理图

雨水进入弃流井后，因初期雨水管标高低，雨水先通过初期雨水管进入收集池；待水位达到一定高度后浮球阀自动关闭，初期雨水管停止流水，雨水通过雨水出水管流出排入外环境。

下雨时，雨水感应器作用切断污水泵电路，污水泵不启动，待雨停后雨水感应器在时间继电器配合下一定时间后控制电路断开，污水泵电路重新接通，在液位计控制下污水泵自动将收集池中的水送至废水处理系统进行处理，水位降至下限后污水泵自动停止，等待下一场降雨。

2. 分流设施的设计要求

（1）初期雨水分流设施宜分散设置，可采用初期径流池、渗透弃流井或成品弃流装置等。

（2）初期雨水弃流量应根据降雨量或降雨时间确定，通常为 2～5mm 或 10～20min。

（3）初期雨水分流设施的弃流能力应按设计弃流雨水量或设计弃流水质确定，能明确分隔开初期雨水。

（4）初期雨水分流设施的进水管和出水管落差、弃流井与收集池的大小设计要合理。

（5）初期雨水分流设施进水口要设置雨水箅子，顶端设置检查孔以便于清掏。

4.3.3 分流设施运行维护要求

（1）进水口、出水口堵塞或淤积导致过水不畅时，应及时清理垃圾和沉积物。

（2）沉积物淤积导致弃流井容积不足时应及时进行清淤。

4.3.4 分流设施适用范围及优缺点

1. 分流设施适用范围

适用于处理初期 2～5mm 或 10～20min 的降雨径流；适用于屋面雨水的雨落管、径流雨水的集中入口（雨水口）等雨水收集设施的前端。

2. 分流设施优缺点

优点：初期雨水收集和泵送可以实现自动控制，无需人工操作，同时不涉及电动阀门启闭，故障率低，也可通过远程进行操作。

缺点：因收集池进水管与雨水管存在一定液位差，部分管道内后期雨水进入收集池，增加了废水处理负荷。

4.3.5 应用实例

分流技术在杭州市拱墅区“凯德·视界”住宅工程得到了应用。在该工程中，雨水经收集后进入初期弃流装置，初期弃流雨水就近排入市政污水管道，最后进入城镇污水处理厂处理后排放。这样既防止了初期雨水中 COD、重金属、挥发酚等污染物对环境的污染，又为其进一步处理利用创造了条件。

经初期弃流后的雨水通过贮存池收集，贮存池内的雨水经泵提升至曝气生物滤罐，在进入滤罐之前通过混凝加药装置加入混凝剂，去除 SS。由于初期弃流后的雨水水质较为稳定，SS 含量较低，所以混凝形成絮体后进入滤罐进行直接过滤，然后经过消毒进入清水池。处理后的雨水主要用于小区景观湖补充水、绿化浇洒。贮存池的容积根据本小区每日绿化浇洒及景观湖补充水用水量和贮存周期确定。其中，浇洒用水每日约 16m^3，景观湖补充水每日约 4m^3。

4.4　排水管道的设计与维护

我国地域辽阔，气候差异大，年降雨径流分布不均匀，全年的降雨绝大部分集中在夏季，容易在短时间内形成大量的地表径流。若不及时收集、处理，直接进入地表水体的径流污染将会对城镇水安全和水环境质量造成较大危害。

我国城镇排水系统采用合流制排水系统和分流制雨水排水系统，实现城镇降雨径流及其污染物的收集与运输。其中，合流制排水系统是在同一管渠内排除生活污水、工业废水和雨水的管渠系统，由雨水口、雨水管渠、截流井、调蓄池和出水口等构筑物组成。晴天时，截流管以非满流状态将生活污水和工业废水送往污水处理厂处理；雨天时，随着雨水量的增加，截流管以满流状态将生活污水、工业废水和雨水的混合污水送往污水处理厂处理。分流制雨水排水系统由雨水口、雨水管渠、检查井和出水口等构筑物组成，其主要任务是及时地汇集并排除暴雨形成的地面径流，防止城镇内涝，保障人民的生命财产安全和生活生产的正常秩序。

在城镇排水系统中，管道是主要的组成部分之一。开展排水管道的合理设计，确定合理的截流倍数，逐步实现雨污分流改造，是实现合流制排水系统有效控制的重要手段之一；排水管道的修复与维护也是保障合流制排水系统和分流制雨水排水系统后期正常运行的关键。

4.4.1　排水管道的设计

1. 截流倍数的确定

截流倍数（n_0）是指合流制排水系统中被截流的雨水量与晴天污水量的比值。n_0的大小直接关系到 CSOs 量的大小。n_0越大，被截流的雨水量越大，则 CSOs 量越小，对环境污染程度越小。

早在 1915 年，Engberding 曾提出 CSOs 污染控制中，截流雨水量应为晴天污水量的 10 倍，但国外普遍将截流倍数设置在 2～5 之间。国家标准《城市排水工程规划规范》GB 50318—2017 规定合流制排水系统截流倍数宜取用 2～5；然而，实际工程中为节省投资 n_0一般取用 0.5～1.0，选用偏小，使得合流制排水系统雨天溢流水量极大，从而导致受纳水体受到严重污染。

管道的运行水位不应高于管道的设计充满度，最大充满度不应高于 0.9。提升泵站运行水位原则上不高于进水管管顶。无截流干管的合流制排水系统应增加截流干管，其截流倍数应满足现行国家标准《室外排水设计标准》GB 50014 的要求；有截流干管的合流制排水系统，应恢复原设计的截流倍数。雨水管道不得作为合流管道或者污水管道使用。

2. 雨污分流

雨污分流，即将合流制排水系统改建成分流制排水系统，实现雨水和污水在排水系统中的分离，从根本上消除 CSOs 的产生。多年来，我国大部分有合流制排水系统的城镇基本上也是基于这一思想制定排水规划。

但是分流改造也存在一定的缺点和问题。城镇初期雨水中污染物含量高，分流后的雨水如果得不到有效处理，直接排入受纳水体会构成威胁；同时，改建过程会涉及道路、建筑地下空间等不少限制因素，改建工作量极大，成本高、周期长，甚至可能得不偿失或难以实施。

此外，由于法规不健全、管理不到位和执行力度不够等原因，我国城镇分流制排水系统存在严重的私排乱排和雨污混接问题。深圳市排水管理部门在对特区内开发建设最早的罗湖和上步两区约 25%的雨水管道进行抽查中发现，有 260 余处较集中的污水排入点，两区的雨水和污水排水系统几乎已全部混流。可见，建立理想的分流制排水系统或将合流制排水系统改为完全分流制排水系统也面临着挑战。

因此，在排水体制的选择或改造问题上，要根据我国国情和各城镇的具体情况进行深入研究和细致的方案比选后慎重决策。在新建城区可考虑采用分流制排水系统并制定降雨径流污染控制对策；而对于合流制排水系统相对完善、空间有限及降雨量少的老城区，考虑在合流制排水系统中进行适当改造或建造一些更行之有效的 CSOs 控制设施，如采用一些截流、截污措施并对老化的管道进行修复改善等。

4.4.2 排水管道的维护

排水管道设计建造后，按期系统地检查管道的淤塞及损坏情况，有计划地安排管道的维护，是保证排水管道长期稳定工作、有效控制城镇降雨径流污染的重要内容之一。排水管道维护内容主要包括排水管道的渗漏和渗入控制、清洗及修复。另外，针对雨天排水管道应对能力有限的问题，可以增设贮存调蓄设施加入解决。

1. 管道渗漏和渗入控制

由于管道破损，管道内的污水会渗入地下，污染地下水；相反，当地下水位较高时，地下水会渗入管道，增加管道外水侵入量，增大雨季溢流量。过量的外水渗入会增加污水的收集、输送、处理成本，影响城镇污水处理厂运行与处理效果，降低排水系统运行的安全性。

为防止管道出现渗漏和渗入，可采取如下措施：①使用优质管道材料，提高管道使用寿命，降低管道破损率；②加强管道施工的监管，提高工程质量，防止在管道承插接口处发生渗漏和渗入；③开展管道监测与维护，及时发现管道破损，进行管道维护，解决渗漏和渗入问题。

2. 管道清洗技术

（1）疏通与维护

管道内旱季沉积的污染物是合流制排水系统溢流污染和分流制雨水管道直接入河污染的重要来源。如果不及时清除排水管道中的沉积物，在降雨期间就会被径流雨水冲刷排入受纳水体中。城镇水体雨天黑臭与排水管道中沉积物冲刷有很大关系。此外，管道中沉积的污染物占据了管道的体积，贡献了充满度，影响排水管道水力功能和输送能力。

定期冲洗管道，将沉积的污染物收集、就地处理或输送到污水处理厂，可以减小雨天合流制排水系统溢流污染物排放量和分流制雨水管道污染物入河量。

排水管道疏通与维护能够有效清除沉积淤泥，改善管道水力功能，减少排入水体的污染物量，常用的方法有：推杆疏通、转杆疏通、绞车疏通、射水车疏通和水力疏通等。排水管道各种疏通与维护方法的特点如下：

1）推杆疏通：是用人力将竹片、钢条、钩棍等工具推入管道内清除堵塞的疏通方法，具有设备简单和成本低的优点，主要用于小型管道。

2）转杆疏通：疏通杆以旋转方式进入管道打通堵塞的方法；目前的转杆疏通机大多采用弹簧式转杆，主要用于小区或室内排水管道。

3）绞车疏通：用绞车牵引铲泥工具来疏通管道的方法；绞车可分为人力绞车和机动绞车。针对管道断面尺寸、堵塞物类型和体积，以及污泥含水率，可选择不同的通沟牛或其他绞车疏通设备。

4）射水车疏通：用射水车来疏通管道的方法；射水车是一种将高压泵、高压软管、绞盘、喷嘴、水箱等射水疏通设备组合在一起的专用车辆，也称高压疏通车；射水车的种类很多，大致可分为轻型射水车、大中型射水车和联合疏通车。

5）水力疏通：采用提高上下游水位差，加大流速来疏通管道的方法。

（2）检查井和雨水口维护

排水管道疏通的淤泥经检查井和雨水口清理、外运。因此，检查井和雨水口残留的淤泥也需要经常性地维护和清掏，常见的设备有：吸泥疏通车、抓泥疏通车、联合疏通车等。各种设备的特点如下：

1）吸泥疏通车：主要有真空式吸泥车和风机式吸泥车。真空式吸泥车适用于存有污水和雨水的排水管道，以水为介质把污泥带走；在吸管中，泥水呈实心水柱状态。风机式吸泥车运用空气的动能吸泥，以空气为介质把污泥杂物带走，吸泥高度不受大气压的影响，适用于少水或无水的排水管道。

2）抓泥疏通车：配备大、小两个抓斗，每个抓斗由4个爪片组成，放开呈莲花状，可根据掏挖场地，自由更换使用，能将深浅窨井内的各种污物（污泥、砂粒石头、砖块、杂物等）抓取干净，不留死角。该设备使用不受深度限制，具有操作简单、效率高、成本低等优点。

3）联合疏通车：具有射水和真空吸泥功能的疏通车称为联合疏通车；联合疏通车的优点是疏通效率高，但成本较高。

3. 管道修复技术

管道的修复有大修和小修之分，应根据各地的经济条件来划分。当发现管道系统有损坏时，应及时修复，以防损坏处扩大而造成事故，主要工程与管理措施包括：及时修复破损管道，减小管道粗糙度，增大过流能力，减少超载、回水现象的发生，减少污染物的沉积等。

针对排水管道、检查井存在的缺陷及混接问题，应采用开挖或非开挖等各种技术进行修复、治理雨污混接问题，恢复雨污分流。

传统的开挖修复技术存在施工时间长、阻碍交通、影响周围管线和构（建）筑物安全、维护费用高等缺点。而非开挖修复技术一般不影响周围管线和构（建）筑物安全，保障交通畅通，节约基础设施投资，达到节能减排的目的。排水管道非开挖修复主要包括局部非开挖修复技术和整体非开挖修复技术。

（1）开挖修复技术

开挖修复是采用挖掘机或者人力挖掘沟槽，把旧管拆除，然后重新安装新管，最后回填沟槽的管道修复方法。对损坏的管段挖除后按原管径、原坡度和原标高进行原位修复，保证修复后管道过水能力保持不变。修补前均需要对管道两侧进行封堵，确保管道内干燥、无积水。

适用范围：当管道修复指数（RI）＞7 或管道发生 4 级破损时，采用开槽埋管修复。适用于管段结构严重损坏的管道，将整段管道全部翻挖更新。

开挖修复技术成本较低，新铺设管道的使用寿命长。该技术的缺点是：在施工过程中，占据至少一条道路，对交通影响大；此外，需要破除后再修复现状道路，此过程往往会影响周边街道交通，给商铺运营带来不便。

开挖修复一般有放坡开挖和支护开挖两种方式。

1）放坡开挖

一般适用于空旷场地，土层较好，周围无建筑物、地下无管线的工程。放坡高度超过 5m 时，应分级开挖。该种方式的优点是造价低，施工快；缺点是开挖回填土方量大，雨天易塌方。

2）支护开挖

又分为板式支护和槽钢支护。其中，板式支护在地质条件较好、槽深小于 3m 时可采用；槽钢支护一般适用于埋深小于 3m 的管道开挖。该种方式的优点是槽钢具有良好的耐久性且可重复利用，施工方便、工期短；缺点是无法阻挡地下水和小颗粒，如果地下水位高，需做好隔水和降水作业。

（2）局部非开挖修复技术

1）不锈钢套筒法

外包止水材料的不锈钢套筒膨胀后，在原有管道和不锈钢套筒之间形成密封性的管道内衬，堵住渗漏点；主要用于管道脱节、渗漏等局部缺陷修复，具有止水效果好、质量稳定、投资省、修复快等优点，但不可用于管道断裂、接口严重错位、管道线性严重变形等结构性缺陷的修复。此方法适用的管径范围为 150～1350mm。常用不锈钢套筒的止水材料有止水橡胶和发泡胶，其应用形式如图 4-7 所示。

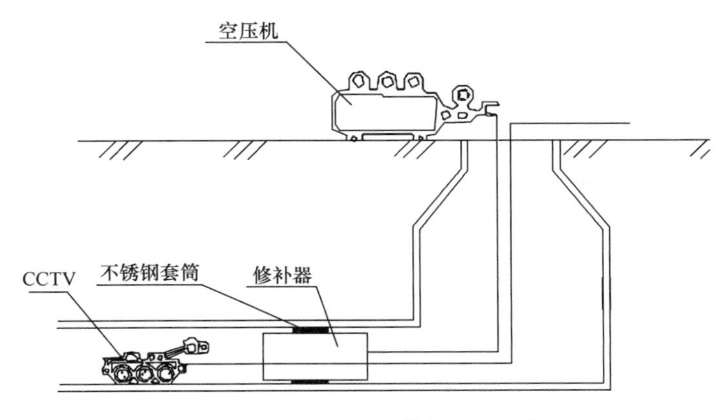

图 4-7　不锈钢套筒法修复施工示意图

2）点状原位固化法

将浸渍常温固化树脂的纤维材料固定在破损部位，注入压缩空气，使纤维材料紧紧挤压在管道内壁，经固化形成新的管道内衬；主要用于管道脱节、渗漏、破裂等缺陷的修复，不可用于管道断裂、接口严重错位、管道线性严重变形等结构性缺陷的修复。此方法适用的管径范围为 50～1500mm。其主要修复材料为玻璃纤维与聚酯、环氧等类型的树脂，常用自然固化工艺，还有热固化、紫外光固化等各种固化方式，可根据需要自行选择。点状原位固化法修复示意如图 4-8 所示。

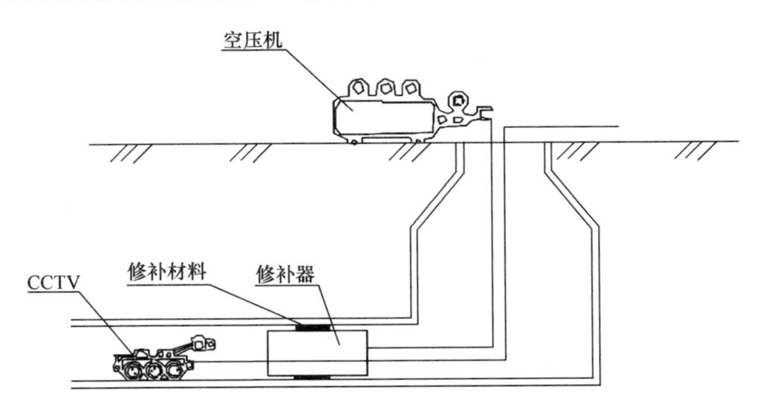

图 4-8　点状原位固化法修复施工示意图

3）不锈钢双胀环修复法

采用环状橡胶密封带与不锈钢套环，在管道接口或局部损坏部位安装橡胶密封带，橡胶密封带就位后用 2～3 道不锈钢套环固定，达到止水目的。不锈钢双胀环修复法适用于管道变形、错位、脱节、渗漏，且接口错位小于 3cm 等缺陷的修复，但该修复方法要求管道基础结构基本稳定、管道线形没有明显变化、管道壁体坚实不酥化，仅作为管道接口的临时性止渗处理措施，不提供结构强度；同时受制于橡胶的耐腐蚀性及抗老化性不强，修复后使用年限较短。此方法适用于管径大于 800mm 及特大型排水管道。其使用的修复材料为不锈钢双胀压条和特制的止水橡胶，具有施工简洁、快速、止渗效果好等优点。不锈钢双胀环修复法修复示意如图 4-9 所示。

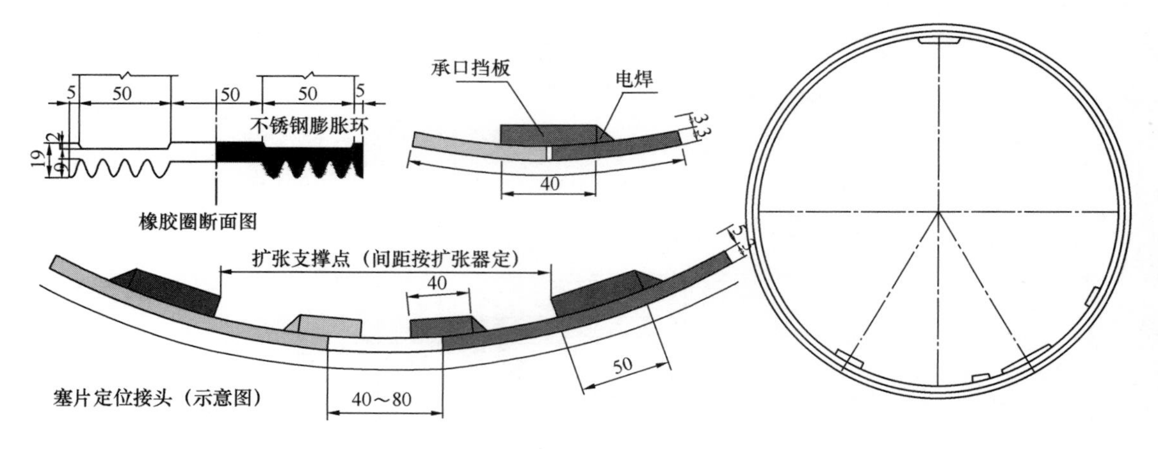

图 4-9　不锈钢双胀环修复法修复施工示意图

4）化学灌浆法

通过特定装备将多种化学浆液注入管道破损点外部的下垫面土壤和土壤空洞中，利用化学浆液的快速固化进行止水、止漏、固土、填补空洞，适用于各种类型管道内部已发现的渗漏点和破损点的修复。此方法的修复材料主要为专用的化学浆液，利用浆液的流动性及快速固化性，来达到管道外部密封及加固的目的，可在修复渗漏的同时加固周边土体，具有修复快速的优点。化学灌浆法修复示意如图 4-10 所示。

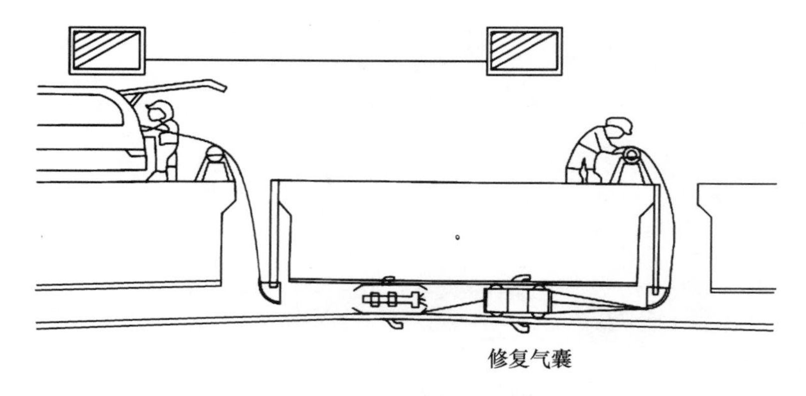

图 4-10　化学灌浆法修复施工示意图

（3）整体非开挖修复技术

1）热水原位固化法

采用水压翻转方式将浸渍热固性树脂的软管置入原有管道内，加热固化后，在管道内形成新的内衬；用于各种结构性缺陷的修复，适用于不同几何形状的排水管道，可修复管径范围为 100～270mm，具有施工时间短、占地面积小、使用寿命长、修复后整体性强、表面光滑和对周边环境影响小等优点。

在进行修复前，必须保证待修复管道满足热水原位固化法的修复条件，对于局部存在严重变形、坍塌等缺陷的，可采用局部开挖修复配合热水原位固化修复工艺进行修复施工。热水原位固化法修复示意如图 4-11 所示。

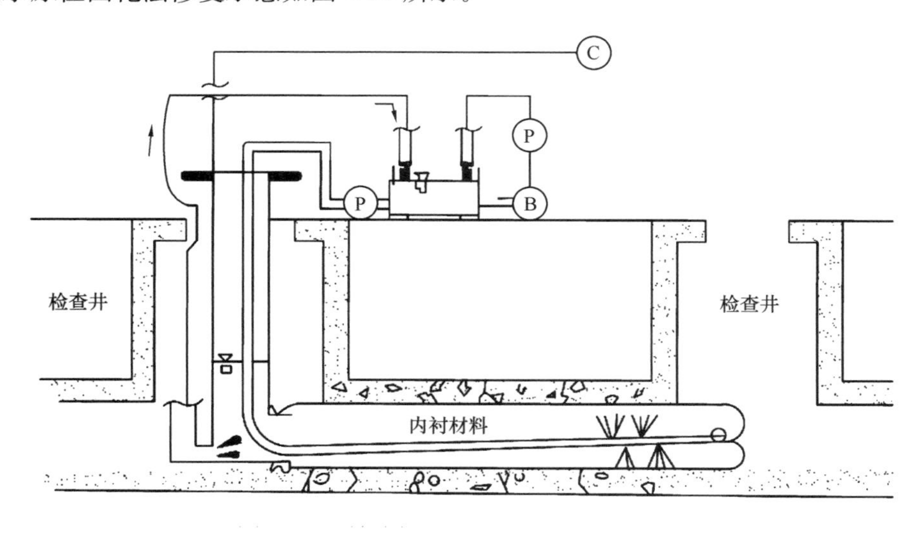

图 4-11　热水原位固化法修复施工示意图

2）紫外光原位固化法

将浸渍光敏树脂的软管置入原有管道内，通过紫外光照射固化，在管道内形成新的内衬；可用于各种结构性缺陷的修复，可修复管径范围为 150～1600mm，适用于不同几何形状的排水管道。此方法具有施工时间短、占地面积小、使用寿命长、修复后整体性强、修复后表面光滑和对周边环境影响小等优点，可以封闭原有的孔洞、裂缝及缺口，隔绝入渗，阻止渗出，在排水管道的结构性缺陷修复中广泛应用。相较于热水原位固化法，紫外光原位固化法固化速度更快、修复后管道强度更高。紫外光原位固化法修复示意如图 4-12 所示。

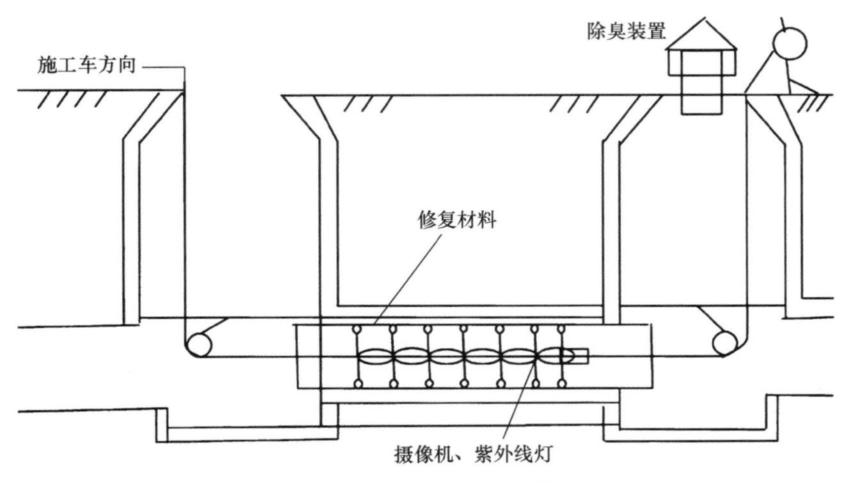

图 4-12　紫外光原位固化法修复施工示意图

3）螺旋缠绕法

采用机械缠绕的方法将带状型材在原有管道内形成一条新的内衬，可用于各种结构性缺陷的修复，可带水作业，主要有扩张法和固定口径法两种工艺，适用于不同几何形状的排水管道，可修复管径范围为450～3000mm。此方法具有施工时间短、占地面积小、使用寿命长、修复后整体性强、修复后表面光滑和对周边环境影响小等优点，可以封闭原有的洞孔、裂缝及缺口，隔绝入渗，阻止渗出，在排水管道的结构性缺陷修复中广泛应用。

4）管片内衬法

将PVC片状型材在原有管道内拼接成一条新管道，对新管道与原有管道之间的间隙进行填充；用于破裂、脱节、渗漏等缺陷的修复，管道形状不受限制，适用管径范围为800～3000mm。修复后内衬管和原有管道形成一体的高强度复合管，具有和新管同等以上的强度。但修复后排水管道过水断面存在一定的损失，修复示意如图4-13所示。此方法施工占道面积小，可曲线施工、局部施工，单次施工长度不限，可临时中断施工。但此方法不适用于管道严重错位、管道基础断裂或破碎、管道严重变形等结构性缺陷的修复。

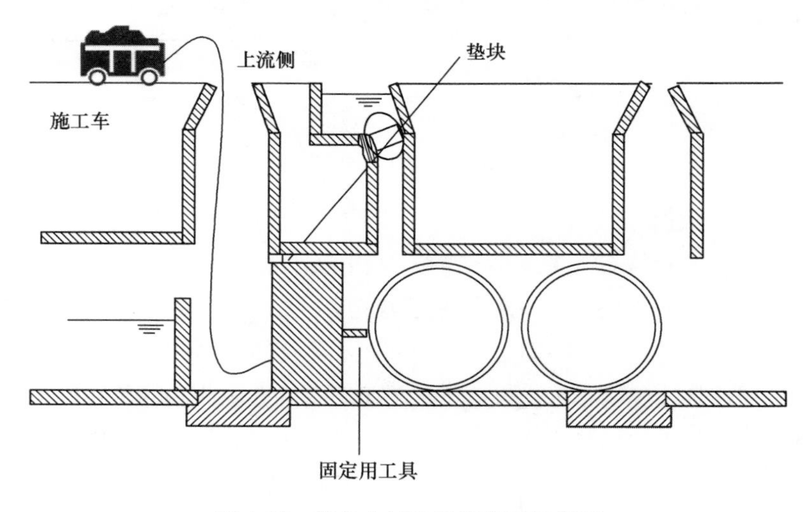

图4-13　管片内衬法修复施工示意图

4. 贮存调蓄技术

为了有效实现雨水径流量的削峰与错峰，可将高峰流量的合流制污水和分流制初期雨水贮存起来，待流量下降后再排出，通过管道输送至污水处理厂处理，达到削减洪峰流量、控制降雨径流污染的目的。常见的降雨径流贮存调蓄技术包括调蓄池和深层隧道等。

（1）调蓄池

在排水系统中合理设置调蓄池，截流初期雨污混合水，可减少暴雨期间合流制管道溢流量。降雨初期，雨污混合水直接进污水处理厂，超出排水系统排水能力的雨污混合水溢流进调蓄池；当降雨结束后，管网输水能力恢复正常，贮存的雨污混合水被送入污水处理厂，或就地处理后排放至受纳水体。此外，调蓄池还能起到净化污水的作用。调蓄池的工艺流程及调蓄流量变化过程分别如图4-14和图4-15所示。雨水调蓄池现场照片如图4-16

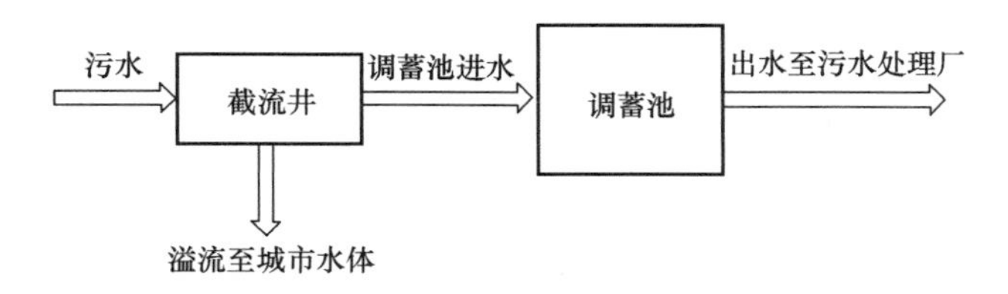

图 4-14　溢流调蓄池工艺流程图

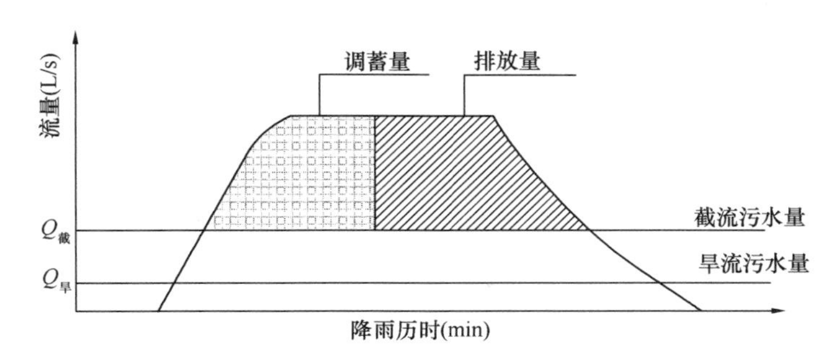

图 4-15　合流制排水系统调蓄池流量图解

和图 4-17 所示。

1）调蓄池设置原则

①调蓄池的出水应接入污水管网，当下游污水处理系统余量不能满足调蓄池放空要求时，应设置就地处理设施。

②调蓄池的位置应根据排水体制、管网情况、溢流管下游水位高程和周围环境等综合考虑后确定，有条件的地区可采用数学模型进行设计方案优化。调蓄池的埋深宜根据上下游排水管道埋深，综合考虑工程用地、工程投资、施工难度、运行能耗等因素后确定。

③可结合地下综合管廊建设设置截污调蓄池。

2）调蓄池冲洗方式

调蓄池应设置对底部沉积物进行冲刷清洗的装置，调蓄池冲洗应根据工程特点和调蓄池池型设计，选用安全、环保、节能、操作方便的冲洗方式，宜采用水力自清和设备冲洗等方式。位于泵房下部的调蓄池，宜优先选用设备维护量低、控制简单、水力驱动的冲洗方式。各种冲洗方式对比见表 4-1。

各种冲洗方式优缺点一览表　　　**表 4-1**

序号	冲洗方式	优点	缺点
1	人工清洗	无机械设备，无需检修维护	危险性高，劳动强度大
2	移动清洗设备	投资省，维护方便	仅适用于有敞开条件的平底调蓄池；清洗设备（扫地车、铲车等）需人工操作
3	智能喷射器	自动冲洗；冲洗时有曝气过程，可减少异味，适用于大部分池型	需建造清洗贮水池，并配备相关设备；运行成本较高；设备位于池底，易被污染磨损
4	潜水搅拌器	搅拌带动水流，自冲洗，投资省	冲洗效果差，设备位于池底，易被缠绕、污染、磨损

续表

序号	冲洗方式	优点	缺点
5	水力冲洗翻斗	无需电力或机械驱动，控制简单	必须提供有压力的外部水源给翻斗进行冲洗，运行费用较高；翻斗容量有限，冲洗范围受限制
6	连续沟槽自清	无需电力或机械驱动，无需外部供水	依赖晴天污水作为冲洗水源，利用其自清流速进行冲洗，难以实现彻底冲洗，易产生二次沉积；连续沟槽的结构形式加大了泵站的建造深度
7	门式自冲洗	无需电力或机械驱动，无需外部供水，控制系统简单；单个冲洗波的冲洗距离长；调节灵活，手、电均可控制；运行成本低、使用效率高	投资较高

3）调蓄池运行维护

①检查维护

调蓄池检查维护周期一般为1～12个月，重点是污染物和杂物的清除，应注意调蓄池的渗漏情况。

②安全措施

a. 严格执行“先通风、再检测、后作业”的原则，未经通风和检测，严禁工作人员进入调蓄池作业。

b. 在调蓄池出入口应设置防护栏、格栅、护盖和警告标识等，可见度不高时，应设警示灯。

c. 在调蓄池外醒目处，应设置警戒区、警戒线、警戒标识，其设置应符合国家有关规定。

d. 工作人员应佩戴隔离式防护面具，必要时应栓带救生绳。工作人员应穿防静电工作服、工作鞋，使用适宜的防爆型低压灯具及不发生火花的工具，配备可燃气体报警仪等。

e. 发生事故时，监护者应及时报警并报相关负责人，救援人员应做好自身防护，配备必要的呼吸器具、救援器材，严禁盲目施救，导致事故扩大。

图4-16　德国的雨水溢流调蓄池

图 4-17　带有分离隔板的雨水调蓄池

4）调蓄池应用案例

①厦门杏林湾九天湖综合整治工程

厦门杏林湾九天湖区域为合流制排水系统，综合整治工程位于厦门市杏林湾滨水西岸段九天湖桥西桥头南侧绿化带下。调蓄池尺寸为 $L \times B = 198.8\text{m} \times 28\text{m}$，深度 5m，有效水深 4.5m，有效容积约 26000m^3。初期雨水通过截流井中的水平格栅过滤后进入调蓄池内，悬浮物和漂浮物被水平格栅拦截。其中，配备 2 台自清洗水平格栅，规格为 5950mm×1283mm；设置了 8 台智能喷射器，用于对调蓄池进行曝气冲洗。

晴天时，管道污水流量小于污水处理厂的最大处理量，污水直接进入污水处理厂处理。在降雨初期，初期雨水流量和污水流量之和小于污水处理厂的最大处理量，混合污水同样直接进入污水处理厂处理。当初期雨水流量和污水流量之和大于污水处理厂的最大处理量时，一部分混合污水（雨水＋污水）进入污水处理厂进行处理，剩余的混合污水经过自清洗水平格栅进入到调蓄池，悬浮物和漂浮物被拦截。当调蓄池满时，电动闸门关闭，不再向调蓄池进水。为防止调蓄池发臭，智能喷射器间歇性曝气。降雨继续进行，缓冲池的水位上升到紧急排放水位时，后期雨水直接通过溢流堰排放到自然水体。

当缓冲池流量小于污水处理厂的最大处理量时，潜污泵开始将调蓄池的雨水送至污水处理厂进行处理，同时智能喷射器启动搅拌功能，方便污水携带沉积物进入污水处理厂处理。当调蓄池的水位下降到池底时，智能喷射器开始对池底进行冲洗，冲洗后的污水通过潜污泵送到污水处理厂处理。

②安徽省某市老城区合流制完善工程

安徽省某市老城区由于部分区域采用合流制排水系统，部分区域采用分流制排水系统，导致管道错接乱接情况较为严重，加之截污干管老化、地下水渗入量大，从而易产生溢流，污染水体，且存在水体水倒灌问题。该项目作为新建截污干管配套设施，主要用于合流制溢流雨污水的调蓄及处理，尽量实现来水就地处理达标排放，减轻污水处理厂处理负荷。项目实施目的是控制溢流水水质，防止水体污染及倒灌，减轻污水处理负荷，为生态处理设施提供合适水源。

该工程所建调蓄池类型为合流制溢流调蓄池，调蓄池分为沉淀区、过流区和溢流区。沉淀区使用最为频繁，过流区居中，溢流区使用次数最少。采用分区设计后，可提高各个分区的使用效率，各个分区进水频率和浓度不同，相应的运行维护周期和费用也不同，有利于保持今后长期运行中的设备状态及工作效率，降低总体运行维护费用。

调蓄池进水环节配备了平板细格栅、水力颗粒分离器、门式自动冲洗系统和浮控调流阀。调蓄池集水区面积 $128hm^2$，调蓄容积 $11500m^3$（各分区容积分别为 $4500m^3$、$4500m^3$ 及 $2500m^3$），有效水深 3.1m，过流量 1500L/s，调蓄池埋深 7.5m，工程投资约 7000 万元。

调蓄池为完全地埋式，地面为市政停车场及休闲广场。调蓄池前端设置截流井，非降雨期及降雨初期来水通过浮控调流阀送入污水管道，溢流水经过粗格栅后由浮控调控设施控制，稳定进入调蓄池。一般情况下，来水通过配水渠首先进入收集池，收集池满后，进入通过池，通过池满后，进入综合池。配套门式自动冲洗系统对调蓄池底板进行冲洗。收集池内来水浓度最大，降雨结束后全部由水泵送入污水管网；通过池内除上层水外全部送入污水管网；综合池只需将下层水及冲洗污水送入污水管网。在通过池和综合池内设置水力颗粒分离器对通过池上层水、综合池中上层水及持续溢流水进行深度处理，处理后溢流排出。溢流处设置平板细格栅，对过量溢流水进行简单处理后排出。所有水池溢流水可进入河岸生态处理设施，再次处理后进入受纳水体。调蓄池满后，若发生极端降雨，来水量远大于持续溢流量，则开启紧急溢流通道直接由截流设施向受纳水体排水，保证防洪及设施安全。调蓄池内设置通风设备，防止调蓄池内积存有害气体。调蓄池内设置检修孔及必要的检修通道，便于日常设施维护。设备运行后通过摄像头或人工检查，保证设备正常运行。

在项目实施之前，沿河排水口每年的溢流次数达上百次。项目实施后，溢流次数每年约 5～10 次，紧急溢流次数降至每年 1～3 次；出水 COD 及 SS 浓度降低 60％～80％。

（2）深层隧道

为了解决已建城区的内涝及合流制溢流污染等突出的雨洪问题，国内外城市纷纷对原有排水系统进行改造完善。但是，受空间条件、交通影响、施工周期、拆迁、资金等诸多因素的制约，排水系统全面升级改造的难度巨大，尤其是在老城区或中心城区，许多雨洪控制措施难以推广且快速见效，在短期内全面大幅度提高排洪防涝标准并满足合流制溢流污染控制的要求也非常困难。

近年来，隧道作为一种有效的工程手段受到极大关注，部分城镇已经开展相关的讨论、调研和初步规划，如北京、沈阳、广州等城市设想通过建设隧道来重点解决内涝问题；上海、合肥、嘉兴等城市则计划建设隧道来减少 CSOs 污染。

隧道可迅速、灵活、高效地缓解城市局部洪涝及合流制溢流污染问题，由于雨洪控制隧道多建于深层地下（也称“深层隧道”，简称“深隧”），避免了城市地面或浅层地下空间各种因素的影响及与其他基础设施之间的矛盾，同时成熟且高效率的现代化地下盾构等施工技术为这种深层隧道的应用提供了有力的支撑。但由于工程大、投资高，应首先考虑其适用条件。

一般而言，在溢流口较多而密集且溢流水量大，或积水点多而密集且积水严重，或传统的地面及地下排放、贮存设施不具备空间条件或难以快速奏效等条件下，深层隧道不失为一种良好的选择方案。一些发达国家城市通过建设隧道来捕获、贮存和转移现有排水系统无法应对的大量雨水径流或合流制溢流污水，有效地缓解了城区洪涝及合流制溢流污染问题。用于控制洪涝和合流制溢流污染的隧道工程已经有许多应用案例，有的城市从 20 世纪七八十年代即开始建设，如 1975 年开建的芝加哥“深隧”和 1985 年开建的大阪深层隧道；还有一些城市正在建设或规划建设，如在建的印第安纳存储隧道和计划修建的伦敦存储隧道。

1）深层隧道的分类

将用于降雨径流引发的洪涝控制和溢流污染控制的隧道统称为深层隧道。各城镇在做出雨洪控制隧道规划建设的决策之前，首先要明确在什么条件下、针对什么目标、适合采用什么样的隧道。事实上，依据具体条件、功能和运行方式等不同，深层隧道有不同的类型。

根据功能和控制目的，可将深层隧道分为洪涝控制、污染控制和多功能三种，不同种类深层隧道的设计方法、规模、衔接关系及上下游出路等都会不同。

以洪涝控制为目的的深层隧道根据场地、降雨径流排放及运行条件，又可分为防涝隧道和排洪隧道。

防涝隧道主要收集、调蓄超过现有排水管道或泵站排水能力的降雨径流，可沿雨水径流垂直方向布置，通过截流上游山洪或河道洪水，从而降低下游区域洪涝风险，典型案例主要有日本大阪的防涝隧道。

排洪隧道主要截流、接纳上游洪水或超过河道输送能力的洪水并排放，下游出路一般为河流或其他接纳水体，这种隧道通常沿积水区域主干街道布置，集中解决积水区域的水涝，典型代表有香港港岛西排洪隧道和东京外围排洪隧道。

此外，由于城市扩展导致峰值流量增大或挤占城市河道、河道断面局限及竖向条件等因素影响，内涝的产生还常与河道排洪能力不足及下游洪水位顶托密切相关。在这种情况下隧道多平行于河道设置，或位于河道的正下方，以解决河道排水能力不足且难以扩大的问题，例如沃勒河排洪隧道，国内城市如北京、广州等都考虑将部分隧道建在河道的下面。

以污染控制为目的的深层隧道通常称为存储隧道（Storage Tunnel）或 CSOs 存储隧道（CSOs Storage Tunnel），多应用于老城区合流制区域，部分延伸到新城区，其主要作用是收集超过截流管道截流能力而产生的合流制溢流污水，少数情况下兼顾收集分流制降雨径流。美国南波士顿 CSOs 存储隧道，在隧道末端就地处理或输送至污水处理厂处理后外排。这类隧道一般都沿溢流口设置，平行于截流干管、河流或海岸线，可有效地将多个溢流口串联起来，其作用类似于一个较大的截流管道和调蓄池。由于这种隧道多位于排水系统下游，仅用来贮存和处理超过截流管道截流能力的合流制溢流污水，因而通常很难或不能解决上游汇水区域的积水问题。

还有一类多功能隧道，即通过合理的设计和调整运行方式，可以实现洪涝控制、污染控制、交通运输等多种功能。例如，在合流制排水系统中，除了要控制合流制溢流污染外，还要兼顾内涝防治。因此，不仅在隧道的位置、规模方面要综合考虑，还需将现有管道系统、溢流口、积水区域与隧道进行合理的衔接，最大限度地缓解内涝和污染。此类典型案例有美国芝加哥“深隧”和马来西亚吉隆坡“精明隧道”。

2）隧道的构造与运行

隧道的构造会因隧道类型的不同而不同，但通常包括主隧道、衔接设施、通风系统、出口设施和控制中心等。衔接设施一般包括进水口结构、竖井、垂直弯头和连接隧道；出口设施通常包括末端排水泵站、污染控制处理设施、底泥冲洗和排除等辅助设施。常见的隧道衔接设施构造如图 4-18 所示。

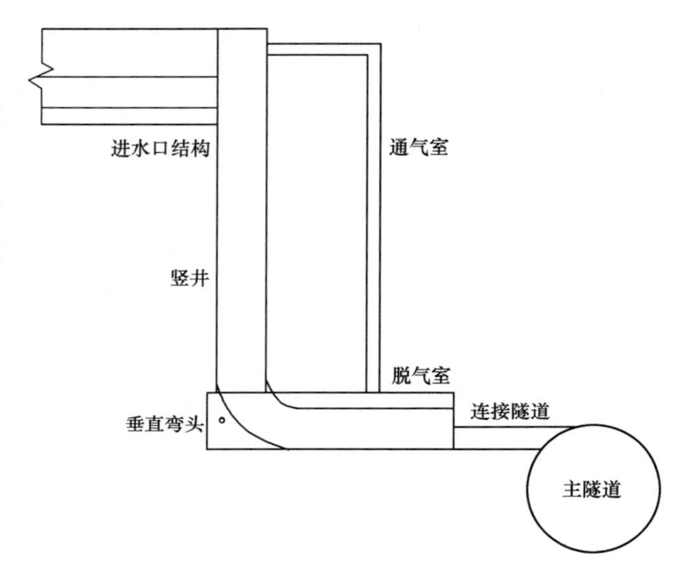

图 4-18　隧道衔接设施构造示意图

主隧道的设计是隧道设计中最重要的内容，其规模一般通过模拟分析来确定，隧道布局及与原有排水系统的合理衔接直接影响隧道的功能和投资效益。

衔接设施是连接现有管道系统、地面设施、溢流口、积水点和主隧道的配套设施。其中，竖井也能够贮存一定量的雨水，其直径大小可根据溢流量、积水量或进水量、隧道运行方式等合理设计，竖井中的贮存量经垂直弯头和连接隧道引流至主隧道。

通风系统往往与衔接设施结合，为隧道系统注入新鲜空气或排除处理产生的臭气，是隧道系统安全运行和维护的必要条件。

末端排水泵站的规模需根据其功能、运行方式、效果要求等进行设计。其中，设计流量的选择将影响整个系统工程的规模和建设费用。对于防涝或排洪隧道，需按照排水要求设计泵站规模；用于污染控制的存储隧道，应保证在合理时间内将隧道内设计存储量转移至污水处理厂，依据污水处理厂规模来设计泵站流量，以防污染物静置时间过长而大量沉淀，给系统后续运行维护带来困难。

根据场地、污水处理厂和地区经济条件，污染控制隧道可选择将雨污水就地处理或输送至远处污水处理厂处理。其中，前者需要进行专门设计；后者则需考虑贮存的雨污水水质和水量特点，以及现有污水处理厂规模与工艺的匹配和调整。

隧道沉淀物的冲洗和清除也是一个重要问题，直接影响隧道的正常运行和效益发挥。

控制中心对隧道系统所有的连接点和泵站实行 24h 监测，操作人员追踪、监测、报告所有的实时数据，及时评价系统运行状况并适时做出调控。

3）深层隧道典型应用案例

①污染控制深层隧道

悉尼北部郊区沿海排水系统服务于悉尼市西北部约 416km² 的社区。早期将生活污水直接排放至海洋，后经几次改造，将生活污水输送至北方污水处理厂进行一级处理。由于污水管道破损及雨水管路的不合理连接，大量雨水渗入污水管道造成溢流排放，导致悉尼港水环境受到严重污染。因此，悉尼市沿郊区现有排水系统修建了大型的存储隧道，主要包括主隧道、溢流口、就地处理厂、通风系统、控制中心等组成部分，如图 4-19 所示。莱茵湾至污水处理厂段是主隧道；唐柯公园至斯考特溪段是支路隧道；隧道将莱茵湾、斯考特溪、唐柯公园、贵格汇海湾、谢利海滩等主要溢流口和污水处理厂连接起来，同时对现有排水泵站和污水处理厂进行升级改造且修建新的排水泵站，提高了整个系统的运行效率。该隧道的运行模式可分为：备用、雨天运行、隧道维护和污水处理厂旁路跨越四种模式。

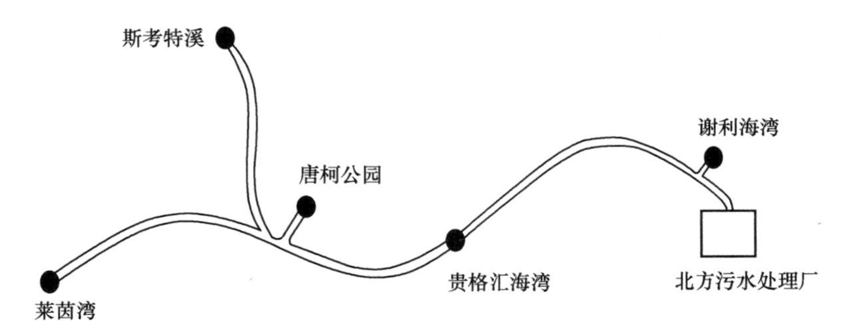

图 4-19　悉尼北部隧道系统示意图

备用模式，即通过合理设计及运行，使得溢流水首先注满隧道，绝大部分非降雨时段内隧道都处于备用模式，即保持空置状态。雨天运行模式体现为溢流之后的溢流量会继续进入隧道并替换之前存储的水量，使之前的存储量在末端的溢出位置排出或转移至污水处理厂处理后排放，泵站持续运行直至隧道恢复到空置状态。末端排水泵站规模依据隧道的规模即雨污水的设计存储量确定，针对当地 70%～80%的降雨事件，该泵站可在 2.5～6h 内将隧道抽空。根据降雨的大小和时间，一次降雨历程中，主隧道可能会多次经历“注满—溢流—空置”的过程，图 4-20 为系统示意图。隧道维护模式即对隧道地下设施定期检查、维护，对溢流口的地表设施进行日常维护，以及对隧道沉积物的及时冲洗、转移。当污水处理厂设备发生故障或定期维护时，为防止污水直接排入受纳水体，将污水分流至存储隧道，形成污水处理厂的旁路跨越模式。

除此之外，美国的亚特兰大、波士顿、波特兰、印第安纳波利斯等城市也修建或规划修建存储隧道来控制 CSOs 污染，减少降雨径流污染负荷对受纳水体的冲击。

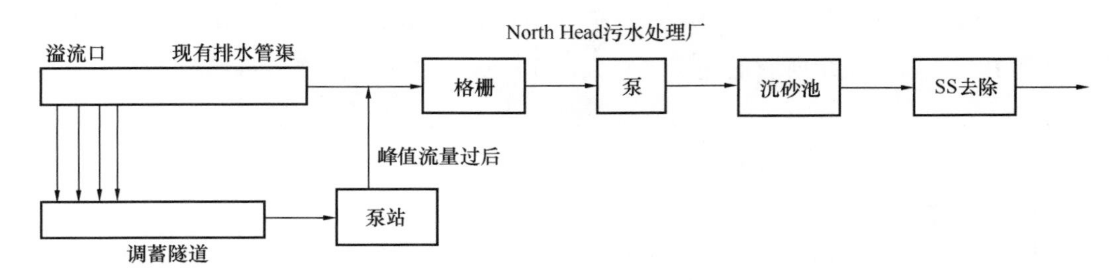

图 4-20　隧道系统雨天运行模式

②洪涝控制深层隧道

隧道作为一种大规模的洪涝控制措施，不论直接排放模式或调蓄排放模式，都能够明显提高城区排洪和防涝标准，对局部区域水涝防治见效快。

a. 我国香港港岛西雨水排放隧道

香港地形特征是山多平地少，山洪是导致城市内涝的主要原因之一。港岛北部城区地势低洼，受气候条件、城市快速发展以及排水管道老化等因素影响，极易发生内涝灾害。为了减少内涝带来的严重影响和经济损失，香港渠务署早期开展了“香港岛北雨水排放整体计划研究”，对“传统雨水系统扩大及改善工程”“蓄洪计划”“雨水截流隧道”等多个方案加以严格论证，综合考虑土地、环境、交通、地下空间、投资等因素后采用了隧道截流的方案，即在半山修建港岛西雨水排放隧道。

该工程在港岛半山修建多个进水口、竖井和连接隧道，将半山汇水区的雨水截流，经主隧道排入数码港附近的海域，极大地缓解了下游城区的内涝风险，相对其他隧道埋深较大、需要提升排放的特点，港岛西雨水排放隧道可利用自身竖向条件重力排水，节省能耗。这类拓宽或开辟新的上游汇水区排水通道、提高排水标准的隧道类似于新建较粗的雨水干管，是一种典型的直接排放式隧道。除此之外，香港还在西九龙、荃湾地区分别修建了荔枝角雨水排放隧道、荃湾雨水排放隧道用来截流山洪。

b. 美国沃勒河排洪隧道

美国沃勒河流域包含两个子流域：一个是奥斯汀市城区第十二街道上游地势较高区域，面积约为 13.1km^2；另一个是第十二街道下游地势较低区域，面积约为 1.6km^2，两个子流域都位于奥斯汀市中心。过去几十年内，沃勒河流域曾多次发生严重的洪涝灾害。

沃勒河排洪隧道位于奥斯汀市中心的下游商业区，沿着沃勒河修建，贯穿第一至第十二街道，由入口设施、侧堰设施、隧道主体和出口设施四部分组成。入口设施设置在上游子流域末端滑铁卢公园内，从沃勒河上游河段接纳并转移总量 85%的洪水，经粗滤后输送至出口设施。两组侧堰设施分别位于第四和第八街道，吸纳下游河段水位超高的洪水，约占总量的 15%，出口设施与湖泊直接相连而没有设置水处理设施。建成后，沃勒河排洪隧道能够将流域百年一遇的洪水转移至鸟湖（Lady Bird Lake）。

该隧道主要是为了控制雨季洪水，直接目的是削减河道洪峰流量，间接目的是防治城区内涝。水质控制仅限于截留、滤除和沉淀一些颗粒污染物。隧道系统的运行方式如图

4-21 所示。降雨时，雨水通过隧道缓漫排入湖泊，较大的颗粒物被截留在入口处，小颗粒物在隧道内被滤除或沉淀，通过日常的维护加以清除；晴天时，湖水经隧道被反向抽至沃勒河中，以维持河流的生态稳定，缓解部分河段缺水问题。

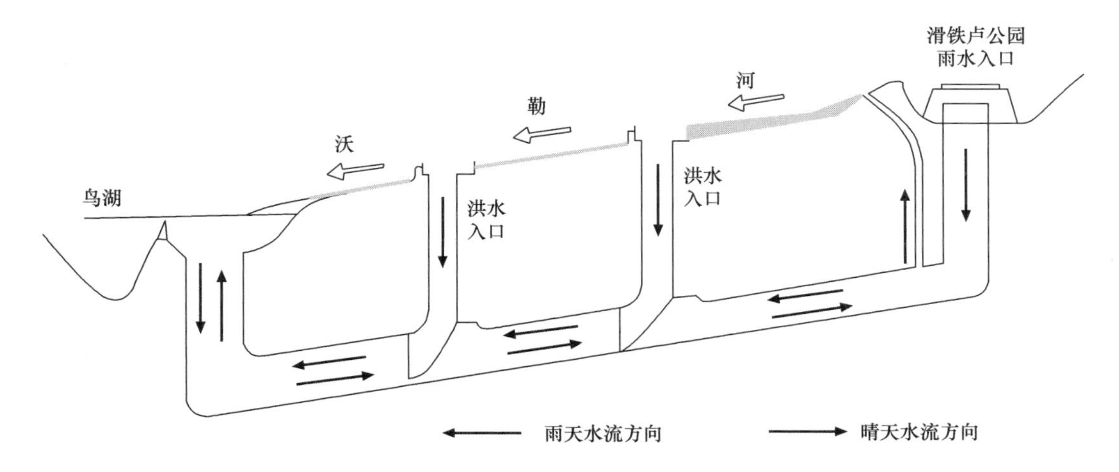

图 4-21　奥斯汀沃勒河排洪隧道断面示意图

③多功能隧道

这类隧道是针对城市洪涝、降雨径流污染、交通拥堵等多重问题，通过合理地设计和运行调度，实现多目标控制，从而节约投资、节省占地，实现隧道综合效益的最大化。

a. 吉隆坡“精明隧道”

吉隆坡市中心的巴生河经常发生洪涝灾害，导致周边城区受淹，交通拥堵。自修建“精明隧道”后，当地洪涝和交通问题得到有效缓解，如 2009 年 3 月的一场强降雨导致吉隆坡太子世界贸易中心及周边城区发生了严重的内涝事件，然而，“精明隧道”从汇水区转移了 70 万 m^3 的洪水，使其服务区域免遭洪涝灾害。

“精明隧道”由最底层的永久排水层和双层高速公路隧道三层结构构成，其中最底层隧道长 9.7km。“精明隧道”将上游洪水转移至旁路隧道临时贮存后排入郊外下游水库，减缓了河水倒灌及关键路段积水严重的现象。“精明隧道”中的高速公路隧道总长为 4.0km，连接了南部关口（South Gateway）和市中心，极大地缩短了两地的通行时间，缓解了高峰时刻交通拥堵的现象。隧道每隔 1.0km 设置通风系统或逃生井，保证高速公路通风良好及突发暴雨时人员的安全。

“精明隧道”共有三种运行模式，如图 4-22 所示。晴天或降雨较小时，运行第一种模式，双层高速公路隧道正常通车；正常降雨情况下，运行第二种模式，关闭下层的高速公路隧道用作排水通道，顶层的高速公路隧道仍处于通行状态；遭遇特大暴雨时，运行第三种模式，高速公路隧道全部关闭，通过自动控制闸门，让暴雨通过，洪水过后再重新开放高速公路。

b. 芝加哥“深隧”和大型调蓄池

芝加哥及周边城区长期遭受排水问题的困扰，合流制溢流造成密歇根湖水体污染，城

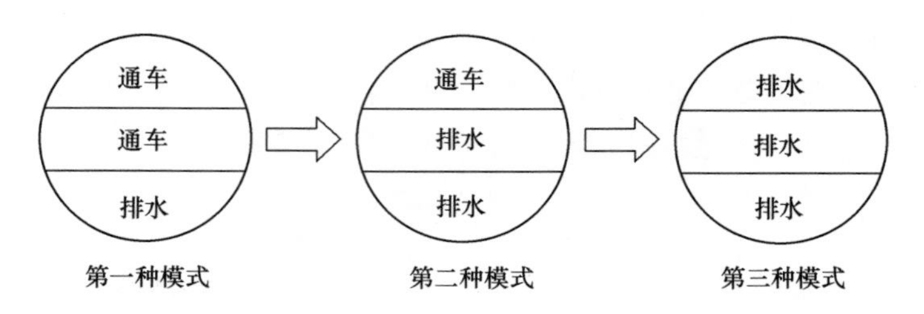

图 4-22　吉隆坡“精明隧道”运行模式示意图

区内涝灾害严重。为此，芝加哥市在城市河道下方及地表分别修建了深层隧道和大型调蓄池。因投资预算巨大，项目分为一期和二期两个阶段施工。其中，一期项目主要完成 4 条主隧道以及配套设施的施工，通过合理设计竖井的尺寸，使隧道一旦注满，额外流量将绕过隧道超越排放，以此捕获合流制溢流雨污水，输送至污水处理厂进行处理。截至项目完工，隧道系统已存储处理了约 870 万 m^3 的溢流雨污水。因隧道容积有限，为了提供更大的调蓄空间，开展二期项目，即修建大型调蓄池、支路隧道及配套设施，主要目的是减少城区内涝灾害，同时兼顾 CSOs 污染控制。“深隧”将拦截的雨污水转移至地表大型调蓄池，河道洪水减退后再将雨污水输送至污水处理厂。目前，投入运行的部分设施已有效地控制了城区内涝风险和 CSOs 污染。

4.5　降雨径流污染过程控制策略与思路

4.5.1　合流制溢流污染及净化策略

1. 定义及危害

合流制排水系统（Combined Sewer System，CSS）在降雨或融雪期条件下，由于大量雨水流入，流量超过城镇排水系统或污水处理厂设计能力时以溢流方式直接排放，称作合流制溢流（Combined Sewer Overflows，CSOs）。CSOs 包含城镇生活污水、部分工业废水、降雨径流和旱天管道沉积物等多种来源的污染，具有污染物含量高和种类复杂的特点，主要污染物包括悬浮物、有机物、营养盐、致病微生物、重金属、新污染物等。

受降雨过程雨量变化幅度的影响，CSOs 流量变化很大。气候、降雨量、汇水区域下垫面特征（土地利用类型、绿化覆盖率、街道面积和铺设方式）等要素都会显著影响 CSOs 中污染物浓度变化。

在暴雨天气时，由于地表径流在短时间内累积，经下垫面汇流入管道，CSOs 过程初期形成了水量的高峰值；由于暴雨初期对下垫面和管道中累积污染物的冲刷，形成了污染物浓度高峰。随着降雨径流量的增加，CSOs 量被稀释，污染物浓度下降至平均水平。因受纳水体的水文学和水力学条件的差异，CSOs 造成的污染程度也会有所不同。当受纳水体流速较快时，其稀释能力和水体自净能力较强，减轻了 CSOs 污染的影响；然而，在受纳水体流速较低、流量较小的区域，CSOs 造成的污染程度相对比较严重。城镇 CSOs 不经处理直接外排，将会带来洪涝灾害和受纳水体污染。

（1）洪涝灾害

在雨季，降雨强度、城镇雨污水收集与处理系统规模决定了溢流量大小。当降雨强度较大、溢流量较高时，溢流直接进入受纳水体，造成受纳水体水面抬升，甚至发生水体倒灌的现象，进而引起城镇低洼地区雨污水收集系统满负荷运行，形成严重积水，造成雨水排泄不畅，引发城镇内涝。

（2）受纳水体污染

CSOs 中大量悬浮物的排放使受纳水体的视觉效果显著下降，影响城镇景观水体的感官水平。CSOs 中大量氮、磷营养元素的排放，诱发城镇缓流水体富营养化，藻类异常增殖，溶解氧含量下降，水呈褐绿色，破坏水体景观，影响水生生物生长状况。CSOs 中含有大量细菌和病毒，直接排放会降低受纳景观水体生物安全性，威胁水生态状况和周边居民身体健康。

2. 国外 CSOs 污染控制研究进展

国外发达国家很早便开展了 CSOs 污染控制的研究与实践。针对 CSOs 污染问题，美国制定了 CSOs 控制策略，为各利益相关方统筹协作制定和实施 CSOs 控制方案提供了操作指南；德国通过雨水调蓄池等工程措施来处理 CSOs；英国伦敦建设了一个深层排水隧道来贮存 CSOs 污水；日本发布了《合流制下水道溢流对策与暂定指南》，没有强制要求合流制改为分流制，而是提出对合流制排水系统进行 CSOs 控制。

美国于 1989 年发布的 CSOs 控制策略包括：①确保旱天不发生溢流；②使所有雨天 CSOs 排放口满足美国土木工程管理（CWA）基于技术和水质的排放限值要求；③最小化对水体水质、水生生物和人类健康的影响。美国环保署还于 1991 年开始编制 CSOs 控制政策来详细说明控制策略从而加快满足 CWA 的相关要求，并于 1994 年正式发布。该控制政策详细介绍了 CSOs 排放许可持证人与许可撰写人、美国国家污染物排放削减（NPDES）许可管理部门、州水质标准部门的责任，为各利益相关方统筹协作制定和实施 CSOs 控制方案提供了操作指南。2000 年，CWA 对该文件进行了必要的修订，指出排放许可持证人需制定和实施 CSOs 九项基本控制措施（NMC）和 CSOs 长期控制规划（LTCP），纳入不同阶段的 NPDES 许可上报环保署或其授权的州一级 NPDES 许可管理部门审批；同时，还要对各许可周期内 CSOs 控制措施的实施、效果监测及达标情况进行报审。环保署或其授权的州一级 NPDES 许可管理部门负责配合排放许可撰写人、持证人进行许可的编制和报批，并对 NMC 和 LTCP 的实施与达标情况进行监管；州水质标准部门负责审议和修订受 CSOs 影响的水体水质标准（WQS）。

德国在 20 世纪 80 年代后期，逐步将城镇雨水污染控制列为水污染控制的三大目标之一，对源头污染控制和 CSOs 污染控制的结合问题十分重视。德国在修建大量雨水池和调蓄池截流处理 CSOs 的同时，也采取分散式源头生态措施来减少降雨径流和净化雨水，主要包括渗塘、地下渗渠、透水铺装以及各种“干”“湿”池塘或小型水库等，利用这些生态措施将雨水贮存、滞留、净化或下渗，延长雨水排放时间，来达到削峰、减流、净化降雨径流、补充地下水的目的。

英国也是较早开始控制 CSOs 的国家之一。英国伦敦沿用至今的排水系统主干管网仍然是 1860 年左右建设的合流制排水系统。由于人口从原有的 200 万人增加至当前的 800 万人，城镇发展建设带来的地面过度硬化导致合流制排水系统面临 CSOs 频度高、污染负荷严重的问题。为解决这一问题，伦敦市于 2007 年启动了 CSOs 治理计划，提出城区保留合流制、建设深层排水隧道贮存溢流污水的溢流污染控制技术方案，而区域雨污分流方案存在造价高（超过 140 亿英镑）、施工时间长（25 年以上）等问题而被否定。该解决方案预计 2023 年完工，工程总投资约 42 亿英镑。预计工程竣工后，伦敦市每年合流制溢流污染的次数将由现在的每年 50 次左右减少到每年 4～6 次，平均年溢流污水量将由现在的 3950m^3 削减到 235m^3，泰晤士河的污染将大大减轻。

日本合流制下水道覆盖的城市有 192 个（占全日本城市 8.7%），覆盖面积 2270km^2（占全日本城市 20%），服务人口约 30%。日本早在 1982 年就发布了《合流制下水道溢流对策与暂定指南》，没有强制要求合流制改为分流制，而是提出对合流制排水系统进行溢流控制，控制标准等同于分流制的污染水平。东京都地区合流制排水系统占比达到 82%，采用了源头雨水削减、调蓄管渠池建设、快速过滤处理和溢流口改造等多种措施控制 CSOs，效果显著。此外，东京都地区合流制排水系统污水处理厂进行了强化雨季一级处理改造，以应对雨天合流制排水系统流量变化大的特点。具体来说，就是污水处理厂的一级处理工段采用了快速过滤技术，雨天的处理能力可以达到旱天的 3～4 倍。其中，旱天同等设计流量污水进入生化池进行生化处理，而多余污水则是经过一级强化处理后排放，二者执行不同的排放标准。

3. 我国 CSOs 污染控制研究进展

我国对 CSOs 控制的研究起步较晚，发展历经“合流制排水系统建设”“城镇排水系统合改分”“海绵城市建设”“黑臭水体治理”到“城镇污水处理提质增效”等阶段。CSOs 问题受到越来越多的重视，在各个阶段都扮演了至关重要的角色。

随着我国城镇化建设的快速发展、居民生态环境保护意识的逐步提高以及我国环保规划的要求，许多城镇为了改善水环境质量，投入大量资金对原有合流制排水系统进行了 CSOs 控制，减少进入受纳水体的污染负荷。

北京市在原有合流制排水系统下游修建了溢流井和截流管道，将原来直接排入河道的溢流污水截流至污水处理厂进行处理；北京市也开展了部分城区的合流制管道的雨污分流。然而，这些措施仅仅解决了合流制排水系统旱流污水的直接排放问题，雨天合流制溢流对受纳水体的污染依旧严重。2011 年北京市制定了中心城区合流制排水系统改造规划，通过改造原有老化破损管线、提高截流管道能力、建设合流制调蓄池、增加污水处理厂雨天处理能力等措施提高了合流制排水系统收集、输送、处理雨天合流污水的能力，减少了排入受纳水体的 CSOs 污染。

上海市从 1988 年开始投入大量资金，先后实施了合流污水治理一期，苏州河水环境综合整治一、二、三期，苏州河合流制调蓄池等一系列工程项目，对直接排入苏州河的溢流污水进行截流、调蓄和处理后排放，减少排入苏州河的CSOs污染。近年来，上海市规划在合流制排水系统城区建设调蓄池以及大型地下调蓄隧道，提高调蓄存储量，进一步削减雨天溢流进入受纳水体的污染负荷。

昆明市在原有截流式合流制区域实施了截污工程，实现了部分区域雨污分流改造；开展了汇水分区合流制调蓄池建设；在城镇污水处理厂开展了应对雨季一级强化处理改造，提高雨天对合流污水的处理能力，减少CSOs污染。

南京、苏州、沈阳和无锡等城市则主要采取了对原有合流制排水系统进行雨污分流改造的措施来控制CSOs污染。重庆市和东莞市近几年实施了对合流制排水系统旱流污水进行截流和处理的工程项目。

整体而言，我国对于雨天CSOs污染的控制做了大量工作，但仍需进一步加强

4. CSOs污染控制思路

通过源头绿色措施实现降雨径流的削峰、错峰和污染负荷减量；进行雨水口改造、管网截流、溢流口改造、建设雨污调蓄设施，实现过程污染控制；结合排水口末端就地处理或污水处理厂设施改造等多种措施，是当前我国控制CSOs污染的思路。

在城镇建筑与小区、道路、广场和绿地等地方采用透水铺装、绿色屋顶、生态植草沟、下凹式绿地和雨水花园等绿色低影响开发技术，对径流雨水进行渗透、滞蓄、补充地下水，减少进入合流制管网的雨水量，从而减少溢流发生。

通过对传统雨水口进行改造，包括截污、分流或弃流，能够净化雨水污染，实现分质分流，减少合流制溢流污染的负荷。

雨季时，降雨径流进入合流制管网，排水量大，流速快，将旱天沉积在管网中的污染物冲刷下来，使雨污水中污染物的浓度远高于地表径流污染水平。因此，定期对管道进行清淤维护，也是控制CSOs污染的有效手段之一。

建设调蓄设施，对雨天超出污水处理厂处理能力的合流制污水进行贮存；在旱天，当污水处理厂处理能力恢复正常后，再将调蓄设施贮存的污水送入污水处理厂处理，以此来减少溢流污染负荷，大大减轻河道污染。当雨量过大，调蓄池容量有限而难以避免溢流发生时，可以在调蓄池或截流井之后安装旋流分离器和快速过滤装置，对溢流雨污水进行就地快速处理，从而达到净化溢流污水的目的。

在雨季，雨污调蓄系统中的调蓄池和排水管网具有一定的贮存能力，污水处理厂的雨季应对设施和二级处理段具有一定的额外处理能力，充分利用两个系统的贮存能力与处理能力进行动态调控，可有效削减整个排水系统雨季的溢流污染负荷排放。

4.5.2　分流制初期雨水污染及净化策略

1. 定义及危害

初期雨水目前尚无统一、确切的定义，国内外不同规范和不少学者都提出了相应的量化界定方法。通常，初期雨水是指一场降雨过程初期的雨水，与初期冲刷效应有关，可以采用降雨量量化界定，认为初始某一降雨量范围内的雨水为初期雨水；也可以采用降雨历

时界定初期雨水，认为一场降雨过程中某一时间点前的雨水为初期雨水。不同强度的降雨在相同时间内的径流量和冲刷特性差异较大，其携带的污染物种类和浓度还受到下垫面特性、土壤本底条件、排水设施完善程度的显著影响。

由于降雨初期雨水溶解了空气中的大量酸性气体、汽车尾气、工厂废气等污染性气体，降落到下垫面后，加上雨水对下垫面（屋面、道路等）和排水管道的冲刷效应，使得初期雨水中含有大量的污染物质，导致初期雨水的污染程度较高，甚至超出普通城镇生活污水的污染程度。初期雨水经分流制雨水管道收集，如果未经处理直接排入受纳水体，将会对水体造成非常严重的污染。

不同地区的初期雨水水质也存在较大差异。除了受地区降雨水质、下垫面状况等影响外，部分地区排水管网建设不完善，雨污分流不彻底，存在管网错接、混接、管道沉积和地下水入渗等问题，也会导致初期雨水水质进一步变差。此外，地区人口密度、经济发展程度和产业结构也会间接影响初期雨水水质。初期雨水中主要包含有机物、含氮化合物、重金属和部分病原体，威胁受纳水体水质和水生态安全。

初期雨水水质和水量均具有不稳定性，这主要与降雨的不确定性密切相关，其产生量波动范围较大。近年来，我国城镇化进程迅速，城镇下垫面变化显著，导致初期雨水水质变化较大。

2. 国内外初期雨水污染控制研究进展

世界各国也结合各自特点提出了一系列城镇初期雨水管理的新理念和方法体系。美国早在 20 世纪 70 年代就开始研究初期雨水污染问题，提出最佳管理措施的概念。近期美国又发展到以分散小规模措施对雨水径流进行源头控制的低影响开发技术。针对初期雨水径流污染问题，美国主要通过控制水量的方式来实现初期雨水的水质控制，即以水质为主要指标构建完整的雨洪管理指标体系和水质控制体积标准。同时，大部分雨洪管理指导性文件如《哥伦比亚特区雨水管理手册》（2020 年 1 月修订版）以该体系为指导，在雨水源头管控方面，对雨水滞留体积和雨水处理体积的计算方法、雨水收集过程中对初期雨水的定义和处理方法、弃流之后雨水的处理措施等都进行了详细规定。

澳大利亚提出了水敏性城市设计、英国提出了可持续城市排水系统等。其中，澳大利亚雨水收集与回用指南中，要求初期雨水水质和水量并重，例如降雨径流中污染负荷指标侧重于水质控制，径流量分析频率等侧重于水量控制。然而，其在初期雨水界定及水质污染特征方面缺乏具体规定。

我国对初期雨水的收集和处理还处于初级阶段。《室外排水设计标准》GB 50014—2021 在排水体制、排水管渠、雨水综合利用、雨水口、雨水调蓄池、雨水渗透设施等方面均涉及了初期雨水管控的相关规定。在初期雨水界定方面，该标准规定用于分流制排水系统径流污染控制时，雨水调蓄池的调蓄量按降雨量计，可取 4～8mm。另外，根据调蓄目的、排水体制等不同因素，分别提出用于合流制排水系统降雨径流污染控制、分流制排水系统降雨径流污染控制、削减排水管道洪峰流量三种情形下的雨水调蓄池的有效容积计算方法。前两种针对水质控制，第三种主要针对水量控制，但在削减流量的同时也考虑削减污染物总量。现有的调蓄相关规范《城镇雨水调蓄工程技术规范》GB 51174—2017 和《城镇径流污染控制调蓄池技术规程》CECS 416—2015，均对雨水调蓄池提出了相应的容积计算公式，且分流制排水系统均按降雨量 4～8mm 作为调蓄量，与《室外排水设计标准》GB 50014—2021 的规定一致。

我国提出的“海绵城市”理念已经应用到雨洪管理和降雨径流污染控制中，将城市形象地比喻成海绵，具有吸纳、保持和释放雨水的功能，通过将自然途径与人工措施结合，最大限度地实现雨水在城市区域的积存、渗透、缓释和净化，从而促进雨水资源化利用和生态环境保护。海绵城市通过加强城市规划、建设和管理，充分发挥建筑、道路、绿地、水系等生态系统对雨水的积存、渗透、缓释和净化作用，有效控制降雨径流，实现自然积存、自然渗透、自然净化的城市发展模式。《海绵城市建设技术指南——低影响开发雨水系统构建（试行）》在初期雨水管控方面，要求通过一定方法或装置将存在初期冲刷效应、污染物浓度较高的降雨初期径流予以弃除，以降低雨水的后续处理难度，并列举了常见的初期雨水弃流方法和弃流形式。

此外，国内多个地方标准也涉及初期雨水管控。北京市地方标准《海绵城市建设设计标准》DB11/T 1743 从降雨径流污染削减、雨水调蓄排放、水质保持等方面对初期雨水弃流设施提出了具体要求，并对各项海绵技术的适用性作了归纳总结。深圳市地方标准《海绵城市设计图集》DB4403/T 24 提出将渗透技术、贮存技术、调节技术、转输技术、截污净化技术分别用于实现渗、滞、蓄、净、用、排的主要功能。在截污净化方面，该标准对初期雨水径流弃流量、截流的初期雨水径流排放去向、弃流装置及其设置要求、植草沟设计、初期雨水弃流池设计、渗透弃流井设计、绿色屋顶设计等均作了较为详细的规定。云南省在《高原湖泊城市河道初期雨水拦截技术规范》DB53/T 950 中对初期雨水径流污染控制量给出了明确的计算方法，列举了初期雨水截流技术，并规定了不同城市功能区的初期雨水径流污染浓度范围。

从管控的侧重点和实施方式来看，目前国内外初期雨水管控规范或标准均涉及初期雨水的水质控制。国内多通过规定水质指标或控制水量来实现水质控制，目前仍主要通过工程性措施来实现管控目的，针对性不强，尤其是对初期雨水管控的聚焦不够。国外（以美国和澳大利亚为例）首先从宏观的水文方面出发，通过同步控制水质和水量来达到初期雨水控制目的。因此，国内规范或标准应增加宏观水文控制方面和非工程性措施方面的相关规定内容。由于我国不同地区差异较大，此项规定需结合实际情况，可考虑划分不同类型区域分别进行规定，并鼓励各地因地制宜出台地方标准。

从管控的目标和体系来看，降雨径流管控的目标主要包括雨水利用、生态环境保护和防洪防涝三个方面。美国雨水管理体系综合了以上三个方面，系统性较强，国内尚未建立或出台能够较好兼顾三个方面的雨水管理体系、技术规范或标准。在目前国内已颁布实施的降雨径流管控方面的规范和标准中，侧重点各有不同，其中初期雨水径流管控的具体规定也有一定差异，导致实际实施系统性不强、落地困难，这与我国以上三个方面的行业监管职责分别由城建、生态环境和水利“多头管理”有关。

3. 初期雨水污染控制思路

目前国外对初期雨水污染问题十分重视，将初期雨水进行收集、处理和资源化利用，不但可以降低城镇供水压力和排水管网运行负荷，同时可以有效地改善水生态环境，对于城镇的可持续发展具有重要意义。经过多年的摸索，美国和欧洲已经制定了一套雨水收集、处理和管理的完整方法。

我国关于初期雨水的处理尚在摸索和尝试阶段。归纳国内外的经验，治理初期雨水应从以下四个方面着手：

（1）初期雨水源头减量处理

通过减小雨水汇流区域地面径流系数，促进雨水向地下渗透，减少暴雨地面径流量；通过分散式源头初期雨水处理设施，使得雨水在进入管道系统之前得到处理。

（2）初期雨水贮存调蓄处理

通过建设雨水调蓄池对初期雨水进行收集，待雨季过后进入污水处理厂处理，减少初期雨水直排入河带来的污染。

（3）初期雨水管网管理

定期进行雨水管道疏通和破损修复，确保管网持续有效运行，避免堵塞冒溢、雨污混流等问题的发生。

（4）初期雨水末端处理

建设初期雨水就地处理设施，强化污染物去除，减少入河污染负荷；对分流制排水体制的城镇污水处理厂进行升级改造，强化雨季初期雨水处理；进行雨污水管网与污水处理厂联动运行，有效处理初期雨水；开展城镇水体人工湿地、滨河/湖缓冲带以及近自然湿地对初期雨水的净化处理

4.5.3 关键技术与应用案例

在合流制溢流口和分流制雨水排放口设置净化处理设施，净化合流制溢流和初期雨水中的污染物，削减入河污染负荷，是在降雨径流收集过程中净化的重要环节。控制溢流污染和净化初期雨水常见的关键技术主要包括：截流式合流制排水系统溢流污染控制集成技术、分流制排水系统雨水管网混接识别与改造技术、合流制管网系统的源-流-汇综合降污技术、截污干渠水质水量双错峰调蓄控制技术、分流制排水系统雨污混接诊断与改造技术、排水泵站集水池高效截污系统改造技术、絮凝强化旋流分离技术。

1. 截流式合流制排水系统溢流污染控制集成技术

（1）基本原理

通过水力模型优化合流制排水系统雨天运行模式和调蓄池设置来减少雨天溢流污水量，采用耦合管底冲淤的改进型 SWMM 模型合理确定截流式合流制排水系统截流倍数以实现污染物去除率和排水系统投资环境效益最大化，结合就地处理溢流雨污水以削减雨天溢流污染负荷。

（2）工艺流程

该集成技术包括：基于水力模型优化调控的线内调蓄技术；基于水力模型的调蓄池设计方法；基于改进型 SWMM 和单位投资环境效益的截流倍数优选方法；溢流污水就地处理技术。该集成技术工艺流程如图 4-23 所示。

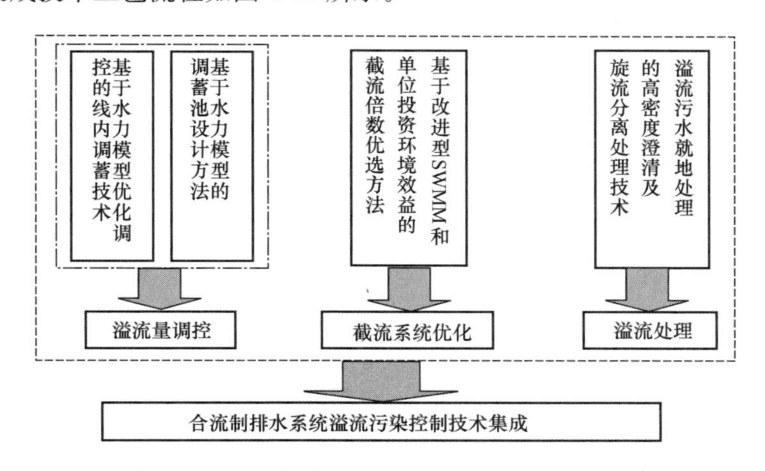

图 4-23　截流式合流制排水系统溢流污染控制集成技术工艺流程图

1）基于水力模型优化调控的线内调蓄技术

采用当量连接管概化合肥杏花排水系统与南淝河的雨天重力出流水力关系；建立改造前杏花排水系统的水力模型，模拟不同降雨特征及改造方式对杏花排水系统新增管道容积调蓄效果的影响；制定可充分发挥杏花排水系统新增管道容积调蓄效果的系统建设方案，以及改造后排水系统优化运行方案。根据工程半年的实际运行数据和当地降雨特性与排水系统能力的概率开展情景分析，结果表明经过优化改造与调控的新系统较老杏花排水系统可削减溢流水量 30%。

2）基于水力模型的调蓄池设计方法

运用排水管网水力模型，研究了调蓄池的设计参数与运行方式，根据代表性降雨年份的实际降雨过程进行长期连续模拟，分析了现有截流倍数下不同设计运行参数的调蓄池的运行效率，评价了调蓄池容积对年溢流削减率、年溢流次数、年蓄满次数的影响，并分析了调蓄池容积的利用效率，建立了根据当地排水管网现状、受纳水体环境容量、降雨特性进行调蓄池设计的可靠方法。

3）基于改进型 SWMM 和单位投资环境效益的截流倍数优选方法

建立了耦合管底冲淤的改进型 SWMM 模型，可大幅度提高合流制排水系统雨天出流降雨后期的水质模拟精度，其对 COD 总量的预测相对误差绝对值由 22.70% 降至 15.15%。部分模拟解结果如图 4-24 所示。

建立了基于改进型 SWMM 和单位投资环境效益的合流制排水系统截流倍数优选方法。利用改进型 SWMM 模型，预测合流制排水系统雨天水质水量、不同截流倍数时特定污染物全年的截污效率及污染物去除率。根据不同截流倍数时截流干管和污水处理设施的工程投资，得到巢湖市老城区单位投资下达到最大污染物去除率的截流倍数为 4.0。

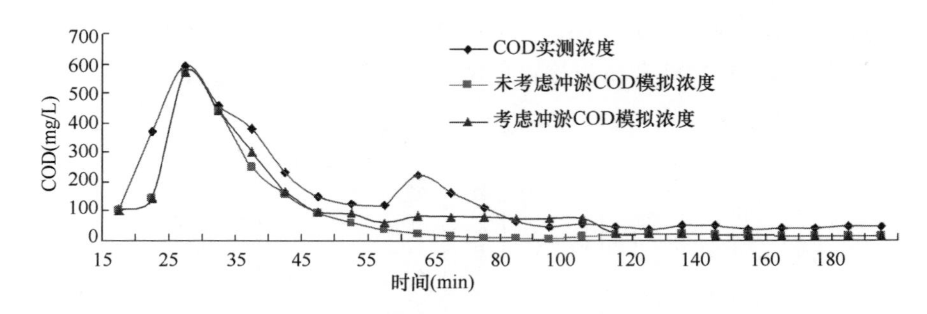

图 4-24　耦合管底冲淤的改进型 SWMM 模型 COD 模拟结果

4）溢流污水就地处理技术

该技术应用了旋流分离及高密度澄清就地处理设备，建设了处理规模为 500m³/h 的溢流雨污水就地处理工程。其中，高密度澄清设备对 SS 和 COD 的平均去除率分别为 80%和 60%；旋流分离设施对 SS 和 COD 的平均去除率分别为 20%和 13%。

（3）应用实例

在合肥杏花排水系统建设了合流制雨污调蓄工程，在保证排涝安全的前提下，利用排水系统改造、扩增管网调蓄容积、泵站优化控制等措施，实现了年削减雨天溢流水量 30%、削减溢流污染负荷大于 30%的目标。

在合肥市南淝河上游建设了规模为 500m³/h 的溢流污水快速净化工程，处理超过截流能力的雨污水，示范工程达到了削减雨天污染负荷 30%的目标。

2. 分流制排水系统雨水管网混接识别与改造技术

（1）基本原理

通过雨水管网混接成因解析，确定雨水管网混接来源及混接水量；在此基础上，确定雨水管网混接改造的基本方案；对拟实施分流改造的区域，有针对性地开展混接现场调查，确定混接点的位置及混接水量；采用混接改造综合决策支持平台，对分流改造的可行性进行论证，优化混接改造工程技术方案。

（2）工艺流程

该技术主要包括：雨水管网混接污染成因解析技术、雨水管网混接源现场调查技术和雨水管网混接改造优化技术。

1）雨水管网混接污染成因解析技术

综合采用雨污水管网水量平衡分析和水质特征因子监测方法，确定雨水管网混接来源及混接水量比例。首先对研究区域污水产生量、污水收集量和旱天雨水管网不同运行工况下的排放水量进行平衡分析，确定混接水量来源（污水、地下水、河水等）；其次监测不同混接类型的水质特征因子指标，通过入流和出流的污染物质量平衡分析，明确雨水管网混接成因及混接水量（不同类型的生活污水和不同行业工业废水等）。通过雨水管网混接污染成因解析，初步确定混接改造的基本方案（分流改造为主或者末端截流为主）。

2）雨水管网混接源现场调查技术

调查区域单元的管网水量和水质特征因子；通过雨水管网多功能检测装置，开展现场调查，确定主要混接源的位置及混接水量；对河水倒灌和管网渗漏严重的系统，调查河水倒灌点和管道破损点。

3）雨水管网混接改造优化技术

采用雨水管网混接改造决策支持系统，对雨水管网混接改造方案进行优化。雨水管网混接改造决策支持系统集成了管网水力模型、管网 GIS 系统和管网运行实时监控系统。其中，管网 GIS 系统能够直观显示雨污水混接点源位置、混接水量、混接管埋深、雨污水管线走向等信息，管网运行实时监控系统对雨污水管网运行水位进行实时动态监测，管网水力模型结合管网 GIS 系统和管网运行实时监控系统对污水管网在混接改造前后的水力效能进行评估，确定分流改造的可行性和必要的局部改造污水管段。

（3）应用实例

该技术成果在上海市漕河泾排水系统雨水管网混接改造工程中得到了应用。上海市漕河泾排水系统服务面积 3.74km^2，1986 年建设，设计为分流制排水系统，但存在雨水管网混接问题。针对这一问题，采用雨水管网混接污染成因解析技术和雨水管网混接源现场调查技术，确定了该区域的混接类型（包括生活污水、工业废水、地下水和河水）及混接水量，识别出 200 多个混接点的位置和水量、40 多个河水倒灌点的位置以及破裂受损的雨水管段。结合雨水管网混接改造决策支持系统对混接改造可行性进行论证，对 3 个大流量的生活和工业混接点源（约占工业和生活污水混接总量的 35%）实施了就地雨污分流改造；对 200 多个量小面广的分散源实施了末端市政泵站旱流污水截流（截流能力 21600m^3/d）；对与雨水管网连通的 40 多个河水倒灌点实施了封堵或者修复。技术应用和工程实施后，基本消除了工程服务区域雨水管网旱流放江，直接改善了周边的中心城区骨干河道水质。

3. 合流制管网系统的源-流-汇综合降污技术

（1）基本原理

该技术为多种单项技术构成的集成技术，主要针对城镇合流雨污水污染削减，结合合流污水的产流过程，系统地从源头、输运过程至溢流汇流水体开展针对性的技术应用；通过技术集成，解决雨污水在合流制管网系统源-流-汇净化链中的负荷匹配与功能耦合、系统中污染物输运规律及对管网系统运行参数的响应过程等问题，提高合流制管网的截污效率。通过系统集成与总结，从规划、管理和工程三个方面提出了城镇合流制排水系统溢流污染的系统解决方案。

（2）工艺流程

该技术包括源头削减、过程控制和末端治理三个组成部分。

1）源头削减

溢流污染产生的源头主要包括：①住宅区排放的生活污水；②工业区生活污水以及达标排入城镇下水道的工业废水；③固体废弃物及生活垃圾随意堆放，在降雨时产生的径流污染；④道路、庭院陆地等在降雨时产生的地表径流。通过对不同溢流污染物来源输入量的削减，实现溢流污染物的产生量最小化，主要体现在：生活污水的有效调控，包括减少生活用水量或者循环用水；减少固体废弃物和生活垃圾的露天堆放或对其进行无害化处置；减少硬化地面或加强软化地面；加强降雨径流拦蓄等。

2）过程控制

在“源头减污”的基础上，对于源头上无法减量的污染物（如无法减少生活污水量或工业废水量）或场所，利用调蓄和分质截流等技术，阻碍污染物的运移或延长污染物的迁移路径，从而实现污染物迁移与扩散量的最小化。采用分质截流技术，对不同污染程度的区域设置不同的截流倍数，实现污染物的最大化截流。对于一些难以有效物理拦截的溢流污染物，有必要对其进行就地处理与净化。在溢流污染物中，COD、氮、磷的含量通常相对较高，且具有易溶于水、易迁移、形态较多等特点，需要建设额外的控制工程进行深度处理与净化，这类工程一般包括以下三大类：管道内淤泥减量化、调蓄处理一体化净化系统和物化组合快速就地处理措施等。通过这些工艺的物理、化学和生物的联合作用，实现合流制管网系统中氮、磷等难以减量的溢流污染物最大化从系统内去除。

3）末端治理

包括两部分内容，其一为管网系统末端的污染物深度净化系统，主要内容包括构建溢流口生物、生态、物化净化措施，进一步控制排入受纳水体的污染物质；其二是在对溢流污染物最大化去除之后，需要对整个受纳水体系统进行重新审视与修复，实现合流制管网区域内的受纳水体系统的健康良性发展。主要内容包括重建受纳水体系统的水生生态，使之成为新的生态系统中的主要初级生产者、重要生物的生境建造者、营养吸收转化的驱动者和悬浮物质沉降的促进者；重建生态系统基本的生产者—消费者—分解者结构，使之形成具有循环功能的食物网关系；在形成生态系统基本结构的基础上，以生态工程措施恢复和提高系统的生物多样性，使之渐趋稳定，最终实现受纳水体系统自我修复能力的提高和自我净化能力的强化，由损伤状态向健康稳定状态转化。

（3）应用实例

该技术成果已成功应用于镇江市老城区合流制管网系统改造工程中，典型案例包括“镇江市古运河中段综合整治工程”和“镇江市老城区医政路生活小区合流管网改造工程”。其中，古运河改造项目设计流域面积 7.8km^2，排水管道近 38km；医政路小区排水管道 1800m，涉及化粪池改造 15 个。利用该技术成果分别构建了古运河沿岸入河合流制管网系统源—流—汇综合降污系统（具体包括：截流式合流制排水管网溢流污染控制示范工程、污水泵站溢流污染原位快速处理示范工程）以及生活小区污水的错时分流系统。该技术应用工程的建设每年可减少 COD 入河 320t、氨氮近 22t，具有良好的社会效益和环境效益

4. 截污干渠水质水量双错峰调蓄控制技术

（1）基本原理

利用截污干渠的巨大容积和浓度峰值及流量峰值的时间差，开展优化运行调控，实现对城镇降雨径流的错峰和削峰以及降雨径流污染的高效截流。

（2）工艺流程

该技术工艺流程如图4-25所示。

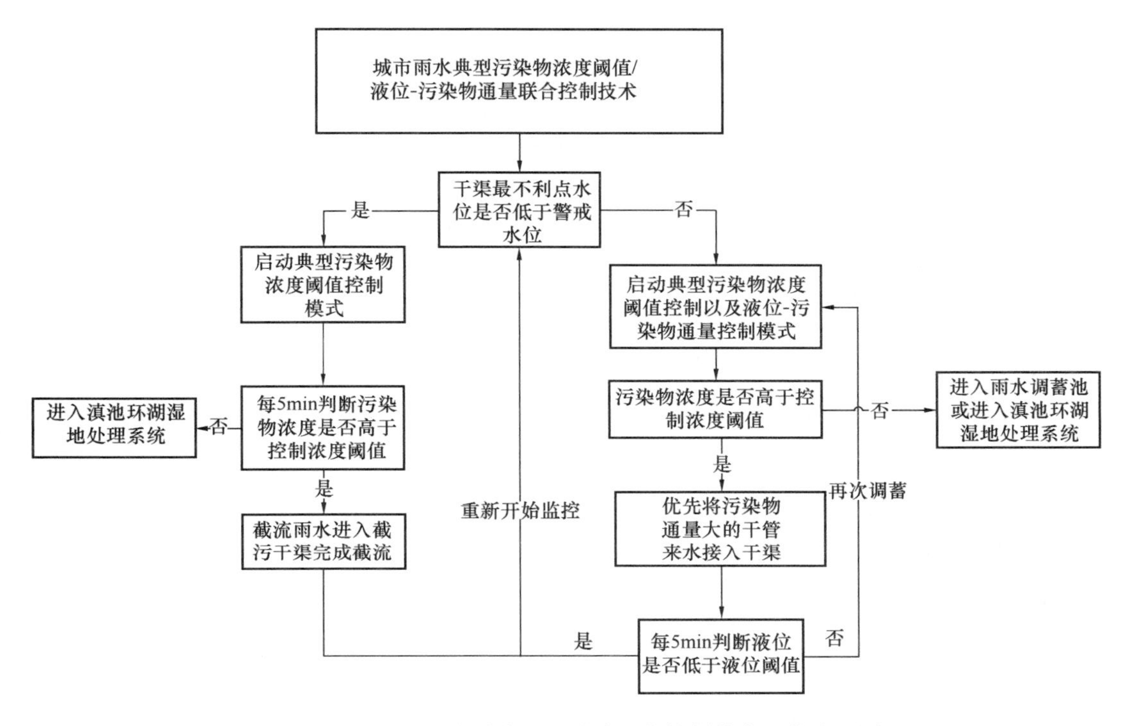

图4-25 截污干渠水质水量双错峰调蓄控制技术工艺流程图

选取某种典型污染物作为控制指标。当对营养盐指标控制要求较为严格时，可采用TN作为控制指标；当有机物污染较严重时，可采用SS和COD作为控制指标。

通过模型模拟优化设定典型污染物浓度阈值（SS＝120mg/L或TN＝5mg/L）。在雨水干管接入截污干渠的接入点处设置旋流式截流/弃流切换井（以下简称“切换井”）。切换井内设置流量和典型污染物浓度在线监测仪器（在线监测仪器监测时长间隔不大于5min），以及电动阀和沉砂设施。可通过控制切换井内电动阀的启闭，实现截污干渠对城镇降雨径流的截流与弃流。根据不同的控制模式及在线监测仪器的数据对切换井内电动阀进行启闭操作。切换井内设置的沉砂设施能够减少雨水弃流对受纳水体的污染。

在截污干渠的最不利点处（干渠最易出现溢流的点）设置液位仪，并设置警戒水位（4.5m，即渠顶高）。当截污干渠最不利点处的水位低于预设的警戒水位时，进入典型污染物浓度阈值控制模式。当雨水干管中某种典型污染物的浓度高于控制浓度阈值时，电动阀开启，雨水经过切换井后进入截污干渠的雨水渠，实现截流。当雨水干管中某种典型污染物的浓度低于控制浓度阈值时，电动阀门关闭，切换井内水位升高，雨水经过切换井内的旋流沉砂处理后，溢流至人工湿地，处理后排入受纳水体。

当截污干渠最不利点处的水位高于预设的警戒水位时，执行典型污染物浓度阈值控制模式的同时，执行液位-污染物通量控制模式（即：典型污染物浓度阈值/液位-污染物通量联合控制模式)，优先将污染物通量大的干管来水接入干渠。通过关闭与污染物通量最小的雨水干管相连的切换井内的电动阀，实现对其来水的弃流。执行一次调控后，若截污干渠最不利点处的水位仍高于预设的警戒水位，则需要继续执行典型污染物浓度阈值/液位-污染物通量联合控制模式，重新计算与电动闸门开启的各切换井相连的雨水干管的污染物通量，继续弃流污染物通量最小的雨水干管来水。如果截污干渠最不利点处的水位下降到预设的警戒水位以下，则典型污染物浓度阈值/液位一污染物通量联合控制模式结束，切换到典型污染物浓度阈值控制模式。

(3) 应用实例

该技术在滇池环湖截污干渠得到了应用。截污干渠第四控制室位于滇池环湖截污干渠东岸城投段，服务区域位于环湖东岸省城投段的宝象河片区，面积约 20.025km^2，其中城镇区域 8.012km^2。为充分发挥环湖截污系统的治污控污效能，加装了电导率探头和控制柜，设置了自控系统程序，在线实时监测电导率，实施基于水质变化的高效截流方式，实现雨水的快速识别和高效截流，为滇池流域污染控制和水环境质量改善提供技术支持。其中，现场数据采集仪器布置如图 4-26 所示。

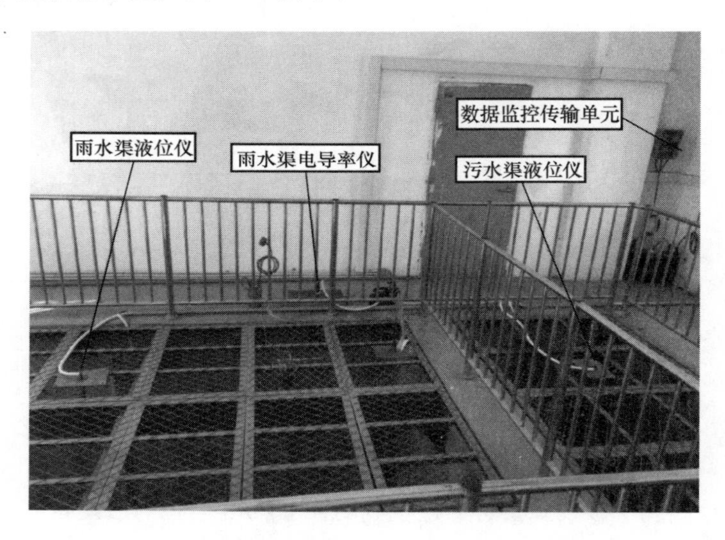

图 4-26　滇池环湖截污干渠第四控制室数据采集仪器布置图

5. 分流制排水系统雨污混接诊断与改造技术

(1) 基本原理

雨水管网混接是一个黑箱系统，准确判定混接污染来源及其水量是混接改造能否取得成效的关键。通过节点水量和水质特征因子分析，建立节点化学质量平衡，可反向解析混接污染类型。在此基础上，基于点源水流运动拉格朗日追踪，通过节点出流水量动态波形反演，可溯源混接源位置。由此可以为混接现场调查和改造提供定量的预判信息，对混接调查结果进行定量评估。

该技术为集成技术，其核心技术包括基于水质特征因子的混接来源诊断技术、基于拉格朗日水流流动路径追踪的混接来源反演技术、混接改造技术经济分析数学模型、混接诊断与管网模型系统结合的混接改造决策支持系统等。

（2）工艺流程

工艺流程为：混接定量预判与溯源→混接现场调查→混接调查结果后评估→混接改造技术经济论证→混接改造决策信息平台。

1）收集研究区域的基础信息，包括污染源、雨污水管网总出流/排放水量信息等，进行区域水量平衡分析，确定混接污染总体水量来源（污水、地下水、外来水量倒灌等）。

2）划分排水系统网格节点，开展节点水量和水质特征因子监测，解析管网节点管段的混接类型及混接水量比例，识别出重点混接区域。

3）基于拉格朗日水流运动追踪和反向寻优算法，反向溯源定位管网各管段的混接污染源位置和水量。

4）开展混接点位的现场调查，现场调查结果与 1）～3）步骤的混接定量预判与溯源结果进行比对，评估混接现场调查结果的可靠性。

5）根据混接诊断和混接现场调查结果，对混接改造方案进行技术经济论证分析，确定优化改造方案。

6）建立基于混接诊断、管网 GIS 系统、管网水量水质模型集成的管网改造决策信息平台，对管网改造方案进行论证。

（3）应用实例

该技术在上海市浦东新区陆家嘴街道的船厂排水系统（服务面积 1.58km^2）和陆家渡排水系统（服务面积 3.08km^2）进行了工程应用。该工程设计为分流制排水系统，设置地下式雨水泵站，为了确保雨水泵站的运行安全，当旱天雨水管网中的水位达到 1.0m 以上时，开启雨水泵强排，混接污水和入渗地下水直接进入黄浦江。

在该工程应用区域，通过混接定量预判与溯源方法，监测应用区雨水干管系统的网格节点水量和水质特征，确定地下水入渗和生活污水混接的重点区域；通过溯源定位技术确定了生活污水混接重点区域内主要混接排放的生活居住区及其水量（包括陆家渡区域上游的捞山三四村、捞山五村等）；针对该区域，实施重点混接源的居住区内雨污分流改造。

目前工程应用服务范围内的一期和二期改造工程已完成，实现了旱天混接污染排放削减 20%以上的目标。

6. 排水泵站集水池高效截污系统改造技术

（1）基本原理

该技术通过在排水泵站增设可控污水截流池，提高排水泵站截留污染物能力，降低雨天溢流污染风险，可用于新建排水泵站设计和现有排水泵站的升级改造。

（2）工艺流程

通过配备自控闸门的墙体将污水集水池与雨水集水池分隔，在排水泵站增设可控污水截流池和排水泵站集水池，用于在特定情况下将污水集水池和雨水集水池连通。自控闸门根据排水系统运行条件和状况实现自动分隔排水泵站集水池的功能，其实现形式可以采用多样化的措施，包括但不限于可上下启闭的电动或气动闸门，或可垂直轴向转动启闭的电动或气动闸门，也可以是水平轴向转动启闭的电动或气动闸门。隔墙上设置的自控闸门底部标高高于或等于雨水泵停泵水位，污水截流泵出口与外部的污水管网相连接，以输送旱天污水和初期雨水至污水处理厂，雨水泵出口连接雨水管至排放水体。

（3）应用实例

该技术在巢湖市健康路泵站排水系统建设工程进行了应用，通过内嵌可控污水截流池的排水泵站旱流及初期雨水截污系统设计方法，提高排水泵站有效截留污染物负荷的能力，降低雨天溢流污染风险，旱天悬浮杂质截污效率提高 20%以上，间接减少了雨天放江的污染负荷。

第 5 章 城镇降雨径流污染后端治理技术

城镇降雨径流污染后端治理技术是指降雨径流流出管网系统或降雨径流不通过管网直接排入受纳水体前所采取的污染治理技术，去除的污染物包括氮磷营养物质、有机污染物、微生物等，是城镇降雨径流污染控制的最后措施。常见的后端治理技术大致可以分为两类，一类是物理和化学技术，其污染控制思路是在雨水排放口处对雨污水实施就地处理，此类技术具有快速高效、占地面积小、施工周期短、维护管理方便等优势；另一类是生物与生态技术，其污染控制思路是在雨污水和直排雨水进入受纳水体前采用近自然的生物、生态净化原理，利用微生物、基质、植物等的联合作用进行处理，此类技术具有处理成本低、使用寿命长、运维方便等优势。

5.1 物理和化学技术

城镇降雨径流污染后端治理物理和化学技术主要包括：格栅技术、旋流分离技术、混凝沉淀技术、过滤系统和消毒技术。

5.1.1 格栅技术与装置

1. 格栅技术原理

格栅技术是一种去除漂浮物和固体物质的经济、有效的方法，通常由平行钢条、钢丝网、栅条或穿孔板构成。去除固体物质的原理是，直接滤除比格栅间隔大的固体物质，或利用已经堆积在格栅上的固体物质拦截体积更小的物质。格栅通常分为粗格栅和细格栅两种，粗格栅的栅条间距通常为 4～8cm，细格栅的栅条间距通常为 0.3～1.3cm。

2. 装置设计参数

合流制排水系统溢流污染控制中格栅的负荷通常为 $3.70\times10^{-9}\sim8.23\times10^{-8}\mathrm{m}^3/\mathrm{L}$，相应的峰值流量与小时流量的比为 2∶1～20∶1。不同类型格栅的设计参数可参考表 5-1 和表 5-2。

固定型格栅设计参数　　　表 5-1

参数	参数值
水力负荷 [L/(m·s)]	20.7～37.3
格栅倾角（°），(与垂直方向的角度)	35
插槽距离（μm)	250～1600

旋转型格栅设计参数 **表 5-2**

参数	参数值
格栅间距（μm）	74～167（建议 105）
旋转速度（r/min）	30～65（建议 55）
外周速度（cm/s）	4.3～4.9
水流密度［$m^3/(h \cdot m^2)$，浸没格栅］	170～366
水力效率（%，入流）	75～90
压力（kg/cm^2）	3.5

水流通过栅条后会有一定的水头损失，水头损失可由下式估计：

$$h_L = \frac{1}{0.7} \times \frac{V^2 - v^2}{2g} \tag{5-1}$$

式中 h_L——水头损失，m；

0.7——湍流损失的经验排放系数；

V——流经栅条开口的流速，m/s；

v——上游渠道的行进流速，m/s；

g——重力加速度，m/s^2。

3. 技术适用范围及优缺点

（1）适用范围

格栅适用于截留直径大于栅条开口的固体物质。

（2）优缺点

优点：清渣容易，构造简单，维修方便。

缺点：格栅去除细颗粒的效果相对较差；颗粒物及更大尺寸的杂质容易缠绕齿耙，缩短设施使用周期和寿命。

4. 运行维护要求

当格栅由于初期雨水冲刷效应出现堵塞时应及时清理，保证其水头损失最小；由于溢流雨污水和初期雨水具有间歇排放的特征，因此格栅的喷水系统应该定期工作，防止固体物质附着在格栅上而增大水头损失。

5. 技术处理效果

格栅对 SS 的去除率在 25%～90%之间，去除率与其设计尺寸密切相关。

6. 应用实例

福州市马沙溪分流制排水区域的初期雨水对马沙溪的水污染贡献率达 40%以上，就近污水处理厂未考虑处理初期雨水，如改建需大量资金。为降低初期雨水污染负荷，在河道下游榕树公园处修建了一座包含 2 台链板式格栅的调蓄池，初期雨水经处理后用作河道补水水源，每次补水量最多可达 5000m^3。

某城市道路雨水过去直接排入受纳水体，同时还混有少量混接污水，对受纳水体具有较大污染。目前采用过滤式栅网截污有效削减了降雨径流污染负荷如图 5-1 和图 5-2 所示。

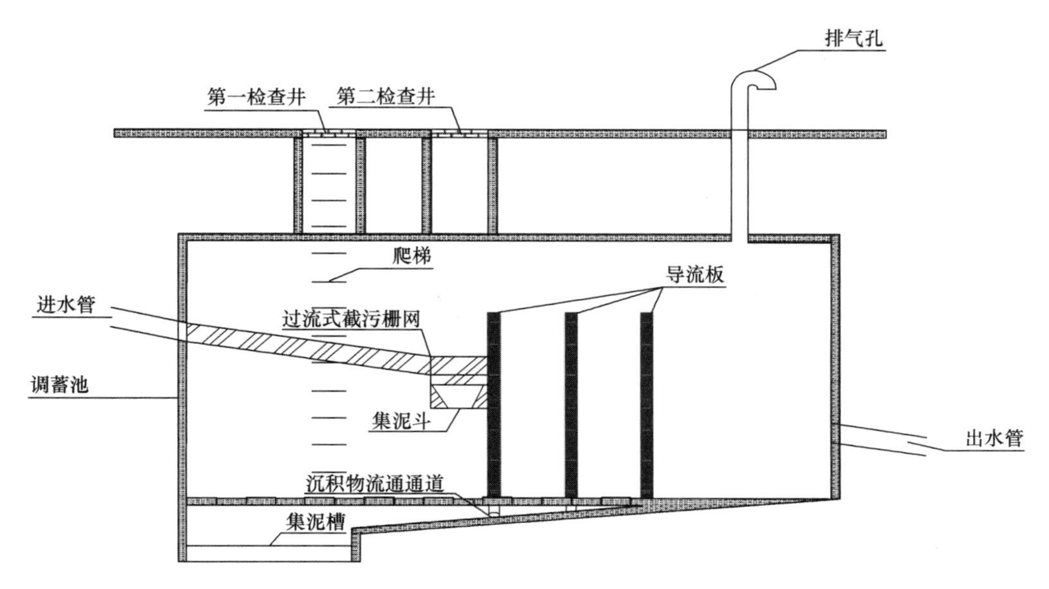

图 5-1　包含过流式截污栅网的雨水径流调控装置示意图

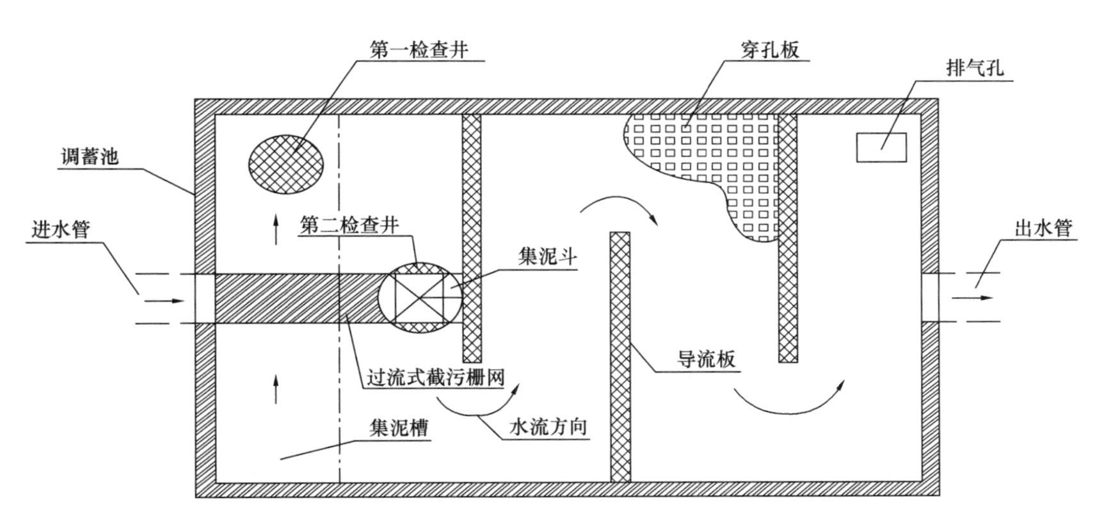

图 5-2　包含过流式截污栅网的雨水径流调控装置俯视图

雨污水通过跌落过流式截污栅网进入下方调蓄空间，雨污水中的漂浮物、大粒径沉积物被截留，截留下的沉积物在水流冲刷作用下滑落至集泥斗中，并定期通过第二检查井提升至地面外运处置。雨污水依次流经各隔室单元，雨污水中的颗粒物通过沉淀作用沉降至调蓄池底部，调蓄池底部沉积物沿池底坡向流向进水端集泥槽，集泥槽中的沉积物定期通过第一检查井提升至地面外运处置。

采用跌落过流式截污栅网处理道路雨水，SS 和 COD 的去除率分别达 65.4%～89.4%和 55.2%～83.6%，大大降低了 SS 和 COD 的入河负荷。

5.1.2 旋流分离技术与装置

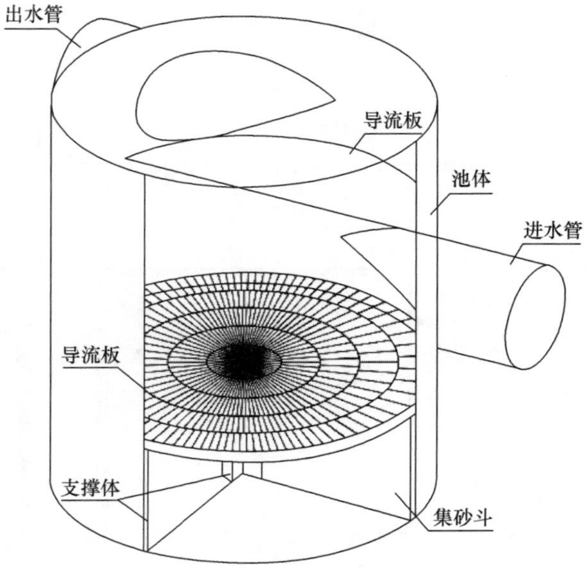

1. 旋流分离技术原理

旋流分离技术的基本原理是雨污水在堰板导流作用下，沿切向进入旋流分离器，经斜堰或直堰初次拦截消能，然后沿井筒旋流沉淀，并穿过格栅区被二次拦截消能，从堰下翻过随出水管流出池体。两次的消能作用加速了砂粒的沉降，从而提高除砂效果，消能格栅还能有效防止沉淀下来的颗粒物发生二次悬浮。简易型旋流分离装置立体结构和消能格栅横断面如图 5-3 和图 5-4 所示。

图 5-3 简易型旋流分离装置立体结构示意图

2. 装置结构特点及设计参数

（1）结构特点

旋流分离装置设计为圆筒形池体，便于安装在雨水口或雨水井中，能够承受周边土壤的压力；保证进出水管在同一水平线上，以便于针对现有管顶平接进出水管道的施工改造；筒中设半满流堰在小水量时形成阻挡，避免短流和增加水力停留时间进而实现有效除砂，大流量时便于水流过堰形成短流从而有效泄洪；设置消能格栅沉降更多砂粒，缓解已沉砂粒再次被出水管水流带出的问题。

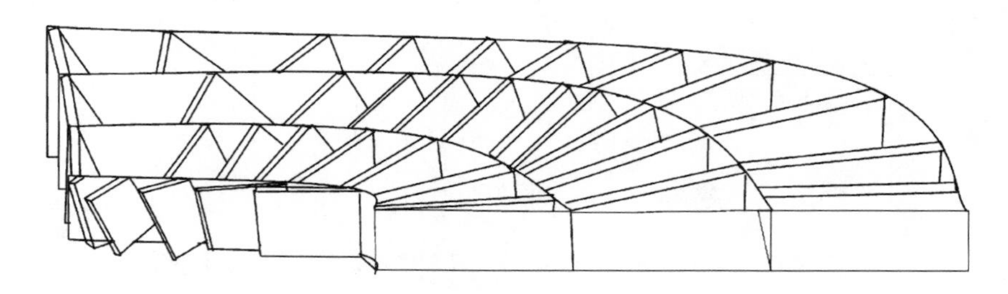

图 5-4 消能格栅横断面图

简易型旋流分离装置宜采用斜堰或直堰取代导流筒堰，出水管直接连接池体，沉降区去除难以施工的锥台型面。

池体设计时应保证堰前池体的过流面积不小于进水管面积、堰下至格栅上的过流面积不小于进水管面积以防止水流速度变大，以此标准可界定斜堰或直堰尺寸范围及堰下至格栅上的距离。

施工中底部设置提砂斗，同格栅轻质一体化设计，便于定期清掏底砂及维护池体，利用较简单的结构设计减少雨水管道采用旋流分离装置所带来的高建设成本。

（2）设计参数

旋流分离器内腔材料通常采用水泥，内壁不一定严格建造为圆形，可以考虑使用预制钢结构，更加坚固，便于维护；也可使用平板，但为了排水，从器壁到中心的最小坡度为2%。旋流柱上应设置直径为 60～80cm 的检修孔，以便堵塞时进入检修；旁边需设侧门以便定期清除漂浮物，门的尺寸根据进水口的尺寸和漂浮物的尺寸而定；为了安全和美观，旋流分离器可以设置顶盖。

分离粒度粗且处理水量大时，一般选用大直径的旋流分离器；反之，当分离粒度小时，一般选用小直径的旋流分离器。在确定了旋流分离器的直径（D）后，可以参照以下通用要求确定其他结构参数：进水管直径为(0.15～0.25)D，溢流管直径为(0.20～0.30)D，溢流管插入深度为(0.50～0.80)D，底流管直径为(0.07～0.10)D，圆柱段长度为(0.70～2.00)D。一般来说，处理细粒级进水，采用 10°～15°的锥角；处理粗粒级进水，则可采用 20°～45°的锥角。

旋流分离器的进水口应尽量设置在旋流分离器中部，以加速固体物质沉淀。进水口要笔直地接入旋流分离器内腔，以保证水流可从切线方向进入。溢流口的尺寸可随排水管道上闸的大小进行调整。

旋流分离器最好设有自动清洗装置。清洗水通常采用旋流分离后的出水，也可采用待处理的较为清洁的水源和水质较好的受纳水体。当采用雨水作为水源时，需在旋流分离器附近布设蓄水池贮存雨水，以供清洗时使用；若采用受纳水体作为水源，需设有水渠和泵。

雨季峰值流量条件下，应能保证雨污水直接通过旋流分离器进入受纳水体，相应的底流管排放口直径不得小于 20mm，以在 25～30mm 之间为宜。对于在线使用的旋流分离器，允许通过的最大流量不宜低于设计流量的 4 倍；对于离线使用的旋流分离器，允许通过的最大流量一般等于设计流量。

3. 技术适用范围及优缺点

（1）适用范围

旋流分离装置可用于合流制和分流制管线、检查井、雨水口和溢流口等，从而实现雨水径流中悬浮物及砂粒分离，可装设于市政管路支管的雨水口或雨水井中，也可装设于干管处的截流井中。

（2）优缺点

优点：旋流分离装置具有较高的除砂率，可以有效对雨污水进行固液分离，去除雨污水中的 SS 和 COD；同时还具有结构简单、占地面积小、单位体积处理能力大、抗冲击负荷能力强、易于设计安装和调控、成本较低等优点。

缺点：设备磨损严重，特别是设备的进水口和底流管出口处。为避免设备磨损和延长使用寿命，进水口和底流管出口处宜采用高强耐磨材料制造

4. 运行维护要求

每次降雨发生后都应检查旋流分离装置。采用自动冲洗或人工清掏的方式，清理旋流池内积累的悬浮物和大颗粒物质。

5. 技术处理效果

旋流分离装置用于控制溢流污染时，其粒径下限为 100～200μm（对应沉降速度为 3.6m/h），SS 去除率可超过 80%；用于控制雨水径流污染时，其粒径下限为 50μm，SS 去除率为 60%左右；但当粒径小于 50μm 时，去除率将大大降低。

6. 应用实例

旋流分离技术在常州竹林 CSOs 快速处理工程中得到了示范应用。竹林片区原为合流制排水区域，服务区主要为居住区、公建和商业等，区域面积 1.0km^2。经雨污分流改造后大部分污水接入污水管道，雨水通过原排水系统进入关河。对雨污分流不彻底的污水在雨水末端设置截流泵站，晴天时通过截流泵站把污水提升进入附近的污水管网。排水系统存在的问题是截流泵站能力较小，雨天截流倍数较小，雨天雨污水大量溢流进入关河，污染水体。

为此，对雨天超过截流泵站能力的雨污水建立初期雨水截流管，并通过“自清洗溢流格栅+旋流分离”工艺处理后再排入关河，从而减轻对关河的污染。该工程于 2018 年 5 月建成并投入使用，可截流不小于 5.0mm 的降雨量，与未修建该工程之前相比，每年可削减 COD88.4t，占全年径流污染 COD 负荷的 29.1%。

5.1.3 混凝沉淀技术与装置

1. 混凝沉淀技术原理

混凝沉淀技术是通过加入混凝剂如铝盐、铁盐、聚铝、聚铁和聚丙烯酰胺等，使径流雨水中的悬浮物质和胶体物质在混凝剂的作用下聚集并沉降，达到有效去除径流雨水中的悬浮物质和胶体物质的目的。

2. 装置结构特点及设计参数

混凝沉淀装置包括混合设施、絮凝设施以及沉淀池。

（1）混合设施的设计要求

高分子混凝剂具有良好的絮凝效果、脱色能力和操作简单等优点，在选择混凝剂时可优先考虑。

混合设施与后续处理构筑物的距离越近越好，尽量采用直接连接的方式，采用管道连接时，流速可取 0.8～1.0m/s，管内停留时间不宜超过 2min。

混合过程要求快速剧烈。通常在 10～30s 内，最多不超过 2min 内完成；搅拌强度按速度梯度计，G 值一般在 700～1000s^{-1}内。

（2）絮凝设施的设计要求

混合后水中的细小絮体还不能很好地自然沉降，絮凝设施的作用是增加颗粒接触碰撞的机会，逐渐形成较大絮凝体，便于后续沉淀。絮凝时间宜为 8～20min，机械絮凝池的深度一般为 3～4m，絮凝池一般不少于 2 组。

絮凝池内一般设 3～4 档搅拌器，每档可用隔墙或穿孔墙分隔，以免短流。搅拌器桨板中心处线速度范围一般为 0.2～0.5m/s，每台搅拌器上的桨板总面积宜为絮凝池水流截面积的 10%～20%，不宜超过 25%，以免池水随桨板同步旋转，减弱絮凝效果。桨板长度不大于叶轮直径的 75%，桨板宽度与长度之比为 1∶10～1∶15，桨板宽度一般采用 0.1～0.3m。垂直轴式搅拌器的上桨板顶端应设于絮凝池水面下 0.3m 左右处，下桨板底端设于距絮凝池底 0.3～0.5m 处，桨板外缘与池侧壁间距不大于 0.25m。所有搅拌轴及叶轮等机械设备应采取防腐措施；轴承与轴架宜设于池外，以免进入泥沙，致使轴承严重磨损和轴杆折断。

（3）沉淀池的设计要求

考虑到降雨的非连续性，雨水沉淀宜采用自然沉淀方式，可将沉淀池设计为静态沉淀池，与雨水调蓄池共用。沉淀池宜采用钢筋混凝土结构或砖石结构，小规模沉淀池也可采用塑料或玻璃钢等有机材料。雨水沉淀池宜建于地下，可满足城市用地紧张和雨水收集的高程关系要求。

雨水沉淀池可以按照传统污水沉淀池和独立式沉淀池的方式进行设计。传统污水沉淀池又包含旋流式、竖流式等沉淀方式，且最大设计流速不宜大于 0.5m/s，最高流量时的停留时间不应小于 30s；采用独立式沉淀池时，可依据雨水水质、流量等特点按《室外排水设计标准》GB 50014 中沉淀池的设计方法进行设计。沉淀池表面水力负荷可采用 15～25$m^3/(m^2 \cdot h)$，不高于 30$m^3/(m^2 \cdot h)$。沉淀池内应设置不小于 0.01 的纵坡和泥区，可将沉淀物通过排污管排入初期径流池后清除，排污管的管径应不小于 100mm。

3. 技术适用范围及优缺点

（1）适用范围

混凝沉淀技术适用于雨季冲击下的初期雨水、合流制溢流雨污水的处理，在去除悬浮物的同时，还可去除部分有机物、TP 和 TN 等。

（2）优缺点

优点：混凝沉淀通过投加药剂和载体进行，具有启动速度快、抗冲击能力强、去除效率高、处理方法成熟且稳定、操作较简单、电耗较低等优点。

缺点：药剂投加量必须通过试验确定，投入过多的药剂其本身会对水体造成影响。

4. 运行维护要求

当混凝池末端的矾花状况良好，水的浊度低，沉淀池出水携带矾花时，应降低沉淀池的表面水力负荷；当混凝池末端的矾花颗粒细小，水体浑浊，且沉淀池出水浊度提高时，应及时增加投药量；当混凝池末端的矾花大而松散，沉淀池出水异常清澈，但出水中携带大量矾花时，应降低投药量。当水温降低时，应采用无机高分子混凝剂等受水温影响小的混凝剂，也可采用投加助凝剂的方法。

若堰板不平整导致沉淀池内产生短流，则应调平堰板；若沉淀池短流由温度变化导致，则应在沉淀池进水口采取有效的整流措施；混凝强度不足时，应加强运行调度，尽量保证混合区内有充分的流速；进水碱度不足时，应及时投加石灰，补充碱度；当混凝池末端积泥堵塞了进水穿孔墙上的部分孔口或沉淀池内积泥降低了有效池容时，应停池清泥。

需要定期对雨水沉淀池进行水质检查和清理。当遇到暴雨时，需要加强对沉淀池的监控以及清理；在长期没有下雨的情况下应保持低水位，发现水质变黑和污臭时应往池内加入适量的明矾药剂，确保水质清澈；发现有悬浮物时及时清理干净。

5. 技术处理效果

一般情况下混凝沉淀技术对悬浮物、TP 的去除率大于 85%，对 COD 的去除率为 40%～70%，对 BOD_5 的去除率为 30%～50%，对 TN 的去除率在 20%左右。

6. 应用实例

上海市漕河泾排水系统雨水管网混接改造工程中采用了调蓄混凝联动技术，工艺流程如图 5-5 所示。该技术主要是在调蓄池进水管前端设混合系统，在混合系统中初期雨水与混凝剂快速混合后进入调蓄池。调蓄池内部结构经改造后能有效地使混合后的初期雨水在其中进行反应、沉淀，在经历最佳沉淀时间达到污染物的最大去除率后排入水体。上海市漕河泾排水系统在 2009 年实际降雨条件下，调蓄池体积为 5959m^3，其一年的混凝调蓄截污量为 24%。

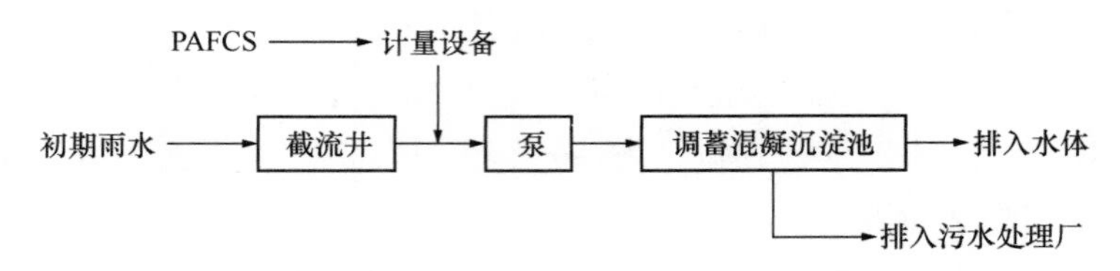

图 5-5 调蓄混凝联动技术工艺流程图

5.1.4 过滤系统

1. 过滤系统原理

过滤系统是利用石英砂、砾石或纤维等作为介质滤料过滤去除雨水径流中的污染物，在削减径流污染的同时可以滞蓄径流、推迟径流峰值。

2. 结构特点及设计参数

(1) 结构特点

过滤系统如图 5-6 所示，实物如图 5-7 所示。其主要由前置沉淀池和滤床组成。前置

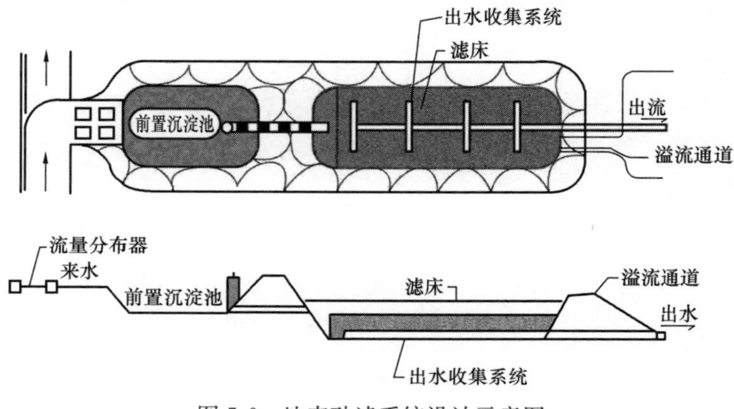

图 5-6 地表砂滤系统设计示意图

沉淀池的主要功能是去除降雨径流携带的可沉淀固体颗粒污染物；滤床主要包括进水管渠、排水槽、过滤介质（滤料层）、过滤介质承托层（垫料层）和配（排）水系统，系统的进出水通过进水管渠、排水槽传输，介质滤料的直径通常在 2mm 以下。

图 5-7　地表砂滤系统实景图

（2）设计参数

过滤系统的最大水深采用如下公式计算：

$$H = 0.75V/(S_{前池} + S_{砂滤池}) \tag{5-2}$$

式中　V——设计降雨条件下要求处理的径流量，m^3；

$S_{前池}$——前置沉淀池的面积，m^2；

$S_{砂滤池}$——砂滤池的面积，m^2。

砂滤池的最小面积 A_f 采用如下公式计算：

$$A_f = \frac{V \cdot d_F}{k \cdot t \cdot (h_A + d_F)} \tag{5-3}$$

式中　d_F——滤床的厚度，m；

k——滤床的渗透系数，m/d，推荐值 1m/d；

t——径流通过滤床所需的时间，推荐值 40h 或 1.66d；

$h_A + d_F$——总水头损失，m。

前置沉淀池深度以 1～2m 为宜，边坡坡度一般为 1∶4，内部流速为 1.2m/s；滤床厚度一般在 46～60cm 之间，滤床应不少于 2 个，当滤床少于 5 个时宜采用单行排列，反之可采用双行排列；单个滤床面积大于 $50m^2$ 时，管廊中可设置中央集水渠；单个滤床的面积一般不大于 $100m^2$，长宽比大多数在 1.25∶1～1.5∶1 之间；单个滤床面积小于 $30m^2$ 时可采用 1∶1，当采用旋转式表面冲洗时可采用 1∶1、2∶1 和 3∶1。

对于单层石英砂滤料滤床，设计滤速一般采用 8～10m/h，当要求径流或溢流 SS 浓度较低时，单层砂滤层的设计滤速采用 4～6m/h，煤砂双层滤层的设计滤速采用 6～8m/h；纤维过滤层设计流速可提高到 20～27m/h；滤层上面水深一般为 1.5～2.0m，滤池的超高一般采用 0.3m。

滤床的设计工作周期一般为 12～24h，反冲洗前的水头损失一般为 2.0～2.5m；单层滤料的冲洗强度一般采用 12～15L/(s·m^2)，冲洗时间为 7～5min；双层滤料的冲洗强度一般采用 12～16L/(s·m^2)，冲洗时间为 8～6min。

3. 适用范围及优缺点

（1）适用范围

过滤系统适用于处理合流制排水系统溢流雨污水和分流制排水系统中污染物浓度较高

的初期雨水，适合布置在居住区、商业区等建筑密度较大的区域，不宜布置在沉积物负荷较高的区域。

（2）优缺点

优点：过滤系统具有处理污染负荷大、处理快速高效、占地面积小、不额外增加排水系统压力等优点，对悬浮颗粒物、重金属、氮、病原体等去除率较高；与其他径流控制措施相比，出水水质较好；适用于人口、建筑密度较高及不透水面积比例较高的区域；过滤系统可因地制宜、灵活设计，使用方便；针对较大的汇水区，可组合多个单元加大降雨径流处理能力。

缺点：建设和维护成本较高，滤料粒径选择较严格；滤料反冲洗强度大，对滤料机械强度具有较高要求；需要适度控制反冲洗强度，避免滤料损失。

4. 运行维护要求

滤池新装滤料后，应在含氯量 0.3mg/L 以上的溶液中浸泡 24h，检验滤后水合格后冲洗两次以上方能投入使用。滤池长期停用时应使池中水位保持在排水槽之上，防止滤料干化。应每年做一次 20%总面积的滤池滤层抽样检查，确保含泥量小于 3%，全年滤料跑失率不应过大。

降雨过后需及时检查过滤系统，定期清洗填料，清理沉积物。当沉淀物累积高度超过 15cm 或水头损失达 1.5～2.5m 时，即应进行反冲洗；反冲洗滤池前，必须开启反冲洗水管道上的放气阀，待残留气体放完后方能进行滤池反冲洗。反冲洗时，排水槽、排水管道应畅通，不应有壅水现象，冲洗强度应为 8～17L/(s·m^2)，气水反冲洗的气压应视其冲洗效果而定，严禁超压造成跑砂；压力调准后，必须恒压运行，反冲洗时滤料膨胀率应为 40%～50%。

5. 过滤系统处理效果

过滤系统对雨污水中 SS、COD、NH_3-N、TN 和 TP 的去除率通常分别为 80%～85%、45%～55%、70%～80%、20%～35%和 40%～55%。

6. 应用实例

过滤系统分别在常州市钟楼区上村泵站和晋陵中路雨水泵站得到了应用。

（1）在常州市钟楼区上村泵站的应用

该工程采用悬浮快滤池，直径达 2.4m，滤料为乙烯一醋酸乙烯共聚物（EVA）发泡塑料和聚酯纤维两种，过滤速度在 20m/h 以上，快速处理能力达 102.7m^3/h，可实现自动反冲洗。晴天污水被泵站截流进入市政污水管网，雨天多余雨污合流水进入调蓄池贮存，大大减少雨天溢流量，超过调蓄能力的部分通过悬浮快滤池处理后排放进入受纳水体，6 次监测 SS 负荷削减率均达 30%以上。

（2）在常州市晋陵中路雨水泵站的应用

该工程收集泵站前晋陵中路的道路雨水径流，汇水面积 16000m^2。收集的雨水径流经雨水泵排入附近的北塘河。由于道路初期雨水污染负荷高，对北塘河水质造成冲击性影响，因此需要对道路雨水进行处理。

该工程采用了旋流分离和砂滤系统相结合的模式，初期雨水被优先收集进初雨池中，然后泵入旋流分离器进行大粒径悬浮颗粒的分离，之后进入砂滤池，经砂滤池处理后的出水 SS 低于 10mg/L，对 COD、NH_3-N、TN 和 TP 的去除率分别为 50%以上、70%～90%、15%～40%和 60%～80%。

5.1.5　消毒技术与装置

1. 消毒技术原理

消毒技术是指通过消毒剂或其他消毒手段灭活降雨径流中绝大部分病原体，使径流中的微生物含量达到要求的各种技术。常见的消毒技术主要包括：紫外线消毒、氯消毒、臭氧消毒和过氧乙酸消毒。

2. 设备结构特点及设计参数

针对降雨径流污染的消毒系统在设计时必须考虑应对污染负荷和流量的波动，溢流污水由于具有间歇排放、历时短、流量不稳定等特点，初期雨水中悬浮固体和细菌浓度通常很高，随着降雨的延续污染物浓度逐渐减小。降雨径流污染物浓度会受到流域特点、排水管网特征、之前旱季状况和降雨强度的影响。因此消毒系统设计应能满足当地的污染负荷特点，同时能够应对初始冲刷时的高污染物量。

（1）紫外线消毒

为控制合理的水流流态，充分发挥照射效果，紫外线照射渠的设计应符合下列要求：紫外线照射渠水流均布，灯管前后的渠长度不宜小于 1m；水深应满足灯管的淹没要求；紫外线照射渠不宜少于 2 条，当采用 1 条时，宜设置超越渠；作为主要消毒工艺时，紫外线有效剂量不应小于 $40mJ/cm^2$；紫外线水消毒设备应采用管式消毒设备。

（2）氯消毒

处理后雨水的加氯量应根据试验资料或类似运行经验确定；无试验资料时，处理后雨水的加氯量可采用 6～15mg/L，再生水的加氯量按卫生学指标和余氯量确定；二氧化氯应采用化学法现场制备后投加，消毒系统中的贮罐、发生设备和管材均应具有良好的密封性和耐腐蚀性，在设置消毒系统设备的建筑内，所有可能与原料或反应生成物接触的建筑构件和墙地面应做防腐处理。

（3）臭氧消毒

臭氧消毒用量取决于径流雨水水质，应由试验或经验确定精确值；臭氧投加量一般为 5～15mg O_3/L 水，消毒接触时间 6～15min，或接触后停留 10～15min；对于污染较严重的初期雨水或溢流污水，可以增大臭氧浓度和作用时间。

如需降解 COD，考虑到臭氧的半衰期只有 20min，而大幅度降解 COD 需要较长接触时间，可设置 3～6 段扩散室，每段扩散室接触时间 8～15min，臭氧扩散装置与曝气池曝气系统类似，采用微孔曝气器；设计水深一般大于 5m，池顶加盖，设置尾气回收装置，避免臭氧泄漏。

（4）过氧乙酸消毒

纯过氧乙酸性质极不稳定，只能与过氧化氢和乙酸形成一个稳定体系时才能贮存；贮存量不宜过大，尤其要注意贮存应采用塑料容器，严禁使用铁器或铝器等金属容器；过氧乙酸的分解速度受温度、浓度、纯度的影响，低浓度（<20%）过氧乙酸消毒剂性质较稳定，必须贮存于低温、避光的阴凉处，并采取通风换气措施。

在使用过程中确定安全经济的投加浓度，既要保证持续消毒效果，也要尽可能降低其分解产物对COD的贡献。

3. 技术适用范围及优缺点

（1）适用范围

雨水经物理、化学等方法处理后，水中的细菌含量减少，但绝对值可能仍较高，并有病原菌的可能。根据雨水回用的用途，如有细菌学指标要求时应在回用前进行消毒处理，但当雨水回用于不与人体直接接触的水体时，消毒可作为备用措施。

（2）优缺点

常见消毒方法优缺点见表5-3。

常见消毒方法优缺点 **表5-3**

消毒方法	优点	缺点
紫外线	可杀灭病毒、芽孢，无需化学药剂，无残余消毒剂，操作方便，不受pH影响，接触时间极短，占地面积小	受SS影响大，消毒后水中无持续杀菌作用，每支灯管处理水量有限，需定期清洗更换，成本较高
氯	技术成熟可靠，运行工艺简单，药剂易得，有后续消毒作用，无需庞大设备	不易控制投加量，受SS影响大，余氯对受纳水体产生毒性影响
臭氧	消毒效果比氯好，无三卤甲烷类副产物，增加水体溶解氧，不改变水体pH，去除铁锰离子、控制恶臭，接触时间短	投资大，生成NO_x、HNO_3有腐蚀性，不稳定易分解，不宜运输，需现产现用
过氧乙酸	消毒效果好，无消毒副产物，不受pH影响，接触时间短	稳定性差，操作复杂，受温度影响大

4. 运行维护要求

城镇降雨径流消毒设施的维护与间歇操作设施的维护类似，在每次降雨后，要对设施进行检查并且重新加入化学药剂。

对所有管道和配件上的铜管进行定期检查，管路如有腐蚀现象必须进行更换；对管道和容器进行检查，看是否有泄漏的初期表征（变潮或发生金属变色）。

以液氯消毒为例，每年或每使用200t氯之后需要检查蒸发器是否有污泥积累，蒸发器的管道和连接处需每6个月检查一次；每6个月更换一次氯气过滤器；氯减压阀应该用异丙醇或三氯乙烯进行清洗，弹簧阀每25个月应进行更换；每6个月对喷射器进行一次清洗；对增压泵进行定期维护。为了避免对人体健康造成危害，对于氯消毒设备应该配套提供：足量通风、安全措施、洗眼水管和淋浴、应急呼吸防护、应急包、应急预案工作人员的电话和信息、工作人员的安全操作培训。

5. 应用实例

京台高速北京段某大型立交桥区的雨水收集处理系统采用“三级沉砂＋旋流沉砂＋全自动过滤＋紫外线消毒”的雨水处理工艺（图 5-8）。其中，紫外线消毒系统主要向水中辐射多波段的紫外线，用于水中藻类和细菌等微生物的脱除，以及降解部分有机污染物，杀菌的同时起到降低水中 COD 的作用，处理方法简单，效果显著。图 5-8 中清水池较蓄水池的 COD、BOD_5、浊度、TP 和色度分别削减了 52.94％、54.83％、70.28％、53.85％和 75.00％。

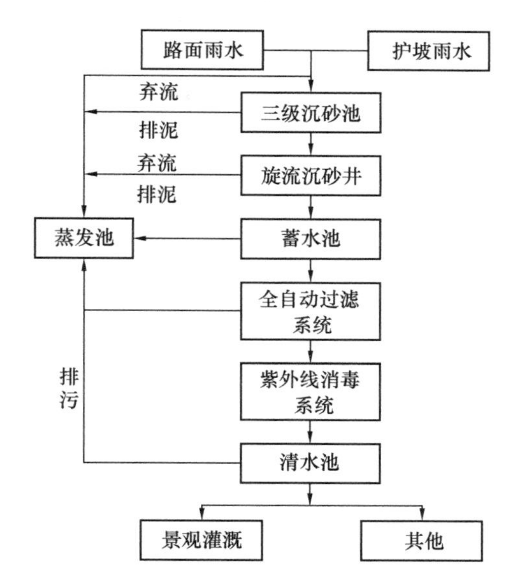

图 5-8　京台高速北京段某大型立交桥区的雨水收集回用流程图

5.2　生物与生态技术

城镇降雨径流污染后端治理生物与生态技术主要包括：滨水缓冲技术、人工湿地技术和塘—湿地净化组合技术。

5.2.1　滨水缓冲技术

1. 滨水缓冲技术原理

滨水缓冲区又称为林木缓冲区，是指建设在水生与陆生环境之间的具有拦截净化径流中营养污染物功能的植被区或缓冲地带，一般沿河流两岸或者湖泊、湿地周边建设。

滨水缓冲区通常呈带状沿水体由高到低分布，具体形状还要根据当地实际的地理条件和径流迁移途径来确定。作为降雨径流污染控制措施使用时，在降雨径流进入受纳水体之前通过滨水缓冲区的入渗、吸附、过滤等作用去除降雨径流中的部分污染物质，减少降雨径流对受纳水体的污染。

滨水缓冲区对降雨径流污染的净化机理如图 5-9 所示，主要包括对颗粒物等的截获、植被和微生物的硝化反硝化除氮、磷的沉降和固定、有机污染物的生物吸附与氧化等作用。

2. 结构特点及设计参数

（1）技术构造

滨水缓冲区有 3 个主要特征：沿水体呈狭长状；在结构上是连接高地植被和水体的纽

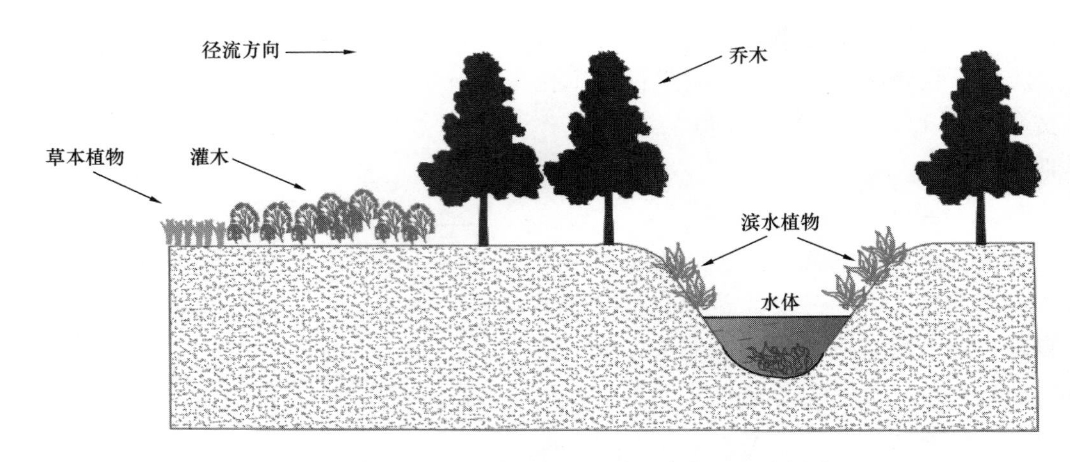

图 5-9 滨水缓冲区对降雨径流污染的净化机理示意图

带，在功能上是物质和能量交换的典型开放系统；与周围区域相比，滨水缓冲区植被缓冲带具有异常高的植物物种丰富度。

滨水缓冲区还具有四维的结构特性，纵向上可分为上游和下游，横向上可分为河床和泛滥平原，竖向上有地表径流、地下渗流和地下水的结构，以及时间维度上植被缓冲带的季相变化和群落演替。从横向维度上看，滨水植被缓冲带可分为近岸水域、水滨区域以及近岸陆域 3 个部分。

滨水缓冲区有 3 种常见类型：①坡地等高缓冲带：大致相当于我国的等高植物篱，应用于缓坡耕地的农作物与林草间，但设计上须强调对径流污染的控制；②水体周边缓冲带：一般沿河道、湖泊、水库周边设置，强调对水质的保护功能；③风蚀区缓冲带：相当于我国的防风、防沙林带。

（2）植物配置

滨水植被缓冲带通常包括林地、灌木、草地、混合植被和沼泽湿地等。不同植被类型的缓冲带表现出不同的功能特性。Guo 等研究了北京温榆河 4 种不同植被模式的滨水缓冲区，分别为草地带、农田带、草地农田混合带和人工草地带。研究表明，滨水缓冲区土壤 TN、TP、有效氮（AN）、有效磷（AP）和有机质（OM）含量的分布呈现由高地向河道逐渐降低的趋势，而草地带则呈现不同的趋势，坡度较低的草地带养分和有机质含量高。同时，草地带下坡靠近河岸的 TN、TP、AN 和 AP 含量较高，对营养元素截留效果不佳。李萍萍等研究了太湖流域 4 种不同植被类型的滨水植被缓冲带，分别是由毛白杨（Populus tomentosa）和黑麦草（Lolium perenne）组成的乔木草本缓冲带，由毛白杨、构树（Broussonetia papyrifera）和芦苇（Phragmites australis）组成的乔—灌—草缓冲带，由灌木状的构树、紫穗槐（Amorpha fruticosa）和草本的拉拉秧（Humulus scandens）及白茅（Imperata cylindrica）组成的灌一草缓冲带以及由多年生芦苇与草本组成的缓冲带。研究表明，在一定条件下灌—草组成的缓冲带对污染物的去除率较高；草本芦苇组成的缓冲带的除污效果低于其他植被类型，表现出季节性差异，夏季高于冬季；毛白杨和黑麦草组成的缓冲带与其他类型缓冲带相比，仅在冬季有较高的除污效果；乔—灌—

草组成的缓冲带的除污效率仅高于乔木草本组成的缓冲带。此外，国内外很多研究结论也证实，与草地相比林地对污染物的去除效果更好，这是因为林地内的有机碳储量更大，使得其反硝化作用与草地相比更为强烈。

（3）设计要求

科学地设计滨水缓冲区是使其更好地发挥作用的基础，在设计中要考虑选址、规模、植被种类配置及管理维护 4 个要素。

在进行滨水缓冲区布局时，应尽量选择阳光充足的地方，以便地面在两次降雨间隔期内可以干透；选址一般在坡地的下坡位置，与径流流向垂直布置；对于长坡，可以沿等高线多设置几道缓冲带，以削减水流的能量。

植被缓冲带坡度一般为 2%～6%，小于 5%为佳；径流在汇水区的流行长度最好小于 45m，不宜超过 90m，宽度不宜小于 2m。

滨水缓冲区的植物配置可以使用乔木、灌木和草本植物的组合方式，其综合效果较为理想；应重视乡土植物品种的使用，对于外来植物品种的引进要非常慎重，以确保生态系统的稳定。

地下水水位高，与地表距离近的情况应设置水位摊平器或者拦砂坝，保证与径流的接触时间不少于 5min；径流进入滨水缓冲区时的流速最好低于 0.45m/s，不能超过 1.5m/s。

3. 技术适用范围及优缺点

（1）适用范围

滨水缓冲区主要适用于城市地表径流潜在产生量较大和流域土壤侵蚀较严重的区域。

（2）优缺点

优点：滨水缓冲区具有良好的生态环境效益，对降雨径流中的污染物去除效果良好；还可以为鸟类、昆虫等提供栖息地，保持水土，减少侵蚀，增加城市绿地面积，丰富生物多样性。

缺点：滨水缓冲区的建设需要大量的乔木、灌木和草皮，建设成本较高；防治大面积病虫害、植被修剪等日常维护也需要较高的资金支持。

4. 运行维护要求

滨水缓冲区需要一定程度的管理和维护，以保证其具有径流污染控制的功能。维护措施包括：对草皮进行适当地修剪，以促进营养吸收和系统运转；对乔木进行间伐，增强缓冲区内的阳光照射，促进林下灌木和草本植物的生长。

5. 技术处理效果

从整体来说，滨水缓冲技术对 SS、NH_3-N、NO_3^--N、TN 和 TP 的去除率分别为 40%～90%、50%～80%、10%～30%、10%～50%和 30%～60%。滨水缓冲区的投资成本主要包括植被成本、建造成本以及日常维护成本等，相应的成本在不同区域、不同建设面积和建设要求下价格不等。通常建造成本在 100～1000 元/m^2 范围内，维护成本在 0.1～2.0 元/m^2 范围内。

6. 应用实例

滨水缓冲区在重庆市大渡口区伏牛溪环境综合整治工程中得到了应用。该工程主要以本地物种为核心，构建新型多层级的“乔木一灌木一草本”缓冲带系统、滞留系统、石笼系统的岸边带系统。基于乔木、灌木和草本的缓冲带系统具有生物多样性、良好的景观效果及污染物削减与净化能力；该缓冲带系统通过石笼稳固河岸，对不同层级河岸带采取不同植物组合，滞留渠层层拦截污染物，降低流速，减少颗粒物，并利用不同类型植被形成多层级过滤、吸收系统，同时具有良好的景观和生物多样性功能。

该工程于 2014 年 12 月建成运行后，显著地削减了污染负荷的输入，河流水质得到明显改善，缓解了重庆主城次级河流水环境污染，主要指标达到 V 类水体要求，考核断面高锰酸盐指数、NH_3-N、溶解氧和透明度的达标率分别为 100%、91.7%、91.7%和 83.3%。工程的实施显著改善了流域内居民居住环境，促进了周边房地产的开发。

5.2.2 人工湿地技术

1. 人工湿地技术原理

人工湿地是一种人为设计的、充分利用植物、基质及微生物来去除径流或溢流中的污染物，达到雨洪控制和净化降雨径流水质目的的湿地系统。人工湿地根据其表观形象一般可分为表流人工湿地和潜流人工湿地两种类型。

2. 结构特点及设计参数

(1) 技术构造

人工湿地的组成，即湿地的构成包括基质、植物、微生物（细菌、真菌等）和动物，这些部分对径流污染净化起积极的协同作用。

表流人工湿地在外观和功能上类似自然湿地，向湿地表面布水，雨水径流在人工湿地的表层流动，水位较浅，一般为 10～30cm，水力负荷为 $200m^3/(10^4m^2 \cdot d)$，水流呈推流式前进，整个湿地表面形成一层地表水流，流至终端出流，完成整个净化过程。表流人工湿地如图 5-10 所示。

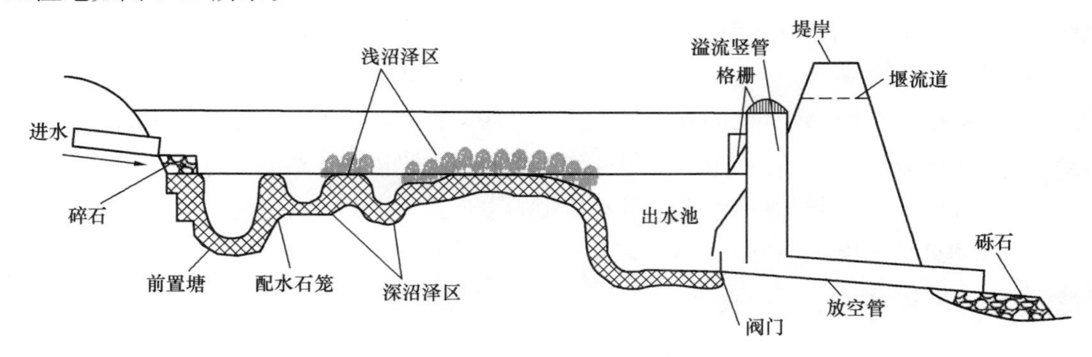

图 5-10　表流人工湿地

潜流人工湿地一般由湿地主体、防渗层、布水装置和收水装置组成。其中，湿地主体由种植植物的砾石床构成，床底纵向设置坡度；防渗层的设置可以有效地防止湿地中的污染物进入地下水；布水装置的进水端沿床宽构筑布水沟，内置砾石，雨水径流从布水沟投入床内，沿介质下部潜流呈水平渗滤前进，从另一端出水沟流出；收水装置为在出水端砾石层底部设置多孔集水管，可与能调节床内水位的出水管连接，以控制、调节床内水位。降雨径流污染物在砾石床流动过程中通过物理、化学和生物作用得以净化。水平潜流人工湿地和垂直潜流人工湿地分别如图 5-11 和图 5-12 所示。

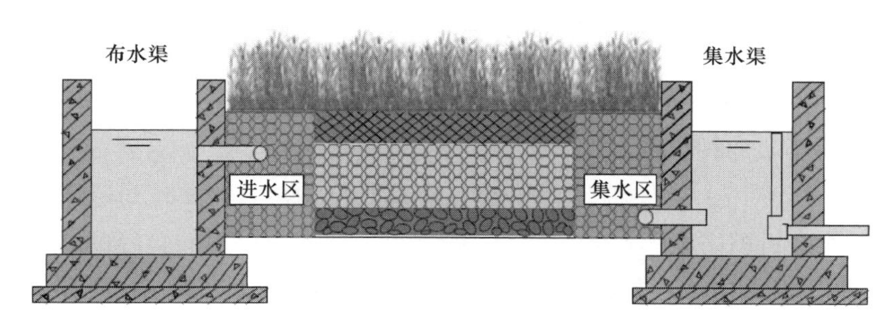

图 5-11　水平潜流人工湿地示意图

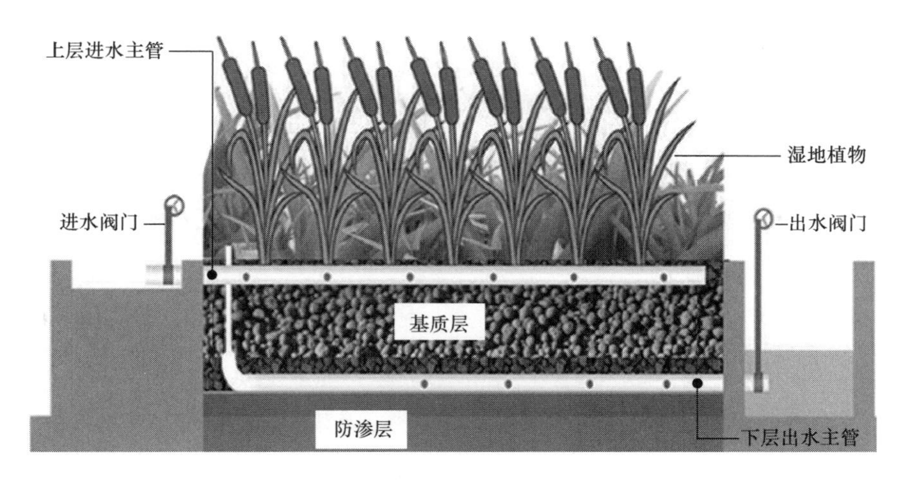

图 5-12　垂直潜流人工湿地示意图

在水平潜流人工湿地中，径流或溢流在基质层表面以下，从池体进水端水平流向出水端。水平潜流人工湿地可由一个或多个填料床组成。床体填充基质，床底设有防渗层，防止污染地下水。水平潜流人工湿地的水力负荷和污染负荷较高，很少有恶臭和滋生蚊蝇现象。缺点是控制相对复杂，脱氮除磷的效果弱于垂直潜流人工湿地。

在垂直潜流人工湿地中，径流或溢流垂直通过池体中的基质层。垂直潜流人工湿地的硝化能力显著优于水平潜流人工湿地，可用于处理氨氮含量较高的径流或溢流。但是，垂直潜流人工湿地落干/淹水时间较长，夏季有滋生蚊蝇的现象，对有机物的去除能力弱于水平潜流人工湿地。

（2）设计要求

人工湿地设计水量的确定应符合《室外排水设计标准》GB 50014 中的有关规定。当工程混入并接纳城镇生活污水时，其设计水质可参照《室外排水设计标准》GB 50014 中的有关规定；当径流雨水水质与生活污水性质不同时，其设计水质可通过调查确定。

人工湿地系统进水水质应满足表 5-4 中的规定。

人工湿地系统进水水质要求（mg/L） **表 5-4**

人工湿地类型	COD	SS	NH_3-N	TP
表流人工湿地	≤12	≤100	≤1	≤3
水平潜流人工湿地	≤20	≤6	≤2	≤5
垂直潜流人工湿地	≤20	≤8	≤2	≤5

1）人工湿地基质的种类及其选择依据

基质又称填料，是人工湿地中植物和微生物生长的载体，主要通过吸附沉降、基质表面生物膜和微生物共同作用去除废水中的污染物。根据需要将不同粒径的材料，按照一定的厚度铺设成人工湿地床体。传统的人工湿地基质有土壤、砂和砾石；此外，沸石、石灰石、页岩、明矾、塑料和陶瓷等具有优异性能的材料近年来被广泛应用。人工湿地常见基质的类型及其物理性质见表 5-5。针对不同的特征污染物和去除机理，可根据表 5-6 选择不同的基质。

人工湿地基质的分类及物理性质 **表 5-5**

类型	有效粒径 D_{10}（mm）	孔隙率（%）	水力传导率［$m^3/(m^2 \cdot d)$］
粗砂	2	32	1000
砂砾	8	35	5000
细砾	16	38	7500
中砾	32	40	10000
碎石	128	45	100000

去除不同类型污染物的主要基质及其净水机理 **表 5-6**

污染物类型	主要基质	去除机理
有机物	煤灰渣、无烟煤、生物陶粒、砾石、土壤等	基质的吸附沉降；基质表面生物膜的吸附吸收和生物的吸收降解
氮（无机氮：NH_3-N、NO_2^-、NO_3^- 等；有机氮：氨基酸、尿素、胺类等）	斜发沸石、碎石、粉煤灰、细砖屑和粉煤灰组合等	基质吸附；基质表面生物的硝化和反硝化作用
磷（溶解性磷酸盐、固体矿物质磷酸盐、固体有机磷）	高炉矿渣、钢渣（含钙、铁、铝元素多）和页岩组合、草灰、碎石和土壤组合等	基质吸附；基质表面微生物的新陈代谢

2）水力设计

潜流人工湿地的潜流水力学遵循达西定律，其表达式如式（5-4）所示。

$$Q = K_s AS \tag{5-4}$$

式中　Q——径流流量，m^3/d；

K_s——水力传导率，$m^3/(m^2 \cdot d)$；

A——与水流垂直总横断面面积，m^2；

S——水力梯度，m/m。

因实际湿地系统的物理限制，达西定律并非完全适用于潜流人工湿地。达西定律假设层流条件，但潜流人工湿地基质采用大的碎石或粗糙的砾石，水力条件会发生变化。当水力设计梯度较高时，在粗砾中可能形成紊流。达西定律还假设进水流量与出水流量一致，但实际上因降水、蒸发和渗漏等原因，潜流人工湿地的进水流量与出水流量不完全一致。此外，由于不等的孔隙率或建设质量差异而形成短流。这些因素限制了达西定律在潜流人工湿地中的应用，但其仍作为潜流人工湿地系统设计可接受的模型。如果潜流人工湿地中基质为小到中等砾石（$<$4cm），提高建设质量最大限度控制短流，系统设计依靠最小的水力梯度，设计流量采用（$Q_{in}+Q_{out}$）/2，达西定律依然能为潜流人工湿地水力条件提供一个近似模拟。

3）长宽比

潜流人工湿地的长宽比宜控制在 3∶1 以下，规则的潜流人工湿地的长度宜为 20～50m，对于不规则的潜流人工湿地，应考虑均匀布水和集水的问题。

4）坡度

潜流人工湿地的水力坡度宜为 0.5%～1%。

5）进水结构

潜流人工湿地的进水装置多采用穿孔管，以地表和地下两种主要形式安装。其中，地表形式安装的进水穿孔管均带有可调出水口。依据进水穿孔管的沉降情况调节位置，使雨水径流布水均匀，也为后续位置调节和维护提供最大的可能。地下形式安装利用 2～3 个阀门出口，避免在地表岩石上生成藻类黏膜进而导致系统堵塞。

通常，进水区使用粒径 8～15cm 的碎石，保持床体有充分的水力梯度，以确保快速的渗滤，防止堵塞和藻类滋生。在天气温暖和日光充足的气候条件下，在出水区应采用植物或设施遮阴；在寒冷天气里，对地上布水的形式应采取保温措施防止冻裂。

6）出水结构

潜流人工湿地的出水结构主要包括地下出水形式、坝箱或坝门结构。其中，地下穿孔管出水形式是最常采用的形式之一。将地下穿孔管放置于浅沟，低于床底，完成床内径流排放，保证充分的水力梯度；也可以将地下穿孔管放置于床底上方或床体顶部，但容易形成表面溢流。大多数情况下，出水口直接与最终的排放管相连，或者与混凝土渠相连，建议使用可调节出水口，以保证充分的水力梯度；采用穿孔管与可调出水口相连，为潜流人工湿地提供可靠性和灵活性。

3. 技术适用范围及优缺点

（1）适用范围

人工湿地适合建设在人口密度低的地区，充分利用周边的地形特点，因地制宜设置；也可建设在住宅旁的空地上；或利用水塘以及公园的景观池进行改造。

（2）优缺点

优点：人工湿地可充分利用湿地植物、土壤及微生物来去除径流雨水中的污染物，能够保持较高的水力负荷；对 BOD_5、SS 和大肠菌群等污染物去除效果明显，且具有较强的除磷能力，出水效果稳定、有效、可靠；省能耗，运行费用低，运行操作简单，不需要复杂的自控系统进行控制；机械、电气、自控设备少，设备的管理工作量也随之减少；既能净化雨水径流污染物，又能美化景观环境。

缺点：人工湿地占地面积较大，对恶劣气候条件抵御能力弱，净化能力受植物成长成熟程度的影响大，需要控制蚊蝇滋生等。

潜流人工湿地保温效果好，处理效果受气候、季节的影响较小，并且运行过程中管理得当可以有效地防止蚊蝇滋生和臭味的产生，但投资比表流人工湿地要大得多。

4. 运行维护要求

（1）适时调节水位

根据暴雨、洪水、干旱和结冰期等各种极限情况，可进行水位调节，不得出现进水端壅水和出水端淹没现象；出现短流现象时也须进行水位调节。

（2）植物管理与维护

人工湿地栽种植物后即须充水，为促进植物根系发育，初期应进行水位调节；植物系统建立后，应保证连续提供污水，保证水生植物的密度及良性生长；根据植物的生长情况，进行缺苗补种、杂草清除、适时收割以及控制病虫害等管理，不宜使用除草剂、杀虫剂等；对于大型人工湿地污水处理工程应考虑配置植物生物能利用的装置。

（3）低温环境运行措施

做好人工湿地的保温措施，保证水温不低于4℃；定期做人工湿地的冻土深度测试，掌握人工湿地系统的运行状况；强化预处理，减轻人工湿地系统的污染负荷。

（4）防堵塞措施

控制雨水径流进入人工湿地的悬浮物浓度；定期启动清淤；适当地采用间歇运行方式；局部更换人工湿地的基质。

5. 技术处理效果

当进水 COD 浓度较高时，人工湿地对 COD 具有较好的耐冲击负荷能力，不同进水负荷条件下，人工湿地对 COD 均具有一定的去除效果；当进水 COD 浓度较低时，水力负荷对人工湿地的净化效果具有一定影响，水力负荷为 $1.543m^3/(m^2 \cdot d)$ 时出水 COD 浓度高于水力负荷为 $0.285m^3/(m^2 \cdot d)$ 时出水 COD 浓度。

人工湿地系统在受到不同水力冲击负荷情况下，对氨氮的去除率可达75%以上，对氨氮的耐冲击负荷能力较差。水力负荷的变化能够显著影响人工湿地系统内部的微生态环境，影响硝化菌和反硝化菌的生长。此外，冲击负荷对基质的冲刷作用也可能是导致氨氮去除效果不理想的原因之一。

不同冲击负荷下的除磷率可达80%以上。在潜流人工湿地中磷的净化原理主要是吸附和沉淀，较高的水力负荷会对填料表面产生冲刷作用，缩短颗粒的沉淀时间，故在高水力负荷时磷的去除率下降较大，水力负荷为 1.543m^3/(m^2·d) 时的除磷率比水力负荷为 0.285m^3/(m^2·d) 时的除磷率低 9.6%。

6. 应用实例

人工湿地径流污染控制技术在重庆园博园入湖支流的径流污染治理工程中得到了应用，探索了不同类型人工湿地和生物滤池的组合体对园博园入湖支流上游溢流污水处理的效果，提出了以人工湿地技术为主的园博园入湖支流溢流污水治理的生态修复技术（位置见图 5-13），工程的工艺流程如图 5-14 所示。该工程占地面积 1552.18m^2，处理污水量为 800m^3/d，进水中 COD 为 46.42mg/L、BOD_5 为 20mg/L、TN 为 4.15mg/L、TP 为 0.17mg/L，停留时间 19h，经人工湿地处理后的水质优于《地表水环境质量标准》GB 3838—2002 中Ⅳ类标准。

图 5-13　人工湿地技术示范区区位

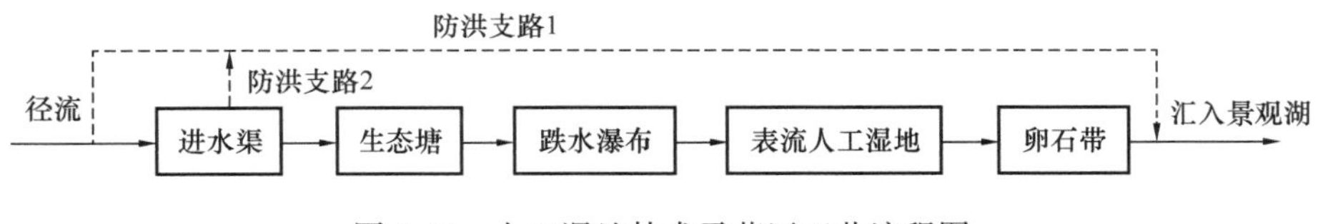

图 5-14　人工湿地技术示范区工艺流程图

5.2.3　塘-湿地净化组合技术

1. 塘-湿地净化组合技术原理

塘-湿地净化组合技术是根据自然生态系统的物质循环和净化原理，在充分利用生态系统中的物理、化学和生物三重协同作用的基础上设计并开发的水污染生态净化技术。其中，塘技术的净化原理主要是物理沉降、贮存、拦截和生物净化等作用；湿地技术截留和去除污染物的机理主要包括沉积、植物吸收、枯枝落叶的分解以及土壤基质的吸附、截留、过滤、离子交换、络合反应和微生物的作用。

2. 结构特点及设计参数

（1）技术组合模式

塘-湿地净化技术组合模式可以分为串联式、并联式和混合型三种。

1）串联式组合模式

在径流污染控制中，塘-湿地技术通常以串联式的组合模式提高系统的去除率和抗干扰能力，如图 5-15 所示。

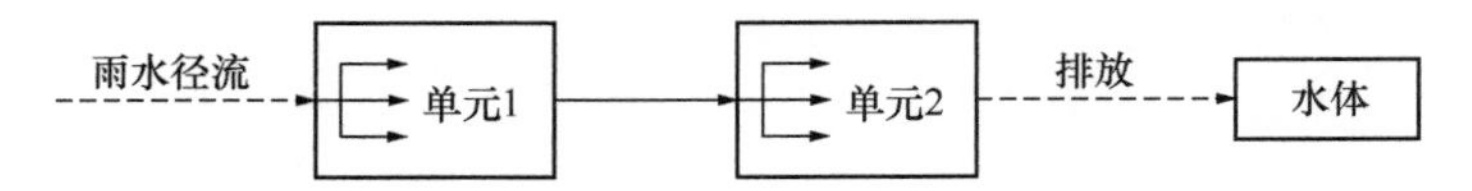

图 5-15　串联式组合模式示意图

注：单元 1 和单元 2 表示系统的塘或湿地。

雨水径流经过串联式系统逐级净化后，径流中的污染物得到逐级削减，净化后的径流直接排入周围的水体。这种串联式组合模式具体表现为多塘串联系统、多级湿地串联系统和塘-湿地串联系统，可以充分发挥各技术的优势，提高系统的处理效率，对各种类型的污染物均有较高的去除率。

2）并联式组合模式

并联式组合模式主要表现在不同种类技术之间的组合以及同一种技术的组合的平行应用，如图 5-16 所示。这种组合模式可以充分发挥各种类型湿地的优势和比较不同类型湿地的净化效果和特点。雨水径流经过统一布水系统，并行流经各个系统单元，得到净化后的径流再经过收集系统收集，然后排放到周围的水体。这种并联式组合模式通常采用统一布水，水力负荷基本保持一致，这样有利于比较不同类型湿地的净化特点。

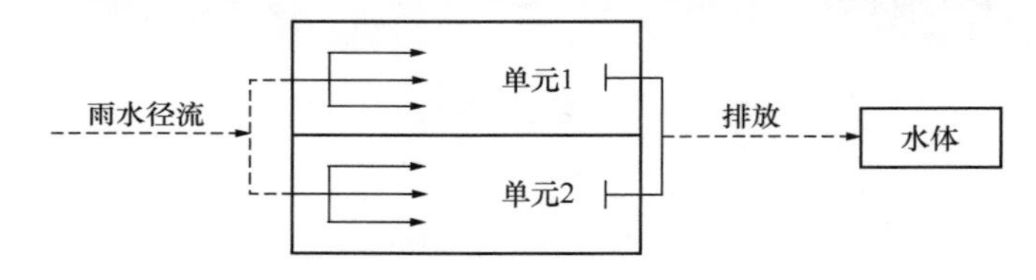

图 5-16　并联式组合模式示意图

3）混合型组合模式

混合型组合模式通常是指控制系统从整体上采用串联式组合模式，而局部采用并联式组合模式，这两种组合模式同时存在，形式多样，如图 5-17 所示。

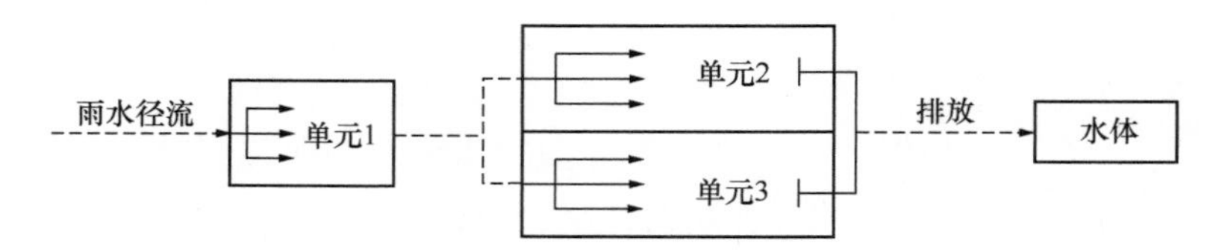

图 5-17　混合型组合模式示意图

雨水径流先经过串联系统处理，然后再经过并联系统净化，最后排放到周围的水体。这个并联式系统从整体上又属于串联式系统的一部分。

（2）设计要求

塘-湿地净化组合技术在实际工程应用过程中，主要需要注意以下 4 个方面：

1）技术种类选择

根据流域的气候、地形、地貌、水污染特点和土地利用等条件选择合适的塘和湿地技术。塘技术拦截效率高、贮存容量大、占地面积相对较小，具有一定的景观价值，一般用于径流末端净化系统的前端；湿地技术种类多样、对污染物去除率高、景观效果好，是应用最为广泛的生态工程技术，通常用于后端。

2）技术组合模式选择

根据待处理初期雨水或溢流污水的污染负荷，选择单一的塘和湿地技术或者多级技术组合模式。单一的塘和湿地技术抗干扰能力差，受季节等因素的影响大，污染物出水水质也不稳定，很难达到流域污染物控制目标。多级塘和湿地技术的组合综合了这两种技术的优点，对污染物的去除效率相对稳定，是最常见的应用模式。

3）基质材料选择

基质材料的选择是塘和湿地设计及建造过程中需要考虑的关键问题之一。基质材料对径流中的污染物具有较强的吸附能力，是塘和湿地去除污染物的主要途径之一。在选择基质材料时，应尽量选择吸收能力强、资源相对丰富的本地或附近区域的材料。

4）植物种类选择

植物是塘和湿地的重要组成部分，能够提供流域的景观价值和生物多样性。不同种类的植物对污染物的吸收能力存在差异。塘和湿地技术应尽量选择对特征污染物去除能力强、生物量大的本地优势物种，并兼顾物种的多样性、景观性和季节性搭配问题。

3. 技术适用范围及优缺点

（1）适用范围

塘-湿地净化组合技术应用区域非常广，不仅可以应用于乡村、小城镇、城市旅游区和城市公园、广场、绿地等土地资源相对丰富的区域，而且可以通过技术改进应用于城市中土地资源相对紧张的工业区、商业区和居民区等区域。

（2）优缺点

优点：塘-湿地净化组合技术能够高效去除雨水径流污染、改善和修复生态系统、增加生物多样性、提供生物栖息地、提高流域的景观价值和生态价值；具有工程施工简单、维护和运行费用低、能耗小、污染物去除率高、出水水质好和操作简单等优点。

缺点：塘-湿地净化组合技术通常需要占用较多的土地资源，造成工程建设成本较高，易发生退化和堵塞问题。

4. 运行维护要求

塘和湿地系统的退化和堵塞问题一直是困扰这两种技术推广的限制因素，其中，颗粒物是其堵塞的主要原因。在降雨径流污染控制过程中，颗粒态污染物浓度较高，需配备前端预处理工艺。常见的预处理工艺包括：透水路面、土壤改良、植被绿化和植被过滤带等源头削减技术；格栅、沉淀池、滞留塘和暴雨池等过程及末端控制技术。

5. 技术处理效果

塘-湿地净化组合技术对不同降雨条件下的径流污染物均有较高的持留率，降雨量越小持留率越高，对 SS、COD、TN 和 TP 的最高持留率能够达到 92.9%、96.0%、85.7%和 80.9%。

6. 应用实例

塘-湿地净化组合技术在重庆市大渡口区伏牛溪环境综合整治工程中得到了应用，工程位于建胜镇伏牛溪铁路桥下游。该工程综合了滞留渠、低位塘、多塘和人工湿地等多级径流污染控制技术。工程于 2015 年 1 月建成，工程规模 1000m^3/d，占地面积 1450m^2，处理对象为初期雨水径流。工程运行期间，削减地表径流量约 50%，对初期地表径流中 SS、COD、NH_3-N、TN 和 TP 的去除率分别为 75%、45%、50%、30%和 45%以上，处理后出水水质达到现行《地表水环境质量标准》GB 3838 中Ⅴ类标准，用作伏牛溪河道生态补水；工程投资为 260 元/m^2，运行成本约为 0.02～0.03 元/m^3；该工程构建的滞留渠、低位塘、多塘和人工湿地等多级径流污染控制技术投资仅为国内同类技术的 50%；具有提高区域生物多样性和美化岸边带景观的作用。

第6章　城镇降雨径流污染控制技术工艺包、应用模式和成套技术

经过多年的积累，特别是近15年的攻关，我国在城镇降雨径流污染控制单项技术方面已经取得了长足的发展，但单项技术往往不能满足一个区域（或汇水区）降雨径流带来的污染控制问题，需要多项技术合理组合形成成套技术，才能有效解决特定区域径流污染问题。在第3～5章介绍单项技术的基础上，本章归纳总结了水专项在城镇降雨径流污染控制方面的研究进展，依据城镇降雨径流污染控制问题的需求，结合单项技术特点以及水专项的示范工程或工程实证，构建了技术工艺包、应用模式和成套技术，为城镇降雨径流污染控制提供技术支持。

6.1　构　建　思　路

对水专项15年来在降雨径流污染控制技术方面的众多技术成果进行归纳总结，通过对技术就绪度、技术创新性和技术综合性能的评估后，筛选出具有较高技术性能并已进行了工程应用的72项技术成果。在此基础上，将72项技术成果归纳总结为城镇降雨径流污染控制全链条治理技术体系中4个技术环节（诊断评估技术、源头削减技术与设施、过程控制技术与设施、后端治理技术与设施）；技术环节下再依次分为支撑技术、支撑技术点以及单项技术，技术拓扑图见图1-7。其中，诊断评估技术包含18项单项技术，源头削减技术与设施包含27项单项技术，过程控制技术与设施包含17项单项技术，后端治理技术与设施包含10项单项技术。

根据技术拓扑图结构，分别形成了诊断评估技术、源头削减技术、过程控制技术和后端治理技术等4个技术工艺包。在此基础上，结合城镇下垫面类型、排水体制、径流与污染物迁移路径，以及径流污染控制需求与目标，从工艺包中选取源头削减技术、过程控制技术和后端治理技术，形成具有一定适用场景和条件的技术应用模式。最后，根据我国城镇基础设施建设现状、未来规划与发展目标和径流污染控制目标，提出适合我国城镇不同排水体制（合流制、分流制和混流制）的降雨径流污染控制成套技术工艺包、应用模式和成套技术的构建流程，具体如图6-1所示。

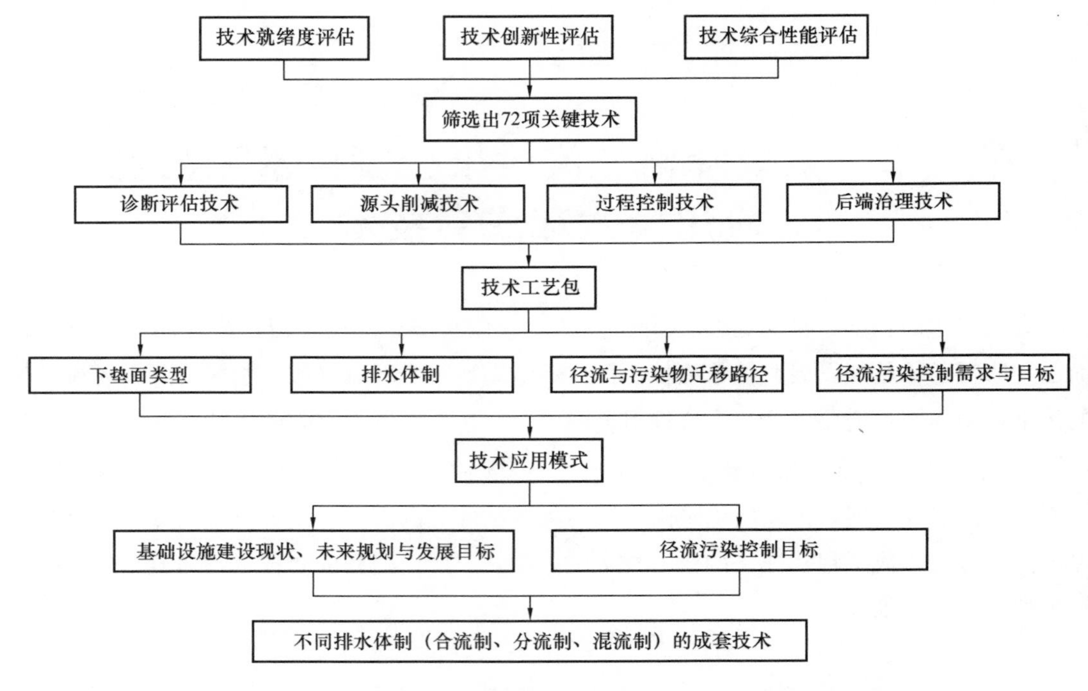

图 6-1　技术工艺包、应用模式和成套技术的构建流程图

6.2　城镇降雨径流污染控制技术工艺包

6.2.1　诊断评估技术工艺包

要求该工艺包能够定量表达城镇降雨径流过程及其中污染物负荷与迁移，模拟预测径流量和污染负荷，解析城镇降雨径流污染负荷及来源，服务于径流污染物及处理设施效能的监测，有效指导城镇降雨径流污染控制设施的规划设计、建设及管理维护，实现开发区域可持续的水循环。

诊断评估技术工艺包中有 3 个子工艺包，分别是污染解析技术子工艺包、系统方案设计技术子工艺包和监测评估技术子工艺包。其中，污染解析技术子工艺包中包括降雨径流对受纳水体污染估算、山地城市面源污染负荷、绿色建筑与小区低影响开发雨水系统产汇污模型与预测、基于动态径流系数和污染物削减系数的城市地表径流水量水质过程表达、基于植草沟的径流渗透及污染削减模拟与预测和适用于区域土壤地质特点的渗透路面对雨水径流削减的模拟 6 项技术；系统方案设计技术子工艺包中包括基于“浓度控制”雨水调蓄的初期雨水污染控制最佳综合运转、城区雨水滞留利用适用性、城区排水系统溢流污染控制适用性、基于改进型 SWMM 和单位投资环境效益的截流倍数优选、城市面源污染水量水质同步过程监测与模型参数确定方法、城市道路雨水口的过流能力测试与优化设置和集成截流-调蓄-处理的排水系统设计 7 项技术；监测评估技术子工艺包中包括雨水花园填料渗透系数测试设备及关键技术、现场监测与系统模拟相结合的调蓄系统效能评估、LID 对水质量影响的分析评价模型和 LID 对雨天溢流污染削减的评估 4 项技术。各具体技术名称、成果来源、用途与适用范围等信息见表 6-1。

6.2.2 源头削减技术工艺包

要求该工艺包能够通过绿色生态设施实现雨水渗透、滞留、调蓄、净化和资源化利用，达到雨水土壤渗透、回补地下水、雨水径流削峰错峰、雨水净化及综合利用的目的。

源头削减技术工艺包有 3 个子工艺包，分别是渗透技术子工艺包、滞蓄技术子工艺包和利用技术子工艺包。其中，渗透技术子工艺包中包括强化雨水渗透及净化的渗透路面构建、路面地表径流促渗、不透水下垫面径流处理、新型 OGFC 路面结构和优化、透水路面促渗、植生型多孔混凝土绿色渗透、组合式多介质渗滤净化树池、基于雨水冲击和变化水位的绿地植物种植、养护与快速修复、多孔基质植草沟、山地城市面源污染迁移段控制、山地城市地表径流源区生物促渗减流、强化雨水渗透及净化的渗透浅沟构建和土壤增渗减排 13 项技术；滞蓄技术子工艺包中包括绿色屋顶构建、屋顶径流分流净化、适用性绿色屋顶源头控污截流、绿色建筑小区雨水湿地径流控制、绿色建筑小区阶梯式绿地截缓径流、城市绿地多功能调蓄-滞留减排-水质保障、融雪剂自动弃流功能的生物滞留带、适用于北方城市道路的生物滞留系统、新型生物滞留池（具有同步脱氮除磷功能的两相生物滞留系统）、花园式雨水集水与促渗、新型消除城市暴雨径流雨洪利用的雨水花园、初期雨水生态滞留硅藻土快速处理技术及应用 12 项技术；利用技术子工艺包中包括路面雨水集蓄净化利用系统和停车位雨水原位净化蓄水回用 2 项技术。各具体技术名称、成果来源、用途与适用范围等信息见表 6-1。

6.2.3 过程控制技术工艺包

要求该工艺包能够实现雨水径流从地表进入排水管道阶段的分流、截污、调蓄和净化，有效指导雨水口改造、初期雨水分离与净化、管网截污、雨水调蓄以及溢流污染就地处理，在雨水收集环节实现雨水径流量的削减和污染物的净化。

过程控制技术工艺包有 3 个子工艺包，分别是分流技术子工艺包、截污技术子工艺包和调蓄技术子工艺包。其中，分流技术子工艺包中包括雨水径流时空分质收集处理、无线广播式初期雨水弃流、合流制管网溢流雨水拦截分流控制装置与关键技术和合流制溢流污水（CSO）末端综合处理 4 项技术；截污技术子工艺包中包括雨水口高效截污装置与关键技术、雨水口除污装置与应用、带有高效截污型雨水箅的道路雨水高效吸附净化带、自动净化雨水检查井与截污、雨水检查井智能截污装置、雨水管道用旋流沉砂、初期雨水专管调蓄贮存、分流制雨水排水系统末端漂浮介质过滤污染控制和城市溢流污染削减及排水管道沉积物减控 9 项技术；调蓄技术子工艺包中包括城区合流制系统溢流量削减、基于昆明降雨排水特征的溢流污染控制调蓄池设计、基于水力模型的初期雨水调蓄池设计方法和基于昆明降雨和水资源利用特征的初期雨水调蓄池设计 4 项技术。各具体技术名称、成果来源、用途与适用范围等信息见表 6-1。

6.2.4 后端治理技术工艺包

要求该工艺包能够实现合流制管网溢流和分流制雨水管道排放口污染物高效净化。

后端治理技术工艺包有 2 个子工艺包，分别是物理化学处理技术子工艺包和生态处理技术子工艺包。其中，物理化学处理技术子工艺包中包括泵站雨水强化混凝沉淀过滤净化处理、用于初期雨水就地处理的旋流分离及高密度澄清处理技术与装备和初期雨水面源污染水力旋流-快速过滤 3 项技术；生态处理技术子工艺包中包括复合流人工湿地处理系统、山地陡峭岸坡带梯级湿地净化、分流制雨水排水系统末端渗蓄结合的生态协同污染控制、三带（草本一灌木一乔木）系统生态缓冲带、多塘系统生态缓冲带、雨水补给型景观水体水质保障与雨水调蓄和城市面源污染水体净化与生态耦合修复 7 项技术。各具体技术名称、成果来源、用途与适用范围等信息见表 6-1。

城镇降雨径流污染控制技术信息表　　表 6-1

技术环节	支撑技术	单项技术	课题名称	用途	适用范围
诊断评估技术	污染解析技术	降雨径流对受纳水体污染估算技术	天津中心城区景观水体功能恢复与水质改善技术开发及工程示范	对径流水样进行监测和模拟计算，确定不同降雨事件污染物的种类，计算受纳水体污染物浓度和污染总量变化	降雨径流污染
		山地城市面源污染负荷技术	城市水污染控制与水环境综合整治技术研究与示范	建立山地城市流域降雨过程的径流污染负荷模型，计算降雨径流过程中 SS 浓度，评估该流域各子流域径流污染负荷产生量	山地城市雨水系统设计
		绿色建筑与小区低影响开发雨水系统产汇污模型与预测技术	绿色建筑与小区低影响开发雨水系统研究与示范	用于降雨径流全过程动态计算、GIS 地理数据提取、空间计算及空间分析且与我国设计标准体系及规范衔接	建筑与小区雨水水质水量模拟与海绵城市设施效能评估
		基于动态径流系数和污染物削减系数的城市地表径流水量水质过程表达技术	城市地表径流减控与面源污染削减技术研究	用于表达城市地表径流水量水质过程	城市地表径流水量水质过程
		基于植草沟的径流渗透及污染削减模拟与预测技术	天津中心城区景观水体功能恢复与水质改善技术开发及工程示范	用于植草沟对降雨径流的污染削减模拟与预测	居住区、商业区、公园和道路旁
		适用于区域土壤地质特点的渗透路面对雨水径流削减的模拟技术	天津中心城区景观水体功能恢复与水质改善技术开发及工程示范	透水铺装的径流削减数学模型可用来测算透水砖及透水混凝土路面径流削减率	北方缺水城市非透水地面

续表

技术环节	支撑技术	单项技术	课题名称	用途	适用范围
诊断评估技术	系统方案设计技术	基于“浓度控制”雨水调蓄的初期雨水污染控制最佳综合运转技术	天津中心城区景观水体功能恢复与水质改善技术开发及工程示范	截流排水口处污染物浓度峰值部分的初期雨水进入蓄水池和污水处理厂，可以大大降低初期雨水的污染程度	初期雨水污染控制
		城区雨水滞留利用适用性技术	巢湖流域城区雨污收集、处理及径流污染控制技术及示范	改良原状土壤，提高设施处理雨水径流能力，在设施底部设置穿孔排水管用来收集过滤后的雨水，连接至雨水口竖井，排入市政雨水管道，从而达到削减雨水径流的目的	雨水径流污染控制
		城区排水系统溢流污染控制适用性技术	巢湖流域城区雨污收集、处理及径流污染控制技术及示范	用于雨水径流污染控制	雨水径流污染控制
		基于改进型 SWMM 和单位投资环境效益的截流倍数优选技术	巢湖流域城区雨污收集、处理及径流污染控制技术及示范	用于模拟城市暴雨时期的水质和水量	模拟城市暴雨时期的水质和水量
		城市面源污染水量水质同步过程监测与模型参数确定方法与技术	城市地表径流减控与面源污染削减技术研究	用于计算城市地表径流减控相关工程规模	计算城市地表径流减控和污染削减相关工程规模
		城市道路雨水口的过流能力测试与优化设置技术	城市排水系统溢流污染削减及径流调控技术研究	用于排水系统雨水口设计	排水系统雨水口设计
		集成截流-调蓄-处理的排水系统设计关键技术	城市排水系统溢流污染削减及径流调控技术研究	用于排水系统溢流污染控制、雨水调蓄池的设计与应用	排水系统溢流污染控制、雨水调蓄池的设计与应用
	监测评估技术	雨水花园填料渗透系数测试设备及关键技术	天津中心城区景观水体功能恢复与水质改善技术开发及工程示范	用来测试雨水花园填料渗透系数	城市不透水面
		低影响开发设施效能评估技术	绿色建筑与小区低影响开发雨水系统研究与示范	用于评估低影响开发设施效能	绿色建筑与小区等低影响开发设施
		现场监测与系统模拟相结合的调蓄系统效能评估技术	昆明主城区污染物综合减排与水质保障关键技术	运用在线监测和计算机模型相结合方法，从系统层面对调蓄池单体效能和综合效能进行全面的评估和考量	所有的调蓄系统，支撑调蓄系统规划、设计、运行及效能评估

续表

技术环节	支撑技术	单项技术	课题名称	用途	适用范围
诊断评估技术	监测评估技术	LID对水质量影响的分析评价模型与技术	城市地表径流减控与面源污染削减技术研究	该模型不但可以用于模拟现状，还能为用户提供整套解决方案	场地LID模型构建
		LID对雨天溢流污染削减的评估技术	城市排水系统溢流污染削减及径流调控技术研究	应用于田林排水系统的雨天溢流污染削减评估	高密度城区存在污水混接分流制雨水系统的斑块化LID规划、优化设计及雨天溢流污染源头控制
源头削减技术	渗透技术	强化雨水渗透及净化的渗透路面构建技术	天津中心城区景观水体功能恢复与水质改善技术开发及工程示范	使用透水路面、透水沥青增强雨水渗透及净化从而达到削减雨水径流的目的	北方缺水城市非透水地面
		路面地表径流促渗技术	重庆主城排水系统安全与城市面源污染控制技术研究与综合示范	在浅表层的土壤填埋了各种吸附基质，从而增强路面地表上径流的渗透	不易作深层挖掘的地点强化径流下渗
		不透水下垫面径流处理技术	绿色建筑与小区LID雨水系统研究与示范	经过屋面、路面和广场径流的路径及集流时间实现雨水的错峰排放，降低后续处理构筑物的运行负荷，提高控污截流效果	径流峰值削减、污染物削减、径流延缓
		新型OGFC路面结构和优化技术	城市道路与开放空间LID雨水系统研究与示范	使用再生OGFC混合料设计的孔隙率高、透水效果好的透水铺装，削减城市道路机动车道、非机动车道及人行道降雨径流	城市道路机动车道、非机动车道及人行道
		透水路面促渗技术	合肥市滨湖新区LID与水环境整治技术研究及工程示范	使用天然矿物（石英砂、黏土）作为透水铺装的材料，从而增加路面上雨水的渗透	新开发城区的径流流量控制与污染削减
		植生型多孔混凝土绿色渗透技术	城市道路与开放空间LID雨水系统研究与示范	由植生型多孔混凝土为基质做的透水铺装，用于削减多功能雨洪调蓄设施的驳岸和植被带的径流	多功能雨洪调蓄设施的驳岸和植被带
		组合式多介质渗滤净化树池技术	城市道路与开放空间LID雨水系统研究与示范	采用具有高吸附能力的炉渣等作为树池的人工介质，净化城市道路径流	老城区绿化空间不足的城市道路海绵化改造

续表

技术环节	支撑技术	单项技术	课题名称	用途	适用范围
源头削减技术	渗透技术	基于雨水冲击和变化水位的绿地植物种植、养护与快速修复技术	城市道路与开放空间LID雨水系统研究与示范	用于北京、深圳及相似气候和土壤条件城市的低影响开发雨水设施设计	城市LID雨水设施设计
		多孔基质植草沟技术	合肥市滨湖新区LID与水环境整治技术研究及工程示范	以天然矿物（石英砂、黏土、砾石、陶粒）作为植草沟的基质来控制径流流量	新开发城区的径流流量控制与污染削减
		山地城市面源污染迁移段控制集成技术	重庆两江新区城市水系统构建技术研究与示范	维持城市水循环的平衡状态，还能够保护受纳水体不被二次污染，一定程度上补充地下水	城市5%～10%坡度道路径流污染控制
		山地城市地表径流源区生物促渗减流技术	重庆两江新区城市水系统构建技术研究与示范	周围的景观绿地滞留、促渗不透水地表产生的径流，在减少城区地表径流的同时，控制不透水地表初期径流污染	山地城市道路、停车场等不透水地表径流
		强化雨水渗透及净化的渗透浅沟构建技术	天津中心城区景观水体功能恢复与水质改善技术开发及工程示范	用于渗透及净化地面的雨水	北方缺水城市非透水地面
		土壤增渗减排技术	河网城市雨水径流污染控制与生态利用关键技术研究与工程示范	采用不同介质进行搭配增加土壤渗透效果并将收集的雨水在原位进行下渗净化	建筑小区、城市道路、园林绿地等土壤渗透性能较差的土壤地区雨水径流的控制利用
	滞蓄技术	绿色屋顶构建技术	重庆主城排水系统安全与城市面源污染控制技术研究与综合示范	用于将城市屋顶改造为绿色屋顶	城市屋顶改造
		屋顶径流分流净化技术	重庆主城排水系统安全与城市面源污染控制技术研究与综合示范	将屋顶径流分质有效净化，削减屋顶径流	城市屋顶径流控制
		适用性绿色屋顶源头控污截流技术	绿色建筑与小区LID雨水系统研究与示范	用于削减屋顶径流峰值、污染物及延缓径流达到峰值的时间	径流峰值削减、污染物削减、径流延缓
		绿色建筑小区雨水湿地径流控制技术	绿色建筑与小区LID雨水系统研究与示范	以雨水砾石湿地装置为依托，对雨水径流水量进行控制，包括其对雨水径流洪峰的削减、延迟以及对径流总量的消纳	径流延缓、径流总量控制、径流污染削减

续表

技术环节	支撑技术	单项技术	课题名称	用途	适用范围
源头削减技术	滞蓄技术	绿色建筑小区阶梯式绿地截缓径流技术	绿色建筑与小区LID雨水系统研究与示范	用于雨水径流延缓、径流总量控制、径流污染削减	径流延缓、径流总量控制、径流污染削减
		城市绿地多功能调蓄-滞留减排-水质保障技术	城市道路与开放空间LID雨水系统研究与示范	通过在多功能调蓄设施的驳岸和植被带上应用，调蓄净化径流雨水	多功能调蓄设施的驳岸和植被带
		融雪剂自动弃流功能的生物滞留带技术	城市道路与开放空间LID雨水系统研究与示范	依靠高程控制及过滤结构实现含融雪剂融雪水的自动渗滤弃流，过滤土壤中微生物可实现融雪要求的生物降解	北方寒冷地区城市道路径流控制与利用，实现含融雪剂融雪水的自动渗滤弃流
		适用于北方城市道路的生物滞留系统技术	LID雨水系统综合示范与评估	可用于保护生态系统完整性，收集的雨水可再利用或补给地下水，多种作用去除污染物，降低雨水径流的污染物负荷	北方道路生物滞留带
		新型生物滞留池（具有同步脱氮除磷功能的两相生物滞留系统）	LID雨水系统综合示范与评估	可通过具备同步脱氮除磷功能的新型生物滞留池保护生态系统完整性，收集的雨水可再利用或补给地下水，多种作用去除污染物，降低雨水径流的污染物负荷	去除降雨径流中的氮磷
		花园式雨水集水与促渗技术	合肥市滨湖新区LID与水环境整治技术研究及工程示范	通过建设植草沟，实现雨水水质净化、径流流量控制与污染削减	新开发城区的径流流量控制与污染削减
		新型消除城市暴雨径流雨洪利用的雨水花园技术	缺水城市雨污水再生处理和不同途径用水的关键技术研究与工程示范	用于设计雨水花园以及通过对雨水花园运行效果的深入监测研究，为今后其设计与运行提供理论依据，削减雨水径流、去除污染物，兼顾生态景观效应	道路雨水径流污染控制
		初期雨水生态滞留硅藻土快速处理技术及应用	合肥市滨湖新区LID与水环境整治技术研究及工程示范	使用复合硅藻土处理初期雨水	初期雨水快速净化

续表

技术环节	支撑技术	单项技术	课题名称	用途	适用范围
源头削减技术	利用技术	路面雨水集蓄净化利用系统与技术	缺水城市雨污水再生处理和不同途径用水的关键技术研究与工程示范	可收集路面雨水之后净化和回用，从而削减道路雨水径流污染	道路雨水径流污染控制
		停车位雨水原位净化蓄水回用技术	污水处理系统区域优化运行及城市径流污染削减技术研究与示范	可回收洗车废水或降雨，净化后的水可以用来洗车或浇洒绿地，若直接在车位上洗车，则洗车废水可原位下渗净化，既不会产生径流，又能够使废水再次净化回用	雨水、污水中污染物去除
过程控制技术	分流技术	雨水径流时空分质收集处理技术	快速城市化新区水环境综合保护技术研究与示范	改善区域排洪问题，同时有效削减快速发展建设城市区域的雨水径流面源污染	雨水径流中污染物去除
		无线广播式初期雨水弃流技术	城市道路与开放空间 LID 雨水系统研究与示范	以降雨量为依据间接判断汇水水质，并以无线方式发出“收集”或“弃流”指令，控制电动阀门的启闭用于雨水收集或控制径流污染	初期雨水弃流
		合流制管网溢流雨水拦截分流控制装置与关键技术	重庆主城重污染河流水污染控制与水质改善技术研究与示范	可拦截合流制管网溢流的雨水且可将初期雨水和生活污水分开	山地城市老城区合流排放口初期雨水径流污染控制
		合流制溢流污水（CSO）末端综合处理技术	河网城市雨水径流污染控制与生态利用关键技术研究与工程示范	以水环境容量达标为目标，对排水系统内调蓄设施及末端生态净化设施进行优化，实现溢流雨污水高效净化	平原河网区、下游排水管网或污水处理厂处理能力不足的合流制管网溢流污染末端治理
	截污技术	雨水口高效截污装置与关键技术	城市道路与开放空间 LID 雨水系统研究与示范	通过在雨水口安装截污装置截留雨水径流中的污染物质	城市道路高效截污的雨水口
		雨水口除污装置与应用技术	LID 雨水系统综合示范与评估	在雨水口安装除污器，有效去除降雨径流中部分污染物	LID 设施
		带有高效截污型雨水箅的道路雨水高效吸附净化带技术	污水处理系统区域优化运行及城市面源削减技术研究与示范	用于截留道路雨水中的污染物	雨水径流污染物去除

续表

技术环节	支撑技术	单项技术	课题名称	用途	适用范围
过程控制技术	截污技术	自动净化雨水检查井与截污技术	城市道路与开放空间LID雨水系统研究与示范	过滤并沉淀雨水中的较大颗粒物，减少后续雨水管网内雨水的含砂量	雨水SS过滤
		雨水检查井智能截污装置与技术	城市道路与开放空间LID雨水系统研究与示范	使雨水口具有截留污染物、削减径流和补充地下水的多重功能，有效拦截进入雨水口及雨水管道的垃圾，最大限度保证雨水管道的排水能力	雨水口
		雨水管道用旋流沉砂技术	城市道路与开放空间LID雨水系统研究与示范	适用于去除雨水管道的雨水中的重质颗粒物	去除雨水中重质颗粒物
		初期雨水专管调蓄贮存技术	城区水污染过程控制与水环境综合改善技术集成与示范	对初期雨水进行分离加以处理，有效消除径流污染物和缓解污水处理厂运行压力	截流道路5mm左右初期雨水
		分流制雨水排水系统末端漂浮介质过滤污染控制技术	河网城市雨水径流污染控制与生态利用关键技术研究与工程示范	在溢流堰导流作用下，经漂浮滤层后从出水管出流，在滤层表面的拦截作用和滤料颗粒表面的黏附作用下，SS被截留，雨水得以净化	*DN*1000以内分流制雨水排放口末端及末端生态净化设施的预处理
		城市溢流污染削减及排水管道沉积物减控技术	巢湖市城市水环境质量改善研究与综合示范	用于削减城市溢流污染及排水管道沉积物的减控	混接雨水口或合流制排水系统溢流口溢流污染控制
	调蓄技术	城区合流制系统溢流量削减技术	合肥市南淝河水质提升与保障关键技术研究及工程示范	用于削减城区合流制排水系统的溢流	合流制城区溢流污染控制
		基于昆明降雨排水特征的溢流污染控制调蓄池设计技术	昆明主城区区污染物综合减排与水质保障关键技术	基于昆明主城区降雨和排水特征分析，集成由规模计算，进水、放空和清淤模式选择构成的合流制调蓄池设计技术	径流污染控制的合流制雨污调蓄池设计
		基于水力模型的初期雨水调蓄池设计方法与技术	昆明主城区污染物综合减排与水质保障关键技术	使用水力模型来设计初期雨水调蓄池	初期雨水调蓄池的建造
		基于昆明降雨和水资源利用特征的初期雨水调蓄池设计技术	昆明主城区污染物综合减排与水质保障关键技术	确定昆明地区分流制初期雨水调蓄工程的容量算法，提出了以雨水调蓄为主，其他利用措施为辅的技术框架体系	分流制初期雨水调蓄和利用工程设计、施工、管理与维护

续表

技术环节	支撑技术	单项技术	课题名称	用途	适用范围
后端治理技术	物理化学处理技术	泵站雨水强化混凝沉淀过滤净化处理技术	天津中心城区景观水体功能恢复与水质改善技术开发及工程示范	在泵站设置混凝设施，通过混凝有效去除径流雨水中的悬浮物和胶体	雨水径流污染物净化处理及回用
		用于初期雨水就地处理的旋流分离及高密度澄清处理技术与装备	巢湖流域城区雨污收集、处理及径流污染控制技术及示范	利用高速切向水流形成的离心力，实现颗粒态污染物的有效分离	污染物去除
		初期雨水面源污染水力旋流-快速过滤技术	老城区水环境污染控制及质量改善技术研究与示范	利用悬浮颗粒与滤料颗粒之间的黏附和物理筛滤作用，截留雨水中的悬浮物，净化雨水	道路初期雨水的截流、贮存、处理和排放
	生态处理技术	复合流人工湿地处理系统与技术	缺水城市雨污水再生处理和不同途径用水的关键技术研究与工程示范	利用湿地植物、土壤及微生物去除雨污水中的污染物，实现雨洪控制和净化降雨径流水质	城市污水和不同功能区雨水径流的净化与利用
		山地陡峭岸坡带梯级湿地净化技术	重庆主城重污染河流水污染控制与水质改善技术研究与示范	利用湿地植物、土壤及微生物去除雨污水中的污染物，实现雨洪控制和净化降雨径流水质	山地陡峭岸坡带
		分流制雨水排水系统末端渗蓄结合的生态协同污染控制技术	河网城市雨水径流污染控制与生态利用关键技术研究与工程示范	用于渗蓄分流制雨水排水系统排放口末端排放的雨水净化	*DN*1000 以内分流制雨水排水系统排放口末端
		三带（草本-灌木-乔木）系统生态缓冲带技术	重庆主城重污染河流水污染控制与水质改善技术研究与示范	用于地形坡度较大的山地河流河岸，削减初期雨水径流污染物	地形坡度较大的山地河流河岸初期雨水径流污染物削减
		多塘系统生态缓冲带技术	重庆主城重污染河流水污染控制与水质改善技术研究与示范	用于山地城市相对平缓地区河岸带，去除初期雨水径流污染物	山地城市初期雨水净化
		雨水补给型景观水体水质保障与雨水调蓄技术	绿色建筑与小区LID雨水系统研究与示范	集成人工湿地及喷泉富氧设施，处理以雨水为主要补给的景观水体，水体经过不同水位的调蓄容积调控方式对绿色建筑与小区雨水径流洪峰流量削减和洪峰延时	雨水污染物削减及水量调蓄
		城市面源污染水体净化与生态耦合修复技术	巢湖市城市水环境质量改善研究与综合示范	用于增氧、有机物降解和高效硝化/反硝化等，同时有效增强水体自净能力，提升城市水生态和水景观	城市受损景观水体水质提升与生态恢复

6.3 城镇降雨径流污染控制技术应用模式

针对我国城镇降雨径流污染严重问题，当前城镇降雨径流污染控制技术方面存在如下4个方面的技术需求：

(1) 绿色LID工程技术。该技术能够在源头有效削减径流污染负荷。然而，当前我国城镇下垫面类型多，缺乏面向不同下垫面类型的LID工程技术应用模式。

(2) 新型截污雨水口。它是收集雨水同步实现径流污染净化的重要设施。传统雨水口存在易堵塞、难清淤等问题，造成收水效率低、净化能力差，需要对雨水口进行改造与精细化管理，实现灰绿结合。

(3) 溢流污染控制技术。我国合流制管网覆盖面积广，雨天合流制排水流量大，超出污水处理厂运行负荷，存在溢流污染风险，亟需适宜的溢流污染控制技术和雨污水收集系统与城镇污水处理厂联合调度策略。

(4) 初期雨水控制技术。我国城镇化快速发展，下垫面硬化比例逐年增高，分流制雨水管网存在错接、破损和污染物沉积等问题，导致雨天初期冲刷效应明显，初期雨水污染负荷高，许多城市存在初期雨水直排入河问题，亟需能有效解决初期雨水污染问题的弃流、净化、调蓄、末端处理及组合应用技术。

(5) 工程技术应用模式和成套技术。我国城镇发展速度不均衡，造成城镇基础设施条件差异性较大。老城区合流制排水体制难以实现雨污分流改造；很多城区存在合流制、分流制混合区域；需要给出适合我国不同城镇区域和排水体制的工程技术应用模式和成套技术。

针对上述问题，本节总结水专项研究成果，形成LID径流污染控制技术模式、雨水口改造与管理技术模式、合流制排水体制溢流调蓄技术模式和分流制排水体制初期雨水净化技术模式。

6.3.1 LID径流污染控制技术模式

随着我国城镇化的快速发展，城市扩张对土地的需求越来越高，使城市下垫面类型发生了改变，地面逐渐被水泥、沥青等硬质材料覆盖，不透水面积的占比变得越来越高，下垫面的滞水性、渗透性变得越来越差。城市原有的自然水循环过程被破坏，造成了洪涝灾害概率增加、雨水径流污染严重等问题。LID技术能够在一定程度上从源头解决这些问题。一方面，LID技术可以从源头削减部分径流量和污染负荷，补充地下水，提高雨水利用率；另一方面，LID技术可以减轻雨水管网输送和污水处理厂运行压力。本节提供的LID技术模式包括：建筑小区径流污染控制技术模式、城市道路径流污染控制技术模式、生态停车场径流污染控制技术模式、城市绿地径流污染控制技术模式和雨水综合利用技术模式。

1. 建筑小区径流污染控制技术模式

(1) 解决目标

针对建筑小区径流污染问题，该技术模式使用LID设施削减城市建筑小区、公共建筑区的屋面和道路的降雨径流。

（2）技术组成与工艺流程

该技术模式由雨水花园、下凹式绿地、植草沟、生态树池、透水路面、绿色屋顶、雨水口和雨水断接口 8 项技术组成，工艺流程如图 6-2 所示。小区屋顶雨水通过绿色屋顶的滞留和下渗作用得到净化，多余的屋顶雨水则通过雨水断接口由屋顶输送至地面的卵石沟/雨水花园/植草沟/下凹式绿地中进一步净化。小区路面雨水一部分通过透水路面下渗到地下，未下渗的部分一部分流进雨水口，另一部分通过添加多功能除污染介质的 LID 设施进一步净化。

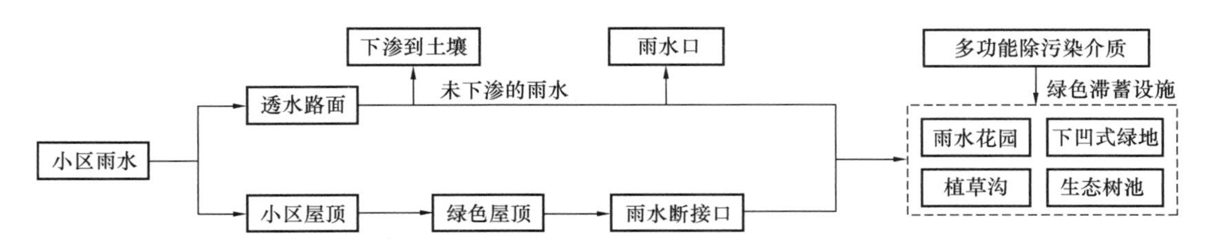

图 6-2　建筑小区径流污染控制技术模式工艺流程图

（3）应用效果分析

该技术模式在深圳市光明新区万丈坡片区拆迁安置一期工程中得到了应用。该工程采用了多项绿色建筑与小区径流污染控制单项技术进行集成应用，具体包括绿色屋顶、雨水花园、生态树池、植草沟、下凹式绿地、透水铺装和雨水断接等。

该工程南与华裕路相接，东临牛山路，西接光明大道，包括 5 栋住宅楼（1～5 号），占地面积 2.75hm^2，建筑面积 6.47 万 m^2。工程工艺流程如图 6-3 所示，工程实景如图 6-4 所示。透水铺装产生的径流可进入生态树池滞留净化，消防车道产生的径流可通过植草沟进入下凹式绿地滞留净化。绿色屋顶和普通屋顶产生的径流可通过雨水立管断接至雨水花园滞留净化。应用该技术模式，小区不透水面积减少了 20%，径流系数降低至 0.27，年均降雨洪峰削减 40%以上，污染物削减 70%以上。

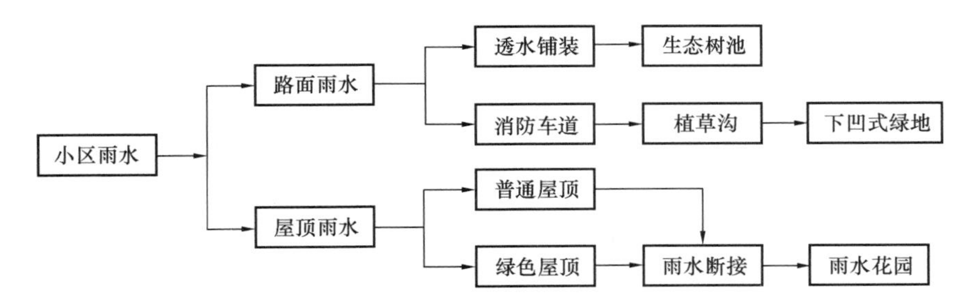

图 6-3　深圳市光明新区万丈坡片区拆迁安置一期径流污染控制工程工艺流程图

2. 城市道路径流污染控制技术模式

（1）解决目标

针对城市道路存在大量污染物，降雨后冲刷路面形成污染负荷较高的路面径流，该技

图 6-4 深圳市光明新区万丈坡片区拆迁安置一期径流污染控制工程实景图

(a) 透水铺装;(b) 生态树池;(c) 植草沟;(d) 雨水断接

术模式使用 LID 设施等削减城市人行道和机动车道的降雨径流，大大削减了径流量。

(2) 技术组成与工艺流程

该技术模式由雨水花园、下凹式绿地、植草沟、生态树池、透水铺装和雨水断接等 7 项技术组成，工艺流程如图 6-5 所示。道路降雨径流一部分通过透水铺装或透水沥青入渗至地下，当入渗量饱和或降雨径流量过大时，过多的降雨径流则汇入道路两侧添加多功能除污染介质的卵石沟/阶梯式绿地/下凹式绿地/植草沟/生态树池等 LID 设施中，超出 LID 设施处理能力的雨水通过雨水溢流口溢流进入排水管网。当道路两侧建有停车位时，道路降雨径流还可以收集进入停车位雨水净化蓄水设施中。

(3) 应用效果分析

该技术模式在深圳市光明新区公园路得到了工程应用。光明新区公园路位于新城公园南侧和西侧，北至华夏路，东至光桥路，绕新城公园呈弧形，工程总规模为 5.1hm^2。公园路为一条市政Ⅱ级次干道，道路红线宽度为 40m，道路机动车道为双向四车道，中央绿化带宽 9m，路侧绿化带宽 3m，自行车道宽 1.5m，人行道宽 3.5m；机动车道及自行车道

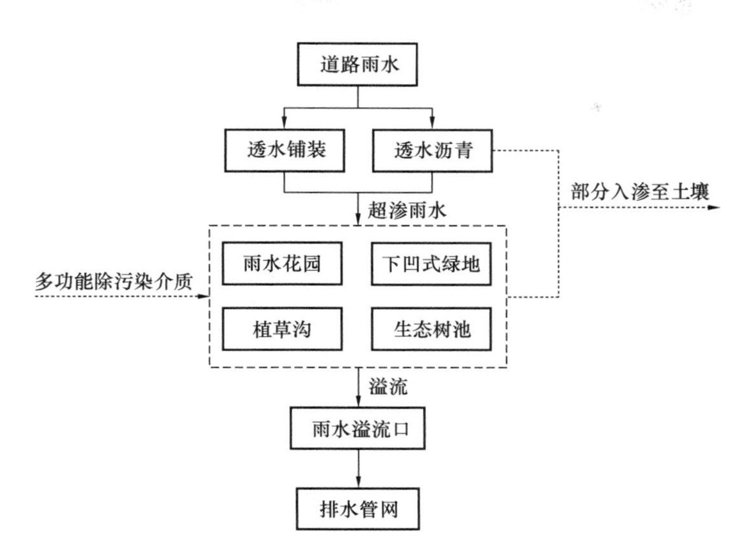

图 6-5　城市道路径流污染控制技术模式工艺流程图

为透水沥青路面，人行道为透水砖铺装路面。道路全长 2.2km，分为两个标段，其中北标段 1.4km 道路绿化带改造为生物滞留带，南标段 0.8km 为普通设计道路，两标段道路除生物滞留带外具有相同的道路横断面。

深圳市光明新区公园路径流污染控制工程工艺流程如图 6-6 所示。人行道、机动车道及自行车道上的径流雨水一部分通过透水砖路面和透水沥青路面入渗至地下；当入渗量饱和或降雨径流量过大时，过多的降雨径流则通过道路路缘石豁口汇入生物滞留带；生物滞留带中设置雨水溢流口，作为超过生物滞留带处理能力的径流雨水的排放通道。通过该工艺对降雨径流的滞留、减排、控污和促渗作用，实现了公园路片区年径流总量控制率达到 60%以上，年径流污染削减率达到 40%，提升了公园路的生态景观效果及道路的综合排水能力，工程实景如图 6-7 所示。

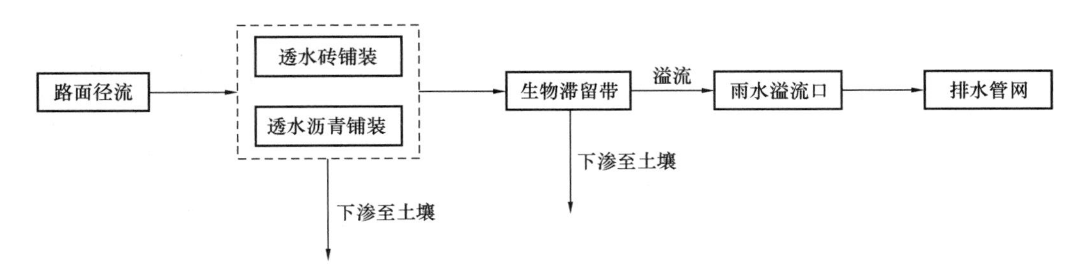

图 6-6　深圳市光明新区公园路径流污染控制工程工艺流程图

3. 生态停车场径流污染控制技术模式

（1）解决目标

针对传统停车场雨天易积水、易滋生蚊蝇等问题，生态停车场技术能消纳停车位上蓄积的径流雨水并消除雨水径流中的污染物，大大改善停车场自身以及周边的环境。

图 6-7 深圳市光明新区公园路径流污染控制工程生物滞留带与雨水溢流口实景图

(2) 技术组成与工艺流程

该技术模式由透水砖、填料过滤层和地下蓄水池 3 项技术组成，工艺流程如图 6-8 所示。雨水降落在停车场后，首先通过停车场表面透水性能良好的透水砖下渗，之后经过填料过滤层得到一定净化，而后随停车场底部的雨水收集管渠和绿地下的管道进入地下蓄水池。蓄水池中得到净化的雨水可被用作绿化浇灌、景观用水补充和洗车用水等回用水。

(3) 应用效果分析

该技术模式应用于无锡市尚贤河分区南侧的停车场，停车场面积为 $40m^2$，贮水体积 $4m^3$，有效容积 $3.8m^3$，每个停车位的长度和宽度分别为 6m 和 3m。生态停车场底部经过净化的雨水通过两个停车位之间的透水管渠，导入位于侧边埋于绿地下的蓄水箱。蓄水箱是塑料模块材料的组合式水箱，可根据贮水需要灵活选择模块容积。该技术模式对径流中 SS、COD、NH_3-N、TN 和 TP 的平均去除率分别为 89.3%、66.4%、86.8%、43.6%和 83.3%，显著改善了停车场本身及其周边的环境，减少了径流污染，实现了雨水综合利用，工程实景如图 6-9 所示。

图 6-8 生态停车场径流污染控制技术模式工艺流程图

4. 城市绿地径流污染控制技术模式

(1) 解决目标

针对土壤渗透性差、浅层地下水位高等问题，该技术模式主要通过土壤增渗减排技术增加土壤的渗透性能从而提高雨水入渗速率和入渗量，减少降雨径流量；其次，在使用土壤增渗减排技术之后，进一步利用植物种植及养护技术和一系列低影响开发技术，实现景观效果的提升和降雨径流量及径流污染物的有效削减。

图 6-9 生态停车场径流污染控制技术模式应用实景图

(2) 技术组成与工艺流程

该技术模式由雨水花园、下凹式绿地、植草沟、生态树池、土壤增渗减排和植物种植养护与快速修复 6 项技术组成，工艺流程如图 6-10 所示。城市降雨径流首先通过土壤增渗减排技术增加雨水的下渗；经过增渗后，通过添加多功能除污梁介质的绿色滞蓄设施进一步削减径流量和径流污染；使用植物种植

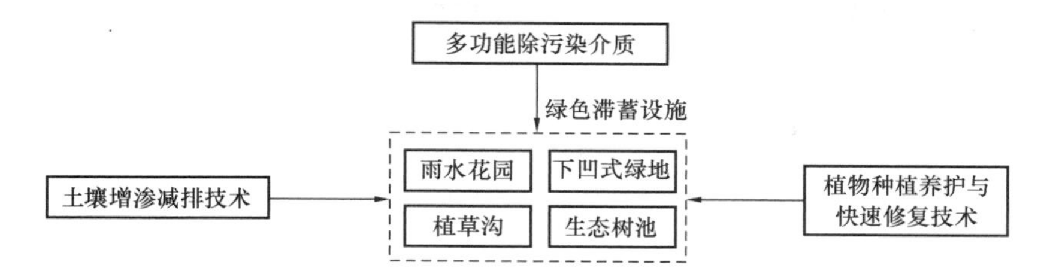

图 6-10 城市绿地径流污染控制技术模式工艺流程图

养护与快速修复技术对绿色滞蓄设施进行维护。

（3）应用效果分析

该技术模式在嘉兴市环城东路生态绿道网雨水控制利用工程中得到了应用，工艺流程如图 6-11 所示，工程实景如图 6-12 所示。该技术模式从源头上削减了绿道自身和周边雨水径流的污染，同时在排入受纳水体前进一步对雨水中的污染物进行有效拦截，保护水环境。该工程控制降雨量大于 20mm，外排雨水径流总量削减率大于 30%，SS 和 COD 等主要污染物负荷削减率大于 30%。

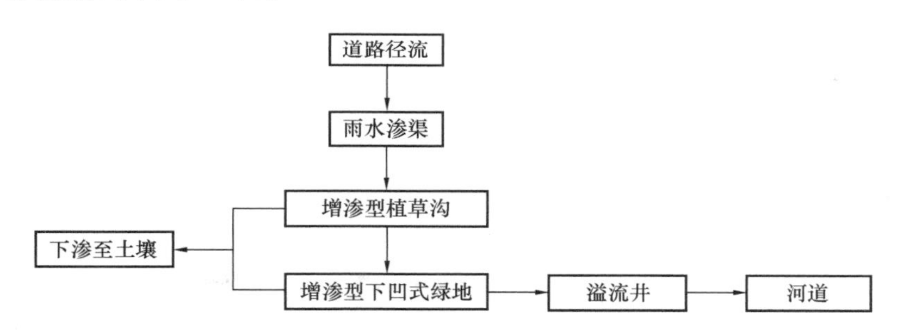

图 6-11 嘉兴市环城东路生态绿道网雨水控制利用工程处理工艺流程图

5. 雨水综合利用技术模式

（1）解决目标

针对传统雨水快排方式存在雨水综合利用率低的问题，该技术模式将降雨径流收集并通过物化方式集中处理，最终将其用于小区绿化浇灌、道路冲洗和冲厕等方面。

图 6-12 嘉兴市环城东路生态绿道网雨水控制利用工程实景图

（2）技术组成与工艺流程

该技术模式由绿色屋顶、透水停车场、透水路面、下凹式绿地、植草沟、雨水溢流口、旋流沉砂和过滤消毒 8 项技术组成，工艺流程如图 6-13 所示。降雨落在添加多功能除污染介质的下凹式绿地、植草沟、绿色屋顶、透水停车场、透水路面和透水广场等 LID 设施后，通过下凹式绿地和植草沟净化和贮存，超出其容

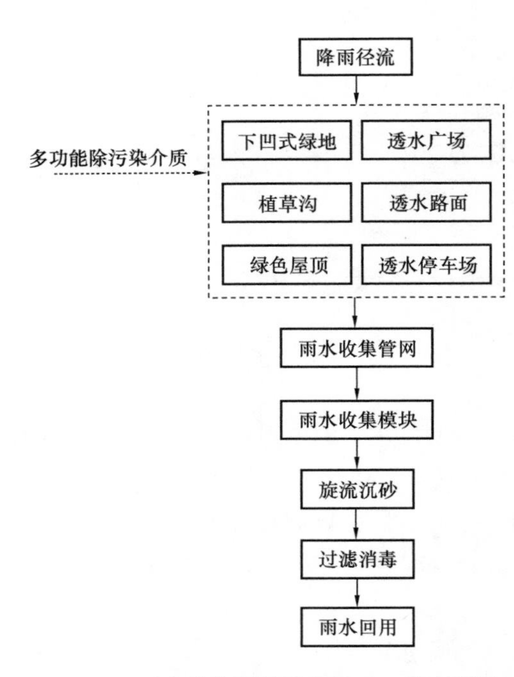

图 6-13　雨水综合利用技术模式工艺流程图

量的径流通过雨水收集管网的输送到达雨水收集模块，最终通过旋流沉砂和过滤消毒等手段对径流进行物化处理后回用。

（3）应用效果分析

该技术模式在深圳市光明新区群众体育中心得到了应用，项目占地面积 61885m^2，总建筑面积 20221m^2。光明新区群众体育中心位于光侨路与华夏路交汇处，光明新城公园北侧。项目采用多项雨水径流减排设施，形成了包括绿色屋顶、下凹式绿地、植草沟、透水停车场和雨水收集模块等技术设施在内的雨水综合利用系统，工艺流程如图 6-14 所示，工程实景如图 6-15 所示。其中，源头减排包括绿色屋顶、透水广场、透水停车场以及下凹式绿地等低影响开发设施；过程减排包括植草沟和雨水收集管网进行雨水转输和控制；末端减排包括雨水收集模块和处理设备收集净化雨水，超过设计标准的雨水径流再溢流到市政雨水管网。项目实现年径流综合控制率 75%，年径流污染物削减率 50%，径流峰值削减 37%～47%，雨水回用量约 0.6 万 m^3/年，用于绿化浇灌、道路冲洗，实现年节约水费约 2.0 万元。

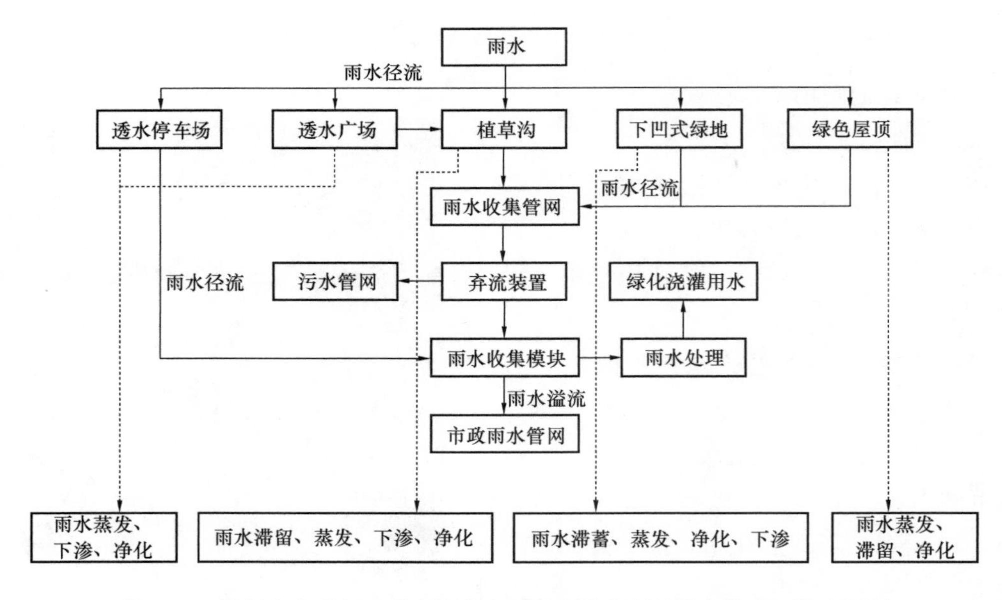

图 6-14　深圳市光明新区群众体育中心雨水综合利用技术模式工艺流程图

图 6-15　深圳市光明新区群众体育中心雨水综合利用工程实景图

（a）植草沟；（b）绿色屋顶；（c）透水广场；（d）雨水净化装置

6.3.2　雨水口改造与管理技术模式

1. 解决目标

针对传统雨水口易堵塞和难清淤等问题，雨水口改造与管理技术模式有效减少了初期雨水污染物在雨水井中的沉积，大大降低了雨水井的管理难度。

2. 技术组成与工艺流程

该技术模式由截污、弃流、收集净化和维护 4 项技术组成，工艺流程如图 6-16 所示。降雨径流通过雨水口和截污挂篮截污后进入弃流井室，经过渗排管下渗至土壤补充地下水，中后期雨水输送到雨水收集模块。

3. 应用效果分析

该技术模式在北京机场高速辅路和北京市左家庄街道所辖区域内小区得到了应用，其中，雨水口截污装置如图 6-17 所示。径流雨水首先经过雨水口截污装置截留雨水中的较大颗粒污染物，之后进入雨水井弃流室贮存，初期径流雨水经过雨水井弃流室底部连接的渗排管进入石英砂层、砾石层以及周边土壤。当中后期径流雨水进入导致雨水井弃流室中的积水深度达到出水管的高度时，雨水井弃流室中积存的中后期径流雨水通过出水管流出，进入雨水管网。

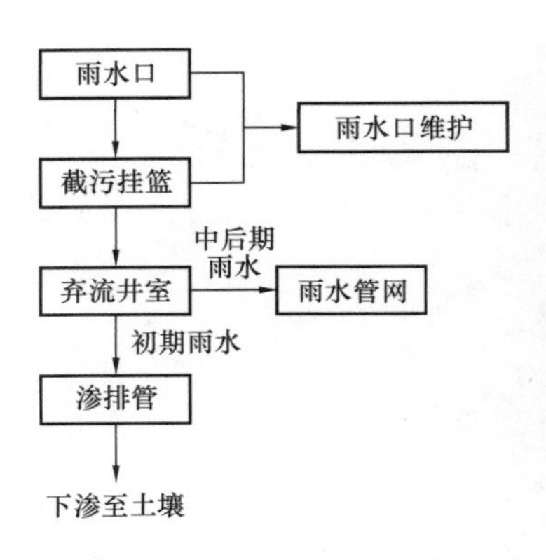

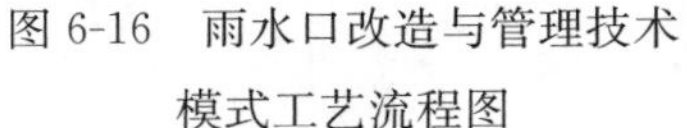
图 6-16　雨水口改造与管理技术模式工艺流程图

图 6-17　雨水口截污装置

该技术模式成功截留了至少 90%进入雨水口和雨水管道的垃圾，节约了 90%以上的管道维护费用。在较小降雨重现期和较大降雨重现期条件下，对 SS 的去除率分别在 50%～80%和 40%～60%范围内，径流削减率分别为 25%～42%和 16%～25%。

6.3.3　合流制排水体制溢流调蓄技术模式

1. 调蓄池技术模式

（1）解决目标

针对雨天合流制排水流量大、超出污水处理厂运行负荷而直接排入河道导致水体污染等问题，该技术模式通过将溢流污水输送至调蓄池经物化和生态设施处理后再排入河道，大大缓解了溢流对河道的污染。

（2）技术组成与工艺流程

该技术模式由截流、调蓄、就地处理 3 项技术组成，工艺流程如图 6-18 所示。合流制排水通过中间井输送至调蓄池，雨天时就地处理后排入河道，无雨时输送至污水处理厂处理后排入河道。

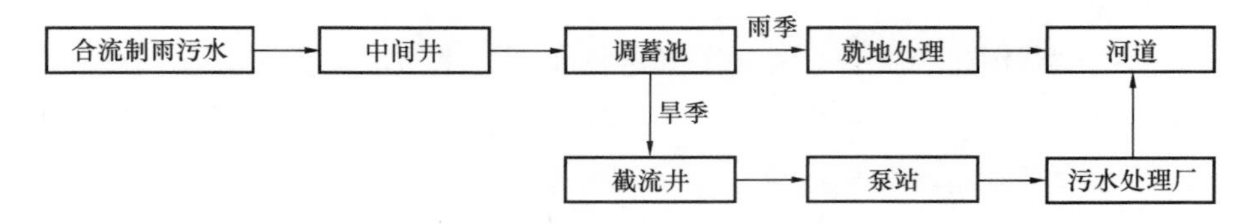

图 6-18　调蓄池技术模式工艺流程图

（3）应用效果分析

该技术模式在常州市钟楼区上村泵站 CSOs 调蓄工程中得到了应用。该泵站的服务区域类型主要为采用直排式合流制排水系统的未改造城中村，服务区域面积约 55000m^2，人口约 2750 人，污水量约为 400m^3/d。上村地区雨天多余雨污合流水进入调蓄池贮存，等晴天时污水被泵站截流进入污水处理厂处理。若雨天雨量较大，超过调蓄能力的部分就地处理后排入受纳水体。该工程初期雨水贮存池体积 45m^3，就地处理快速过滤池体积 35m^3，处理能力 70m^3/h。

2. 调蓄池-污水处理厂联合运行技术模式

(1) 解决目标

针对独立的污水处理厂处理合流制污水时运行负荷易受冲击的问题，该技术模式能够利用调蓄池对雨季超出污水处理厂处理负荷的雨污水进行处理，减轻污水处理厂的处理压力。

(2) 技术组成与工艺流程

该技术模式包括雨水口、雨水井、调蓄池和城镇污水处理厂雨季处理 4 项重要技术，工艺流程如图 6-19 所示。雨天时排水通过雨水口、雨水井等设施进入合流制管网后进入污水处理厂处理后排入河道，超过污水处理厂处理负荷的雨污水输送至调蓄池，无雨时再输送至污水处理厂处理，雨季时就地处理后排放。

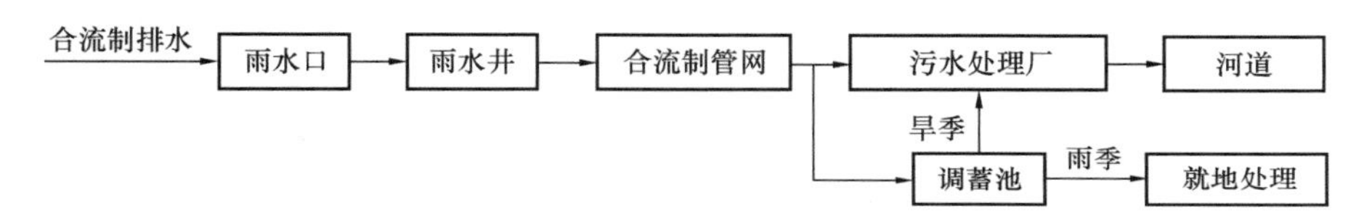

图 6-19　调蓄池-污水处理厂联合运行技术模式工艺流程图

(3) 应用效果分析

该技术模式应用于昆明市北片区雨污调蓄系统与污水处理厂联合控制运行工程，涉及 7 座调蓄池及第四污水处理厂和第五污水处理厂。该工程为昆明市北排水片区优化筛选了全局调控策略，并通过数值模拟进行了策略优化，实现了排水管网-调蓄设施-污水处理厂的联合运行技术模式，工程工艺流程如图 6-20 所示。雨天时，调蓄池贮存部分雨水，缓解污水处理厂运行负荷，若此时运行仍存在压力，可采用一级强化处理对雨水进行快速处理排放（如图 6-21 所示），进而有效降低雨天城市区域向受纳水体中排放的污染负荷，调蓄池贮存的雨水无雨时再输送至污水处理厂处理。

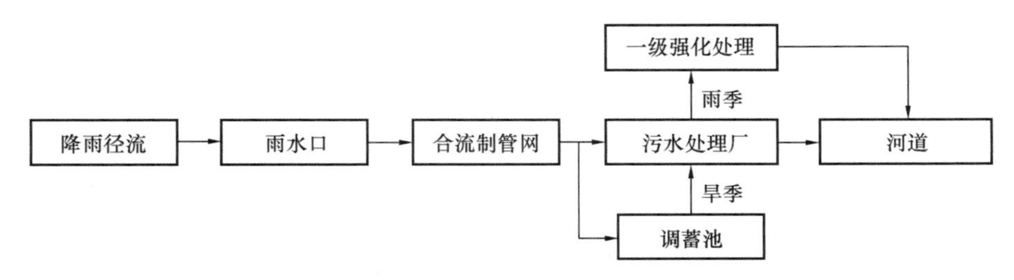

图 6-20　昆明市主城区调蓄池-污水处理厂联合运行技术模式工艺流程图

依托该工程，选取 2014 年雨季的 3 场降雨进行了现场测试。结果表明，应用优化策略设计与运行的调蓄池全年可减少 11.4%的溢流量、9.7%的 SS 溢流负荷、15.5%的 COD 溢流负荷、19.6%的 NH_3-N 溢流负荷、17.1%的 TN 溢流负荷及 16.1%的 TP 溢流负荷。昆明市第五污水处理厂长期运行的监测结果表明，所研发的基于一级强化处理的污

(a)　　(b)

图 6-21　昆明市第五污水处理厂雨季一级强化处理技术实景图

（a）一级强化处理反应池；（b）一级强化处理出水

水处理厂雨季应对技术对雨季合流污水中的 SS、COD、NH_3-N、TN 和 TP 的平均去除率分别为 87.2%、84.3%、42.5%、28.5%和 67.9%。

6.3.4　分流制排水体制初期雨水净化技术模式

1. 分质分流技术模式

（1）解决目标

解决污染严重的初期雨水直接排入河道污染水体的问题。该技术模式通过雨水口和雨水收集井收集道路降雨径流，进行分质分流，实现污染严重的初期雨水与水质较好的中后期雨水分离。其中，初期雨水经过净化后排入受纳水体，或进入调蓄设施贮存进一步处理后排入河道，实现初期雨水径流污染净化；水质较好的雨水进行简单处理后综合利用或直接排入河道。

（2）技术组成与工艺流程

该技术模式由雨水口、雨水检查井、雨水分流弃流、雨水调蓄设施、初期雨水净化设施等技术组成，工艺流程如图 6-22 所示。进入雨水口和雨水收集井的降雨径流进一步通过雨水分流弃流装置实现初期雨水与中后期雨水分质分流。其中，初期雨水经过调蓄处理后排入河道，中后期雨水经分流制雨水管网直接排入河道或经过简单处理后综合利用。

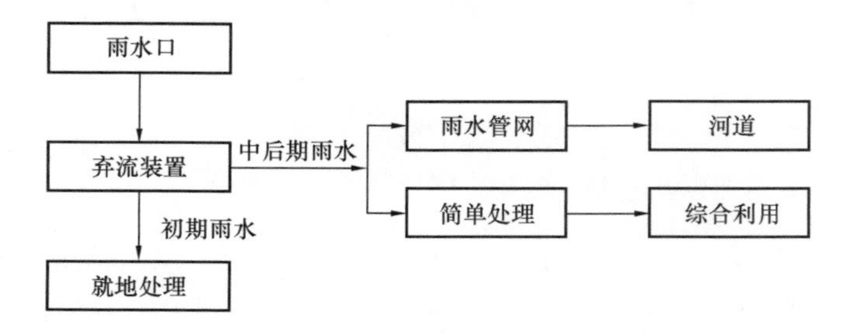

图 6-22　分质分流技术模式工艺流程图

（3）应用效果分析

该技术模式在深圳市光明新区新城公园得到了应用。新城公园南门内安置了广播式初期雨水弃流装置，系统由 1 台主机带 2 台子机构成，主机和子机距离约 100m，无线连接。子机控制 2 台 *DN*300 电动阀门切换水流方向。来自上游的雨水经过弃流装置切换，未达到预设排放标准时，初期雨水排向绿地滞留净化；降雨量达到弃流预设值时，雨水直接排向下游，进入下游水体，从而控制雨水带来的面源污染。经过一年运行考验，设备运行情况良好，该技术模式已经在济南二环南路工程中批量推广应用。

2. 调蓄净化技术模式

（1）解决目标

该技术模式主要通过调蓄池收集初期雨水，采用物化和生物处理设施将对其进行净化，以解决初期雨水高污染问题。

（2）技术组成与工艺流程

该技术模式由雨水口、调蓄池、混凝、沉淀、过滤、人工湿地、滨水缓冲带和湿地公园等技术组成，工艺流程如图 6-23 所示。分流制雨水经过雨水口和检查井后进入调蓄池，雨季时雨水经过混凝、沉淀和过滤等物化设施处理后再由滨水缓冲带、湿地公园和人工湿地等生物处理设施进一步净化排入受纳水体。旱季时，调蓄池贮存的雨水输送到污水处理厂处理后排入受纳水体。

（3）应用效果分析

该技术模式在合肥市滨湖新区塘西河初期雨水治理工程中得到了应用，工艺流程如图 6-24 所示。合肥市滨湖新区针对塘西河庐州大道 10 处雨水排口，通过排口改造和设置截流井，对初期雨水进行截流；沿河铺设截流管，对各排口截流的初期雨水进行统一收集；在徽州大道以东、中山路以南、广西路以西的塘西河北岸，建设湿地调蓄池，对收集的初期雨水进行调蓄；调蓄池配套建设成套化硅藻土混凝净化设施，对初期雨水进行处理净化后排入塘西河。塘西河初期雨水治理工程于 2016 年投入运行，年 COD 和 TP 分别削减 120～200t、1～1.5t，吨水建设成本 0.73 万元，吨水运行成本 0.2～0.3 元，有效缓解了初期雨水对塘西河水质的影响，取得了明显的经济、社会和环境效益。

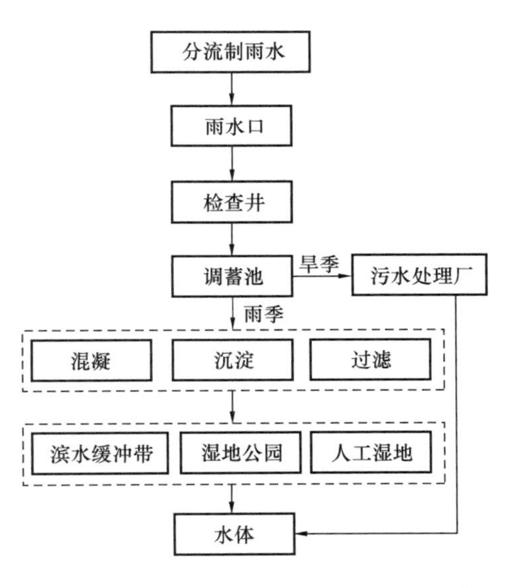

图 6-23　调蓄净化技术模式工艺流程图

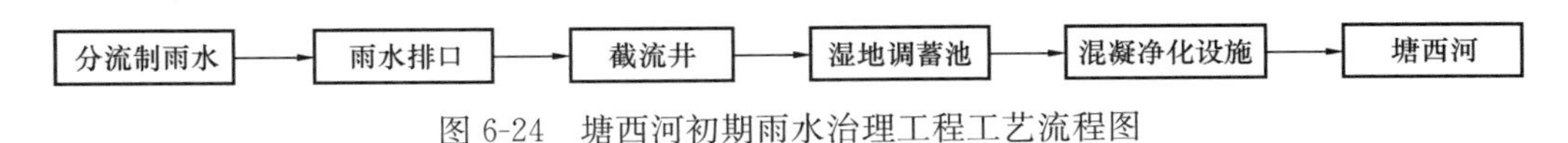

图 6-24　塘西河初期雨水治理工程工艺流程图

该工程实景如图 6-25 所示。目前，该工程运行稳定，关键核心技术已在合肥市塘西河下游以及合肥市十五里河流域初期雨水治理工程中得到推广应用。

(a)

(b)

图 6-25 塘西河初期雨水治理工程实景图

(a) 湿地调蓄设施；(b) 混凝净化设施

3. 专管调蓄技术模式

(1) 解决目标

专管调蓄技术模式实现了将初期雨水与中后期雨水进行分质处理，减轻河道的污染。

(2) 技术组成与工艺流程

该技术模式由雨水口、雨水检查井和初期雨水贮存专管 3 项关键技术组成，工艺流程如图 6-26 所示。其中，进入雨水口的道路雨水径流，优先流入雨水检查井底部的初期雨水贮存专管，雨后专管贮存的初期雨水通过旋流分离器和快滤池等就地处理后排入河道。

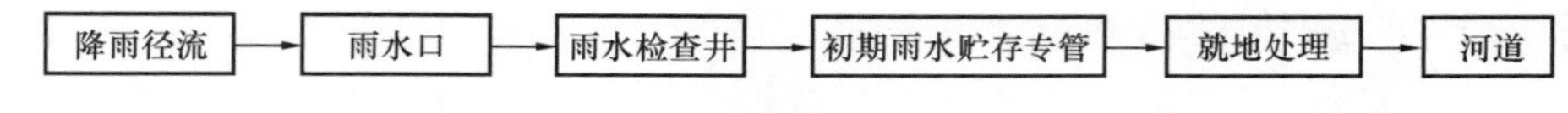

图 6-26 专管调蓄技术模式工艺流程图

(3) 应用效果分析

专管调蓄技术模式在常州市横塘河西路（竹林北路—北塘河东路）的道路初期雨水专管贮存工程中得到了应用，专管铺设长度 1.16km，工程服务道路的路幅为 32m（含机动车道、非机动车道和人行道），服务面积约为 $19648m^2$，工程工艺流程如图 6-27 所示。道路上的初期径流雨水优先流入设置在雨水检查井下方的专管内，雨后专管中的初期径流雨水通过旋流分离器和快滤池处理后排入湿地公园。

图 6-27 常州市横塘河西路专管调蓄工程工艺流程图

此外，将专管调蓄技术模式与就地处理技术耦合的集成技术分别在常州市横塘河西路、丽华泵站、竹林泵站和晋陵泵站建设了 4 处推广工程。工程实施前后现场如图 6-28 所示。推广工程均采用上述工艺流程，处理能力分别为 $45m^3/h$、$160m^3/h$、$60m^3/h$、

图6-28　常州市横塘河西路专管调蓄工程实施前后状况

$70m^3/h$，合计达$335m^3/h$。其中，COD、TP和NH_3-N的去除率分别为56.6%、55.9%和64.9%。

针对后期滞留雨水，在横塘河西路泵站、上村泵站和朝阳泵站建设了3项处理工程，分别采用砂滤＋专管调蓄＋海绵蓄水模块技术、高速纤维过滤技术及雨水花园技术，处理能力分别为$45m^3/h$、$100m^3/h$和$104m^3/h$，合计达$249m^3/h$；服务面积分别为5000、55000和$2441m^2$，合计达$62441m^2$。

6.4　城镇降雨径流污染控制成套技术

6.4.1　合流制排水体制径流污染控制成套技术

1. 解决目标

合流制排水系统存在两个问题：一是合流制管网无法将雨水与市政污水分离，污染严重的降雨径流随生活污水一同进入污水处理厂，造成污水处理厂压力大；二是当降雨量较大时，容易形成雨污水溢流。针对上述问题，该成套技术通过LID截污、雨水井截污、物化截污和生态截污对合流制排水系统雨污水进行有效控制，去除其中的固态污染物和溶解性污染物。

2. 技术组成与工艺流程

该成套技术由雨水花园、下凹式绿地、植草沟、生态树池、卵石沟、透水铺装、截污型雨水口、调蓄池、混凝、沉淀、过滤、人工湿地、滨水缓冲带和湿地公园等技术组成，工艺流程如图6-29所示。

在有LID设施的区域，不同下垫面的雨水进入LID设施，一部分经过自然下渗补充地下水，另一部分进入截污型雨水口，经过雨水口截污后进入合流制管网，再通过截污干管输送至污水处理厂进行处理。超过污水处理厂处理负荷的部分输送至调蓄池进行物化、生物处理后排入受纳水体。

在没有LID设施的区域，不同下垫面的雨水直接进入截污型雨水口进行截污，截污

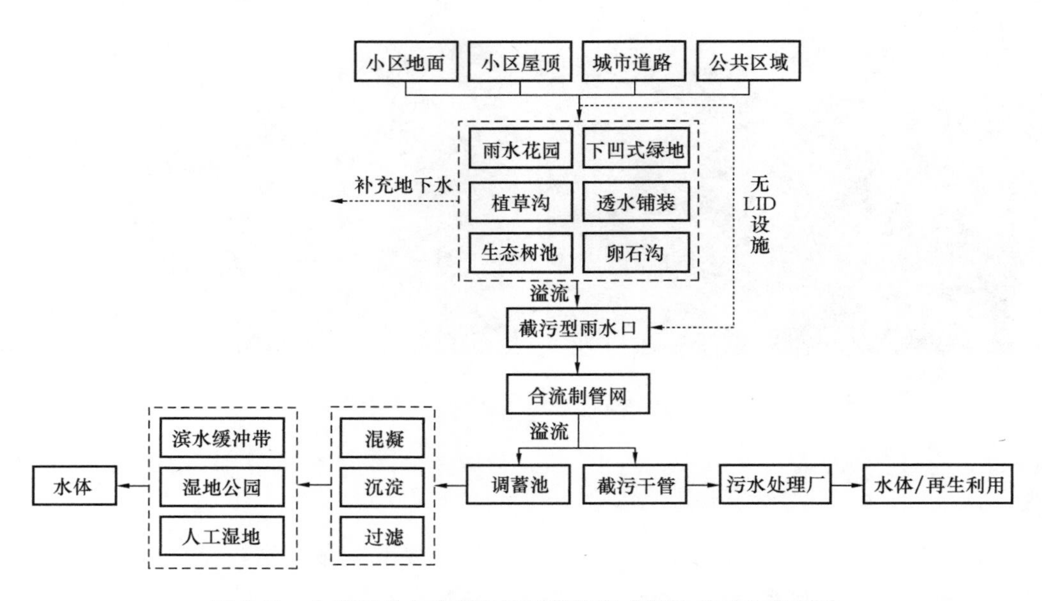

图 6-29　合流制排水体制径流污染控制成套技术工艺流程图

后的雨水进入合流制管网，通过截污干管输送至污水处理厂进行处理。超过污水处理厂处理负荷的雨水输送至调蓄池，经过物化、生物处理后再排入受纳水体。

3. 应用效果分析

该成套技术中有关源头削减技术在嘉兴府南花园三期小区径流污染控制工程中得到了应用，工程工艺流程如图 6-30 所示。为了有效削减府南花园三期小区径流污染，提升整体环境质量，采用低影响开发理念进行改造。采用雨水管断接技术，将建筑屋面雨水引入周边设置的下凹式绿地和雨水花园内下渗和净化；将小区内道路、停车场和广场改造为透水铺装增加雨水入渗量，超出部分的雨水引入下凹式绿地和雨水花园内下渗、净化；超出下凹式绿地和雨水花园贮存能力的雨水溢流进入雨水管道，经格栅除污井过滤后排入河道。工程实施后，府南花园三期小区年径流总量控制率由改造前的 36%提升至 84.6%，

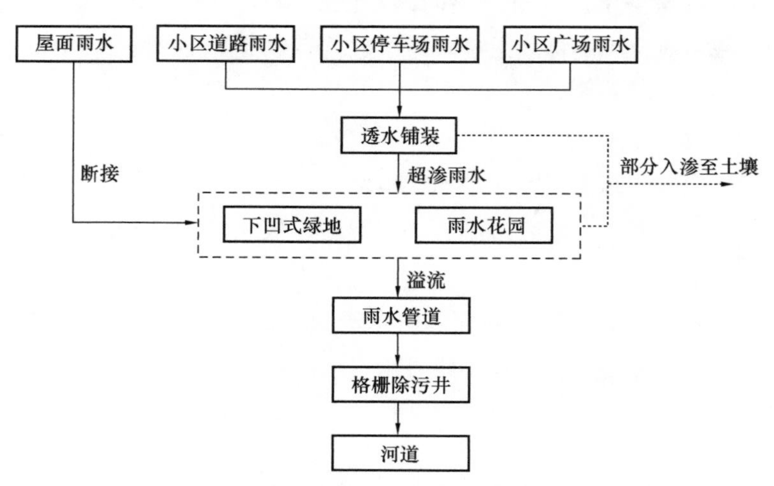

图 6-30　府南花园三期小区径流污染控制工程工艺流程图

每年减少 1825t 雨污水入河，实现了小区内径流污染控制与景观效果的融合。府南花园三期小区径流污染控制工程实景如图 6-31 所示。

(a)

(b)

图 6-31　府南花园三期小区径流污染控制工程实景图
(a) 下凹式绿地；(b) 雨水花园

该成套技术在昆明市雨污调蓄工程中也得到了部分应用，工程工艺流程如图 6-32 所示。该工程包括 3 项子工程，分别为海明河调蓄池、乌龙河调蓄池和白云路调蓄池，调蓄总规模为 4.41 万 m^3。3 座调蓄池分别与第十污水处理厂、第三污水处理厂和第五污水处理厂相连。当降雨径流量较小，调蓄池未满负荷运行时，收集的降雨径流全部输送至污水处理厂净化处理；当调蓄池满负荷运行时，多余的降雨径流则直接排入城市内河。经在线监测，该工程年平均削减降雨径流中 SS、COD、TN 和 TP 量分别为 338.35t、421.04t、49.57t 和 8.13t，白云路调蓄池如图 6-33 所示。

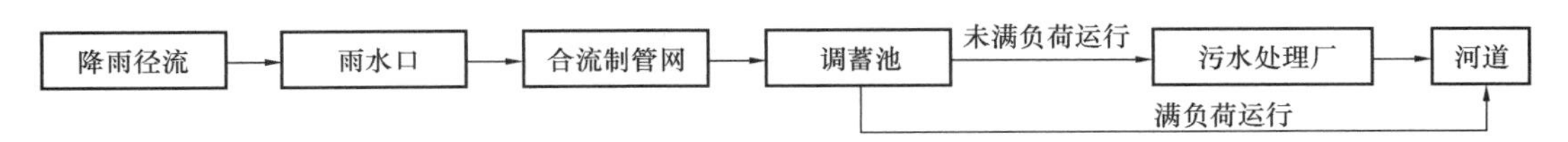

图 6-32　昆明市雨污调蓄工程工艺流程图

图 6-33　白云路调蓄池

该成套技术在常州上村泵站 CSOs 调蓄净化工程中也得到了部分应用，工程工艺流程如图 6-34 所示。上村地区晴天污水被泵站截流进入市政污水管网，雨天多余雨污合流水进入调蓄池贮存，雨天过后再被泵入污水处理厂，大大减少了雨天溢流量。若雨天雨量较大，超过调蓄能力的排水通过悬浮快滤装置处理后排入河道，大大降低了 CSOs 污染物浓度，从而保护受纳水体。调蓄池有效容积近 800m^3，调蓄能力达 1055.78m^3/h。悬浮快滤装置直径达 2.4m，处理规模达 102.7m^3/h，可实现自动反冲洗，如图 6-35 所示。工程第三方监测评估报告显示，6 次监测 SS 负荷削减率均达 30% 以上。整个工程截流、调蓄和快速处理可智能运行和远程监控，适合在采用合流制排水体制的地区推广使用。

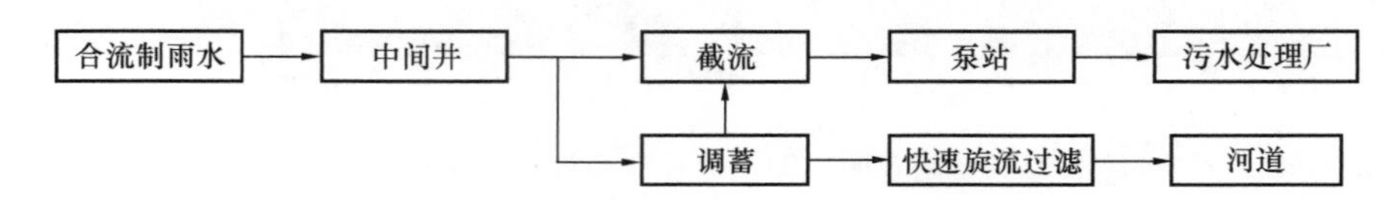

图 6-34　常州上村泵站 CSOs 调蓄净化工程工艺流程图

图 6-35　悬浮快滤装置

6.4.2　分流制排水体制径流污染控制成套技术

1. 解决目标

在新城区建设分流制雨水排水体系，在老城区改合流制排水系统为分流制排水系统实现雨污分流，是解决合流制溢流污染的重要手段之一。然而，降雨初期水量大、流速快，降雨径流对地表和雨水管道形成强烈的冲刷效应，降雨径流携带大量污染物及管道淤泥直接入河将带来较高污染负荷，引起受纳水体水质变差，甚至黑臭。为有效解决分流制排水体制径流污染问题，需要将源头、过程和末端技术进行集成，通过地表 LID 截污、雨水井截污、调蓄贮存、污水处理厂强化运行、物化截污和生态截污等措施对分流制排水体制径流污染进行控制，去除降雨径流携带的污染物。

2. 技术组成与工艺流程

该成套技术由雨水花园、下凹式绿地、植草沟、生态树池、卵石沟、透水铺装、截污型雨水口、调蓄池、混凝、沉淀、过滤、人工湿地、滨水缓冲带、湿地公园和污水处理厂雨季应对等技术组成，工艺流程如图 6-36 所示。

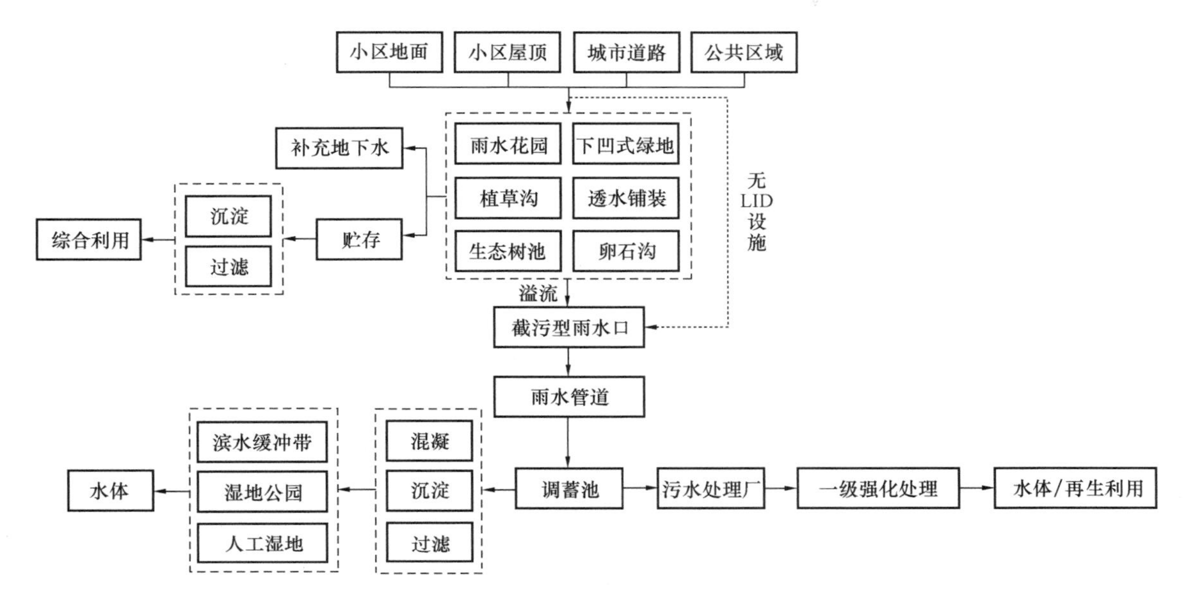

图 6-36　分流制排水体制径流污染控制成套技术工艺流程图

在有 LID 设施的区域，不同下垫面的雨水进入 LID 设施，一部分经过自然下渗补充地下水或者贮存在 LID 设施中经过物化处理从而达到综合利用，另一部分进入截污型雨水口，经过雨水口截污后进入雨水管道，溢流的雨水一部分输送至调蓄池经过物化、生物处理后再排入受纳水体，另一部分输送至污水处理厂进行雨季一级强化处理再生利用。

在没有 LID 设施的区域，不同下垫面的雨水直接进入截污型雨水口进行截污，截污后的雨水进入雨水管道，一部分输送至调蓄池经过物化、生物处理后再排入受纳水体，另一部分输送至污水处理厂进行雨季一级强化处理再生利用。

3. 应用效果分析

深圳市光明新区万丈坡片区拆迁安置一期工程中建设了分流制排水体制径流污染控制工程，以源头削减工程为主。该工程占地面积 2.75hm²，建筑面积 6.47 万 m²，涉及 5 栋住宅楼（1～5 号）。该工程南与华裕路相接，东临牛山路，西接光明大道。

该工程实现了屋面降雨径流污染控制、道路广场降雨径流污染控制和公共绿地降雨径流污染控制等技术的有机组合，工艺流程如图 6-37 所示，工程实景如图 6-38 所示。其中，2 号和 3 号住宅楼北侧消防车道产生的径流可通过两条植草沟进入下凹式绿地，经滞留净化后排入雨水管道；在 3 号和 4 号住宅楼间建设透水铺装进行径流渗透与截留，剩余径流进入生态树池，经进一步滞留净化后排入雨水管道；1～5 号住宅楼的主楼顶为普通屋顶，产生的径流可通过雨水立管断接至雨水花园，经滞留净化后排入雨水管道；1～5 号住宅楼的裙楼顶建设为绿色屋顶，对雨水进行截流，产生的径流可通过雨水立管断接至

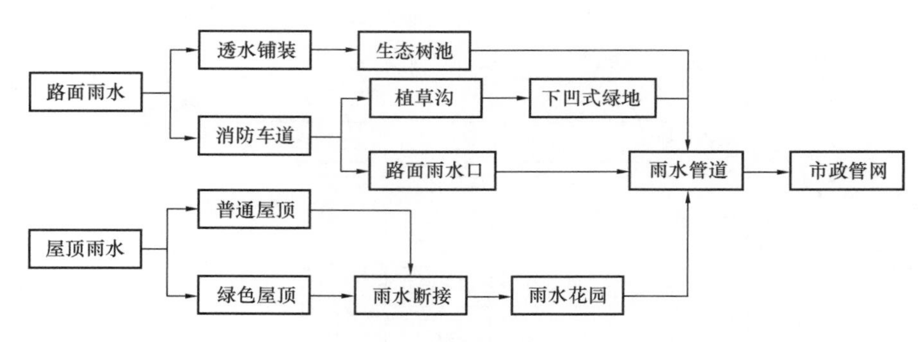

图 6-37　深圳市光明新区万丈坡片区拆迁安置一期工程分流制排水体制径流污染控制工程工艺流程图

图 6-38　深圳市光明新区万丈坡片区拆迁安置一期工程分流制排水体制径流污染控制工程实景图

(a) 生态树池；(b) 植草沟；(c) 雨水花园；(d) 雨水断接

雨水花园，经滞留净化后排入雨水管道。工程削减了超过 60%的 SS。

该成套技术在昆明市主城区西片区 5 座分流制雨水调蓄池工程和第五污水处理厂雨季一级强化工程中也得到了应用，主要体现在径流污染过程调蓄处理和后端污水处理厂处理，工程工艺流程如图 6-39 所示。降雨径流通过雨水管道收集进入雨水调蓄池，再通过雨水管道输送至污水处理厂进行一级强化处理，处理后的雨水排入昆明城市内河，最终汇入滇池作为补给水。

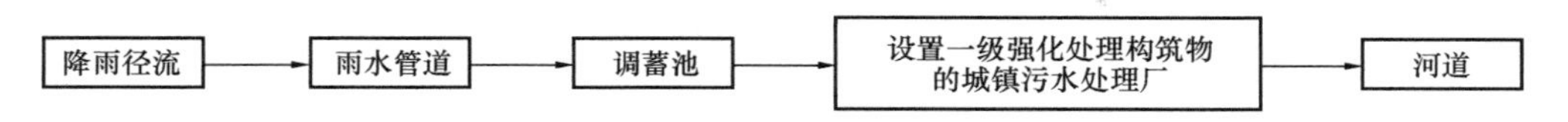

图 6-39 昆明市主城区雨水调蓄及一级强化处理工程工艺流程图

西片区 5 座分流制雨水调蓄池分别是昆一中调蓄池、七亩沟调蓄池、老运粮河调蓄池、乌龙河调蓄池和小路沟调蓄池，总调蓄规模为 5.6 万 m^3。按昆明市典型年产生地表径流降雨场次（连续降雨量大于 3mm）的年特征降雨总量 837.76mm 计，5 座雨水调蓄池可削减西片区 COD 负荷总量 671.9t/年，运行效果良好。

为了应对雨季冲击负荷，昆明市第五污水处理厂建设了基于一级强化处理的污水处理厂雨季处理构筑物，规模为 10 万 m^3/d。当该污水处理厂进水提升泵前液位超过 5.6m 时，将启动雨季应对模式；超过生化段设计流量 1.3 倍的进水将进入雨季处理构筑物。构筑物运行时，PAC 投加量为 75mg/L，PAM 投加量为 75 μg/L，水力停留时间为 1h。该技术对雨季分流雨水 SS、COD、NH_3-N、TN 和 TP 的平均去除率分别达到 87.2%、84.3%、28.5%、42.5%和 67.9%，综合考虑建设、设备、药剂、电耗、人工等因素，运行成本约为 0.6 元/m^3。

第7章　城镇降雨径流污染控制工程典型案例

通过对源头削减技术与设施、过程控制技术与设施以及后端治理技术与设施进行有机结合，形成了4项技术工艺包、4项应用模式和2项成套技术。在此基础上，本章选择7个城镇降雨径流污染控制工程典型案例，介绍其采用的技术工艺包、应用模式以及成套技术的应用情况。

7.1　基于源解析的雨污调蓄及一级强化处理工程

7.1.1　案例背景

昆明市所在的滇池流域地处长江、珠江、红河三大流域的分水岭，属于严重缺水地区。根据昆明市水系分布特点，城市河流最终汇入滇池的草海和外海。近年来，昆明市加大工作力度对入滇河道进行综合整治，入滇河道污染物浓度呈逐年下降趋势，但仍未达到地表水Ⅴ类标准。由城市河道排入滇池的污染物负荷是滇池最主要的外部污染源，城市河道每年向滇池输送的COD、TN和TP均占滇池流域污染物负荷总量的70%以上。其中，由降雨径流进入河道中的污染物负荷较高。因此，治理昆明主城区降雨径流污染对于滇池水环境质量改善极为重要。

国家“十二五”水专项2011年启动的“昆明主城区污染物综合减排与水质保障关键技术研究与示范（2011ZX07302-001）”课题，从昆明主城区整体污染物减排出发，重点围绕雨污管网调蓄系统设计、优化调度以及分流制排水体制城镇污水处理厂雨季应对措施等开展研究，在二环内主要排水通道溢流河道前新建调蓄池并在污水处理厂建设雨季应对处理构筑物，大幅度降低合流制管网溢流排放河道的次数和污染物总量，从而减少排入河道的污染物负荷总量，为解决昆明主城区降雨径流污染提供了关键技术支撑和可行的治理技术方案，支撑了昆明主城区污染物综合减排与水质保障技术体系，也为我国滨湖城市提供了水环境治理工作的示范和借鉴。

7.1.2　工艺路线及关键技术

1. 工艺路线

首先，开展昆明城镇降雨径流污染源解析；然后，依据解析结果优化设计并建设雨污调蓄池，建设城镇污水处理厂雨季应对一级强化处理工程，实现厂网联动，工艺路线如图7-1所示。其中，合流制管网溢流雨污水通过雨污调蓄池进入污水处理厂进行常规处理；分流制管网收集的初期雨水经雨水调蓄池进入污水处理厂进行一级强化处理。两种污水经处理后排入昆明市内河，最终汇入滇池作为补给水。

依据这一工艺路线，昆明主城区建设了 17 座调蓄池和昆明市第五污水处理厂雨季一级强化处理工程。

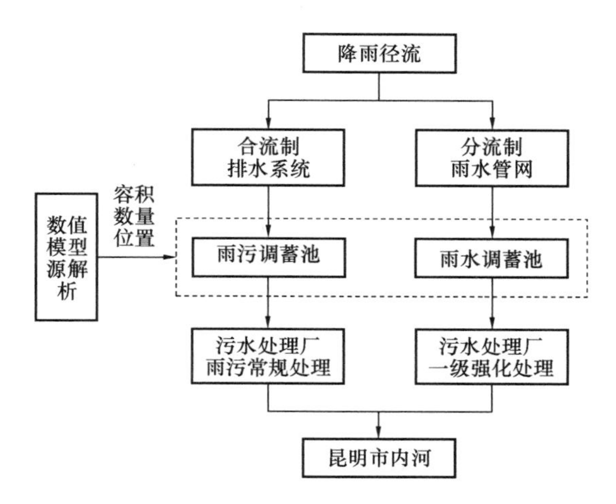

图 7-1　昆明主城区降雨径流污染控制工程工艺路线图

2. 关键技术及应用

依托上述工程，研发和验证了 4 项关键技术，分别为基于降雨排水特征的溢流污染控制调蓄池设计技术、基于降雨和水资源利用特征的初期雨水调蓄池设计技术、现场监测与系统模拟相结合的调蓄系统效能评估技术和城镇污水处理厂雨季一级强化处理技术。

（1）基于降雨排水特征的溢流污染控制调蓄池设计技术

1）相关设计参数

该项技术综合了美国和日本用于溢流污染控制的雨水调蓄池规模计算方法，提出将旱季污水量转化为当量降雨强度，再根据降雨统计数据，核算得到截流率，简单易行，便于掌握。

降雨量设计：合流制溢流调蓄设施设计需要的降雨特征参数主要是降雨强度和累积降雨量，应根据当地近期 10 年以上降雨量资料确定。以降雨强度为横坐标、累积降雨量为纵坐标，得到降雨量曲线，通过数值模拟得到给定降雨强度的降雨量。

污水量设计：合流制溢流调蓄设施服务范围内的污水量应根据当地污水专项规划确定。有条件时，可根据实测数据进行调整。将旱季污水量转化为当量降雨强度，按式（7-1）计算。

$$i_{HW} = Q_{HW}/(10\psi \cdot A \cdot 24) \tag{7-1}$$

式中　i_{HW}——相当于污水量 Q_{HW} 的降雨强度，mm/h；

Q_{HW}——晴天时平均旱流污水量，m^3/d；

ψ——径流系数；

A——汇流面积，hm^2。

截流量设计：合流制排水系统截流倍数和降雨强度是相对应的，不同截流倍数的截流量即为其对应降雨强度的降雨量，溢流量即为大于该降雨强度的降雨量，具体如表 7-1 所示。

不同截流倍数时的昆明主城区合流制排水系统截流量和溢流量 **表 7-1**

截流倍数	对应降雨强度 (mm/h)	年平均降雨量 (mm/a)	截流量 (mm/a)	溢流量 (mm/a)	截流量占降雨量比例（%）
0	0	828.6	0	828.6	0
1	0.52	828.6	239	589.6	28.84
1.5	0.78	828.6	307	521.6	37.05
2	1.04	828.6	355	473.6	42.84
3	1.58	828.6	425	403.6	51.29
4	2.08	828.6	471	357.6	56.84
5	2.60	828.6	508	320.6	61.31
8	4.16	828.6	587	241.6	70.84
10	5.20	828.6	624	204.6	75.31
15	7.80	828.6	692	136.6	83.51

调蓄容积设计：合流制溢流调蓄设施的有效容积应根据调蓄目标、旱流污水量、管网布置、下游污水系统的余量和周围环境等综合考虑后采用数学模型确定；如不采用数学模型，则合流制溢流调蓄设施的有效容积应根据当地降雨特征、受纳水体的环境容量、排水系统截流倍数、系统旱流污水量、排水系统服务面积和下游污水系统的余量等综合考虑后确定，可按式（7-2）计算。

$$V = 3600 \cdot t_i(n - n_0) \cdot Q_{dr} \cdot \beta \tag{7-2}$$

式中 V——调蓄设施有效容积，m^3；

t_i——调蓄设施进水时间，宜采用 0.5～2h，当合流制排水系统雨天溢流污水水质在单次降雨事件中无明显初期效应时，宜取上限；反之，可取下限；

n——调蓄设施运行期间的截流倍数；

n_0——排水系统原截流倍数；

Q_{dr}——截流井以前的旱流污水量，m^3/s；

β——安全系数，可取 1.1～1.5。

2）技术应用地点及规模

“基于降雨排水特征的溢流污染控制调蓄池设计技术”在海明河调蓄池、乌龙河调蓄池、白云路调蓄池和上海新宛平泵站调蓄池中得到了推广应用，4 座调蓄池调蓄容积分别为 2.8 万 m^3、1.1 万 m^3、0.91 万 m^3 和 0.9 万 m^3。

（2）基于降雨和水资源利用特征的初期雨水调蓄池设计技术

1）相关设计参数

该技术提出了分流制初期雨水调蓄设施容量设计算法。有条件的片区，调蓄设施有效容积应根据调蓄目标、管网布置、雨水利用和场地环境因素等综合考虑后采用数学模型确定；暂不满足数学模型条件的区域，调蓄容积宜采用以降雨厚度为主要控制指标的计算方法，结合昆明地区降雨的雨型、产汇流特点、水资源利用特点等给出了不同调蓄规模的控制降雨厚度参考值。

降雨量设计：分流制初期雨水调蓄池设计需要的降雨特征参数主要是降雨强度和累积降雨量，应根据当地近期10年以上降雨量资料确定。以降雨强度为横坐标、累积降雨量为纵坐标，得到降雨量曲线，通过数值模拟得到给定降雨强度的降雨量。

径流量设计：根据式（7-3）计算。

$$Q=\psi \cdot i \cdot A \tag{7-3}$$

式中　Q——设计径流量，L/s；

　　　i——设计暴雨强度，L/(hm^2·s)。

根据式（7-3）计算得到的径流量是设计雨水排放设施、收集及排放管道（渠）的基础数据。

调蓄容积设计：有条件的地区，分流制调蓄设施的有效容积应根据调蓄目标、管网布置、雨水利用和周围环境等综合考虑后采用数学模型确定；如不采用数学模型，则分流制调蓄设施的有效容积应根据当地降雨特征、受纳水体的环境容量、雨水系统服务面积、调蓄设施的用途分类（峰值削减、污染控制等）和利用程度等采用不同的公式计算确定，用于污染控制时初期雨水调蓄容量宜按式（7-4）计算。

$$Q_y=10\times H_y\times \psi\times A \tag{7-4}$$

式中　Q_y——径流污染控制量，m^3；

　　　H_y——设计控制降雨厚度，可取4～8mm；为较好地控制城镇降雨径流污染，建议有条件时取值就高不就低。

雨量径流系数ψ可按式（7-5）计算：

$$\psi=0.05+0.009I \tag{7-5}$$

式中　I——汇水面积内不透水面积的比例，如不透水面积比例为80%，则$I=80$。

控制降雨厚度：初期雨水调蓄设施中最为重要的一个参数是降雨厚度，它直接关系到控污效果，主要考虑因素包括下垫面污染状况、集水区汇流时间、水质控制要求等。如果条件允许，建议优先选择按照实测结果进行计算分析；在没有实测结果的条件下，鉴于滇池保护的重要性和区域特点，建议尽量取下列数据的上限值。

① 单一建筑屋顶：汇流时间很短，水质一般较好，宜采用1～3mm；

② 小流域面积：汇流时间很短，宜采用3～5mm，但对于水质状况差的地区需要适当加大；

③ 中流域面积：汇流时间小于25min时，宜采用5～15mm；汇流时间大于25min时，宜经过实测后确定；

④ 综合区：经过实测后确定。

2）技术应用地点及规模

“基于降雨和水资源利用特征的初期雨水调蓄池设计技术”在昆明市西片区的昆一中调蓄池、七亩沟调蓄池、老运粮河调蓄池、乌龙河调蓄池和小路沟调蓄池得到了应用，总调蓄规模为5.6万m^3。

（3）现场监测与系统模拟相结合的调蓄系统效能评估技术

1）相关设计参数

该技术从截流能力、排涝能力和调蓄池利用能力三个方面构建了一套完整的调蓄池运行效能评估指标体系，如图7-2所示。其中，截流能力主要评估调蓄设施对降雨产生径流量的调蓄/截流能力，以及对污染负荷的削减能力；排涝能力主要评估增加调蓄设施后暴雨产生的径流洪峰是否造成系统漫溢及管网系统的负荷能力；调蓄池利用能力主要评估增加调蓄设施之后，降雨产生的径流量引发调蓄设施的进水以及蓄满情况，定量评估调蓄设施的利用效率。

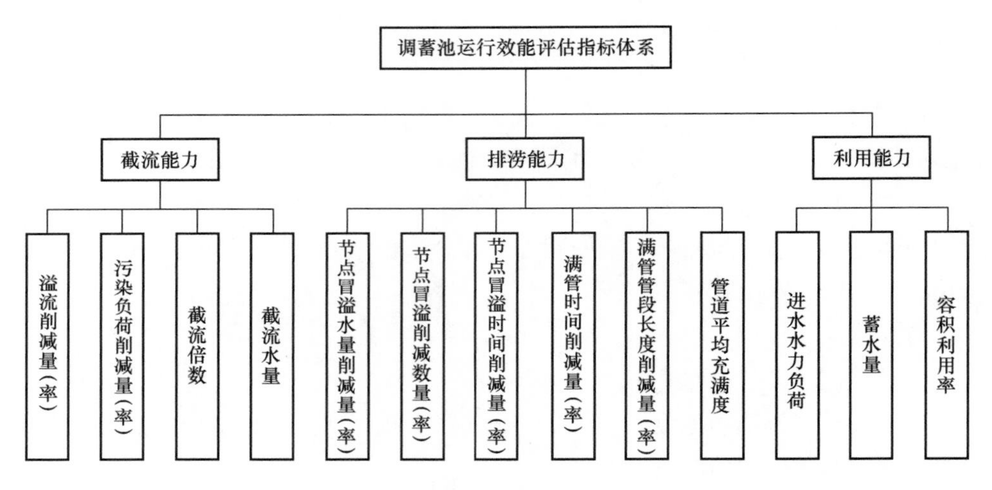

图7-2　调蓄设施效能评估指标体系

该关键技术中雨污调蓄设施效能评估指标体系包括20个指标，各指标含义如表7-2所示。

调蓄设施效能评估指标含义　　**表7-2**

编号	评估指标	指标含义
1	溢流削减量（m^3）	雨污调蓄设施运行前溢流口溢流量与雨污调蓄设施运行后溢流口溢流量的差值
2	溢流削减率（%）	溢流削减量与雨污调蓄设施运行前溢流口总溢流量的比值
3	污染负荷削减量（kg）	雨污调蓄设施运行前溢流口污染负荷总量与雨污调蓄设施运行后溢流口污染负荷总量的差值
4	污染负荷削减率（%）	污染负荷削减量与雨污调蓄设施运行前溢流口污染负荷总量的比值
5	截流水量（m^3）	雨污调蓄设施服务范围内排水系统所能承载的最大降雨径流量，以排水系统不溢流为边界条件
6	截流倍数	溢流口溢流前所截流的合流水量与旱季污水量之比

续表

编号	评估指标	指标含义
7	节点冒溢水量削减量（m^3）	雨污调蓄设施运行前各个节点冒溢水量总和与雨污调蓄设施运行后各节点冒溢水量总和的差值
8	节点冒溢水量削减率（%）	雨污调蓄设施运行后节点冒溢水量削减量与雨污调蓄设施运行前节点冒溢水量总和的比值
9	节点冒溢削减数量（个）	雨污调蓄设施运行前节点冒溢数量与雨污调蓄设施运行后节点冒溢数量的差值
10	节点冒溢个数削减率（%）	节点冒溢削减数量与雨污调蓄设施运行前节点冒溢数量的比值
11	节点冒溢时间削减量（h）	雨污调蓄设施运行前各个节点冒溢时间总和与雨污调蓄设施运行后各个节点冒溢时间总和的差值
12	节点冒溢时间削减率（%）	节点冒溢时间削减量与雨污调蓄设施运行前各个节点冒溢时间总和的比值
13	满管时间削减量（h）	雨污调蓄设施运行前各管段满管运行时间总和与雨污调蓄设施运行后各管段满管运行时间总和的差值
14	满管时间削减率（%）	满管时间削减量与雨污调蓄设施运行前各管段满管运行时间总和的比值
15	满管管段长度削减量（km）	雨污调蓄设施运行前满管运行管段长度总和与雨污调蓄设施运行后满管运行管段长度总和的差值
16	满管管段长度削减率（%）	满管管段长度削减量与雨污调蓄设施运行前满管运行管段长度总和的比值
17	管道平均充满度	雨污调蓄设施服务范围内所有管段充满度的平均值
18	进水水力负荷［$m^3/(m^2 \cdot h)$］	截流水量与雨污调蓄设施进水时间及雨污调蓄设施底面积的比值
19	蓄水量（m^3）	雨污调蓄设施的蓄水深度与对应时刻池体横断面积的乘积
20	容积利用率（%）	蓄水量与雨污调蓄设施最大容积的比值

在确定评估指标之后，进行调蓄设施运行效能评估指数计算，使计算数值限定在0～1之间。基于对调蓄设施运行效能评估指标的等级划分，判断调蓄设施运行效能等级。效能最高级别为五级，具体调蓄效能级别划分如表7-3所示。

调蓄效能级别划分 **表7-3**

调蓄效能指数范围	效能级别	效能等级物理意义
$0<\eta\leqslant0.2$	一级	构建调蓄池之后，调蓄池运行效能评估指标体系数值与构建调蓄池之前所对应基准的比值
$0.2<\eta\leqslant0.4$	二级	
$0.4<\eta\leqslant0.6$	三级	
$0.6<\eta\leqslant0.8$	四级	
$0.8<\eta\leqslant1$	五级	

2）技术应用地点及规模

“现场监测与系统模拟相结合的调蓄系统效能评估技术”在昆明主城区17座调蓄池得到应用，总调蓄规模近22万m^3。分别设定0.25年一遇、0.75年一遇、1年一遇、2年一遇、3年一遇和5年一遇降雨情景，对昆明主城区17座调蓄池单体运行效能进行跟踪监测，并对单体运行效能和整体运行效能进行模拟评估。评估情景条件及结果分别如表 7-4和表 7-5 所示。

场次降雨情景信息 表 7-4

设计标准	总降雨量（mm）	平均雨强（mm/h）	峰值雨强（mm/h）
0.25 年一遇	9.01	3.00	22.73
0.75 年一遇	26.30	8.77	66.31
1 年一遇	30.82	10.27	77.73
2 年一遇	41.73	13.91	105.22
3 年一遇	48.11	16.04	121.31
5 年一遇	56.14	18.71	141.57

调蓄池单体运行效能评估 表 7-5

调蓄池	评估指标	0.25 年一遇	0.75 年一遇	1 年一遇	2 年一遇	3 年一遇	5 年一遇
白云路调蓄池	溢流削减率（%）	—	100.00	95.70	44.82	19.48	26.19
	污染负荷削减率（%）	—	100.00	95.70	44.82	19.48	26.19
	容积利用率（%）	—	100.00	100.00	100.00	100.00	100.00
	综合指数	—	1.000	0.968	0.586	0.396	0.446
	效能等级	—	五级	五级	三级	二级	三级
金色大道调蓄池	溢流削减率（%）	100.00	79.82	67.16	51.15	33.00	22.02
	污染负荷削减率（%）	100.00	79.82	67.16	51.15	33.00	22.02
	容积利用率（%）	90.38	95.63	95.63	95.63	100.00	100.00
	综合指数	0.976	0.838	0.743	0.623	0.498	0.415
	效能等级	五级	五级	四级	四级	三级	三级
核桃箐沟调蓄池	溢流削减率（%）	—	100.00	95.70	83.20	58.48	39.36
	污染负荷削减率（%）	—	100.00	95.70	83.20	58.48	39.36
	容积利用率（%）	—	100.00	100.00	100.00	100.00	100.00
	综合指数	—	1.000	0.968	0.874	0.689	0.545
	效能等级	—	五级	五级	五级	四级	三级
校场北沟调蓄池	溢流削减率（%）	—	82.93	67.14	39.95	38.97	25.56
	污染负荷削减率（%）	—	82.93	67.14	39.95	38.97	25.56
	容积利用率（%）	—	100.00	100.00	100.00	100.00	100.00
	综合指数	—	0.872	0.754	0.55	0.542	0.442
	效能等级	—	五级	四级	三级	三级	三级
学府路调蓄池	溢流削减率（%）	—	99.53	85.86	28.04	25.25	11.22
	污染负荷削减率（%）	—	99.53	85.86	28.04	25.25	11.22
	容积利用率（%）	—	100.00	100.00	100.00	100.00	100.00
	综合指数	—	0.996	0.894	0.460	0.439	0.334
	效能等级	—	五级	五级	三级	三级	二级

续表

调蓄池	评估指标	0.25年一遇	0.75年一遇	1年一遇	2年一遇	3年一遇	5年一遇
麻线沟调蓄池	溢流削减率（%）	—	80.70	68.65	65.70	55.72	49.93
	污染负荷削减率（%）	—	80.70	68.65	65.70	55.72	49.93
	容积利用率（%）	—	100.00	100.00	100.00	100.00	100.00
	综合指数	—	0.855	0.765	0.743	0.668	0.624
	效能等级	—	五级	四级	四级	四级	四级
圆通沟调蓄池	溢流削减率（%）	—	100.00	88.33	59.28	26.44	4.28
	污染负荷削减率（%）	—	100.00	88.33	59.28	26.44	4.28
	容积利用率（%）	—	100.00	100.00	100.00	100.00	100.00
	综合指数	—	1.000	0.912	0.695	0.448	0.282
	效能等级	—	五级	五级	四级	三级	二级
老运粮河调蓄池	溢流削减率（%）	100.00	100.00	100.00	35.95	10.82	8.55
	污染负荷削减率（%）	100.00	100.00	100.00	35.95	10.82	8.55
	容积利用率（%）	9.07	12.15	15.28	100.00	100.00	100.00
	综合指数	0.773	0.780	0.788	0.520	0.331	0.314
	效能等级	四级	四级	四级	三级	二级	二级
小路沟调蓄池	溢流削减率（%）	100.00	100.00	100.00	32.31	33.63	14.13
	污染负荷削减率（%）	100.00	100.00	100.00	32.31	33.63	14.13
	容积利用率（%）	0.00	4.28	9.93	86.64	100.00	100.00
	综合指数	0.750	0.761	0.775	0.459	0.502	0.356
	效能等级	四级	四级	四级	三级	三级	二级
七亩沟调蓄池	溢流削减率（%）	100.00	100.00	100.00	34.85	18.34	3.71
	污染负荷削减率（%）	100.00	100.00	100.00	34.85	18.34	3.71
	容积利用率（%）	0.00	0.00	14.44	100.00	100.00	100.00
	综合指数	0.750	0.750	0.786	0.511	0.388	0.278
	效能等级	四级	四级	四级	三级	二级	二级
昆一中调蓄池	溢流削减率（%）	83.30	73.17	81.57	27.65	12.35	8.17
	污染负荷削减率（%）	83.30	73.17	81.57	27.65	12.35	8.17
	容积利用率（%）	100.00	100.00	100.00	100.00	100.00	100.00
	综合指数	0.875	0.799	0.862	0.457	0.343	0.311
	效能等级	五级	四级	五级	三级	二级	二级
乌龙河调蓄池	溢流削减率（%）	42.44	32.17	25.88	23.89	18.15	16.16
	污染负荷削减率（%）	42.44	32.17	25.88	23.89	18.15	16.16
	容积利用率（%）	100.00	100.00	100.00	100.00	100.00	100.00
	综合指数	0.568	0.491	0.444	0.429	0.386	0.371
	效能等级	三级	三级	三级	三级	二级	二级

续表

调蓄池	评估指标	0.25 年一遇	0.75 年一遇	1 年一遇	2 年一遇	3 年一遇	5 年一遇
采莲河调蓄池	溢流削减率（%）	100.00	64.16	53.82	30.78	14.52	11.88
	污染负荷削减率（%）	100.00	64.16	53.82	30.78	14.52	11.88
	容积利用率（%）	14.23	100.00	100.00	100.00	100.00	100.00
	综合指数	0.786	0.731	0.654	0.481	0.359	0.339
	效能等级	四级	四级	四级	三级	二级	二级
兰花沟调蓄池	溢流削减率（%）	—	52.48	47.10	42.93	26.17	42.73
	污染负荷削减率（%）	—	52.48	47.10	42.93	26.17	42.73
	容积利用率（%）	—	42.11	100.00	100.00	100.00	100.00
	综合指数	—	0.499	0.603	0.572	0.446	0.570
	效能等级	—	三级	四级	三级	三级	三级
大观河调蓄池	溢流削减率（%）	100.00	100.00	99.15	82.93	62.88	56.39
	污染负荷削减率（%）	100.00	100.00	99.15	82.93	62.88	56.39
	容积利用率（%）	14.38	100.00	100.00	100.00	100.00	100.00
	综合指数	0.786	1.000	0.994	0.872	0.722	0.673
	效能等级	四级	五级	五级	五级	四级	四级
海明河调蓄池	溢流削减率（%）	—	100.00	68.89	43.48	35.47	25.64
	污染负荷削减率（%）	—	100.00	68.89	43.48	35.47	25.64
	容积利用率（%）	—	21.64	39.29	100.00	100.00	100.00
	综合指数	—	0.804	0.615	0.576	0.516	0.442
	效能等级	—	五级	四级	三级	三级	三级
明通河调蓄池	溢流削减率（%）	100.00	100.00	92.14	50.36	35.33	35.06
	污染负荷削减率（%）	100.00	100.00	92.14	50.36	35.33	35.06
	容积利用率（%）	3.55	20.94	35.45	100.00	100.00	100.00
	综合指数	0.759	0.802	0.780	0.628	0.515	0.513
	效能等级	四级	五级	四级	四级	三级	三级

在开展调蓄池单体运行效能评估的基础上，将昆明主城区划分成北片区、西片区和南片区 3 个排水片区，进行调蓄池综合运行效能评估。其中，北片区包括白云路调蓄池、金色大道调蓄池、核桃箐沟调蓄池、校场北沟调蓄池、学府路调蓄池、麻线沟调蓄池和圆通沟调蓄池，共 7 座；西片区包括老运粮河调蓄池、小路沟调蓄池、七亩沟调蓄池、昆一中调蓄池和乌龙河调蓄池，共 5 座；南片区包括采莲河调蓄池、兰花沟调蓄池、大观河调蓄池、海明河调蓄池和明通河调蓄池，共 5 座。不同降雨情景下 3 个排水片区的调蓄池综合运行效能评估结果如表 7-6～表 7-8 所示。

北片区调蓄池效能等级结果 **表 7-6**

评估指标	0.25 年一遇	0.75 年一遇	1 年一遇	2 年一遇	3 年一遇	5 年一遇
溢流削减率（%）	100.00	73.80	67.86	37.24	29.94	20.52

续表

评估指标	0.25年一遇	0.75年一遇	1年一遇	2年一遇	3年一遇	5年一遇
污染负荷削减率（%）	100.00	73.80	67.86	37.24	29.94	20.52
满管管段长度削减率（%）	0.58	1.21	0.70	0.42	0.22	0.39
满管时间削减率（%）	0.58	1.21	0.70	0.42	0.22	0.39
节点冒溢个数削减率（%）	100.00	55.56	38.89	22.70	16.67	3.40
节点冒溢时间削减率（%）	43.30	46.00	43.30	36.36	4.00	1.80
节点冒溢水量削减率（%）	100.00	87.70	71.75	3.45	2.71	1.31
容积利用率（%）	61.70	91.50	100.00	100.00	100.00	100.00
综合指数	0.85	0.75	0.73	0.52	0.47	0.41
效能等级	五级	四级	四级	三级	三级	三级

由表7-6可知，北片区调蓄池在0.25年一遇降雨情景下，综合运行效能评估指数为0.85，达到五级效能；0.75年一遇和1年一遇降雨情景下效能等级为四级，综合运行效能评估指数分别为0.75和0.73；2年一遇、3年一遇、5年一遇降雨情景下效能等级为三级。

西片区调蓄池效能等级结果　　**表7-7**

评估指标	0.25年一遇	0.75年一遇	1年一遇	2年一遇	3年一遇	5年一遇
溢流削减率（%）	—	35.13	30.98	16.23	6.46	5.71
污染负荷削减率（%）	—	35.13	30.98	16.23	6.46	5.71
满管管段长度削减率（%）	17.79	9.88	4.50	1.72	0.73	1.08
满管时间削减率（%）	27.86	25.20	25.35	11.32	7.65	4.80
节点冒溢个数削减率（%）	66.67	42.86	29.03	13.48	12.38	7.63
节点冒溢时间削减率（%）	60.00	33.00	12.50	3.70	2.00	1.33
节点冒溢水量削减率（%）	56.25	41.24	24.33	4.29	3.26	3.24
容积利用率（%）	40.68	57.63	58.00	100.00	100.00	100.00
综合指数	0.16	0.41	0.37	0.39	0.33	0.32
效能等级	一级	三级	二级	二级	二级	二级

由表7-7可知，西片区调蓄池在0.25年一遇降雨情景下，综合运行效能评估指数为0.16，为一级效能；0.75年一遇降雨情景下效能等级为三级，综合运行效能评估指数为0.41；1年一遇、2年一遇、3年一遇、5年一遇降雨情景下效能等级为二级。

南片区调蓄池效能等级结果　　**表7-8**

评估指标	0.25年一遇	0.75年一遇	1年一遇	2年一遇	3年一遇	5年一遇
溢流削减率（%）	100.00	71.00	63.00	45.00	30.00	32.00
污染负荷削减率（%）	100.00	71.00	63.00	45.00	30.00	32.00
满管管段长度削减率（%）	13.67	5.38	9.28	6.63	5.69	6.03
满管时间削减率（%）	27.86	27.54	23.34	8.04	4.80	3.59

续表

评估指标	0.25年一遇	0.75年一遇	1年一遇	2年一遇	3年一遇	5年一遇
节点冒溢个数削减率（%）	60.00	45.83	29.63	13.92	14.58	9.26
节点冒溢时间削减率（%）	78.57	32.00	11.02	4.00	3.00	1.33
节点冒溢水量削减率（%）	56.25	41.24	24.33	4.29	3.26	3.24
容积利用率（%）	3.36	38.65	61.00	100.00	100.00	100.00
综合指数	0.68	0.58	0.58	0.57	0.47	0.48
效能等级	四级	三级	三级	三级	三级	三级

由表7-8可知，南片区调蓄池在0.25年一遇降雨情景下的综合运行效能评估指数最大，为0.68，是四级效能，其他降雨情景下均为三级效能。

在开展单体和场次降雨调蓄池综合运行效能评估的基础上，进一步开展全年降雨调蓄池综合运行效能评估。选用2013年8月7日—2014年8月8日的降雨数据，总降雨量为1103.8mm，其中降雨密集时间集中在6—10月，累计降雨量达到913mm，占全年总降雨量的82.7%。基于该数据模拟评估全年尺度上调蓄设施的运行效能，全年降雨情景下3个排水片区的调蓄池综合运行效能评估结果如表7-9所示。

全年降雨情景下调蓄池综合运行效能评估结果　　表7-9

排水片区	溢流削减率（%）	溢流次数削减率（%）	综合指数	效能等级
北片区	22.68	27.96	0.253	二级
西片区	13.40	28.30	0.210	二级
南片区	18.10	21.24	0.197	一级

由表7-9可知，北片区、西片区和南片区调蓄设施在全年降雨边界条件范围内的综合运行效能评估指数分别为0.253、0.210、0.197，效能等级分别为二级、二级、一级。

（4）城镇污水处理厂雨季一级强化处理技术

1）相关设计参数

该技术以污水处理厂尽可能多地处理雨季收集的降雨径流为根本原则，在污水处理厂建设新的雨季应对处理构筑物，采用化学混凝强化技术处理收集的径流雨水，投加的药剂为聚合氯化铝（Polyaluminum chloride，PAC）和聚丙烯酰胺（Polyacrylamide，PAM）。

当该污水处理厂进水提升泵的泵前液位超过5.6m时，启动雨季应对模式，超过生化段设计流量1.3倍的进水将进入雨季应对处理构筑物。PAC投加量为75mg/L，PAM投加量为75μg/L，水力停留时间为1h。为期三年的运行数据表明，雨季应对处理构筑物对雨季合流污水中SS、COD、BOD_5、NH_3-N、TN和TP的平均去除率分别可达到87.2%、84.3%、90%、28.5%、42.5%及67.9%，综合考虑建设、设备、药剂、电耗、人工等因素，运行成本为0.6元/m^3。

2）技术应用地点及规模

"城镇污水处理厂雨季一级强化处理技术"在昆明市第五污水处理厂得到了应用，设计规模为 18.5 万 m^3/d，主体生化工艺采用 A^2O 工艺，出水水质达到了《城镇污水处理厂污染物排放标准》GB 18918—2002 一级 A 标准。为应对雨季冲击负荷，该污水处理厂建设了雨季应对处理构筑物，处理规模为 10 万 m^3/d。

7.1.3　应用成效

1. 工程成效

昆明市在二环区域内应用上述技术建设了 3 座调蓄池，对小雨情景下初期雨水及溢流污染负荷削减效果较好。经统计，2014 年—2018 年 4 月，海明河调蓄池、乌龙河调蓄池和白云路调蓄池累计削减的合流制雨污水量分别为 180.18 万 m^3、69.89 万 m^3 和 679.33 万 m^3，3 座调蓄池对 COD、SS、TN 和 TP 的年削减量分别达到了 505.88t、2821.32t、140.86t 和 19.61t。

该技术在昆明市西片区的昆一中调蓄池、七亩沟调蓄池、老运粮河调蓄池和小路沟调蓄池得到了推广应用，运行效果良好，可削减污染物负荷总量 671.9t COD/年；在盘龙江流域建设了 7 座调蓄池，在 1 年一遇降雨情景下，7 座调蓄池对 COD、TN 和 TP 的年削减量分别达到了 91.2t、4.77t 和 0.53t。

2. 经济成效

依托于该技术，昆明主城区共建成雨水调蓄池 17 座，总调蓄容积 21.24 万 m^3，服务面积 54.03km^2，投资 18.19 亿元。单位容积的雨水调蓄池建设成本和单位服务面积建设成本分别为 8564 元和 33.67 元，运行维护成本约为 1.23 元/m^3。

3. 环境成效

昆明主城区建设的雨水调蓄池全部采用地下式调蓄建设技术，通过调蓄池与水质净化厂的配套联用，实现了不同片区内降雨径流的收集和水质净化。调蓄池的上部通常为绿地或公园，建有健身休闲设施，与周围环境协调，提高了灰色基础设施的环境友好性，具有较高的环境效益。

7.1.4　技术亮点和技术增量

本案例的技术亮点主要体现在 3 个方面：

（1）本案例中的雨水调蓄池在设计之初利用了先进的模型模拟技术对调蓄池的容积设计、建设位置以及建设数量进行更科学的指导。

（2）本案例中的雨水调蓄池在实际运行中通过在线监测系统的应用，实现了多个雨水调蓄池之间以及雨水调蓄池与水质净化厂之间的联动作用，有效减少了雨季雨水调蓄池和水质净化厂的满负荷运行现象。

（3）本案例利用一级强化处理技术对雨水调蓄池收集的雨水进行净化处理，有效削减了径流污染负荷。

本案例的技术增量体现在：提出了雨污调蓄池设计新方法，研发了污水处理厂雨季强化处理技术，构建了雨污调蓄与污水处理厂联合运行模式，相比传统雨水调蓄池建设技术和运行技术其整体效率提升20%以上。

7.2 山地城市大坡度地域降雨径流污染控制工程

7.2.1 案例背景

重庆属于典型的山地城市，地势高低起伏，坡度大，降雨径流污染负荷较大，且径流冲刷效应强。随着经济社会的快速发展，重庆市城镇化建设发展迅速，部分天然绿地和林地等自然生态系统被硬化路面或屋面等取代，不可渗透地面所占比例越来越高，径流污染问题日益加剧，城市暴雨洪峰明显增大，暴雨灾害问题突出，现有城市排水系统能力明显不足。

2007年7月17日，重庆市遭遇了115年一遇的特大暴雨洪涝灾害，城市内涝非常严重，暴雨后重庆主城区共有165处受灾较严重地点或区域。城市内涝伴随着降雨径流污染，导致重庆市水环境问题日益严重。

在快速城镇化的背景下，保障城市排水系统安全运行，有效削减城市降雨径流污染负荷，逐步提升水环境设施对污染物削减的整体效能和安全稳定性，改善城市水环境质量，促进城市水生态环境健康，已经成为三峡库区水质和污染治理工作的总体目标要求。

本案例依托于国家水专项“重庆两江新区城市水系统构建技术研究与示范(2012ZX07307-001)”课题。

7.2.2 工艺路线及关键技术

1. 工艺路线

依托上述课题，建设了重庆园博园江南园山地城市大坡度地域降雨径流污染控制工程，工艺流程如图7-3所示。来自园博园江南园外围上游的地表径流，经雨水边沟首先进入园博园内部接纳雨水径流的沉淀消能池，径流经沉淀消能池处理后，水流速度减缓，部分泥沙也得到沉淀；部分经消能和沉淀的地表径流进入组合模块式大坡度径流控制滤池系统，经过渗滤处理后进入微型水景系统进行滞存；另一部分地表径流直接进入微型水景系统进行滞存；当进入微型水景系统的雨水量超过微型水景系统的设计调蓄容量后，微型水景系统将出现溢流，溢流出水进入大坡度道路径流路肩带渗滤系统、源区促渗系统和径流入湖侧向流生物滤池系统，径流通过地下渗排水渠快速入渗到龙景湖。

2. 关键技术及应用

(1) 相关设计参数

1) 组合模块式大坡度径流控制滤池技术

该技术由滞水层、种植基质层、滞留层/贮水层及表面植物构成，整个系统的剖面及实景图如图7-4和图7-5所示。

滞水层：提供地表径流暂时的贮存滞留空间，实现颗粒污染物沉降，考虑景观、功

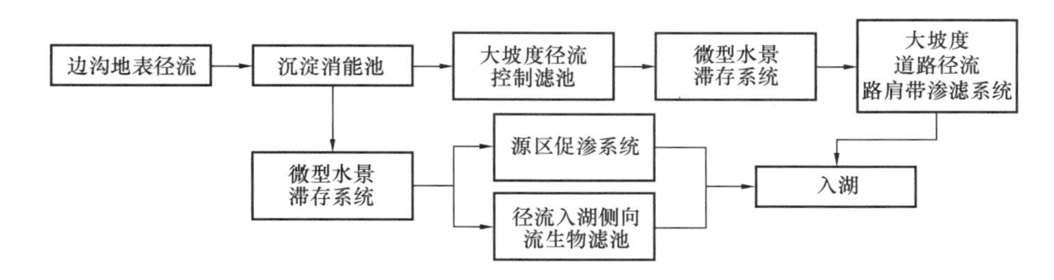

图 7-3　重庆园博园江南园山地城市大坡度地域降雨径流污染控制工程工艺流程图

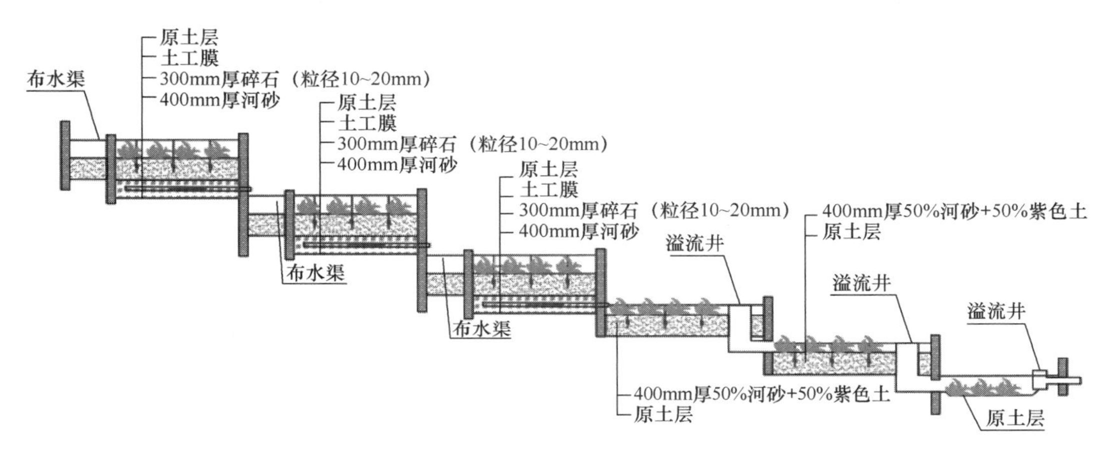

图 7-4　组合模块式大坡度径流控制滤池系统剖面图

图 7-5　组合模块式大坡度径流控制滤池系统实景图

能、安全等因素，滞水空间的高度设置为 500mm。

种植基质层：种植基质层以河砂为主，搭配不同比例的紫色土，渗透系数逐级变化，最大为 42cm/h，深度设置为 400mm。

滞留层/贮水层：滞留层可延长城市地表径流的停留时间，起到对城市地表初期重污染径流暂时贮存滞留的作用，承担主要脱氮功能。滞留层由粒径为 10～20mm 的砾石组成，设计深度为 300mm。在滞留层的表面铺设土工布，防止上部种植基质层土壤颗粒向下迁移，发生堵塞现象。为了提高除磷能力，在最后一级滤室的滞留层中添加炉渣作为填料吸附地表径流中的可溶性磷。

表面植物：植物配置选择高大禾草类草本植物芒草、玉带草和狼尾草。

2）微型水景滞存技术

该技术剖面及实景图如图 7-6 和图 7-7 所示。微型水景的平均水深为 120cm，水力停留时间为 2.5h；池底铺设粒径为 50 ～200mm 的卵石，卵石层厚度为 10～30cm；植物以盆栽睡莲、石菖蒲和水竹芋为主，池周搭配美人蕉、芦竹、棕竹等，美人蕉株距为 0.4～0.6m；池与周边道路之间的边坡为植被过滤带，植被过滤带为簇生的芦竹、棕竹，按 6～8 株/m^2 的密度分散混搭，并在间隙处密植草坪草，种植规格一般为 12～18g/m^2。

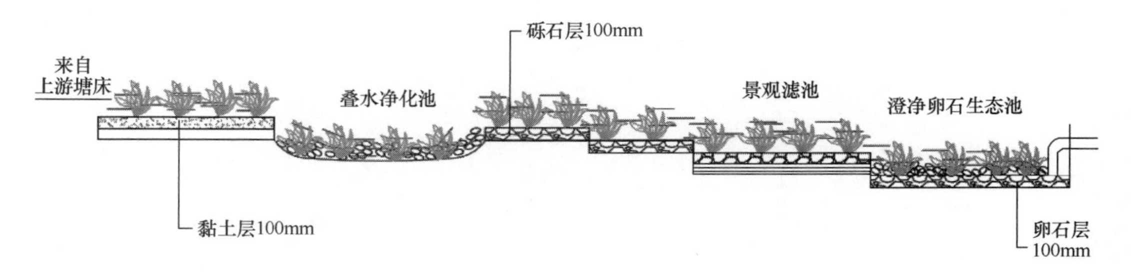

图 7-6　微型水景滞存技术剖面图

图 7-7　微型水景滞存技术实景图

3）大坡度道路径流路肩带渗滤技术

根据城市道路与绿化带分布格局，沿道路路肩带一侧布置“大坡度道路径流路肩带渗滤技术”，技术剖面及实景图如图 7-8 和图 7-9 所示。梯级渗滤系统的服务面积控制在服务道路地表面积的 5%～10%；植被过滤区的宽度控制在 60～120cm，坡度控制在 3∶1 以内，滞留渗滤区底部应平整，平均宽度为 300cm；蓄水层高度 500mm；种植土层为 400mm 厚 80%河砂复合 20%紫色土，渗透系数为 40cm/h；中间层采用粗制河砂，深度

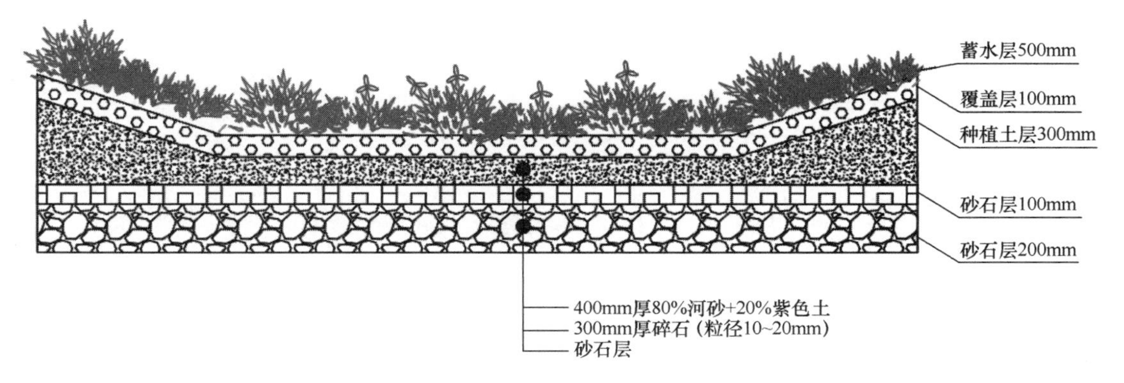

图 7-8　大坡度道路径流路肩带渗滤技术剖面图

图 7-9　大坡度道路径流路肩带渗滤技术实景图

设计为 100mm，使地表径流继续渗透，防止顶部种植土层堵塞底部砾石层；渗滤区贮排水层由碎石（粒径 10～20mm）组成，深度设计为 200mm，最后一级塘内敷设 *DN*110 穿孔管；植物以鸢尾、美人蕉等湿生植物为主。

4）复杂地质条件下源区促渗技术

如技术剖面图（见图 7-10）和实景图（见图 7-11）所示，复杂地质条件下源区促渗技术底部宽度设计为 3000mm，长宽比为 2∶1，纵向坡度 1.4%；滞水空间高度设置为 150mm，种植土层为 500mm 厚 80%河砂复合 20%紫色土，渗透系数为 40cm/h；贮排水层由碎石（粒径 10～20mm）组成，深度设计为 300mm，为渗透的地表径流提供暂时的贮存并延长地表径流向深层土壤的渗透时间；砾石层中设 *DN*110 穿孔排水管，排水管坡度 3‰；植被的选择考虑乡土种、根系发达、耐淹耐旱以及景观性等原则，选择斑叶芒。

5）径流入湖强化侧向流生物滤池净化技术

如技术剖面图（见图 7-12）和实景图（见图 7-13）所示，径流入湖强化侧向流生物滤池净化技术的设计水力负荷为 0.8$m^3/(m^2 \cdot d)$；种植土层以河砂和紫色土搭配，根据

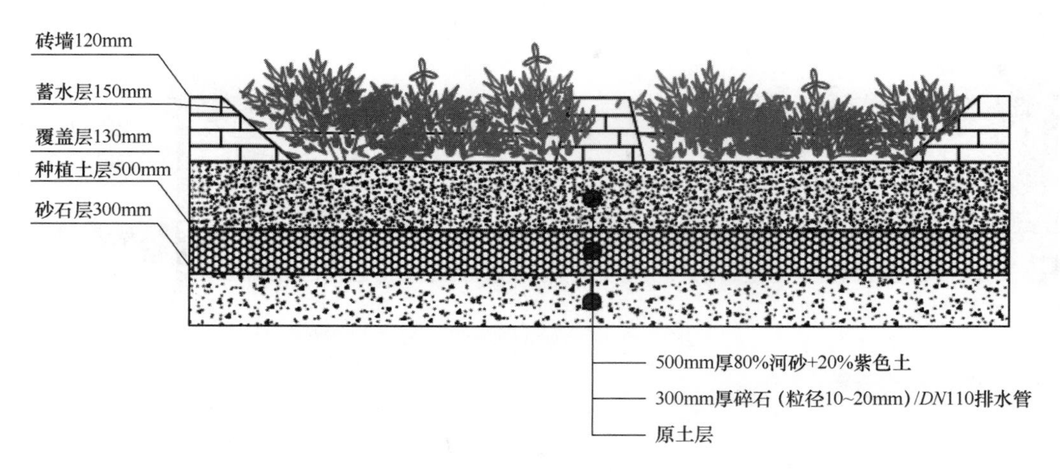

图 7-10　复杂地质条件下源区促渗技术剖面图

图 7-11　复杂地质条件下源区促渗技术实景图

处理流程，河砂的比例逐渐降低，渗透率逐渐下降，渗透系数最大为 51cm/h，最小为 4.0cm/h；填充填料以碎石和砂砾为主，填料最厚处厚度为 300mm，沿水流方向填料层厚度逐级递减；表层植物搭配为铜钱草和菖蒲，种植密度 20 株/m^2。

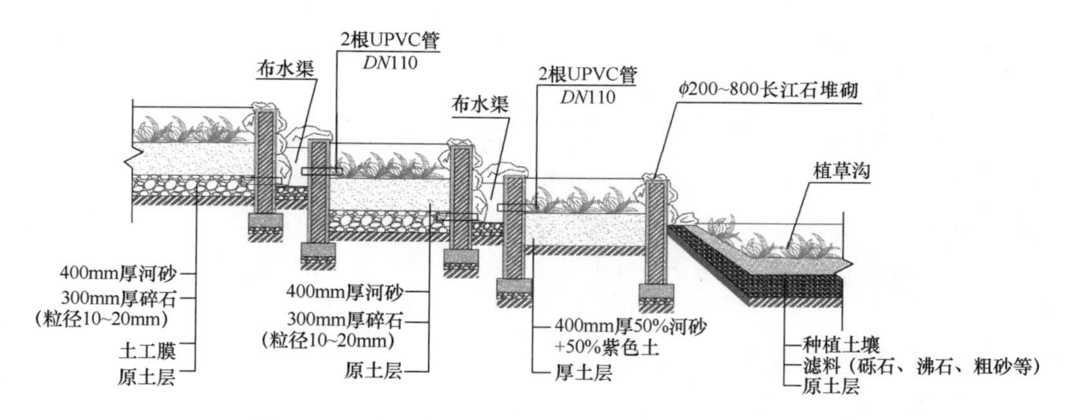

图 7-12　径流入湖强化侧向流生物滤池净化技术剖面图

图 7-13　径流入湖强化侧向流生物滤池净化技术实景图

(2) 技术应用地点及规模

“复杂地质条件下源区促渗技术”“大坡度道路径流路肩带渗滤技术”“组合模块式大坡度径流控制滤池技术”“微型水景滞存技术”“径流入湖强化侧向流生物滤池净化技术”在重庆园博园江南园山地城市大坡度地域降雨径流污染控制工程中得到了应用，规模分别为 630m^2、410m^2、875m^2、875m^2 和 238m^2，同时在悦来新城水环境修复工程中得到了推广应用。

7.2.3　应用成效

1. 技术成效

根据 2015 年对重庆园博园江南园山地城市大坡度地域降雨径流污染控制工程的监测可知，2015 年全年降雨量 1270.1mm，小于 30mm 的降雨工程无出水，上游地表径流来水全部截流；大于 5mm 的降雨天数为 66d，明显超过 30mm 的降雨天数为 9d，工程减少直接进入龙景湖 83.7%的径流量；工程对径流来水中 SS、COD、TN 和 TP 的平均去除率分别达 44.3%、44.7%、74.3%和 41.8%，年削减 SS、COD、TN 和 TP 污染负荷分别可达 6.03t、6.93t、1.43t 和 0.04t。

2. 经济成效

依托于工程建设，研发了初期径流强化处理与后期径流收集净化一体化装备、新型高性能径流促渗材料 2 种产品，适用于山地城市面源污染控制，促进山地城市水环境水质改善和功能提升，具有广阔的应用前景。

3. 环境成效

山地城市大坡度地域降雨径流污染控制工程的实施有力削减了园博园内输入龙景湖的面源污染负荷，强化了湖湾区水体的流动，增强了水体的自净能力，促进了湖体水质的改善，湖水水质可达到Ⅳ类水水质标准。目前，园博园已成为了重庆市民休闲、外地游客旅游、团队素质拓展的重要选择。

7.2.4 技术亮点和技术增量

针对山地典型流域地形地貌复杂、坡陡起伏大、降雨径流流短峰急、面源污染初期效应突出的问题，构建了山地城市面源污染“源区段-迁移段”控制技术体系。该体系能够有效延缓地势坡度较大区域径流速度，增大水力停留时间，有效去除径流中污染物，不仅在重庆园博园龙景湖进行了工程示范，也在悦来新城水环境修复工程中得到了推广应用。

7.3 滨湖新城初期雨水净化-灰绿多级调蓄示范工程

7.3.1 案例背景

滨湖新区位于中国第五大淡水湖巢湖之滨，是合肥市的金融商务、行政办公、文体旅游、生活服务和研发创意等中心，是合肥市通过巢湖走入长江、融入长三角的水上门户。滨湖新区水系主要有南淝河、十五里河、塘西河等。其中，南淝河和十五里河污染较为严重，水质在劣Ⅴ类到Ⅴ类之间，尚未达到《合肥市水环境功能区划》要求的水质标准，与巢湖污染综合治理的目标还相差甚远。

由于大部分滨湖新区河道缺乏清洁的补给水源，水动力条件差，水环境容量小，水体自净能力弱，使得入河的污染物极易在水体中积累而放大其污染效应。雨污水排水体系不完善导致部分城市污水以及大量雨污混合水直接排入塘西河和南淝河等城市河道进入巢湖，是城区河道和巢湖污染没有得到根本好转的主要原因之一。

随着近年来的大力建设，滨湖新区已基本建成覆盖城区的排水系统，包括分流制和合流制两套排水系统。滨湖新区以“全截流、全处理”为目标，陆续修建了大量的沿河截污管道和泵站；通过截污治污等手段，中心城区点源污染控制率大大提高，使全市水环境面貌有了一定的改善。然而，城市降雨径流污染仍缺乏有效的治理手段，致使径流污染对河道水环境污染的矛盾日益突出，危及水环境治理的成果。

滨湖新区年降雨量近 1000mm，主要集中在汛期，滨湖新区初期雨水和溢流污染严重，主要表现在：（1）现状合流制排水系统仍然存在截流倍数低、溢流频率高等问题；（2）分流制排水系统的雨污混接现象普遍存在，仍有相当部分的污水通过雨水排口排入河道，导致水体污染程度加剧；（3）现有排水系统对地面径流污染难以有效控制，运行调度以及监测手段落后。由此可见，在点源污染治理水平逐步提高的背景下，径流污染将成为制约滨湖新区水环境质量的主要因素之一。

本案例依托于国家水专项 2011 年启动的“合肥市滨湖新区低影响开发与水环境整治技术研究及工程示范（2011ZX07303-001）”课题。

7.3.2　工艺路线及关键技术

1. 工艺路线

依托上述课题，建设了合肥滨湖新区初期雨水净化工程，工艺路线如图 7-14 所示。在该工程中，合肥市滨湖新区针对塘西河庐州大道 10 处雨水排口，通过排口改造和设置截流井，对初期雨水进行截流；沿河铺设截流管，对各排口截流的初期雨水进行统一收集；在徽州大道以东、中山路以南、广西路以西的塘西河北岸，建设湿地型调蓄池，对收集的初期雨水进行调蓄；调蓄池配套建设成套化硅藻土混凝净化设施，对初期雨水进行处理净化后排入塘西河。

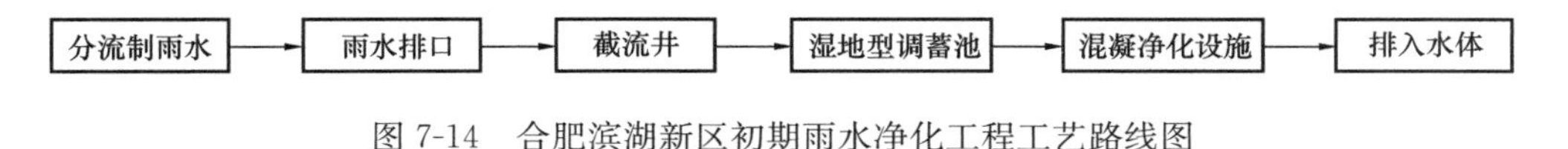

图 7-14　合肥滨湖新区初期雨水净化工程工艺路线图

2. 关键技术及应用

依托上述工程，研发并应用了 2 项关键技术，分别为“湿塘调蓄技术”和“初期雨水生态滞留硅藻土快速处理技术”。

（1）湿塘调蓄技术

1）相关设计参数

湿塘调蓄技术主要依托湿地型调蓄池实现径流调蓄的目的，湿塘竖向结构及实景图如图 7-15 和图 7-16 所示。本案例中，塘西河北岸绿地疏挖湿地型调蓄池，池顶平面尺寸为 70m×70m，最大池深 7m，边坡 1：2，有效容积 20000m^3。由于巢湖沿线地下水位较高，湿塘采取了防渗措施。湿塘调蓄技术基坑开挖完成后进行素土夯实，上盖土工膜防渗，膜上加盖 50～100cm 压实黏土保护层。考虑景观效果，湿塘的水位在地表高程下 0.2～0.4m，截流管进入调蓄池前的埋深为 6.0～8.0m，需设提升泵房。其中，截流干管最大流量为 2.53m^3/s，泵房配置 84.4L/s 潜水轴流泵 3 台、417m^3/h 潜水排污泵 2 台。为防止初期雨水杂质堵塞水泵，泵房前部设置 900L/s 粉碎式格栅除污机 3 台。

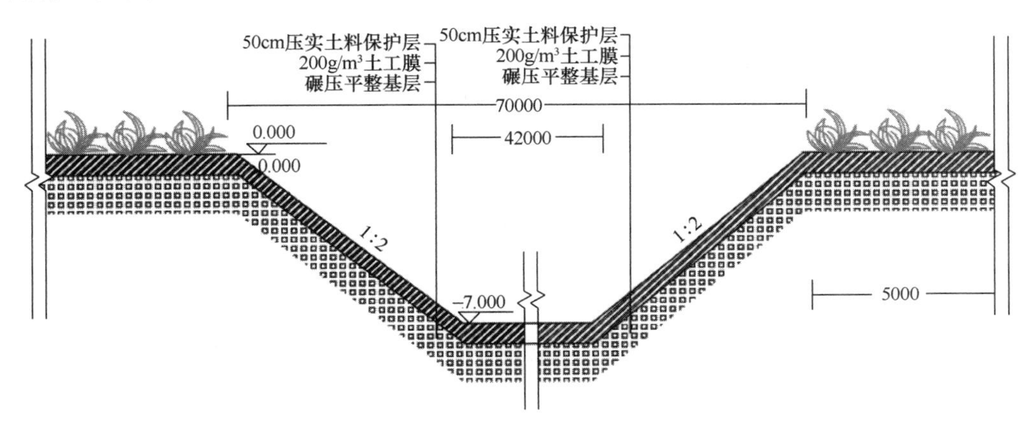

图 7-15　湿塘竖向结构示意图

图 7-16　湿塘实景图

2）技术应用地点及规模

该技术在合肥滨湖新区初期雨水净化工程中得到了应用，工程占地面积约 700m²，设计规模为 20000m³，有效水深为 1.5m。

（2）初期雨水生态滞留硅藻土快速处理技术

1）相关设计参数

初期雨水生态滞留硅藻土快速处理设施设计处理能力 5000t/d，采用成套化全自动运行设备，实现加药、排泥、启动/停止等无人值守的完全自动控制。

初期雨水生态滞留硅藻土快速处理设施基坑采用地埋式，与提水泵房合建，设玻璃顶盖以便于参观。具体处理流程为：由取水泵自调蓄池抽提初期雨水进入混合池（实景见图 7-17），在混合池内配加改性硅藻土，使之与初期雨水快速混合，混合后自流进入网格絮凝池；在絮凝池内通过水力搅拌促使颗粒相互碰撞聚结，形成絮体大颗粒，而后通过配水区均匀地进入上向流斜管沉淀池；斜管沉淀池内设有六边形蜂窝管，在斜管沉淀池内实现泥水分离，清水自流排入塘西河。

采用该技术对初期雨水进行净化处理，药剂投加量为 300～500kg/d，系统水力停留时间约为 50min。网格絮凝池和斜管沉淀池中的污泥排入集泥槽，定期排入市政管网。

2）技术应用地点及规模

该技术在合肥滨湖新区初期雨水净化工程得到了应用，工程占地面积约 50m²，设计规模为 5000m³/d。

7.3.3　应用成效

1. 技术成效

该工程 COD 去除率为 60%～90%，总磷去除率为 70%～90%，年削减入河污染负荷

图 7-17　硅藻土絮凝剂混合池

30%以上。

2. 经济成效

合肥市塘西河雨水排口初期雨水处理工程调蓄设施的建设成本为 120 元/m^3；与传统调蓄池相比，建设成本节约了 80%以上。此外，利用硅藻土混凝除磷技术的运行成本为 0.2 元/m^3。

3. 环境成效

工程厂区与周边景观协调，为了增加景观效果，该工程所在区域还应用了一系列低影响开发技术和湿塘技术，实现了景观与工程的完美结合，有效降低了初期雨水对塘西河的水质影响，取得了明显的经济、社会和环境效益。

7.3.4　技术亮点和技术增量

该典型案例中的技术亮点主要体现在 2 个方面：(1) 通过利用硅藻土混凝除磷技术，实现了降雨径流中磷的高效去除；(2) 在硅藻土混凝除磷技术后端通过利用斜管沉淀技术实现了降雨径流中的 SS 和沉降磷的高效去除。

该技术实现了雨水调蓄池、雨水硅藻土混凝除磷技术、斜管沉淀技术、雨水泵站和生态塘技术的有机统一，实现了整个系统的高效运行，对收集的降雨径流和塘西河水体中的 TP 去除率稳定在 90%以上，对于控制塘西河和巢湖污染发挥了重要作用。

7.4　太湖流域老城区溢流污染控制工程

7.4.1　案例背景

常州市地处长江三角洲平原，人口稠密，经济发达，城市化率高，经济发展与水环境保护的矛盾日渐突出。随着常州市社会经济的快速发展，污染物排放速度远大于治理速度，污染物排放量远超过水域纳污能力，大量的污染物经过各种渠道流入水体，加重了水体的污染负荷，而面源污染由于其分散性、突发性与高冲击性，逐渐成为水污染治理工作的重点。

合流制溢流作为典型的非点源污染已成为制约老城区城镇水环境污染的重要原因之一。合流制溢流污染物来自生活污水、径流雨水和管道沉积物等多个途径，来源的多样性导致其污染的复杂性。其中，径流雨水的汇入是合流制管网产生溢流污染的根本原因。因此，开发简单有效的城镇降雨径流污染控制技术，对削减降雨径流污染负荷以及进一步有效利用雨水资源具有重要意义。

本案例依托于国家水专项 2008 年启动的“老城区水环境污染控制及质量改善技术研究与示范”和 2012 年启动的“城区水污染过程控制与水环境综合改善技术集成与示范”课题。

7.4.2 工艺路线及关键技术

1. 工艺路线

依托上述课题，分别建设了合流制溢流污染拦截快速过滤净化工程及雨水面源污染分质收集和处理工程。

（1）合流制溢流污染拦截快速过滤净化工程

工程工艺路线如图 7-18 所示。其中，上村地区晴天时污水被泵站截流，经污水处理厂处理后进入市政污水管网，雨天时多余雨污水进入调蓄池贮存，减少雨天溢流，超过调蓄能力的部分雨污水通过悬浮快滤装置处理后排入水体，降低了 CSOs 污染物浓度，提高了入河水质，保护了受纳水体水环境质量。

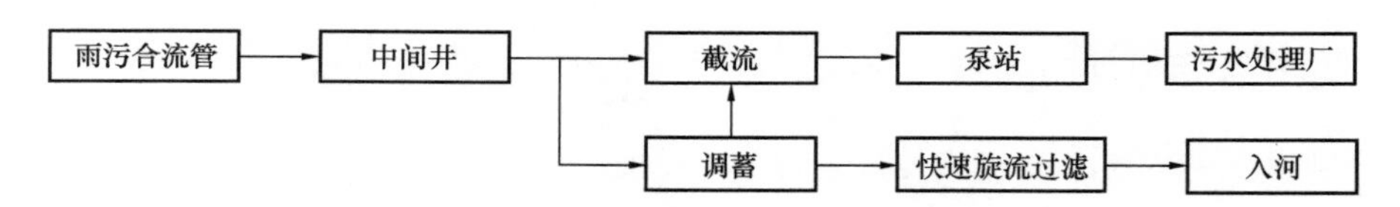

图 7-18　合流制溢流污染拦截快速过滤净化工程工艺路线图

（2）雨水面源污染分质收集和处理工程

工程工艺路线如图 7-19 所示。道路初期径流雨水优先流入设置在雨水检查井下方的

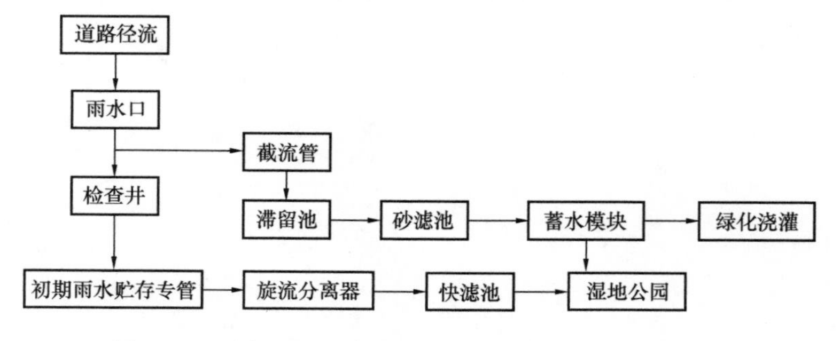

图 7-19　雨水面源污染分质收集和处理工程工艺路线图

专管；当专管内已完全充满后，道路上的中后期径流雨水再进入截流管，从而实现道路径流雨水的分质截流；雨后专管中的初期径流雨水通过旋流分离器和快滤池处理后排入湿地公园；截流管中的中后期径流雨水经过砂滤池处理后进入蓄水模块贮存用于泵站内绿化浇灌，超过蓄水模块贮存能力的雨水排入湿地公园。

2. 关键技术及应用

上述两项工程各采用了 1 项关键技术，分别为“合流制溢流污染水力旋流-快速悬浮过滤技术”和“初期雨水专管调蓄贮存技术”。

（1）合流制溢流污染水力旋流-快速悬浮过滤技术

1）相关设计参数

悬浮快滤池共包含 A、B、C 3 个高度为 1.0m 的滤室，各滤室内滤料种类与厚度均可调整。晴天时，调蓄池内污水由截流泵 1 和截流泵 2 输送至大红旗路泵站，再输送至污水处理厂进行处理。雨天时，随着上游雨污水不断流入，当调蓄池液位升高到设定高度 1 时，悬浮快滤池的进水泵自动启动，装置开始处理 CSOs，并将过滤后的出水直接排入通济河内。当调蓄池高度继续升高到设定高度 2（高于设定高度 1）时泵站将进水闸门关闭，应急闸门打开，调蓄池内不再流入雨污水，悬浮快滤池也停止工作，而截流泵和雨污水提升泵继续工作，将调蓄池内贮存的 CSOs 不断输送至大红旗路泵站，再输送至污水处理厂进行处理。

调蓄池底部建造了一套反冲洗系统，布设了 10 根孔径 15mm、孔间距 1.0m、穿孔管形式的反冲洗管，并与反冲洗泵相连，可在需要清淤的时候打开反冲洗泵，利用反冲洗管将调蓄池底部淤积的污染物与积水搅拌，并在截流泵 1 和截流泵 2 作用下随积水一起输送至大红旗路泵站，再输送至污水处理厂进行处理。

2）技术应用地点及规模

“合流制溢流污染水力旋流-快速悬浮过滤技术”在常州市钟楼区上村泵站得到了应用（见图 7-20），该泵站的服务区域类型主要为采用直排式合流制排水的未改造城中村，服务区域面积约 55000m^2，人口约 2750 人，污水量约 400m^3/d。调蓄池有效容积近 800m^3，调蓄能力达 1055.78m^3/h。悬浮快滤池直径达 2.4m，快速处理能力达 102.7m^3/h，可实现自动反冲洗。

图 7-20　合流制溢流污染水力旋流-快速悬浮过滤技术工程现场

(2) 初期雨水专管调蓄贮存技术

1) 相关设计参数

示范工程中所用雨水口连接管采用高密度聚乙烯(HDPE)双壁波纹管，初期雨水收集管道采用聚乙烯(PE)管材。根据实施道路的特点，设定专管管径分别为280mm、315mm和450mm，管长分别为457m、547m和156m，专管敷设长度为1.16km，专管服务面积为19648m^2。工程可对横塘河西路雨水进行分质截流，截流道路初期雨水量为5mm，专管采用水力学截流方式。技术示意如图7-21所示。

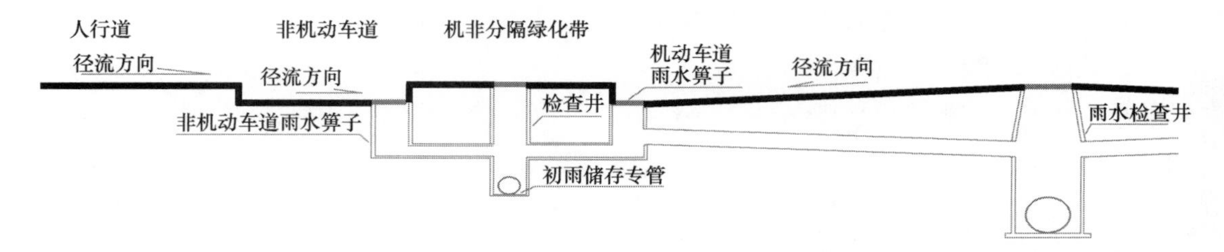

图7-21 初期雨水专管调蓄贮存技术示意图

2) 技术应用地点及规模

"初期雨水专管调蓄贮存技术"在常州市横塘河西路泵站得到了应用，专管敷设长度为1.16km，示范工程服务道路的路幅为32m(含机动车道、非机动车道和人行道)，服务面积为19648m^2。此外，该技术在常州市丽华泵站、竹林泵站和晋陵泵站得到了推广应用，3处推广工程的处理能力分别为160m^3/h、60m^3/h、70m^3/h。工程使用的专管如图7-22所示。

图7-22 初期雨水专管

7.4.3 应用成效

1. 技术成效

"合流制溢流污染水力旋流-快速悬浮过滤技术"对SS、COD、NH_3-N、TN和TP的去除率分别为95%、50%、80%、30%和70%。"初期雨水专管调蓄贮存技术"对COD、TP和NH_3-N的去除率分别为56.6%、55.9%和64.9%。

2. 经济成效

"合流制溢流污染水力旋流-快速悬浮过滤技术"投资建设成本为100元/m^2，运行维护成本为0.05元/m^3；"初期雨水专管调蓄贮存技术"投资建设成本为5000元/m^2，运行维护成本为0.5元/m^3。

3. 环境成效

"合流制溢流污染水力旋流-快速悬浮过滤技术"在常州市钟楼区上村泵站得到了应

用，依托于调蓄池调蓄和就地处理解决了超出污水处理厂负荷的溢流污染，有效控制了降雨时合流制溢流的排放量，大大减轻了溢流污水进入受纳水体造成的污染。

“初期雨水专管调蓄贮存技术”很好地解决了横塘河西路泵站内及周边道路的初期径流雨水污染问题，一方面对降雨径流中的污染物有很好的去除效果；另一方面，经过处理的雨水可以用于园区绿化浇灌和补充湿地用水，大大提高了雨水利用率。

7.4.4　技术亮点和技术增量

针对合流制溢流污染，研发了“合流制溢流污染水力旋流-快速悬浮过滤技术”，该技术在不对原来管网进行大规模改造的同时，通过设置调蓄池可以显著提高管网的截流倍数并减轻管网的水量冲击影响，其中重点突破的悬浮快滤技术滤速更快，不必另设反冲洗系统，占用空间小，维护简单。悬浮快滤技术滤速可达 20m/h，在高滤速下对 SS 去除率平均可达 45%以上，当 SS 粒径超过 150μm 时，去除率基本可达 100%。

针对道路初期雨水，研发了“初期雨水专管调蓄贮存技术”，该技术能够实现初期雨水的完全分离，针对不同路况给出了不同的设计参数，在使用过程中专管的“上游”不影响“下游”，而且兼具维护使用简单、造价低、雨水充分分离的特点，该技术可以根据实际情况修改设计参数。

7.5　城市新区多元低影响开发利用综合示范工程

7.5.1　案例背景

随着经济的发展，无锡市城市化步伐加快。以无锡新兴城区太湖新城为例，新城建成后地面硬化率大大增加；随意抛弃垃圾、道路机动车漏油、汽车轮胎磨损、汽车尾气排放、空气湿沉降、绿化地区肥料的流失以及一些企业生产区存在不同程度的跑、冒、滴、漏等现象，使各类污染物在城市不同雨水汇水面上积累。每逢降雨，初期雨水形成冲刷效应，携带大量汇水面所积累的污染物，通过雨水管网直排水体，严重影响城市水体水质，湖库等缓流水体尤为严重。城市降雨径流污染已成为无锡太湖新城水环境的重要污染源之一。因此，为改善无锡的生态环境，保护和修复水生态，本案例依托低影响开发绿色设施，有效削减太湖新城降雨径流污染负荷。

本案例依托于国家水专项 2011 年启动的“污水处理系统区域优化运行及城市面源削减技术研究与示范”课题。

7.5.2　工艺路线及关键技术

1. 工艺路线

依托上述课题，建设了尚贤河湿地景观绿化及面源污染控制工程，工艺流程如图 7-23所示。携带有路面污染物的雨水经高效截污型雨水箅后，通过雨水收集管进入高

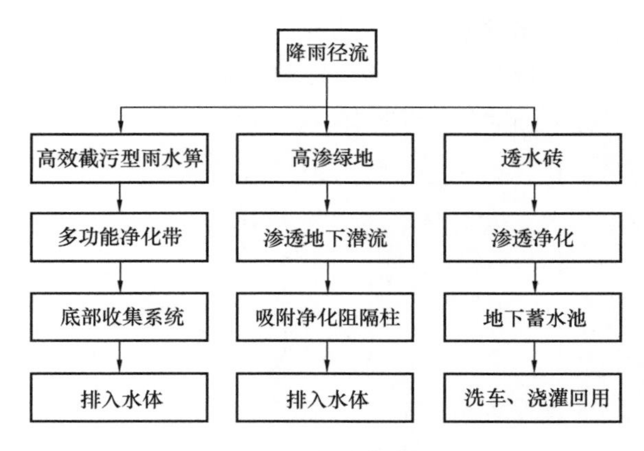

图 7-23　尚贤河湿地景观绿化及面源污染控制工程工艺流程图

效吸附净化带表面，从高效吸附净化带表面下渗通过由沸石和活性炭组成的填料层，到达底部由鹅卵石组成的收集系统；在收集系统中，得到处理的径流被排出，就近排入湖泊。绿地雨水在湖滨斜坡上漫流、下渗，经过地下潜流渗滤反应阻隔墙和离散式高效吸附阻隔柱，在此过程中得到净化后排入水体。雨水降落在停车位后，首先通过透水性能良好的透水砖下渗，之后经过填料层的渗透净化后集中收集在地下蓄水池中，可用于洗车、浇灌植物。

2. 关键技术及应用

依托上述工程，共研发了 3 项关键技术，分别为“带有高效截污型雨水箅的道路雨水高效吸附净化带技术”“地下潜流渗滤反应阻隔技术”“停车场原位净化蓄水回用技术”。

（1）相关设计参数

1）带有高效截污型雨水箅的道路雨水高效吸附净化带技术

该技术主要由高效截污型雨水箅和吸附净化带主体组成，结构如图 7-24 所示。雨水箅由不锈钢制成，可以直接放入路边现有的水泥雨水箅中，上层为截留区，下层为沉淀区；高效吸附净化带主体利用了道路两旁原有的下沉式植草沟，将植草沟中的原土置换成对污染物具有更高去除性能的沸石和活性炭，以达到去除道路径流污染物的目的。吸附净化带从上层到下层依次是原有透水方孔砖、河砂、活性炭/沸石混合物，并由鹅卵石支撑，能够对道路径流起到较好的净化效果。

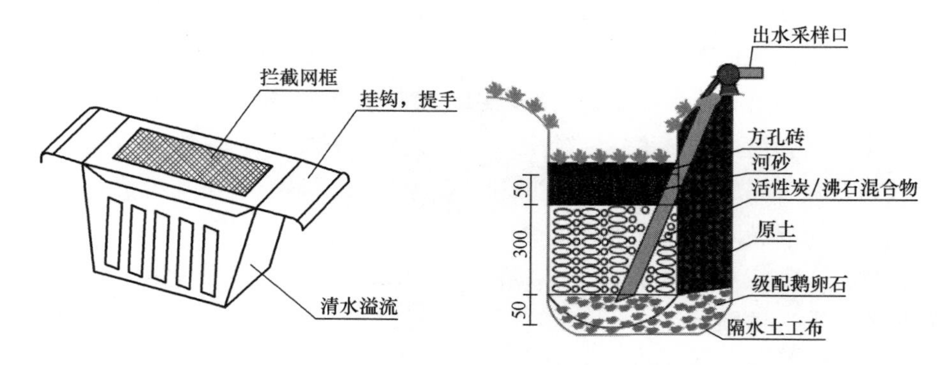

图 7-24　带有高效截污型雨水箅的道路雨水高效吸附净化带技术结构示意图

2）地下潜流渗滤反应阻隔技术

该技术结构如图 7-25 所示。其中，阻隔柱每根长 0.6m，直径 100mm，外围为网状结构（材料为细孔铁丝网），内部混合填充活性炭和沸石等高效吸附载体。整体阻隔采取

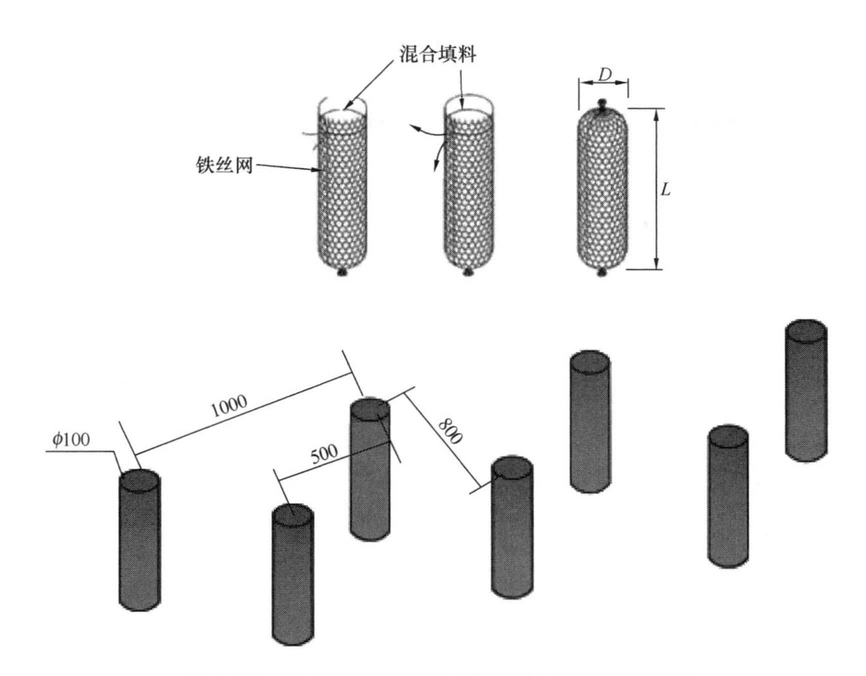

图 7-25　地下潜流渗滤反应阻隔技术结构示意图

离散式阻隔柱的方式设计，阻隔柱在靠近水体的岸边呈两排埋设，柱与柱之间左右间隔为1m，前后间隔为 0.5m。通过物理吸附、化学沉淀和生物反应对绿地渗流进行处理，阻隔绿地径流直接进入水体造成污染。

3）停车场原位净化蓄水回用技术

该技术停车位平面图与剖面图分别见图 7-26 和图 7-27。停车场每个停车位的长和宽分别为 6.0m 和 3.0m，生态停车场底部经过净化的雨水通过两个停车位之间的透水管渠，导入位于侧边埋于绿地下的塑料材质的组合式蓄水池，可根据贮水需要灵活选择模块容积。贮水方块安装方便，承载力大，不滋生蚊蝇及藻类。停车场顶部为透水性能良好的砂砖，下部依次为填料过滤层、支撑层和导流层。停车位施工时总开挖高度为 0.6m。

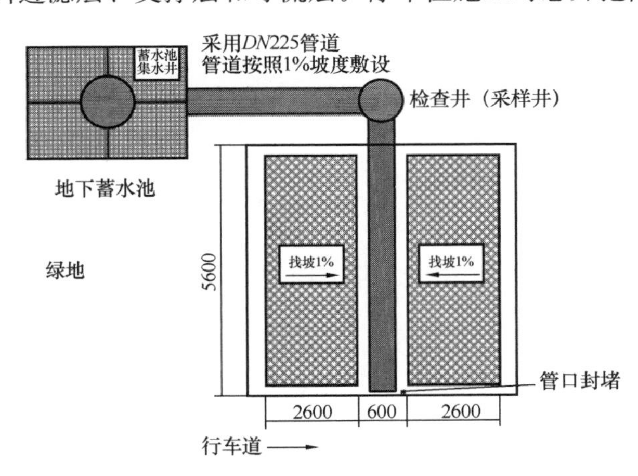

图 7-26　停车场原位净化蓄水回用技术停车位平面图

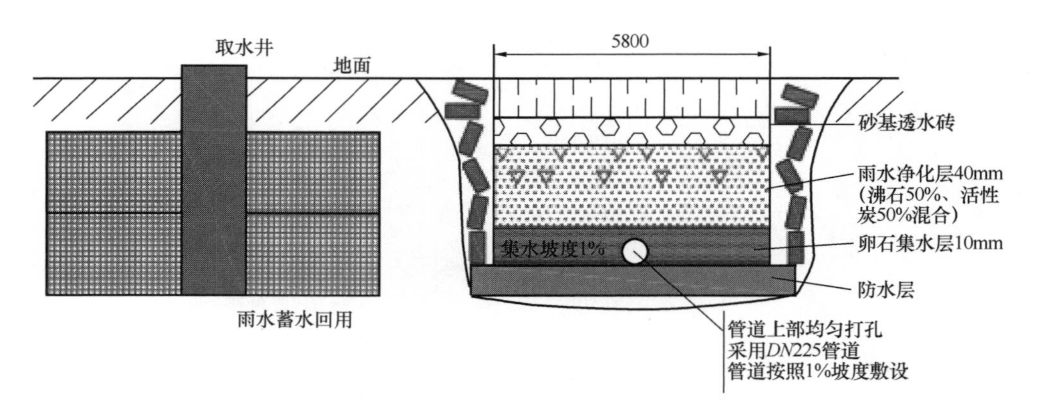

图 7-27　停车场原位净化蓄水回用技术停车位剖面图

（2）技术应用地点及规模

“带有高效截污型雨水箅的道路雨水高效吸附净化带技术”在尚贤河五期分区一北部得到了应用，建设总长度 150m，服务道路上均安装了高效截污型雨水箅，控制污染物进入。“地下潜流渗滤反应阻隔技术”在尚贤河五期分区二得到了应用，建设总长度 200m。“停车场原位净化蓄水回用技术”在尚贤河五期分区一南侧得到了应用，停车场面积为 $40m^2$，贮水模块体积为 $4.0m^3$。尚贤河湿地景观绿化及面源污染控制工程施工过程见图 7-28。

7.5.3　应用成效

1. 技术成效

依托无锡太湖新城中央水系尚贤河湿地景观绿化及面源污染控制工程，服务汇水面积 $1.0km^2$，示范区域内 SS 和 TP 削减率达 70%以上，COD 削减率在 50%以上。

2. 经济成效

该工程投资建设成本为 1958 元/m^2，运行维护成本为 2.2 元/d。

3. 环境成效

工程实施后，原来积水发臭的道路边沟成为高渗透性的吸附带，能够较好地控制来自道路的径流污染，同时美化环境、防止蚊蝇滋生。

7.5.4　技术亮点和技术增量

无锡市采用的“带有高效截污型雨水箅的道路雨水高效吸附净化带技术”，通过过程阻断实现了对道路径流的流量削减和水质净化。高效截污型雨水箅子一次截污之后径流雨水再经过净化带二次截污，与传统的雨水箅子和净化带相比，其对径流雨水中污染物的去除效果更好。

“地下潜流渗滤反应阻隔技术”通过物理吸附、化学沉淀和生物反应对绿地渗流进行处理，阻隔绿地径流直接进入水体。该技术不仅考虑了地表径流污染物去除问题，而且对

图 7-28　尚贤河湿地景观绿化及面源污染控制工程施工图

（a）雨水箅安装；（b）吸附带填料放置；（c）阻隔墙施工中；（d）完成建设的停车位

渗透到地表以下的径流污染物具有很好的去除作用。

"停车场原位净化蓄水回用技术"实现了对径流的原位处理和再利用。利用透水砖的渗透性使径流雨水通过净化层得到净化，净化后的雨水蓄积在蓄水池中，蓄水池中的雨水可以用来洗车或浇灌绿地。与传统技术相比，该技术能够消纳停车位上蓄积的径流雨水并消除雨水径流中的污染物，大大改善了停车位自身以及周边的环境，实现了雨水资源综合利用，节约用水。

上述关键技术的工程应用很好地解决了无锡径流雨水污染问题，大大降低了无锡太湖新城尚贤河的污染程度。

7.6　河网城市低影响开发径流污染治理示范

7.6.1　案例背景

嘉兴市位于浙江省东北部、长三角杭嘉湖平原腹心地带，是长三角重要城市之一，地处江、海、湖、河交会之位，扼太湖南走廊之咽喉。同时，作为典型的江南水乡城市，地形平坦、水网密布，是典型的平原河网城市，具有地下水位高、土壤渗透能力差、降雨量大且不均等特点。

在城镇化的进程中，市区大量区域被硬化面取代，人口也不断向市区聚集。人口的聚集、下垫面的不断硬化，导致大量雨水径流污染物的产生，成为城市水环境污染物的重要来源。此外，城区内河上游来水水质较差、平原河网地区水流速度小等原因导致城市内河自净能力差、水质不断恶化，水环境污染问题亟待改善。

本案例依托于国家水专项 2011 年启动的“河网城市雨水径流污染控制与生态利用关键技术研究与工程示范”课题。

7.6.2 工艺路线及关键技术

1. 工艺路线

依托于上述课题，分别建设了城市道路、住宅小区、合流制溢流调蓄和城市绿道雨水径流污染控制与生态利用 4 项工程。

（1）城市道路雨水径流污染控制与生态利用工程

城市道路雨水径流污染控制与生态利用工程工艺路线如图 7-29 所示。道路上的径流雨水经雨水口收集和雨水管道输送，到达安装在雨水管道末端的漂浮介质过滤装置，经过该装置的过滤和沉淀之后排入河道。

图 7-29 城市道路雨水径流污染控制与生态利用工程工艺路线图

（2）住宅小区雨水径流污染控制与生态利用工程

住宅小区雨水径流污染控制与生态利用工程工艺路线如图 7-30 所示。绿色屋顶和普通屋顶产生的径流可通过雨水立管断接至经过土壤改良的雨水花园入渗净化。采用透水铺装的广场和道路产生的径流就近流入植草沟，再经过植草沟将其传输到经过土壤改良的下凹式绿地入渗净化。雨水经过净化后通过明渠或暗渠直接排入河道。

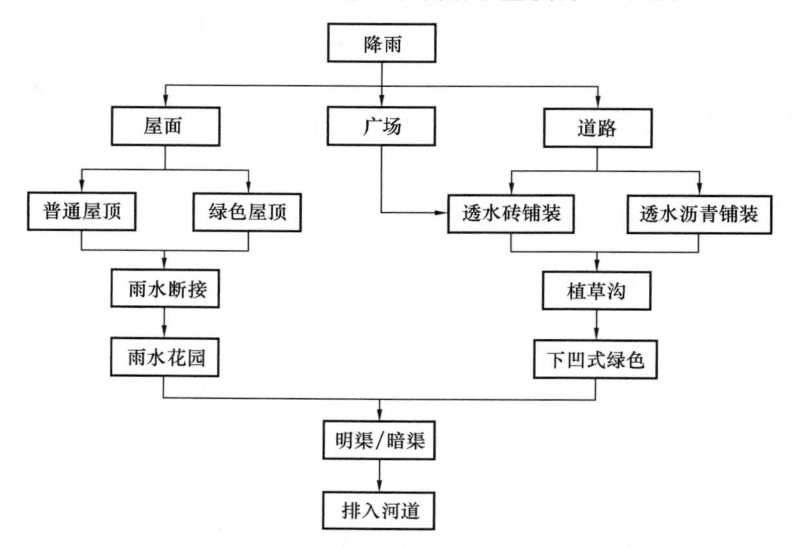

图 7-30 住宅小区雨水径流污染控制与生态利用工程工艺路线图

(3) 合流制溢流调蓄生态净化工程

合流制溢流调蓄生态净化工程工艺路线如图7-31所示。旱季或小雨时污水直接被泵站截流至城东再生水处理厂。雨季时调蓄池承接超出污水处理厂处理能力的污水，在经过末端漂浮物过滤装置对其进行预处理之后，利用潜流人工湿地生态净化设施对其进行就地处理，以实现合流制溢流污染的原位削减与净化，改善受纳水体的水质。

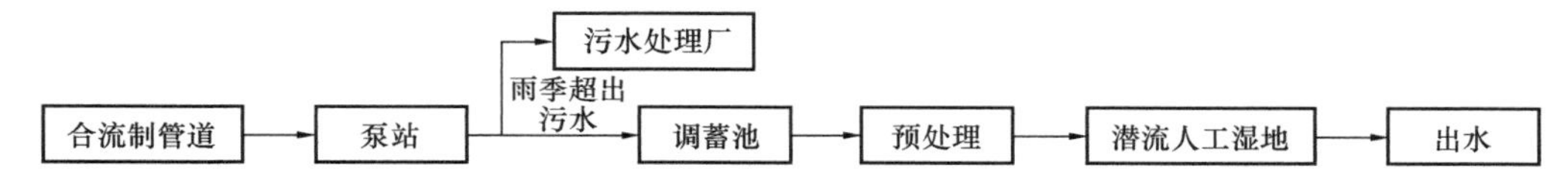

图7-31　合流制溢流调蓄生态净化工程工艺路线图

(4) 城市绿道雨水径流污染控制与生态利用工程

城市绿道雨水径流污染控制与生态利用工程工艺路线如图7-32所示。雨水径流通过雨水排口排入雨水塘或雨水湿地，通过沉淀去除雨水径流中的悬浮物。在水位差作用下，雨水径流通过渗滤堰或渗滤坝逐渐入渗至河道，在入渗过程中溶解性污染物得以截留或过滤去除。

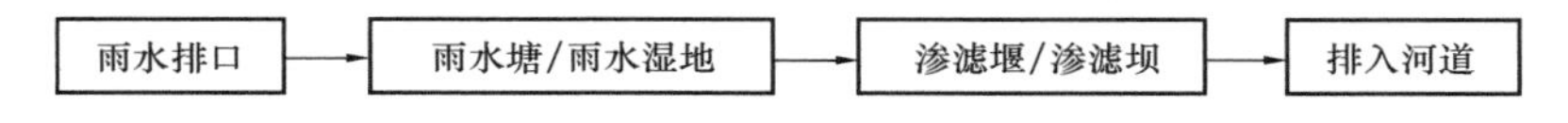

图7-32　城市绿道雨水径流污染控制与生态利用工程工艺路线图

2. 关键技术及应用

依托上述示范工程，研发了4项关键技术，分别为“分流制雨水系统末端漂浮介质过滤技术”“土壤改良增渗减排技术”“合流制溢流污水末端综合处理技术”“分流制雨水系统末端渗蓄结合的生态协同污染控制技术”。

(1) 分流制雨水系统末端漂浮介质过滤技术

1) 相关设计参数

采用该技术形成的过滤装置设计成堰式，倾斜放置，倾角约为60°，装置如图7-33、和图7-34所示。倾斜放置，一方面增大了过滤面积，另一方面便于将截滤的SS沉淀。水

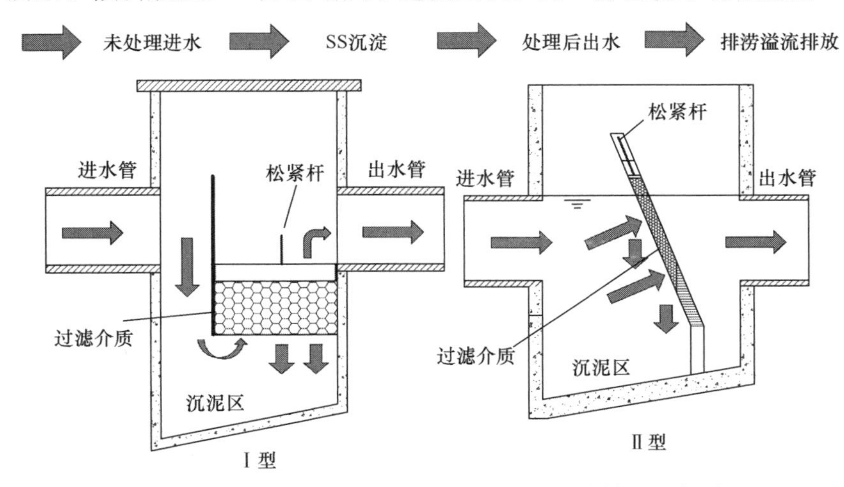

图7-33　分流制雨水系统末端漂浮介质过滤装置示意图

流经堰式过滤装置后SS被截留，净水直接从出水口排放。当截留SS饱和后，放松松紧杆，漂浮颗粒膨胀，SS进入沉泥区，从而实现过滤净化。过滤介质厚20～30cm；设计流速下水头损失18～20cm；轻质滤料粒径5～10mm；SS去除率60%～80%。

图7-34　分流制雨水系统末端漂浮介质过滤装置实景图

2）技术应用地点

该技术在嘉兴市文昌路得到了应用。文昌路雨水系统直接排放径流雨水、同时还有少量混接污水，对周边受纳水体具有较大威胁。应用该技术通过漂浮颗粒将SS等污染物截滤，后续在浮力作用下漂浮粒子膨胀，颗粒间截滤的SS沉淀去除，实现无动力反冲洗。

（2）土壤改良增渗减排技术

1）相关设计参数

针对嘉兴黏重土壤渗透性能差、浅层地下水位高等特点，提出了以土壤改良和水质控制为主要目标的关键技术。选择植物秸秆、砂、炉渣、沸石、陶粒等作为土壤改良介质，研究了上述土壤改良介质对黏性土壤渗透性能的改善和水质净化效果，具体如表7-10所示。该技术应用于嘉兴世合小镇果园路，采用黏土＋中砂＋树皮以及黏土＋中砂组合，具体如图7-35所示。

不同配比组合污染物去除率及渗透系数　　表7-10

黏土＋陶粒＋沸石		项目	COD	TN	TP	SS	NH_3-N
土壤厚度30cm	2∶1∶1	平均去除率（%）	91	65	83	98	53
		渗透系数（m/d）	2.58				
黏土＋沸石＋中砂		项目	COD	TN	TP	SS	NH_3-N
土壤厚度40cm	2∶1∶1	平均去除率（%）	96	73	82	99	60
		渗透系数（m/d）	2.07				

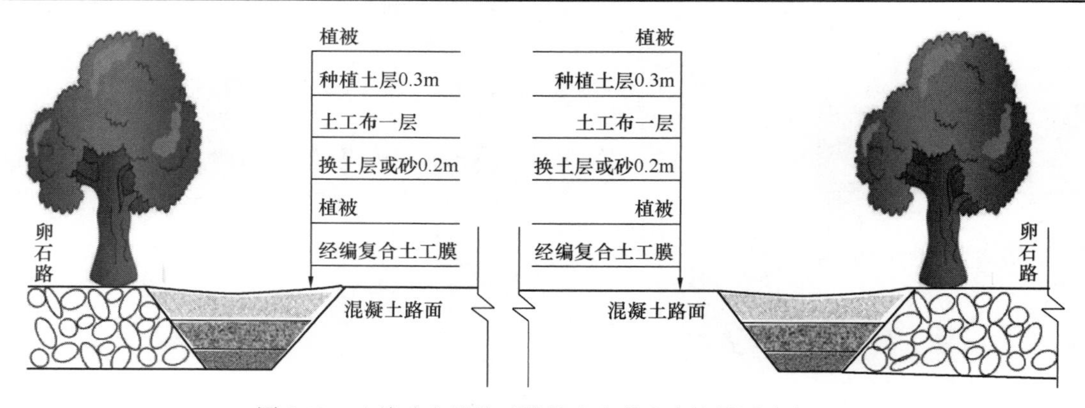

图7-35　土壤改良增渗减排技术在世合小镇果园路应用

2）技术应用地点及规模

该技术在嘉兴市蒋水港生态绿道和世和小镇得到了工程应用（见图 7-36 和图 7-37）。其中，蒋水港生态绿道工程规模约 0.5hm^2，世合小镇工程规模 90642m^2。

图 7-36　世合小镇工程应用

图 7-37　蒋水港生态绿道工程应用

（3）合流制溢流污水末端综合处理技术

1）相关设计参数

调蓄池总有效调节容积 20000m^3，调蓄池进水端通过电动闸门调控。调蓄池内为 6 个廊道，调蓄池冲洗采用真空冲洗设备。人工湿地生态净化设施建在调蓄池上部，面积约 2500m^2，水力停留时间取 2d，水力负荷取 0.125m^3/(m^2 · d)，设计进水流量 300m^3/d，工程剖面如图 7-38 所示。

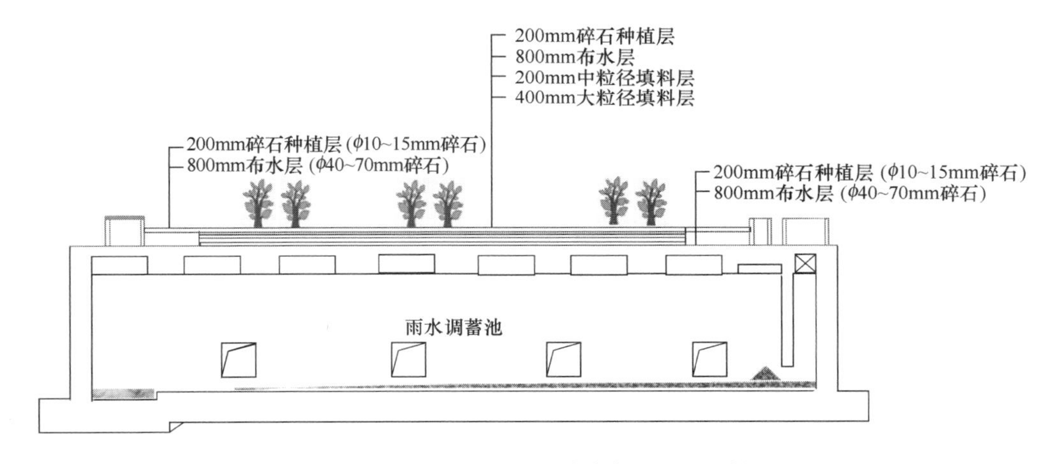

图 7-38　合流制溢流污水末端综合处理工程剖面图

2）技术应用地点及规模

该技术在嘉兴市城东再生水厂厂界北侧得到了示范应用，服务面积为 2.4km^2，总有效调节容积 20000m^3。该技术在城南公园和文华园进行了推广应用，其中城南公园调蓄池有效调节容积 7000m^3，文华园调蓄池有效调节容积 9000m^3。工程实景如图 7-39 所示。

（4）分流制雨水系统末端渗蓄结合的生态协同污染控制技术

1）相关设计参数

分流制雨水系统末端渗蓄结合的生态协同污染控制技术将雨水塘和雨水湿地等生态设

图 7-39 合流制溢流污水末端综合处理工程实景图

施的滞蓄与沉降功能及渗滤堰、坝、岸的截滤净化功能耦合（见图 7-40），实现协同净化，稳定净化溶解性和非溶解性污染物，避免生态渗滤设施的堵塞及雨水塘出水水质的不稳定问题。设计重现期内滞蓄调节池沉淀表面负荷为 $15m^3/(m^2 \cdot d)$ 以上；填料宽度为 0.7～1.0m；填料粒径为 8～15mm；水力停留时间宜为 1～3d。

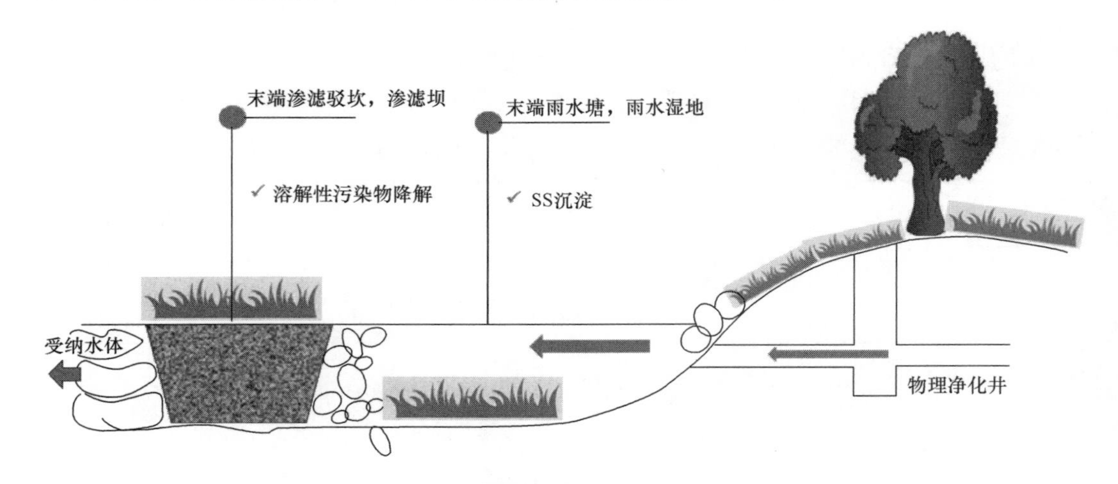

图 7-40 分流制雨水系统末端渗蓄结合的生态协同污染控制技术结构示意图

2）技术应用地点及规模

该技术在嘉兴市植物园生态绿道得到了应用（见图 7-41），利用此技术建设末端生态措施面积达 $4400m^2$。

图 7-41 植物园生态绿道工程实景图

7.6.3　应用成效

1. 技术成效

文昌路径流污染控制工程 SS 和 COD 平均去除率分别达 77.0%和 70.5%；世和小镇径流污染控制工程雨水径流外排总量平均削减率为 32.0%，控制降雨量为 28.6mm，SS 平均削减率为 89.6%；城中片合流制溢流调蓄净化工程对 SS、COD、NH_3-N、TN 和 TP 的削减率分别为 33%～94%、34%～87%、70%～95%、64%～87%和 20%～70%；植物园绿道径流污染控制工程对 SS、COD、TN 和 TP 的去除率分别为 35.0%～98.2%、68.5%～98.4%、35.2%～92.6%和 60.3%～95.0%。

2. 经济成效

“分流制雨水系统末端漂浮介质过滤技术”投资建设成本为 3000 元/座（不含井的土建）。“土壤改良增渗减排技术”投资建设成本为 300 元/m^2，年运行维护成本为 8.0 元/m^2。“合流制溢流污水末端综合处理技术”投资建设成本为生态湿地 800 元/m^2，调蓄池约 2500 元/m^3，运行维护成本为 50 元/d。“分流制雨水系统末端渗蓄结合的生态协同污染控制技术”投资建设成本为 300 元/m^2，运行维护成本为 8 元/(m^2·年)。

3. 环境成效

研发的技术为嘉兴的海绵城市试点建设提供了有力的工作支撑，在 18.44km^2 的试点区内，可削减分流制雨水径流 COD 负荷 1621.5t/年，削减合流制污水溢流 COD 负荷 118.45t/年，达到了区域水环境质量改善的污染物削减目标。

7.6.4　技术亮点和技术增量

针对平原河网城市降雨量大、土壤渗透能力差、水体自净能力不足等问题，嘉兴市构建了“源头削减、末端截控、河网自净”的河网城市雨水径流污染控制成套技术。在 2015—2018 年间，嘉兴的海绵城市试点区 18.44km^2 区域内采用了该套技术，建成了城市道路、住宅小区、城中片合流制溢流调蓄生态净化、城市绿道 4 大类示范工程，实现了“小雨不积水、大雨不内涝、水体不黑臭”的目标。

7.7　成片区低影响开发径流污染控制综合示范工程

7.7.1　案例背景

城市道路与开放空间、绿色建筑与小区作为雨水径流的源头，对其进行低影响开发建设，对实现雨水资源就地“渗、滞、蓄、净、用、排”，实现城市雨水可持续循环、加快城市雨水排水方式转变、有效控制洪涝灾害和径流污染、缓解我国城市水资源短缺、提高城市水生态承载能力等具有重要价值。城市道路与开放空间用地一般占城市建设总用地的 20%～30%，其中城市道路用地一般占 15%～20%，但城市道路雨水径流产生的污染负荷却占到城市雨水径流污染负荷总量的40%～60%。此外，城市公园绿地等开放空间是城市生态功能的主要载体，除了具有休息娱乐功能外，也是动植物栖息和城市雨水径流蓄滞消纳的主要场所。因此，减少城市道路与开放空间、绿色建筑与小区雨水径流总量流失及其对水环境的污染对城镇水环境意义重大。

深圳光明新区是深圳重要的经济发展地带，2010年1月，深圳市政府与住房和城乡建设部签订了《关于共建国家低碳生态示范市合作框架协议》，确立创建低碳生态示范市的城市发展战略。结合深圳的自然条件和城市发展特征，将深圳建设成为社会经济繁荣而有活力、生活生产环境舒适宜人、资源能源利用效率显著提高、二氧化碳排放保持较低水平、低影响开发文明理念深入人心、城市复合生态体系健康和谐、在国内具有重要示范作用和在国际上具有先进水平的低影响开发城市。在此背景下，建立光明新区低影响开发示范工程。

本案例依托于国家水专项2011年启动“低影响开发雨水系统综合示范与评估(2010ZX07320-003)”“城市道路与开放空间低影响开发雨水系统研究与示范(2010ZX07320-002)”和“绿色建筑与小区低影响开发雨水系统研究与示范(2010ZX07320-001)”三项课题。

7.7.2 工艺路线及关键技术

1. 工艺路线

依托上述课题，建设4类示范工程，分别为居住小区、公共建筑、公园绿地和道路降雨径流污染控制示范工程。

(1) 万丈坡片区拆迁安置一期径流污染控制工程

万丈坡片区拆迁安置一期径流污染控制工程工艺路线参见图6-37。透水铺装产生的径流可进入生态树池，经进一步滞留净化后排入雨水管道。消防车道产生的径流可通过植草沟进入下凹式绿地，经滞留净化后排入雨水管道。绿色屋顶和普通屋顶产生的径流可通过雨水立管断接至雨水花园，经滞留净化后排入雨水管道。

(2) 群众体育文化中心径流污染控制工程

群众体育文化中心径流污染控制工程工艺路线如图7-42所示。停车场、广场和屋顶的雨水经汇集后进入植草沟和下沉式绿地进行滞留净化，过多的径流雨水被雨水管网收集。污染较为严重的初期雨水被弃流进入污水管网，中后期径流雨水进入雨水收集模块进行收集贮存，经处理之后用于绿化浇灌，超过雨水收集模块贮存能力的中后期径流雨水溢流排入市政雨水管网。

(3) 新城公园低影响开发径流污染控制工程

新城公园低影响开发径流污染控制工程工艺路线如图7-43所示。绿地雨水和道路雨水经汇集后，一部分可通过植草沟进入旱溪进行滞蓄净化，超过旱溪处理能力的径流雨水可通过旱溪中设置的雨水溢流口排入市政雨水管网。当进入植草沟的雨水过多时，径流雨水可通过植草沟中的截污雨水口进入模块式蓄水池贮存，在雨季之后用于绿化浇灌。

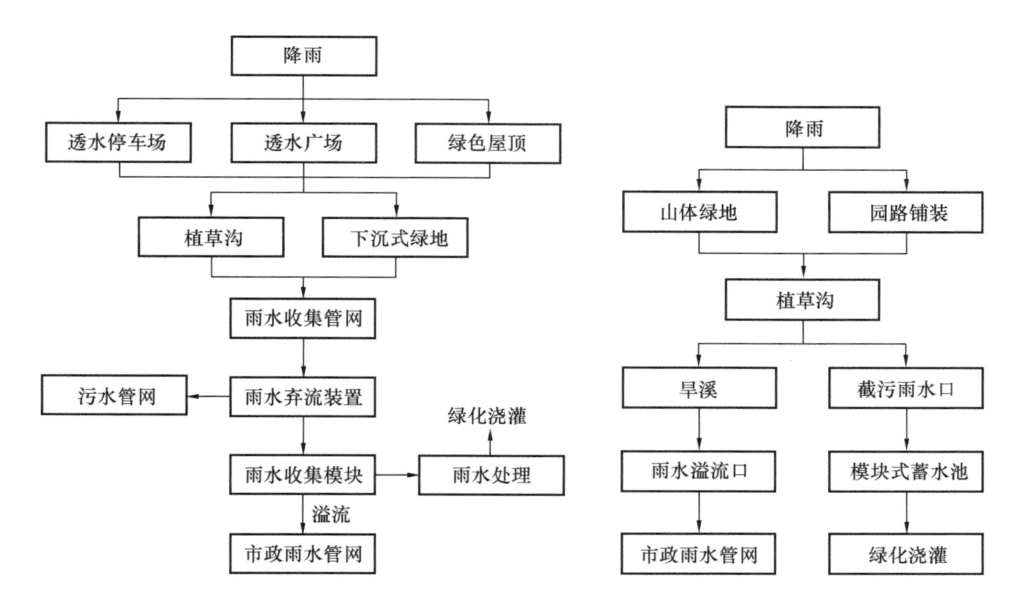

图 7-42 群众体育文化中心径流污染控制工程工艺路线图

图 7-43 新城公园低影响开发径流污染控制工程工艺路线图

（4）公园路低影响开发径流污染控制工程

公园路低影响开发径流污染控制工程工艺路线如图 7-44 所示。人行道、机动车道及自行车道上的径流雨水一部分通过透水砖或透水沥青路面入渗至地下，当入渗量饱和或降雨径流量过大时，过多的降雨径流则通过道路路缘石豁口汇入生物滞留带或下凹式绿地等进行滞蓄净化。超过生物滞留带处理能力的径流雨水可通过生物滞留带中设置的雨水溢流口排入市政雨水管网。

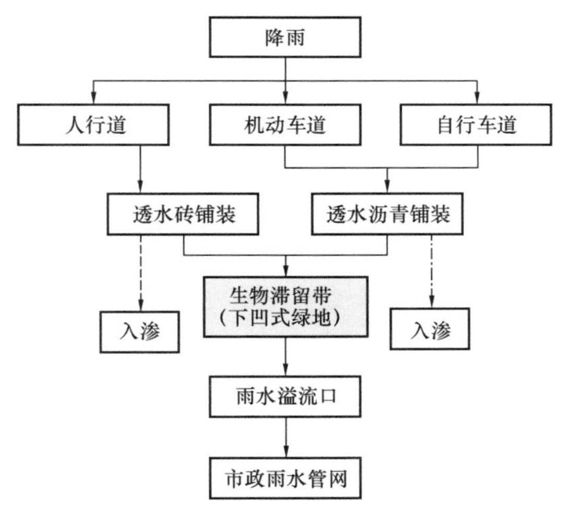

图 7-44 公园路低影响开发径流污染控制工程工艺路线图

2. 关键技术及应用

依托上述工程，共研发了 5 项技术，分别为“下凹式绿地技术”“雨水花园技术”“绿色屋顶技术”“植草沟技术”“透水铺装技术”。

（1）下凹式绿地技术

1）相关设计参数

在建设绿地时，该技术要求绿地高程低于周围地面，以利于周边雨水径流的汇入。该技术在应用区域内利用下凹空间充分蓄积雨水，显著增加了雨水下渗时间，能通过绿地对蓄积的雨水进行初期净化，对污染物的削减起到很大的作用。此外，下渗出水还能起到补充地下水的作用。具体参数如下：植被层选取台湾草；改良土壤层砂土比为 1∶2；卵石层选用 ϕ200～400mm 的卵石。如图 7-45 所示。

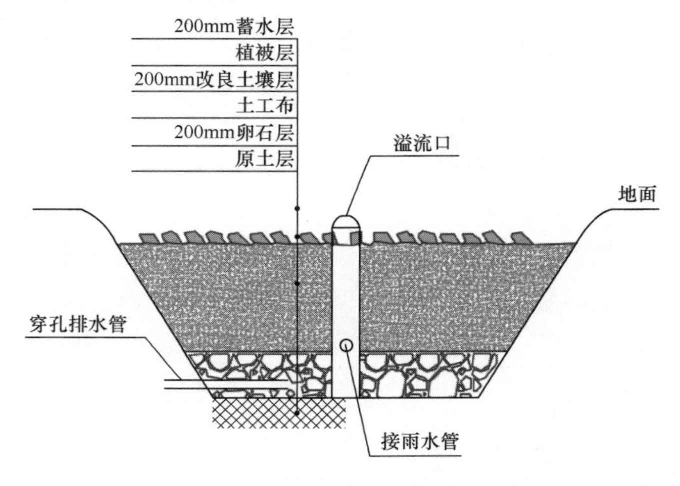

图 7-45　下凹式绿地剖面图

2）技术应用地点及规模

该技术在万丈坡儿童乐园西侧绿地内得到了应用（见图 7-46），规模约 786m^2。

图 7-46　下凹式绿地实景图

（2）雨水花园技术

1）相关设计参数

该技术主要用于地势低洼的地区，通过植物、土壤和微生物系统蓄渗、净化径流雨水，可降低地表径流的洪峰流量，还可通过吸附、降解、离子交换和挥发等过程减少径流污染。其具体参数如下：花坛植被层选取秋枫，浅沟选用台湾草；改良土壤层砂土比为 1∶2，下部铺设土工布；卵石层选用 ϕ40～60mm 的卵石，既可以消能，还利于雨水均匀汇入绿地；穿孔排水管选用管径 20mm 的 PVC 管；花坛表层取 3%的坡度，浅沟取倒抛物线断面，宽度约 400mm，深度约 50mm，纵向坡度约 3‰。如图 7-47、图 7-48 所示。

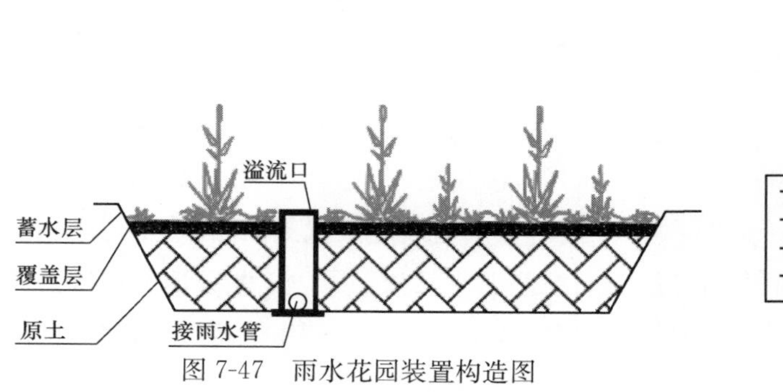

图 7-47　雨水花园装置构造图

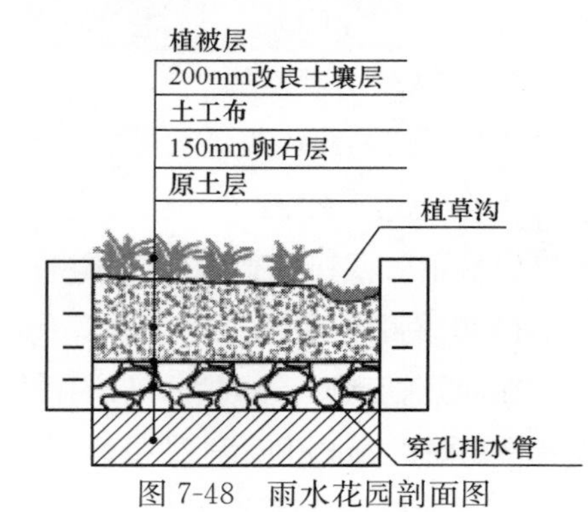

图 7-48　雨水花园剖面图

2）技术应用地点及规模

该技术在万丈坡拆迁安置房工程 B 地块得到了应用（见图 7-49），长约 48m，宽约 8.2m。

（3）绿色屋顶技术

1）相关设计参数

植被选择深圳市本土植物台湾草，长势旺盛，耐寒耐旱；排水层选用 HDPE 凹凸排水板；保护层选用改性沥青耐根穿刺防水卷材，兼具阻根和防水功能；排水沟中选用 $\phi30\sim40$mm 卵石。如图 7-50 所示。

图 7-49　雨水花园实景图

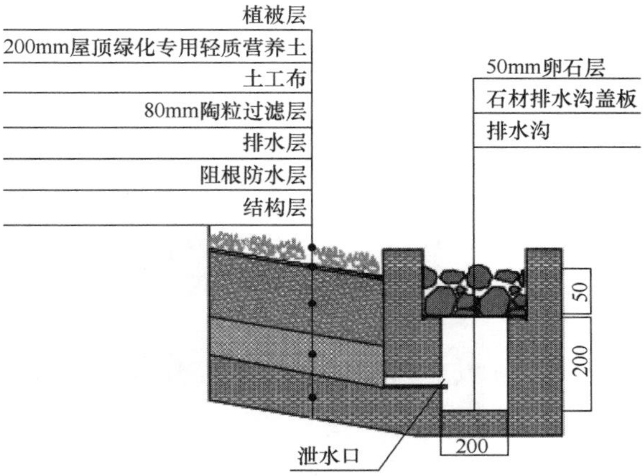

图 7-50　绿色屋顶剖面图

2）技术应用地点及规模

该技术在群众体育中心屋顶得到了应用（见图 7-51），总面积约 12500m^2。

（4）植草沟技术

1）相关设计参数

依据实际地形坡度，该技术主要应用于绿地边侧，收集转输道路汇入的部分地表径流及地势较高绿地的径流。结构从上到下分别为蓄水层、植被层、换土层和砾石层。相关参数如下：植被选取深圳当地植物风车草，利于生长；断面选取倒抛物线形，宽度约为 400mm；考虑到示范区地势平缓，植草沟纵向坡度取 3‰。如图 7-52 所示。

图 7-51　绿色屋顶实景图

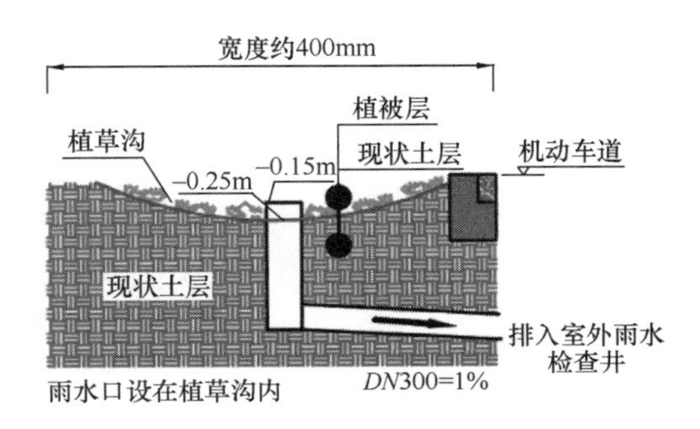

图 7-52　植草沟剖面图

2）技术应用地点及规模

该技术在新城公园得到了应用（见图 7-53），总面积约 2263m²。

（5）透水铺装技术

1）相关设计参数

该技术主要应用于街道路面上铺设小型路面砖，在砖之间预留缝隙，使雨水从缝隙中渗入地下，可起到延缓径流和削减水量的作用，中小雨时铺装产流较少，效果显著。透水砖路面构造如图 7-54 所示，结构层由透水砖面层、找平层、基层、土基层组成。相关参数如下：透水砖面层砖缝宽度为 3mm，砖缝填砂，碾压；植草砖面层内含 40mm 种植土，植物选取台湾草；找平层采用中砂，中砂要求采用 ϕ0.3～5mm 级配砂；基层采用连续级配砂石，植草砖铺装采用 ϕ15～25mm 级配碎石；透水砖铺装无底基层，植草砖底基层采用二灰碎石；土基夯实，密实度要≥93%。

图 7-53　植草沟实景图

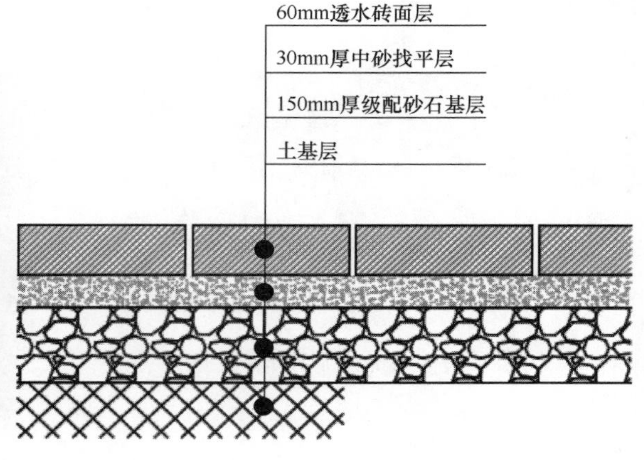

图 7-54　透水砖路面结构图

2）技术应用地点及规模

该技术在光明新区公园路得到了应用（见图 7-55），总面积约 2500m²。

7.7.3　应用成效

1. 技术成效

万丈坡片区拆迁安置一期径流污染控制工程达到了年径流总量控制率 70%以上，径流 SS 削减率高于 49%；群众体育文化中心径流污染控制工程实现了年径流综合控制率 70%以上，SS 削减率 50%以上，径流峰值削减率 37%～47%的综合效应；新城公园低影响开发径流污染控制工程年径流总量控制率可达 85%以上；公园路低影响开发径流污染控制工程年径流总量控制率达到

图 7-55　人行道透水铺装实景图

了 66.3%～69.2%，SS 削减率为 68.0%～90.0%。

2. 经济成效

依托于城镇降雨径流污染控制工程建设，研发了新型塑料模块组合水池、渗排水板和初期雨水弃流装置 3 种产品，目前均已在市场上应用。其中，新型塑料模块组合水池三年实现销售 61300m^2，销售总额达 184 万元；渗排水板在实际项目中应用超过 6.5 万 m^3，销售总额达 9750 万元，年均收集利用雨水总量超过 140 万 m^3；初期雨水弃流装置已实现销售 150 套，销售总产值达 525 万元。

3. 环境成效

深圳市光明新区在城镇降雨径流污染控制工程建设中采用了包括绿色屋顶、透水铺装、植草沟、下凹式绿地和雨水花园在内的多种低影响开发技术，这些技术的运用有效削减了深圳市降雨径流污染，提高了雨水利用率，同时改善了城区环境，大大降低了城市内涝风险。台风“苗柏”登陆后的降雨期，示范工程无明显积水。

7.7.4　技术亮点和技术增量

深圳市光明新区在城镇降雨径流污染控制工程建设中采用了绿色屋顶、透水铺装、植草沟、下凹式绿地和雨水花园等单项技术，形成了相对集中、连片的低影响开发综合示范区，涵盖居住小区、公共建筑、公园绿地、道路等典型建设项目类型，实现了区域低影响开发的规模化和集成化应用。

第8章 城镇降雨径流污染控制关键技术应用绩效评估

我国对城镇降雨径流污染控制技术的应用尚处于起步阶段，关键技术的选取存在一定的盲目性。为了加强城镇降雨径流污染控制基础设施规划、设计、建设和实施过程中的针对性，亟需对当前应用的降雨径流污染控制关键技术进行多维度评估，解析关键技术存在的问题，为关键技术的改进、优化组合和应用提供科学依据。本章构建了一套针对城镇降雨径流污染控制关键技术及其应用效果的评估体系，旨在评估关键技术在实际应用中存在的问题及未来改进方向。

8.1 评 估 体 系

对某一类具体对象进行评估的一般思路是首先明确从哪些方面对该类对象进行评估，即根据评估对象的特征构建评估指标；其次是分析评估过程中各个指标对评估对象影响的重要程度，即确定各指标的权重；最后选取评估方法进行评估。本节建立了针对城镇降雨径流污染控制关键技术的评估体系。

8.1.1 评估指标的构建

1. 评估指标的构建原则

选取评估指标是开展技术应用绩效评估的第一步。指标选取的合理性直接影响结果的准确性和可靠性。为了能够全面、客观、科学、系统、准确地反映城镇降雨径流污染控制技术的应用绩效，需要按照一定的原则建立合适的评估指标，具体如下。

（1）科学性

评估指标越科学合理，越能得到准确可靠的评估结果。因此，选取的评估指标应有明确的概念和清晰的内涵，在理论上需要有科学依据，能够反映被评估对象的本质特点。

（2）系统性

系统性是指评估指标间应有层次性和关联性，层次结构合理、协调统一，是一个统一整体，能够系统全面地反映被评估对象的整体状况。指标间不存在因果和重叠关系，在同一层级具有清晰的边界条件和明晰的区分度。

（3）全面性

评估指标应综合、全面地反映被评估技术的整体情况。根据被评估对象，评估指标需要能够从技术、经济、环境、社会、管理等多方面综合考虑城镇降雨径流污染控制技术与工程特点，反映被评估对象的技术性能与管理机制，及其应用带来的环境效益、经济效益和社会效益。指标也不是越多越好，过多的指标会造成过重的工作负荷。因此，指标不仅要求全面，而且需要具有代表性，以减少评估工作量和降低评估误差。

（4）目标性

评估指标体系中各指标目标明确，具有目标导向作用。通过评估指标的选取，来引导被评估对象积极按照所选评估指标的目标来进行发展，为未来发展指明方向，发挥优势，补齐短板。

（5）可行性和可操作性

指标的内容应当简明、直观，通常要与国家已有的统计指标体系相衔接，与客观水平相吻合，数据易于采集、观察和测量，以确保数据统计的真实性和连续性，具有可行性和可操作性。

（6）定性与定量相结合

为了实现对评估对象全面综合的评估，评估指标的选取要满足定性与定量相结合的原则，对定性指标进行合理有效的量化处理，使得定性指标定量化、规范化。

上述构建原则不仅适用于本章关键技术的应用绩效评估指标，也适用于本书第 9 章和 10 章的相关工程绩效评估指标。

2. 评估指标的构建

技术评估指标是开展技术评估工作的载体。就城镇降雨径流污染控制关键技术评估而言，评估指标复杂，且多数指标难以定量，为了满足上述科学性、全面性、系统性等原则，采用层次分析法（Analytieal Hierarchy Process，简称 AHP）来构建城镇降雨径流污染控制关键技术应用绩效评估指标。

根据上述原则，基于大量文献和工程应用，对这些城镇降雨径流污染控制技术的含义、分类、功能、效益以及后期维护管理等内容的研究，从技术性能、经济性能、管理性能和效益性能四个方面考虑，构建了三个等级的评估指标结构，如图 8-1 所示。

第一等级（A）为子目标层，将其分为技术性能评估、经济性能评估、管理性能评估

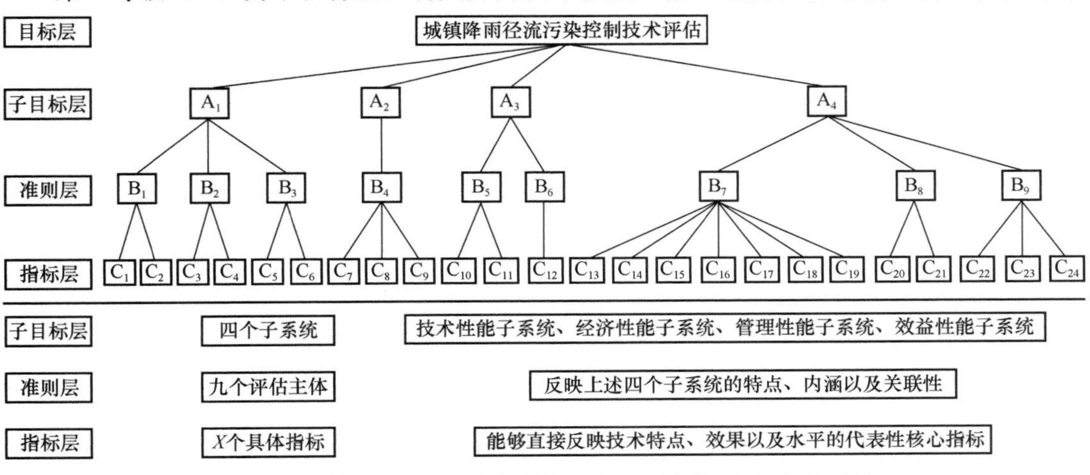

图 8-1　城镇降雨径流污染控制关键技术应用绩效评估框架结构

以及效益性能评估四个子系统；第二等级（B）为准则层，每个子系统根据自身特点设定相应的评估主体，共设定了九个评估主体；第三等级（C）为指标层，由若干个具体指标组成，可以直接反映各个评估技术的总体情况。

本节在构建城镇降雨径流污染控制关键技术评估指标时，选择了技术性能、经济性能、管理性能和效益性能四个一级指标，也就是上面所述的四个子系统。其中，技术性能体现出技术选择的合理性；经济性能体现出技术的经济性；管理性能体现出技术实施中对管理需求的程度；效益性能体现出技术实施后带来的环境、社会、经济等方面的效益。

在技术性能子系统中，评估指标主要考虑技术的可靠性、可操作性和时效性，需要反映该关键技术在降雨径流污染控制方面的性能；在经济性能子系统中，技术成本是体现技术经济性的重要指标；在管理性能子系统中，人员管理和技术管理这两个评估指标要反映出技术管理需求程度；在效益性能子系统中，环境效益、经济效益和社会效益这三个评估指标要能够反映出技术综合效益。城镇降雨径流污染控制关键技术应用绩效评估指标体系具体见表8-1，指标层中有些指标可以定量表示，有些指标无法定量表示，只能定性描述。

城镇降雨径流污染控制关键技术应用绩效评估指标体系　　表 8-1

子目标层	准则层	指标层
技术性能 A_1	技术可靠性 B_1	技术成熟度 C_1
		运行稳定性 C_2
	技术可操作性 B_2	占地面积（m^2）C_3
		施工难易度 C_4
	技术时效性 B_3	使用寿命（年）C_5
		维护频次（次/年）C_6
经济性能 A_2	技术成本 B_4	单位建设成本（元/m^2或元/m^3）C_7
		运行维护成本（%）C_8
		人员工资费 C_9
管理性能 A_3	人员管理 B_5	人员数量（人）C_{10}
		专业要求 C_{11}
	技术管理 B_6	运行管理难易度 C_{12}
效益性能 A_4	环境效益 B_7	TN 削减率（%）C_{13}
		TP 削减率（%）C_{14}
		COD 削减率（%）C_{15}
		SS 削减率（%）C_{16}
		径流总量削减率（%）C_{17}
		径流峰值削减率（%）C_{18}
		雨水资源化利用 C_{19}
	经济效益 B_8	出水再利用的节水费用（元）C_{20}
		节省市政废水处理费用（元）C_{21}
	社会效益 B_9	减轻市政废水处理压力 C_{22}
		缓解城镇内涝 C_{23}
		回补地下水 C_{24}

(1) 定量指标的含义

1) 使用寿命

使用寿命是指技术或设备在运行效果相对稳定的情况下，技术或设备的使用或运行时间。在运行效果相对稳定的情况下，技术或设备的使用或运行时间越长，说明技术或设备的经济性越好，在技术选择时应优先考虑。

2) 维护频次

维护频次是指为保证技术正常运行或为了减少技术、设备等出现故障的机会，每年需对技术或设备进行维护、检查的次数。维护次数越少，说明技术后期维护管理所需的精力、成本越少。

3) 单位建设成本

单位建设成本是指技术在正式投入使用前每平方米或每立方米所耗费的成本，包括设计成本、土建、设备等费用。单位建设成本越少，说明技术的前期投入越少，在同等技术性能条件下，具有优越性。

4) 运行维护成本

运行维护成本是指在保证技术或设备投入使用后的运行维护费用，包括原材料、动力等成本综合占建设成本的百分比。在同等技术性能条件下，运行维护成本越少，在技术选择时越具有优越性。

$$\text{运行维护成本占比}(\%)=\frac{\text{运行费用总额}}{\text{建设成本总额}}\times 100\% \tag{8-1}$$

5) 人员数量

人员数量是指技术或设备在使用过程中所需的操作人员数量，包括技术管理人员和后期维护人员。在同等技术性能条件下，技术或设备在运行中所需的操作人员数量越少，说明技术在运行过程中管理维护工作越少或简单，在技术选择时越具有优越性。

6) SS、COD、TN、TP、径流总量和径流峰值削减率

污染物控制效果是评估城镇降雨径流污染控制关键技术的一项重要指标。当前，城镇降雨径流污染控制关键技术主要以有效削减径流负荷总量，在一定程度上实现径流削峰、错峰，削减 SS、COD、TN 和 TP 排放为目标。因此，本节选择上述指标作为评估城镇降雨径流污染控制关键技术的综合效益指标。

(2) 定性指标的含义

1) 技术成熟度

即技术就绪度，指当前该关键技术所达到的一般可用程度，是反映技术成熟状态的指标。

2) 运行稳定性

运行稳定性是指技术在实际运行过程中，能耐受外界条件影响、稳定有效运行的状况。

3）占地面积

占地面积是指采用技术形成的装备在应用时的占地面积，或在选址时对空间大小的约束性。占地面积较大的技术装备，在实际应用中会受到一定的空间限制。

4）施工难易度

施工难易度是指技术装备在施工、安装和调试运行过程中的难易程度。

5）人员工资费

人员工资费是指技术装备在建设、运行和维护过程中技术管理人员和工作人员的工资开支。

6）专业要求

专业要求是指在技术装备运行维护管理期间，按照日常操作的简繁，对技术管理人员和维护人员的专业要求。

7）运行管理难易度

运行管理难易度是指在技术装备运行期间，技术管理人员和工作人员进行日常管理操作的工作量大小，以及操作、使用和管理的难易程度。

8）雨水资源化利用

雨水资源化利用是指技术装备能够使雨水再利用开发的程度。

9）出水再利用的节水费用

出水再利用的节水费用是指技术装备对雨水处理后使得雨水能够再利用（如浇灌、洗车等），从而节省水资源的费用。

10）节省市政废水处理费用

节省市政废水处理费用是指技术装备对降雨径流污染进行处理后，减少了雨水流入市政管网直至进入污水处理厂进行污水处理的费用。

11）减轻市政废水处理压力

减轻市政废水处理压力是指技术装备对降雨径流进行处理后，减少雨水径流流入市政管网进入污水处理厂的径流量，从而减轻了污水处理厂的处理压力。

12）缓解城镇内涝

缓解城镇内涝是指降雨径流污染控制技术装备在运行过程中，通过对雨水的截留、蒸发、下渗等措施，削减地表产生的径流量，从而缓解由城镇降雨引起的城镇内涝。

13）回补地下水

回补地下水是指降雨径流污染控制技术装备在运行过程中，通过渗透作用，使地表雨水径流下渗到地下用于回补地下水的能力。

8.1.2 评估指标权重的确定

评估指标体系中不同层次的指标和同一层次的指标之间对综合评估结果都有着不同程度的影响，为了体现降雨径流污染控制关键技术各项指标对于评估结果的影响程度，需要确定每项评估指标的权重。本节主要介绍权重确定的方法和计算过程。

1. 层次分析法

层次分析法是一种将定量分析与定性分析相结合的多方案或多目标分析决策方法。其主要的原理是通过将复杂的问题分解成目标、准则、方案等若干层次和若干指标，再就某一层次指标对上一层次的贡献程度做出指标间的两两比较判断，构建判断矩阵，通过对判断矩阵进行相应的计算得出不同方案的相对重要性权重，为决策方案的选择提供依据。

运用层次分析法建模，大致可分为四个步骤。

（1）建立递阶层次的结构模型：首先将决策问题层次化，根据决策问题的性质和所要达到的总目标，将复杂问题分解成目标、准则、方案等若干层次和要素，并按照因素之间的相互影响和隶属关系，构建具有递阶层次的结构模型。

（2）构造各层次中的所有判断矩阵：分析各因素之间的关系，对某一层次各元素相对于上一层次中相关元素的贡献程度做出两两比较判断，构造两两比较的判断矩阵。

（3）层次单排序及一致性检验：对上一步得到的判断矩阵进行计算，求出其最大特征值及所对应的特征向量 $\boldsymbol{W}$，归一化后即为某一层次元素对于上一层次相关元素的相对权重，并进行一致性检验。

（4）层次总排序及一致性检验：由上一步可得到各个指标相对于上一层次相关元素的相对权重，再用上一层次相关元素本身的权重加权综合，这样自下而上依次计算，得出各层次特别是最底层元素对于目标层即最高层的总排序权重，并进行一致性检验。

基于上述原理的层次分析法已经在生态环境污染治理等多个领域得到应用，主要包括：大气污染防治措施的研究、水环境安全评估、水污染污染源评估、水质指标和环境保护措施研究、生态环境质量评估指标体系研究等。

2. 系统聚类法

系统聚类法（Hierarchical Clustering Methods）是研究分类的一种多指标统计分析方法。其基本思想是：先假定研究对象各自成一类，然后通过计算各类之间的距离，将距离最近的两类合并成一个新类；再计算新类与其他各类之间的距离，将距离最近的两类合并，重复进行距离最近的类的合并，每次减少一类，直至所有的研究对象合并为一类。然后根据需要或者根据给出的距离临界值（阈值）确定最终的分类。

系统聚类法一般包括如下 6 步：

（1）数据标准化：当样本数据之间的数量级相差太大或单位不同时，需要进行数据的标准化；

（2）将每个样本看作是一类，构造 n 个类，计算 n 个样本两两之间的距离；

（3）合并距离最近的两类为一个新类；

（4）计算新类与其他各类之间的距离，再合并距离最近的两类为另一新类；

（5）循环第四步，直至合并到只剩 1 类；

（6）绘制聚类图，决定分类结果。

系统聚类法在生态环境治理领域也具有广泛的应用，主要体现在大气环境质量综合评估、地下水质量综合评估、工程地质环境质量评估、环境监测中的水质分析、城镇和区域环境污染分区控制和成因研究等技术领域。

3. 指标权重的计算

近年来，层次分析法被广泛应用于技术评估指标权重计算。该方法主要是请有关专家根据各项指标对该技术的影响程度，通过打分计算出指标权重。对于定性指标而言，专家的分数起着决定性的作用，具有较强的专家主观性。由于专家们的知识水平、专业背景、关注重点和个人偏好等不尽相同，可能导致专家之间的评估结果不一致，甚至会出现较大差异。

为了有效集合各专家的打分情况，获得更加合理、准确、可靠的评估结果，本节将层次分析法与系统聚类法相结合，在一定程度上消除专家打分的主观性，提高专家共识，体现群体决策的特点。具体步骤为：首先，按照层次分析法要求设计专家咨询表，邀请专家评估、打分，对专家数据进行处理得到各个专家的评估结果；其次，采用系统聚类法对专家评估结果进行聚类分析，确定专家的权重系数；最后，根据各个专家的评估结果及专家权重系数加权求和得到优化后综合各个专家意见的评估指标权重。主要计算过程如下：

（1）专家评分表的制定

对评估指标体系按照多准则群体决策模型的要求制定专家评分表，邀请相关专家对评估指标的重要程度进行两两比较判断。

表 8-2～表 8-9 给出了城镇降雨径流污染控制关键技术应用绩效指标间对比判断的专家评分表模式，由专家为各指标对于上一层次的贡献程度进行两两比较判断评分。

一级指标间对比关系专家评分表 **表 8-2**

评估指标	技术性能	经济性能	管理性能	效益性能
技术性能				
经济性能				
管理性能				
效益性能				

技术性能所属二级指标间对比关系专家评分表 **表 8-3**

评估指标	技术可靠性	技术可操作性	技术时效性
技术可靠性			
技术可操作性			
技术时效性			

管理性能所属二级指标间对比关系专家评分表 **表 8-4**

评估指标	人员管理	技术管理
人员管理		
技术管理		

效益性能所属二级指标间对比关系专家评分表 **表 8-5**

评估指标	环境效益	经济效益	社会效益
环境效益			
经济效益			
社会效益			

技术性能下的三级指标间对比关系专家评分表 **表 8-6**

评估指标	三级指标	
技术可靠性	技术成熟度	运行稳定性
技术成熟度		
运行稳定性		
技术可操作性	占地面积（m^2）	施工难易度
占地面积（m^2）		
施工难易度		
技术时效性	使用寿命（年）	维护频次（次/年）
使用寿命（年）		
维护频次（次/年）		

经济性能下的三级指标间对比关系专家评分表 **表 8-7**

评估指标	三级指标		
技术成本	单位建设成本（元/m^2 或元/m^3）	运行维护成本（%）	人员工资费
单位建设成本（元/m^2 或元/m^3）			
运行维护成本（%）			
人员工资费			

管理性能下的三级指标间对比关系专家评分表 **表 8-8**

评估指标	三级指标	
人员管理	人员数量（人）	专业要求
人员数量（人）		
专业要求		

效益性能下的三级指标间对比关系专家评分表 **表 8-9**

评估指标	三级指标						
环境效益	TN 削减率（%）	TP 削减率（%）	COD 削减率（%）	SS 削减率（%）	径流总量削减率（%）	径流峰值削减率（%）	雨水资源化利用
TN 削减率（%）							
TP 削减率（%）							
COD 削减率（%）							
SS 削减率（%）							

续表

评估指标	三级指标						
环境效益	TN 削减率（%）	TP 削减率（%）	COD 削减率（%）	SS 削减率（%）	径流总量削减率（%）	径流峰值削减率（%）	雨水资源化利用
径流总量削减率（%）							
径流峰值削减率（%）							
雨水资源化利用							

经济效益	出水再利用的节水费用（元）	节省市政废水处理费用（元）
出水再利用的节水费用（元）		
节省市政废水处理费用（元）		

社会效益	减轻市政废水处理压力	缓解城镇内涝	回补地下水
减轻市政废水处理压力			
缓解城镇内涝			
回补地下水			

专家在填写评分表时，需按照一定的赋分原则进行填写。根据心理学研究得出的“人区分信息等级的极限能力为 7±2”的结论，多准则群体决策模型在对指标的相对重要程度进行评判时，引入了九分位的比例标度，各数值含义如表 8-10 所示，也即专家填写评分表时的赋分原则，以表 8-2～表 8-9 中左侧竖列所列的指标相对于顶部横行所列指标的重要程度进行比较评分。

标度数值含义 **表 8-10**

相对重要程度	含义
1	表示两个因素相比，具有同等重要性
3	表示两个因素相比，一个因素比另一个因素稍微重要
5	表示两个因素相比，一个因素比另一个因素明显重要
7	表示两个因素相比，一个因素比另一个因素强烈重要
9	表示两个因素相比，一个因素比另一个因素极端重要
2、4、6、8	上述两相邻判断中间值
$\phi_{ba}=1/\phi_{ab}$	若因素 a 与因素 b 比较得到的判断值为 ϕ_{ab}，则因素 b 与因素 a 比较的判断值为 $\phi_{ba}=1/\phi_{ab}$

（2）比较判断矩阵的构建

评估指标比较判断矩阵采用了专家打分法来构建。通过发放和回收打分表，共获得 n 份有效的专家打分数据，其中 20%来自工程管理人员，40%来自技术研究人员，40%来自工程设计人员。由专家的打分数据构建比较判断矩阵，矩阵中的元素代表了指标间的两两比较关系，以关键技术一级指标为例，专家根据表 8-2 进行打分，构建判断矩阵。其中，10 位代表性专家得分数据矩阵见 $\boldsymbol{E}_1$、$\boldsymbol{E}_2$、$\boldsymbol{E}_3$、……、$\boldsymbol{E}_{10}$。

$$\boldsymbol{E}_1=\begin{bmatrix}1 & 3 & 5 & 1/3\\1/3 & 1 & 3 & 1/5\\1/5 & 1/3 & 1 & 1/7\\3 & 5 & 7 & 1\end{bmatrix},\quad \boldsymbol{E}_2=\begin{bmatrix}1 & 3 & 5 & 1/5\\1/3 & 1 & 3 & 1/5\\1/5 & 1/3 & 1 & 1/7\\5 & 5 & 7 & 1\end{bmatrix},$$

$$\boldsymbol{E}_3=\begin{bmatrix}1 & 3 & 3 & 1/3\\1/3 & 1 & 3 & 1/5\\1/3 & 1/3 & 1 & 1/5\\3 & 5 & 5 & 1\end{bmatrix},\quad \boldsymbol{E}_4=\begin{bmatrix}1 & 3 & 4 & 1/3\\1/3 & 1 & 2 & 1/6\\1/4 & 1/2 & 1 & 1/7\\3 & 6 & 7 & 1\end{bmatrix},$$

$$\boldsymbol{E}_5=\begin{bmatrix}1 & 5 & 3 & 1/5\\1/5 & 1 & 1/2 & 1/7\\1/3 & 2 & 1 & 1/5\\5 & 7 & 5 & 1\end{bmatrix},\quad \boldsymbol{E}_6=\begin{bmatrix}1 & 3 & 5 & 1/3\\1/3 & 1 & 3 & 1/5\\1/5 & 1/3 & 1 & 1/5\\3 & 5 & 5 & 1\end{bmatrix},$$

$$\boldsymbol{E}_7=\begin{bmatrix}1 & 3 & 3 & 5\\1/3 & 1 & 1 & 3\\1/3 & 1 & 1 & 3\\1/5 & 1/3 & 1/3 & 1\end{bmatrix},\quad \boldsymbol{E}_8=\begin{bmatrix}1 & 2 & 3 & 7\\1/2 & 1 & 3 & 5\\1/3 & 1/3 & 1 & 3\\1/7 & 1/5 & 1/3 & 1\end{bmatrix},$$

$$\boldsymbol{E}_9=\begin{bmatrix}1 & 1/2 & 1/3 & 1/3\\2 & 1 & 1/2 & 1/2\\3 & 2 & 1 & 1\\3 & 2 & 1 & 1\end{bmatrix},\quad \boldsymbol{E}_{10}=\begin{bmatrix}1 & 5 & 3 & 1\\1/5 & 1 & 1/3 & 1/5\\1/3 & 3 & 1 & 1/3\\1 & 5 & 3 & 1\end{bmatrix}。$$

（3）权重向量的计算

对每位专家打分得到的比较判断矩阵进行运算，确定一级指标的权重向量，进行一致性检验。限于篇幅，这里仅以 $\boldsymbol{E}_1$ 为例介绍计算过程，如表 8-11 所示。

一级指标权重向量的计算过程　　表 8-11

判断矩阵					行内连乘	连乘积开 n 次方	归一化
$\boldsymbol{E}_1$	A_1	A_2	A_3	A_4	$M_i=\prod_{j=1}^{n}a_{ij}$	$\overline{W}_i=\sqrt[n]{M_i}$	$W_i=\overline{W}_i/\sum_{i=1}^{n}\overline{W}_i$
A_1	1	3	5	1/3	5	1.495	0.263
A_2	1/3	1	3	1/5	0.2	0.669	0.118
A_3	1/5	1/3	1	1/7	0.01	0.312	0.055
A_4	3	5	7	1	105	3.201	0.564

注：n 为判断矩阵的阶数；a_{ij} 为判断矩阵的各个元素；W_i 为权重向量的第 i 个元素。

由表 8-11 可得，由专家 1 得到的一级指标权重向量为：

$$\boldsymbol{W}=(0.263,\quad 0.118,\quad 0.055,\quad 0.564)^{\mathrm{T}}$$

（4）一致性检验

由上一步得到一级指标权重向量 $\boldsymbol{W}=(0.263,\ 0.118,\ 0.055,\ 0.564)^{T}$，接下来对判断矩阵进行一致性检验。

对判断矩阵进行一致性检验，需要计算判断矩阵的一致性指标 CI 值和一致性比率 CR 值，方法分别见式（8-2）和式（8-3）。

$$CI=\frac{\lambda_{\max}-n}{n-1} \tag{8-2}$$

$$CR=\frac{CI}{RI} \tag{8-3}$$

若 $CR<0.10$，即认为判断矩阵具有满意的一致性，否则需要调整判断矩阵，以使之具有满意的一致性。

1）最大特征根 $\lambda_{\max}$ 的计算

设判断矩阵 $\boldsymbol{A}$ 的最大特征根为 $\lambda_{\max}$，其相应的特征向量为 $\boldsymbol{W}$，则有 $\boldsymbol{AW}=\lambda_{\max}\boldsymbol{W}$。因此，$\lambda_{\max}$ 可通过式（8-4）求得。

$$\lambda_{\max}=\frac{1}{n}\sum_{i=1}^{n}\frac{(AW)_i}{w_i} \tag{8-4}$$

将判断矩阵 $\boldsymbol{E}$ 和权重向量 $\boldsymbol{W}$ 代入式（8-4），可得 $\lambda_{\max}=4.117$。

2）判断矩阵一致性指标 CI 的计算

由式（8-2）得，$CI=\frac{\lambda_{\max}-n}{n-1}=\frac{4.117-4}{4-1}=0.039$。

3）一致性比率 CR 的计算

这时需要引入判断矩阵的平均一致性指标 RI 值，1～15 阶判断矩阵的 RI 值如表 8-12 所示。

平均一致性指标 *RI* 值 **表 8-12**

n	1	2	3	4	5	6	7	8	9	10	11	12	13	14	15
RI	0	0	0.52	0.89	1.12	1.26	1.36	1.41	1.46	1.49	1.52	1.54	1.56	1.58	1.59

由于 $n=4$，查表 8-12 可知，$RI=0.89$。由式（8-3）计算可得：

$$CR=\frac{CI}{RI}=\frac{0.039}{0.89}=0.044<0.10$$

判断矩阵的一致性比率小于 0.10，通过一致性检验。这一结果说明判断矩阵具有满意的一致性，即专家 1 的打分是有效的，且得出专家 1 的关键技术一级指标权重向量为 $\boldsymbol{W}=(0.263,0.118,0.055,0.564)^{T}$。即对于城镇降雨径流污染控制关键技术的应用绩效来说，一级指标权重分别为技术性能 $w_1=0.263$，经济性能 $w_2=0.118$，管理性能 $w_3=0.055$，效益性能 $w_4=0.564$。

按照上述步骤，依次计算其他相关专家的评分数据，得到各自打分的指标权重和一致性检验结果。其中 10 位代表性专家的计算结果见表 8-13。

10位专家确定的指标权重值汇总表 **表8-13**

指标		专家编号									
		1	2	3	4	5	6	7	8	9	10
第一层次A	技术性能A_1	0.263	0.221	0.248	0.248	0.223	0.275	0.520	0.483	0.109	0.391
	经济性能A_2	0.118	0.113	0.126	0.101	0.059	0.123	0.201	0.314	0.189	0.067
	管理性能A_3	0.055	0.053	0.071	0.064	0.102	0.062	0.201	0.144	0.351	0.151
	效益性能A_4	0.564	0.613	0.554	0.587	0.616	0.540	0.078	0.059	0.351	0.391
技术性能A_1	技术可靠性B_1	0.429	0.540	0.387	0.249	0.435	0.740	0.333	0.714	0.250	0.637
	技术可操作性B_2	0.428	0.297	0.444	0.594	0.487	0.093	0.333	0.143	0.250	0.105
	技术时效性B_3	0.143	0.163	0.169	0.157	0.078	0.167	0.334	0.143	0.50	0.258
经济性能A_2	技术成本B_4	1	1	1	1	1	1	1	1	1	1
管理性能A_3	人员管理B_5	0.75	0.25	0.25	0.25	0.5	0.833	0.25	0.333	0.5	0.833
	技术管理B_6	0.25	0.75	0.75	0.75	0.5	0.167	0.75	0.667	0.5	0.167
效益性能A_4	环境效益B_7	0.258	0.211	0.2	0.230	0.279	0.279	0.637	0.279	0.25	0.714
	经济效益B_8	0.105	0.084	0.2	0.648	0.072	0.072	0.258	0.649	0.25	0.143
	社会效益B_9	0.637	0.705	0.6	0.122	0.649	0.649	0.105	0.072	0.50	0.143
技术可靠性B_1	技术成熟度C_1	0.5	0.67	0.5	0.5	0.5	0.75	0.5	0.5	0.5	0.75
	运行稳定性C_2	0.5	0.33	0.5	0.5	0.5	0.25	0.5	0.5	0.5	0.25
技术可操作性B_2	占地面积C_3	0.25	0.25	0.25	0.33	0.167	0.875	0.75	0.833	0.667	0.75
	施工难易度C_4	0.75	0.75	0.75	0.67	0.833	0.125	0.25	0.167	0.333	0.25
技术时效性B_3	使用寿命C_5	0.5	0.75	0.75	0.67	0.25	0.125	0.75	0.833	0.5	0.75
	维护频次C_6	0.5	0.25	0.25	0.33	0.75	0.875	0.25	0.167	0.5	0.25
技术成本B_4	单位建设成本C_7	0.429	0.540	0.429	0.429	0.481	0.515	0.2	0.6	0.25	0.429
	运行维护成本C_8	0.428	0.163	0.429	0.142	0.405	0.097	0.6	0.2	0.25	0.429
	人员工资费C_9	0.143	0.297	0.142	0.429	0.114	0.388	0.2	0.2	0.50	0.142
人员管理B_5	人员数量C_{10}	0.75	0.25	0.25	0.25	0.25	0.125	0.75	0.667	0.75	0.25
	专业要求C_{11}	0.25	0.75	0.75	0.75	0.75	0.875	0.25	0.333	0.25	0.75
技术管理B_6	运行管理难易度C_{12}	1	1	1	1	1	1	1	1	1	1
环境效益B_7	TN削减率C_{13}	0.057	0.062	0.059	0.066	0.041	0.036	0.176	0.086	0.177	0.286
	TP削减率C_{14}	0.057	0.063	0.059	0.066	0.041	0.143	0.176	0.124	0.177	0.286
	COD削减率C_{15}	0.058	0.089	0.059	0.066	0.042	0.201	0.176	0.045	0.176	0.113
	SS削减率C_{16}	0.058	0.17	0.059	0.068	0.042	0.103	0.176	0.119	0.176	0.113
	径流总量削减率C_{17}	0.312	0.37	0.24	0.283	0.405	0.298	0.059	0.447	0.059	0.044
	径流峰值削减率C_{18}	0.146	0.207	0.202	0.156	0.154	0.202	0.178	0.148	0.059	0.114
	雨水资源化利用C_{19}	0.312	0.039	0.322	0.295	0.275	0.017	0.059	0.031	0.176	0.044
经济效益B_8	出水再利用的节水费用C_{20}	0.75	0.25	0.75	0.75	0.5	0.25	0.5	0.667	0.5	0.75
	节省市政废水处理费用C_{21}	0.25	0.75	0.25	0.25	0.5	0.75	0.5	0.333	0.5	0.25

续表

指标		专家编号									
		1	2	3	4	5	6	7	8	9	10
社会效益 B_9	减轻市政废水处理压力 C_{22}	0.105	0.105	0.2	0.122	0.188	0.405	0.258	0.105	0.4	0.6
	缓解城镇内涝 C_{23}	0.258	0.637	0.6	0.320	0.731	0.114	0.637	0.637	0.4	0.2
	回补地下水 C_{24}	0.637	0.258	0.2	0.558	0.081	0.481	0.105	0.258	0.2	0.2

（5）指标权重的优化

层次分析法依赖专家打分确定指标权重。对于定性指标，专家主观因素明晰，结果偏差较大，详见表 8-13。为了消除这一影响，引入系统聚类法对各位专家的打分数据进行聚类分析，从而获得更加合理、准确、可靠的技术评估结果，实现评估指标权重的优化。

本研究中将每一位专家的评估结果看作是一个向量，采用向量夹角的余弦来定义两位专家评估结果的一致性程度，并以此作为聚类分析的标准。假设两位专家在同一层次的评估结果即特征向量为 $\boldsymbol{X}=(x_1, x_2, \cdots, x_n)$ 和 $\boldsymbol{Y}=(y_1, y_2, \cdots, y_n)$，则这两位专家评估结果的一致性程度 d_{xy} 可表示为式（8-5）。

$$d_{xy}=\cos\theta_{xy}=\frac{(\boldsymbol{X},\boldsymbol{Y})}{|\boldsymbol{X}|\cdot|\boldsymbol{Y}|}=\frac{\sum_{i=1}^{n}x_i y_i}{\sqrt{\sum_{i=1}^{n}x_i^2\sum_{i=1}^{n}y_i^2}} \tag{8-5}$$

$$0<\cos\theta_{xy}<1$$

其中，$(\boldsymbol{X},\boldsymbol{Y})=|\boldsymbol{X}|\cdot|\boldsymbol{Y}|\cos\theta_{xy}$ 表示两个向量的内积，$d_{xy}=d_{yx}$。

由式（8-5）可以看出，若 $d_{xy}=\cos\theta_{xy}=1$，则说明专家 X 和专家 Y 在这一层次的评估结果完全相同。$d_{xy}=\cos\theta_{xy}$ 越接近于 1，则这两个特征向量的一致性程度越高，说明专家 X 和专家 Y 在这一层次的评估结果相似性越大。当一致性程度 d_{xy} 达到一定水平时，就可以将这两位专家归为一类。类似的，若 $d_{xy}=\cos\theta_{xy}=0$，则说明专家 X 和专家 Y 在这一层次的评估结果完全不同。$d_{xy}=\cos\theta_{xy}$ 越接近于 0，则说明专家 X 和专家 Y 在这一层次的评估结果相差越大。以 d_{xy} 作为标准，对专家群的打分结果进行系统聚类分析，对于聚类过程这里不再赘述。

通过上述聚类分析，可以将 m 位专家分成 1 类（$m>1$）。根据系统聚类的原理以及前面所说的用于分类的标准是两两专家评估结果的一致性程度值，可以看出处于同一类专家的评估结果可以认为具有极大的相似性，从而认为属于同一类专家的评估结果具有近似相同的权重；相反，属于不同类专家的评估结果具有不同的权重。

对于不同的类别，包含专家数量较多的类别出具的评估结果代表了多数专家的意见，应赋予较大的权重系数；反之，包含专家数量较少的类别出具的评估结果仅代表了少数专家的意见，应赋予较小的权重系数。

假设对 m 位专家的评估结果进行了聚类分析，第 k 位专家所在类别中共有 Φ_k 位专家。

假设第 k 位专家的权重为 λ_k ，根据前述原理可知，专家权重 λ_k 与其所在专家类的专家数 Φ_k 成正比，即 $\lambda_1 : \lambda_2 : \cdots : \lambda_m = \Phi_1 : \Phi_2 : \cdots : \Phi_m$ ，且 $\sum_{k=1}^{m} \lambda_k = 1$ ，则第 k 位专家的权重系数如式（8-6）所示。

$$\lambda_k = \frac{\Phi_k}{\sum_{k=1}^{m} \Phi_i} \tag{8-6}$$

由式（8-6）可依次求出各位专家的权重系数。

假设第 k 位专家某一层次的特征向量为 $\boldsymbol{W}^{(k)} = (w_1 k, w_2 k, \cdots, w_n k)^{\mathrm{T}}$ ，那么基于群体决策的层次分析法，求解这一层次的特征向量 $\boldsymbol{W} = (w_1, w_2, \cdots, w_n)^{\mathrm{T}}$ 中的 w_i ，可由各位专家同一层次判断矩阵得到的特征向量通过权重系数 λ_k 对每一因素权重进行加权平均而得，如式（8-7）所示。

$$w_i = \sum_{k=1}^{m} (\lambda_k \cdot w_i(k)) \tag{8-7}$$

采用以上聚类分析的方法，可得到各专家意见的评估指标的综合权重向量 $W = (w_1, w_2, \cdots, w_n)^{\mathrm{T}}$ 。此时求得的是各评估指标相对于上一层次的综合权重，即层次单排序。

以一级指标为例，由表 8-13 可知，10 位代表性专家得到的一级指标特征向量 $W^{(k)}$ 如下：

$$\boldsymbol{W}^{(1)} = (0.263, 0.118, 0.055, 0.564)^{\mathrm{T}}$$
$$\boldsymbol{W}^{(2)} = (0.221, 0.113, 0.053, 0.613)^{\mathrm{T}}$$
$$\boldsymbol{W}^{(3)} = (0.247, 0.126, 0.073, 0.554)^{\mathrm{T}}$$
$$\boldsymbol{W}^{(4)} = (0.248, 0.101, 0.064, 0.587)^{\mathrm{T}}$$
$$\boldsymbol{W}^{(5)} = (0.223, 0.059, 0.102, 0.616)^{\mathrm{T}}$$
$$\boldsymbol{W}^{(6)} = (0.275, 0.123, 0.062, 0.540)^{\mathrm{T}}$$
$$\boldsymbol{W}^{(7)} = (0.520, 0.201, 0.201, 0.078)^{\mathrm{T}}$$
$$\boldsymbol{W}^{(8)} = (0.483, 0.314, 0.144, 0.059)^{\mathrm{T}}$$
$$\boldsymbol{W}^{(9)} = (0.109, 0.189, 0.351, 0.351)^{\mathrm{T}}$$
$$\boldsymbol{W}^{(10)} = (0.391, 0.067, 0.151, 0.391)^{\mathrm{T}}$$

对上述 10 个评估结果运用式（8-5）计算两两专家评估结果的一致性程度值，结果如表 8-14 所示。

10 位专家的评估结果一致性程度值　　表 8-14

d_{xy}	1	2	3	4	5	6	7	8	9	10
1	—	0.9961	0.9993	0.9988	0.9892	0.9993	0.5665	0.5414	0.7781	0.9256
2	—	—	0.9962	0.9984	0.9940	0.9922	0.4949	0.4712	0.7761	0.8930
3	—	—	—	0.9985	0.9903	0.9987	0.5680	0.5441	0.8005	0.9246

续表

d_{xy}	1	2	3	4	5	6	7	8	9	10
4	—	—	—	—	0.9949	0.9967	0.5358	0.5053	0.7812	0.9165
5	—	—	—	—	—	0.9854	0.4929	0.4467	0.7966	0.9044
6	—	—	—	—	—	—	0.5973	0.5720	0.7854	0.9376
7	—	—	—	—	—	—	—	0.9752	0.5933	0.8047
8	—	—	—	—	—	—	—	—	0.5663	0.7403
9									—	0.7848
10										—

根据表 8-14 中两两专家之间的一致性程度值，对专家进行聚类，可得到图 8-2 所示的 10 位代表性专家聚类图。

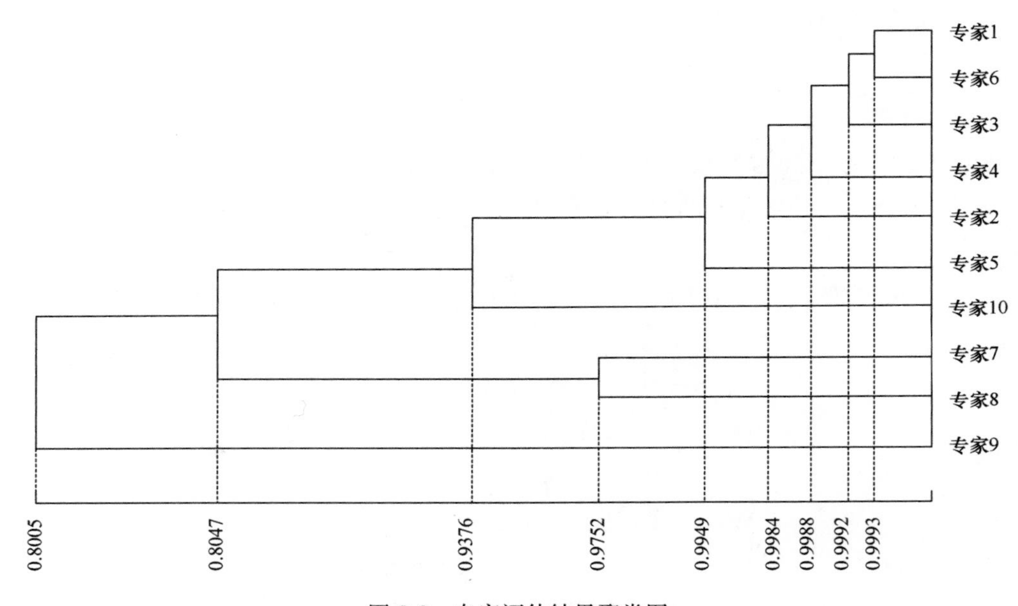

图 8-2　专家评估结果聚类图

由图 8-2 可知，n 位专家分为 3 类比较合适：第 1 类占 70%；第 2 类占 20%；第 3 类只占 10%。各类的专家个数为：$\Phi_1 = \Phi_2 = \Phi_3 = \Phi_4 = \Phi_5 = \Phi_6 = \Phi_{10} = 7$，$\Phi_7 = \Phi_8 = 2$，$\Phi_9 = 1$；由式（8-6）可得各专家的权重系数分别为：$\lambda_1 = \lambda_2 = \lambda_3 = \lambda_4 = \lambda_5 = \lambda_6 = \lambda_{10} = 7/54$，$\lambda_7 = \lambda_8 = 1/27$，$\lambda_9 = 1/54$。

通过上述计算，可知各专家一级指标的特征向量 $\boldsymbol{W}^{(k)}$ 以及各自的专家权重系数 λ_k。根据式（8-7）可得到一级指标的综合权重向量为 $\boldsymbol{W} = (0.281, 0.114, 0.092, 0.513)$。

同理，可依次计算得到其余评估指标的综合权重，此时的综合权重是指标相对于上一层次的组内权重。

对各层次指标权重进一步计算得到所有指标相对于目标层的权重，即各评估指标相对于目标层的权重向量 $\boldsymbol{W}^* = (w_1^*, w_2^*, \cdots, w_n *)^{\mathrm{T}}$。

由图 8-1 可知，本章城镇降雨径流污染控制关键技术评估指标的层次结构由目标层、子目标层、准则层和指标层所组成，假设其中子目标层共有 m 层，准则层共有 s 层，指标层共有 n 个指标。子目标层对目标层的层次单排序为 $\boldsymbol{W}''=(w''_1, w''_2, \cdots, w''_m)^{\mathrm{T}}$；准则层对目标层的层次单排序为 $\boldsymbol{W}'=(w'_{1k}, w'_{2k}, \cdots, w'_{jk})^{\mathrm{T}}$，（$j=1$，2，…，$s$；$k=1$，2，…，$m$）；指标层对准则层的准则 j 的层次单排序为 $\boldsymbol{W}_j=(w_{1j}, w_{2j}, \cdots, w_{ij}, \cdots, w_{is})^{\mathrm{T}}$，则指标层各指标对目标层的层次总排序矩阵 $\boldsymbol{W}^*=(w_1^*, w_2^*, \cdots, w_n^*)^{\mathrm{T}}$ 的计算见式（8-8）。

$$w_i^* = w_{ij} \cdot w'_{jk} \cdot w''_k \tag{8-8}$$

其中，$\sum_{i=1}^{n} w_i^* = 1$。

按照上述步骤，得到各个指标的综合权重以及相对于目标层的权重，计算结果见表8-15。

城镇降雨径流污染控制关键技术评估指标权重　　表 8-15

子目标层		准则层		指标层		
子目标	组内权重 w''_k	准则	组内权重 w'_{jk}	指标	组内权重 w_{ij}	相对于目标层的权重 w_i^*
技术性能 A_1	0.282	技术可靠性 B_1	0.510	技术成熟度 C_1	0.542	0.078
				运行稳定性 C_2	0.458	0.066
		技术可操作性 B_2	0.323	占地面积 C_3	0.468	0.043
				施工难易度 C_4	0.532	0.048
		技术时效性 B_3	0.168	使用寿命 C_5	0.658	0.031
				维护频次 C_6	0.342	0.016
经济性能 A_2	0.114	技术成本 B_4	1	单位建设成本 C_7	0.466	0.053
				运行维护成本 C_8	0.295	0.034
				人员工资费 C_9	0.239	0.027
管理性能 A_3	0.092	人员管理 B_5	0.489	人员数量 C_{10}	0.459	0.021
				专业要求 C_{11}	0.541	0.024
		技术管理 B_6	0.511	运行管理难易度 C_{12}	1	0.047
效益性能 A_4	0.513	环境效益 B_7	0.286	TN 削减率 C_{13}	0.075	0.011
				TP 削减率 C_{14}	0.090	0.013
				COD 削减率 C_{15}	0.084	0.012
				SS 削减率 C_{16}	0.092	0.013
				径流总量削减率 C_{17}	0.302	0.044
				径流峰值削减率 C_{18}	0.166	0.024
				雨水资源化利用 C_{19}	0.191	0.028
		经济效益 B_8	0.184	出水再利用的节水费用 C_{20}	0.557	0.053
				节省市政废水处理费用 C_{21}	0.443	0.042
		社会效益 B_9	0.530	减轻市政废水处理压力 C_{22}	0.201	0.055
				缓解城镇内涝 C_{23}	0.559	0.152
				回补地下水 C_{24}	0.240	0.066

8.1.3 评估标准

城镇降雨径流污染控制关键技术评估指标权重确定后，由于能够定量表述的各个指标的单位和数量级等有所不同，不能对各个指标直接进行运算或比较，因此要对所有指标的评估标准进行统一，然后再进行分析评估。具体而言，将评估指标体系中的24个三级指标分别建立相应的评分标准。各指标的分级及评分标准分别见表8-16和表8-17。

定量指标的分级及评分标准　　表8-16

指标层	指标分级及分值				
	1	3	5	7	9
使用寿命（a）	(0，3]	(3，5]	(5，8]	(8，10]	(10，∞)
维护频次（次/a）	(8，∞)	(6，8]	(4，6]	(2，4]	(0，2]
单位建设成本（元/m^2或元/m^3）	[600，∞)	[400，600)	[200，400)	[50，200)	(0，50)
运行维护成本（%）	(15，∞)	(10，15]	(5，10]	(2，5]	(0，2]
人员数量（人）	5及以上	3或4	2	1	0
TN削减率（%）	[0，10]	(10，30]	(30，50]	(50，70]	(70，100]
TP削减率（%）	[0，10]	(10，30]	(30，50]	(50，70]	(70，100]
COD削减率（%）	[0，10]	(10，30]	(30，50]	(50，70]	(70，100]
SS削减率（%）	[0，10]	(10，30]	(30，50]	(50，70]	(70，100]
径流总量削减率（%）	[0，5]	(5，20]	(20，40]	(40，60]	(60，100]
径流峰值削减率（%）	[0，5]	(5，20]	(20，40]	(40，60]	(60，100]

定性指标的分级及评分标准　　表8-17

评估指标	评分标准	分值
技术成熟度	A. 所实施的技术成熟度高	[6，9]
	B. 所实施的技术成熟度一般	[3，6)
	C. 所实施的技术成熟度低	[1，3)
运行稳定性	A. 所实施的技术运行稳定性好	[6，9]
	B. 所实施的技术运行稳定性一般	[3，6)
	C. 所实施的技术运行稳定性差	[1，3)
施工难易度	A. 所实施的技术施工难度小	[6，9]
	B. 所实施的技术施工难度中等	[3，6)
	C. 所实施的技术施工难度大	[1，3)
占地面积	A. 占地面积小	[6，9]
	B. 占地面积中等	[3，6)
	C. 占地面积大	[1，3)
人员工资费	A. 人员工资费用较低	[6，9]
	B. 人员工资费用中等	[3，6)
	C. 人员工资费用较高	[1，3)

续表

评估指标	评分标准	分值
专业要求	A. 所实施的技术基本不需要专业人员	[6，9]
	B. 所实施的技术需要一定专业人员	[3，6)
	C. 所实施的技术必须具有专业人员	[1，3)
运行管理难易度	A. 所实施的技术运行管理难度小	[6，9]
	B. 所实施的技术运行管理难度一般	[3，6)
	C. 所实施的技术运行管理难度大	[1，3)
雨水资源化利用	A. 雨水资源化利用率高	[6，9]
	B. 雨水资源化利用率一般	[3，6)
	C. 雨水资源化利用率低	[1，3)
出水再利用的节水费用	A. 出水再利用率高	[6，9]
	B. 出水再利用率一般	[3，6)
	C. 出水再利用率低	[1，3)
节省市政废水处理费用	A. 能较高的节省市政废水处理费用	[6，9]
	B. 一定程度上能节省市政废水处理费用	[3，6)
	C. 能节省小部分市政废水处理费用	[1，3)
减轻市政废水处理压力	A. 能有效减轻市政废水处理压力	[6，9]
	B. 基本上能减轻市政废水处理压力	[3，6)
	C. 几乎不能减轻市政废水处理压力	[1，3)
缓解城镇内涝	A. 能有效缓解城镇内涝	[6，9]
	B. 基本上能缓解城镇内涝	[3，6)
	C. 不能缓解城镇内涝	[1，3)
回补地下水	A. 能有效回补地下水	[6，9]
	B. 能一定程度回补地下水	[3，6)
	C. 几乎不能回补地下水	[1，3)

8.1.4　评估方法的确定

采用综合评估指数法作为评估方法，对城镇降雨径流污染控制关键技术开展综合评估，具体方法如式（8-9）所示。

$$\begin{cases} TAI = \sum_{i=1}^{n}(w_i^* \cdot C_i) \\ \sum_{i=1}^{n} w_i^* = 1 \end{cases} \tag{8-9}$$

式中　TAI——控制技术的综合评估指数；

w_i^*——第 i 个指标相对于目标层的权重；

C_i——第 i 个指标的评分值。

已知各评估指标的权重和评分值，由式（8-9）即可求出技术综合评估指数。由各指标的评估标准以及赋值情况可知，$C_i \in [1,9]$，再根据式（8-9）中各评估指标权重之和为1，所以各技术综合评估指数 $TAI \in [1,9]$。因此可将技术综合评估指数划分为[1.0,2.0]、(2.0,4.0]、(4.0,6.0]、(6.0,8.0]、(8.0,9.0]五个等级，分别对应技术的很差、较差、一般、较好、很好五个水平（见表8-18），从而对城镇降雨径流污染控制关键技术进行综合评估。

城镇降雨径流污染控制关键技术综合评估指数分级标准　　表8-18

技术综合评估指数	等级	等级颜色
[1.0，2.0]	很差	
(2.0，4.0]	较差	
(4.0，6.0]	一般	
(6.0，8.0]	较好	
(8.0，9.0]	很好	

8.2 关键技术案例评估与分析

8.2.1 案例基本情况

1. 北京未来科技城基本概况

北京未来科技城降雨径流污染控制技术综合示范区位于北京市昌平区东南部，东至京承高速路，南至规划七北路南路，西至北七家村西边界，北至顺于路西延。距离首都机场约12km，南距北四环约15km，北部与北六环相邻，是北京市经济体向京津冀辐射的重要发展节点。

北京未来科技城规划分两期开发建设。其中，一期规划占地面积约10km²，范围北至顺于路西延、东至京承高速路和昌平区界、南至七北路南路、西邻北七家镇中心组团东边界，土地利用规划以教育科研设计用地与绿色用地为主。其中，教育科研设计用地256.1hm²，占规划用地总面积的25%；公共配套服务用地约10.4hm²，占规划用地总面积的1.0%；居住用地约55.42hm²，占规划用地总面积的5.4%，这些用地主要用于入驻企业的研发创新与科研配套服务设施建设。防护绿地用地57.89hm²，占规划用地总面积的5.7%；公共绿地用地约287.4hm²，占规划用地总面积的28.1%；水域约93hm²，占规划用地总面积的8.9%。

2. 北京未来科技城降雨径流污染控制技术方案

基于城市低影响开发分类区划配置的方法，以及北京未来科技城所在区域总体雨水利用目标，按照开发建设地块、地块周边道路、公共绿地三种土地利用类型对北京未来科技城的降雨径流污染控制进行了目标分解。根据不同类型地块的建设与水文特点，分区分块进行相应雨水利用设施的选择与设计。

（1）降雨径流总体控制利用目标

开发建设后北京未来科技城规划范围内5年一遇降雨外排雨水的综合径流系数（流量径流系数）控制到0.43以下。

依据北京市《雨水控制与利用工程设计规范》DB 11/685—2013中的“新开发区域年径流总量控制率不低于85%”，对应的雨水利用设计降雨量为32.5mm。因此，北京未来科技城的雨水总体控制利用目标为：通过应用低影响开发技术，使开发建设后的地块多年平均外排径流量不大于开发前的水平，多年平均年径流系数≤0.15，多年平均年径流总量控制率（年雨水综合利用率）≥0.85。

（2）降雨径流控制利用目标分解

根据开发建设区域内开发建设地块、地块周边道路、公共绿地的比例，按照经济可行、安全可靠、因地制宜的原则，考虑雨水利用设施改变传统雨水系统的难易程度以及实施后长期运行的安全性和可靠性，确定开发建设地块、地块周边道路、公共绿地的雨水控制利用目标如表8-19所示。

北京未来科技城不同类型用地降雨径流控制利用目标分解　　表8-19

用地类型	年均径流系数	年径流总量控制率	5年一遇降雨外排峰值流量径流系数	雨水利用设计降雨量
开发建设地块	≤0.13	≥0.87	≤0.58	雨量≤36mm，历时≤1h
公共绿地	≤0.03	≥0.97	≤0.10	雨量≤80mm，历时≤24h
地块周边道路	≤0.40	≥0.60	≤0.70	雨量≤14mm，历时≤9min
区域整体	≤0.15	≥0.85	≤0.43	≤32.5h

（3）降雨径流控制与综合利用的总体思路

全面贯彻低影响开发的理念，分区分块进行规划设计，按照开发建设地块、地块周边道路、公共绿地三种土地利用类型进行雨水利用，总体思路见图8-3。其中，对于开发建设地块，严格限制雨水外排，依据“优先下渗、注重滞蓄调控、适当集蓄回用”的原则将雨水就地消纳；对于地块周边道路，以控制透水铺装和下凹式绿地的比例为重点，通过下

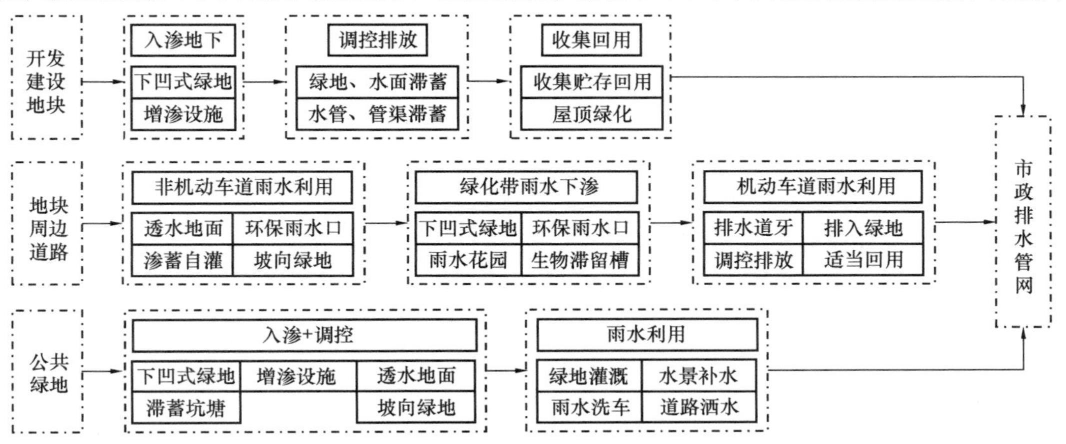

图8-3　北京未来科技城降雨径流控制与综合利用总体思路示意图

渗、滞蓄、渗蓄自灌、集蓄灌溉等措施减少道路雨水外排，削减污染负荷；对于公共绿地，坚持以滞蓄和下渗为主，在保证消纳自身雨水的同时，调蓄下渗一部分外来径流。

（4）区域降雨径流滞蓄调控方案

为了实现降雨径流总体控制利用目标，需要对区域内的降雨径流进行滞蓄调控。由于区域内有较多的规划绿地，所以考虑利用绿地进行滞蓄调控，经多方案比选确定采用源头分散滞蓄调控利用方案，在各个地块内进行分散滞蓄调控雨水，并适当进行集蓄回用，技术路线如图 8-4 所示。

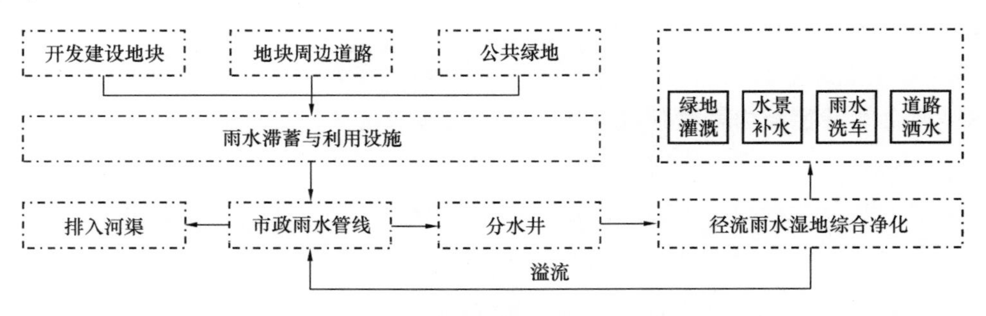

图 8-4　北京未来科技城降雨径流控制利用分区

在各个地块内因地制宜地设置雨水滞蓄与利用设施，使地块内的降雨径流污染物排放达到相应标准，超标的雨水进入市政雨水管线，在有条件的公共绿地内因地制宜设置雨水池，就近将市政雨水管线的雨水接入雨水池进行调蓄和净化利用，利用方式可为绿地灌溉、洗车、道路保洁等。

3. 北京未来科技城径流污染控制示范工程

北京未来科技城的北区（入温榆河排水区域）与东南区是城镇降雨径流污染控制技术工程应用的主要区域。

（1）北区城镇降雨径流污染控制技术工程建设情况

1）开发建设地块

雨水利用和低影响开发措施主要位于六家入驻央企内。经统计，累计建设透水铺装面积 69990m^2，下凹式绿地面积 48772m^2，雨水池调蓄容积 2715m^3。

2）地块周边道路

主要规划道路有 12 条，包括神华规划二路、新奥枫庭东侧支路、北区四号路、北区一号路、神华规划三路、北区二号路、北区五号路、神华规划四路、神华规划五路、温榆河北滨河路、顺于路、鲁疃西路（北区）。经统计，已建道路总长度达 13828m，总面积 475923m^2，人行道路总面积 104698m^2。共建设人行道路透水铺装面积 104698m^2，透水铺装率达 100%；绿地总面积 137066m^2，下凹式绿地面积 63866m^2，生态沟长度 13932m，绿地净调蓄容积 6386m^3，生态沟净调蓄容积 2937m^3，单位面积净调蓄容积约 275.1m^3/hm^2。

3）公共绿地

滨河绿地已建下凹式绿地面积 88300m^2，透水铺装面积 21561.4m^2，滞蓄坑塘调蓄容积 33097m^3。

（2）东南区城镇降雨径流污染控制技术工程建设情况

1）开发建设地块

雨水利用和低影响开发措施主要位于四家入驻央企及安置住宅区内。经统计，共建设透水铺装面积 50729m^2，下凹式绿地面积 84317m^2，雨水池调蓄容积 2490m^3。

2）地块周边道路

主要规划道路有 19 条，包括规划一路、规划二路、规划三路、规划五路、规划十路、规划十一路、规划十二路、七北南路东段、南区一路、南区二路、南区三路、蓬莱苑南路、科技城路、鲁疃西路（定泗路至七北南路）、鲁疃南路、鲁疃东路、鲁疃中路、七北动东段、定泗路东段。经统计，道路总长度达 18374m，总面积达 783270m^2，人行道路总面积 129712m^2。

建设区共建设人行道路透水铺装面积 129712m^2，透水铺装率达 100%；绿地总面积 151211m^2，下凹式绿地面积 23769m^2，生态沟长度 8369m，绿地净调蓄容积 2377m^3，生态沟净调蓄容积 504m^3，单位面积净调蓄容积约 45.6m^3/hm^2。

（3）工程概况

北京未来科技城共建设 5 项城镇降雨径流污染控制工程，应用了 7 项降雨径流污染控制技术，具体如下。

1）不同类型透水地面工程

本工程位于北区鲁疃西路与神华规划四路之间的滨河路段南侧的停车场内，分别应用了透水混凝土、透水砖和植草砖 3 种透水地面径流污染控制技术，开展透水铺装地面的降雨径流削减与污染控制，如图 8-5 所示。

(a)

(b)

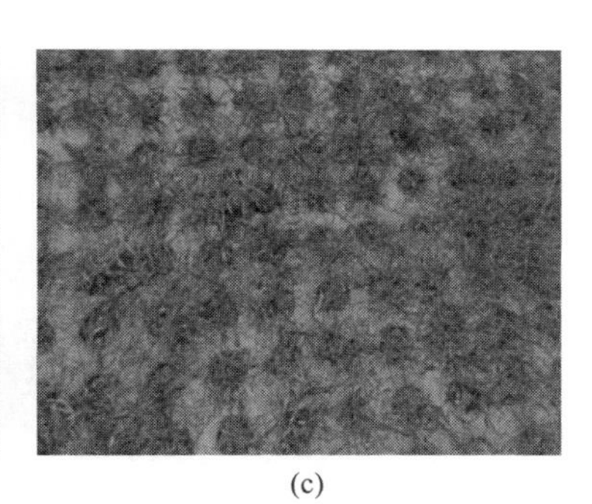
(c)

图 8-5　不同类型透水地面

（a）透水混凝土；（b）透水砖；（c）植草砖

2）下凹式绿地工程

本工程位于温榆河河湾处的河心洲北侧。建设下凹式绿地、渗透井等增渗设施，能够实现绿地径流污染减控，如图 8-6 所示。

3）生物滞留槽工程

本工程位于北区鲁疃西路与神华规划四路之间的滨河路段南侧的停车场内。在停车场

图 8-6　下凹式绿地示意图

东段地势相对较低的绿地内建设生物滞留槽，进行生物滞留槽的径流削减和污染减控，径流通过滞留净化后排入南侧雨水管道，如图 8-7 所示。

图 8-7　生物滞留槽示意图

4）植被浅沟（生态沟）工程

本工程位于北区一号路东段主路两侧绿化带内，如图 8-8 所示。建设下凹式植被浅沟，道路雨水经植被浅沟滞留净化后进入绿地内的雨水口和渗蓄设施，超渗雨水溢流到市政管道。

5）雨水净化湿地试验工程

图 8-8　植被浅沟示意图

本工程位于温榆河以北、鲁疃西路桥以东、神华四路桥以西范围内。湿地结合现有下凹地形，将鲁疃西路桥下部分雨水管的雨水由植草沟引至附近洼地内，通过将洼地改造成多级湿地进行水质净化，如图 8-9 所示。

图 8-9 雨水净化湿地示意图

8.2.2 评估结果与分析

1. 评估结果

基于本章建立的包含 24 个评估指标的评估方法，对上述 5 个工程中涉及的 7 项降雨径流污染控制技术开展现场调研，收集基础数据与信息，进行关键技术评估，具体现场调研结果见表 8-20。

案例降雨径流污染控制技术评估得分汇总 **表 8-20**

评估指标/技术名称	透水混凝土铺装	透水砖铺装	植草砖铺装	下凹式绿地	生物滞留槽	雨水净化湿地	植被浅沟
技术成熟度	7	7	7	7	6	7	9
运行稳定性	6	6	6	5	5	7	7
占地面积	7	7	7	5	5	4	6
施工难易度	4	3	5	6	5	4	5
使用寿命	7	9	8	8	7	9	8
维护频次	6	7	7	3	7	8	4
单位建设成本	5	5	7	8	5	7	7
运行维护成本	6	7	7	3	7	7	5
人员工资费	5	7	7	4	5	5	6
人员数量	7	8	7	7	6	7	6
专业要求	5	7	7	6	4	5	5
运行管理难易度	6	7	5	6	5	6	5
TN 削减率	5	5	5	3	5	5	5
TP 削减率	7	7	7	5	5	7	7
COD 削减率	5	5	5	5	7	9	5
SS 削减率	9	9	9	9	9	9	9
径流总量削减率	8	8	7	9	5	8	7

续表

评估指标/技术名称	透水混凝土铺装	透水砖铺装	植草砖铺装	下凹式绿地	生物滞留槽	雨水净化湿地	植被浅沟
径流峰值削减率	5	5	5	9	7	5	3
雨水资源化利用	5	5	5	7	6	7	6
出水再利用的节水费用	6	6	6	5	7	6	6
节省市政废水处理费用	6	6	6	5	7	7	5
减轻市政废水处理压力	6	6	6	5	7	7	5
缓解城镇内涝	6	6	6	7	7	7	6
回补地下水	5	5	5	7	9	7	5

已知各个评估指标的总权重（见表 8-15）以及各个技术指标调查得分情况（见表 8-20），采用综合评估指数法开展技术评估，结果如表 8-21 和图 8-10 所示。

案例降雨径流污染控制技术评估指数 **表 8-21**

项目	透水混凝土铺装	透水砖铺装	植草砖铺装	下凹式绿地	生物滞留槽	雨水净化湿地	植被浅沟
技术性能	1.748	1.778	1.843	1.675	1.582	1.779	1.974
经济性能	0.604	0.692	0.798	0.634	0.638	0.744	0.703
管理性能	0.549	0.665	0.550	0.573	0.457	0.549	0.481
效益性能	3.077	3.077	3.033	3.359	3.585	3.562	2.916
综合评估指数（*TAI*）	5.978	6.212	6.224	6.241	6.262	6.634	6.074

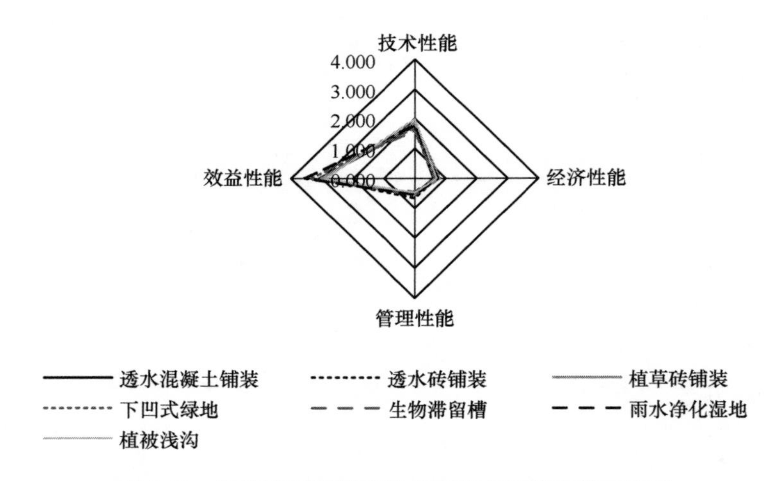

图 8-10　案例降雨径流污染控制技术评估指数雷达图

2. 指标分析

从表 8-21 和图 8-10 可以看出，技术性能方面应用最好的是植被浅沟；经济性能方面应用最好的是植草砖铺装；管理性能方面应用最好的是透水砖铺装；效益性能方面应用最好的是生物滞留槽。由式（8-9）可知，单项技术表现优劣是由技术指标权重和指标得分决定的。

从表 8-15 和表 8-20 可以看出，植被浅沟技术的成熟度和运行稳定性得分为第一，占地面积、施工难易度和使用寿命得分为第二，维护频次得分为第四。尽管植被浅沟的维护频次得分较低，但该指标权重不高，而该技术另外五项指标不仅权重较高，且得分也较高，因此，植被浅沟的技术性能最好。

从表 8-15 可以看出，经济性能的三级指标单位建设成本、运行维护成本和人员工资费的权重分别为 0.053、0.034 和 0.027。从表 8-20 可以看出，植草砖铺装的单位建设成本、运行维护成本和人员工资费的得分均为 7。与其他技术相比，植草砖铺装的单位建设成本得分为第二，运行维护成本和人员工资费得分均为第一。虽然下凹式绿地的单位建设成本得分为第一，其与植草砖铺装得分相差不多，但下凹式绿地的运行维护成本和人员工资费得分均为倒数第一，与植草砖铺装得分相差较大。因此，植草砖铺装的经济性能最好。

从表 8-15 可以看出，管理性能的三级指标人员数量、专业要求和运行管理难易度的权重分别为 0.021、0.024 和 0.047。从表 8-20 可以看出，透水砖铺装的人员数量、专业要求和运行管理难易度得分分别为 8、7 和 7，均为第一。因此，透水砖铺装的管理性能最好。

从表 8-20 可以看出，生物滞留槽的 TN 削减率、出水再利用的节水费用、节省市政废水处理费用、减轻市政废水处理压力、缓解城镇内涝和回补地下水得分均为第一。TP 削减率、COD 削减率、径流峰值削减率和雨水资源化利用得分均为第二。从表 8-15 可以看出，出水再利用的节水费用、节省市政废水处理费用、减轻市政废水处理压力、缓解城镇内涝和回补地下水等权重较大，因此，生物滞留槽的效益性能最好。

3. 综合绩效分析

由表 8-21 可知，这 7 种降雨径流污染控制技术的综合评估优先顺序为：雨水净化湿地＞生物滞留槽＞下凹式绿地＞植草砖铺装＞透水砖铺装＞植被浅沟＞透水混凝土铺装。

由表 8-18 可以看出，透水混凝土铺装属于第三等级“一般”，透水砖铺装、植草砖铺装、下凹式绿地、生物滞留槽、雨水净化湿地和植被浅沟都属于第四等级“较好”。上述结果也比较符合实际应用的情况，但各技术还是有少许差别，应用最好的是雨水净化湿地，较差的是透水混凝土铺装。其中，雨水净化湿地得分最高主要是由于该技术的技术性能、经济性能、管理性能和效益性能表现均较好，得分分别为 1.779、0.744、0.549 和 3.562，排名分别为第三、第二、第三和第二；透水混凝土铺装得分最低主要是由于该技术的技术性能、经济性能、管理性能和效益性能表现均较差，得分分别为 1.748、0.604、0.549 和 3.077，排名分别为第五、第七、第四和第四。

从以上分析可以看出，单项技术并不能完全满足技术、经济、管理和效益的全部要求。在工程应用中，应根据实际情况选择某几种技术进行组合运用，以期取得良好的综合效益。

第9章　城镇降雨径流污染控制成套技术工程应用绩效评估

本书第8章对城镇降雨径流污染控制关键技术进行了综合评估。在城镇降雨径流污染控制工程中，单项关键技术治理效果极为有限，往往需要进行多种单项技术的组合，形成成套技术并进行工程应用。在成套技术进行工程应用的过程中，不仅要关注技术性能，更要关注成套技术工程应用的经济效益、生态环境效益和工程长效维护等特点。为了有效评估成套技术的工程应用效果，本章构建了城镇降雨径流污染控制成套技术工程应用绩效评估指标体系和评估方法，并对无锡市径流污染控制工程、合肥市溢流污染控制工程和重庆市地表径流污染净化工程三个成套技术工程应用进行绩效评估，分析成套技术在径流污染控制中的应用效果。

9.1　成套技术工程应用绩效评估指标

9.1.1　评估指标的构建原则

具体指标体系构建原则详见第8章8.1.1节，此处不再赘述。

9.1.2　评估指标的构建

评估指标的构建过程，其实就是一个指标挖掘、筛选和分析与构建的过程。

指标挖掘就是对评估方案进行特征分析，以求得表征量的一个过程。指标挖掘一般采用综合分解法。将综合目标分解为相对具体的目标，以便建立起与定量指标的联系，分解后的目标一般被称为准则（层）。这些准则反映出被评估对象某一侧面的系统结构特征和综合目标对它的要求。继续将这些准则一次或多次分解，直到所得的指标能够被相对简单地定性或定量描述时，便形成了一个未经筛选的原始指标库。

指标筛选是指在挖掘得到的原始指标库中，按照全面性、独立性、代表性、差异性和可操作性等指标筛选原则，进行合理、有效、科学的筛选。

在选取成套技术工程应用绩效评估指标时，从工程的目的、投入、产出、过程和管理等因素出发形成了经济效益、生态环境效益和工程长效维护三个方面的评估指标。从目标层、准则层、指标层三个方面构建了成套技术工程应用绩效评估指标框架。

第一层次是目标层，即总体评估对象“成套技术工程应用绩效”；第二层次是准则层，是从成套技术工程应用各方面的特点凝练出来的三个子系统，分别是经济效益子系统、生态环境效益子系统和工程长效维护子系统，每个子系统根据自身特点可为第三层次中具体指标的选取提供参考方向；第三层次是指标层，包含若干个具体指标，可以直接反映各个子系统总体情况。具体的绩效评估指标框架结构如图 9-1 所示。

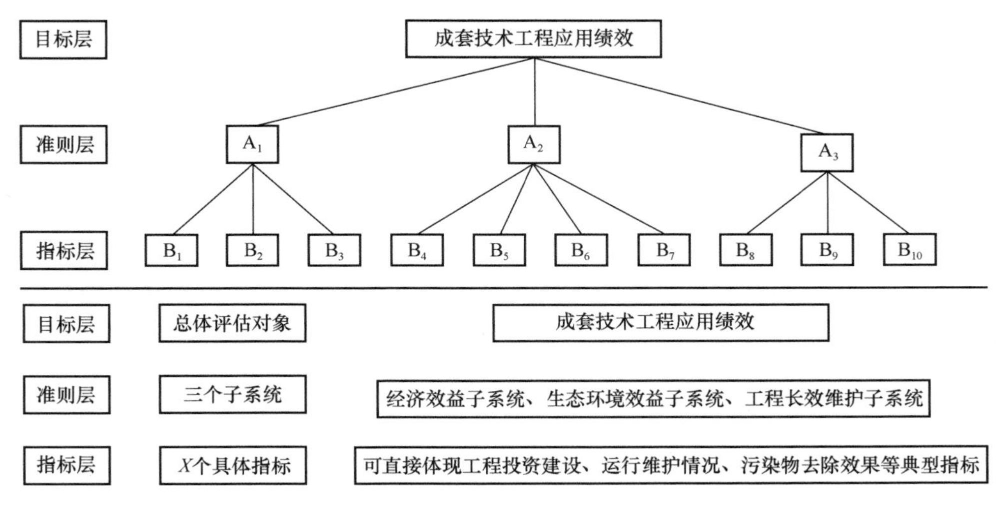

图 9-1　城镇降雨径流污染控制成套技术工程应用绩效评估指标框架结构

9.1.3　评估指标

通过分析我国城镇降雨径流污染控制技术发展历程，研发的关键技术及其组合的成套技术和工程应用，总结相关技术研发与工程应用经验，梳理和归纳文献中使用的指标，咨询城镇降雨径流污染控制技术领域相关专家，结合城镇降雨径流污染的特点，在常见的环境评价指标的基础上，选取了可定量的、可行性较强的、适用于评估成套技术工程应用绩效的评估指标体系，详见表 9-1。

城镇降雨径流污染控制成套技术工程应用绩效评估指标　　表 9-1

目标层	准则层	指标层	指标性质
成套技术工程应用绩效	经济效益 A_1	投资建设成本 B_1	成本型
		运行维护成本 B_2	成本型
		市政污水节省费用 B_3	效益型
	生态环境效益 A_2	COD 净化率 B_4	效益型
		SS 净化率 B_5	效益型
		TP 净化率 B_6	效益型
		NH_3-N 净化率 B_7	效益型
	工程长效维护 A_3	出水水质稳定度 B_8	成本型
		技术规范与标准建设 B_9	效益型
		工程维护与绩效考核 B_{10}	效益型

表 9-1 中体现的绩效评估指标中，成本型指标数值越小越优，效益型指标数值越大越

优，准则层和相应指标层的具体指标内容和含义如下。

1. 经济效益指标

经济效益指标需要体现出成套技术工程应用项目的投入产出比，是反映工程是否适合大范围推广应用的一个重要指标。本章选择的评估对象属于公益性工程项目，因此采用普遍适用的工程经济后评价指标，能够反映出工程经济成本和实际效益的指标。

本章工程应用的经济效益主要指所建成工程的“投资建设成本”和“运行维护成本”；“市政污水节省费用”指标是结合各工程应用的年污染物控制总量，按照我国污水处理厂污染物去除的常规成本进行计算。

2. 生态环境效益指标

城镇降雨径流污染控制对区域生态环境的效益主要以削减径流量、实现径流削峰错峰、去除径流污染物和削减通过径流途径进入受纳水体的污染负荷为第一目标。但由于城市建设以及周边环境的大幅度改变，城镇降雨径流污染控制的生态环境目标也逐渐发生了变化。针对不同的水污染类型、不同的区域水环境要求以及不同地区的水环境整治难度等特性，对生态环境效益的要求也根据建成区域的不同具有不同的侧重点。

城镇降雨径流污染主要依托降雨对地面的冲刷效应产生污染问题。相对于点源污染，城镇降雨径流污染具有分布散、来源多和不确定等特点。因此，“径流总量控制率”是十分关键、必不可少的一项指标。

此外，根据《地表水环境质量标准》GB 3838—2002，将工程对 SS、COD、NH_3-N 和 TP 的净化效率作为生态环境效益指标。

3. 工程长效维护指标

工程长效维护需要体现出成套技术工程应用可持续发展的相关方面。对于城镇降雨径流污染控制成套技术工程应用来说，“出水水质稳定度”指标既可以直接反映工程对污染物削减效率的稳定程度，也可以反映污染物负荷总量的削减效果，是评估成套技术工程应用的重要指标。本章“出水水质稳定度”指标可通过对工程运行多次水质监测的方差值表示。

从管理层面来说，工程的稳定运行也离不开配套技术使用规范和工程管理规章制度的制定。因此，将“技术规范与标准建设”和“工程维护与绩效考核”作为两项评估指标。然而，这两个指标难以通过定量方法进行评价，且规范制度的详细相关资料一般作为企业内部资料使用，不易获取。本章中仅对工程结题时规范制度的提交情况进行有或者无的评价，即得分只有“1”或“2”两种选项，详细内容不进行进一步的定量打分。

9.2 评估方法

传统的层次分析法和熵权法在应用的过程中存在一定的主观性。本章将 TOPSIS 法和熵权法耦合，消除评估结果的主观性，客观地评估城镇降雨径流污染控制成套技术工程应用绩效。

9.2.1　TOPSIS 法

TOPSIS 法也称逼近于理想解的排序法（Technique for Order Preference by Similarity to an Ideal Solution），是一种有效的多目标、多指标决策分析法。该方法的基本原理是将有限个评估对象按照其与最优解（理想解）、最劣解（负理想解）之间的距离进行排序。由于在有限的评估对象中一般不存在真正意义上的最优解与最劣解，因此一般将样本中各指标都达到最优值的评估对象作为“最优解”，各指标为最差值的评估对象作为“最劣解”。该方法明显提高了绩效评估的科学性、准确性和可操作性，被广泛地应用于多个领域的绩效评估中。

TOPSIS 模型的建模步骤主要分为以下 6 步。

1. 构建决策矩阵

设评估对象有 m 个，其集合为 $\boldsymbol{D}=(D_1, D_2, \cdots, D_m)$。指标有 n 个，其集合为 $C=(C_1, C_2, \cdots, C_n)$，则目标决策矩阵见式（9-1）。

$$\boldsymbol{X}=(x_{ij})_{m\times n}=\begin{bmatrix} x_{11} & x_{12} & \cdots & x_{1n} \\ x_{21} & x_{22} & \cdots & x_{2n} \\ \vdots & \vdots & \ddots & \vdots \\ x_{m1} & x_{m2} & \cdots & x_{mn} \end{bmatrix} \tag{9-1}$$

2. 无量纲标准化

为了消除指标量纲的不同对决策带来的影响，对 x_{ij} 进行标准化处理，包括正向指标和反向指标的处理，处理方法见式（9-2），处理结果见无量纲化矩阵（式（9-3））。

$$\begin{cases} \text{正向指标}: y_{ij}=\dfrac{x_{ij}-\min(x_{ij})}{\max(x_{ij})-\min(x_{ij})} \\ \text{反向指标}: y_{ij}=\dfrac{\max(x_{ij})-x_{ij}}{\max(x_{ij})-\min(x_{ij})} \end{cases} \tag{9-2}$$

式中　x_{ij}——评估对象 i 在第 j 个指标上的取值；

y_{ij}——无量纲化后评估对象 i 在第 j 个指标上的取值。

$$\boldsymbol{Y}=(y_{ij})_{m\times n}=\begin{bmatrix} y_{11} & y_{12} & \cdots & y_{1n} \\ y_{21} & y_{22} & \cdots & y_{2n} \\ \vdots & \vdots & \ddots & \vdots \\ y_{m1} & y_{m2} & \cdots & y_{mn} \end{bmatrix} \tag{9-3}$$

3. 构建加权决策矩阵

将无量纲化矩阵 $\boldsymbol{Y}$（式（9-3））与各指标的权重 w_j 相乘，可得加权决策矩阵 $\boldsymbol{Z}=(z_{ij})_{m\times n}$，具体如式（9-4）所示。

$$z_{ij}=w_j y_{ij} \quad (i=1,2,\cdots,m; j=1,2,\cdots,n) \tag{9-4}$$

式中　z_{ij}——加权后评估对象 i 在第 j 个指标上的取值；

w_j——指标的权重向量。

本章采用熵权法确定各指标的权重，权重确定方法详见 9.2.2 节。

4. 确定正理想解 Y^+ 与负理想解 Y^-

由式（9-5）和式（9-6）确定指标的正理想解 Y^+ 与负理想解 Y^-。指标的正理想解为各指标最优值的集合，指标的负理想解为各指标最劣值的集合。

对正向指标： $Y^+ = \max(z_{ij}) \quad (i=1,2,\cdots,m; j=1,2,\cdots,n)$ （9-5）

对反向指标： $Y^- = \min(z_{ij}) \quad (i=1,2,\cdots,m; j=1,2,\cdots,n)$ （9-6）

5. 计算与正、负理想解的距离 D_i^+ 和 D_i^-

第 i 个评估对象与正、负理想解的距离按式（9-7）和式（9-8）计算获得。

$$D_i^+ = \sqrt{\sum_{j=1}^{n}(z_j^+ - z_{ij})^2} \quad (i=1,2,\cdots,m; j=1,2,\cdots,n) \tag{9-7}$$

$$D_i^- = \sqrt{\sum_{j=1}^{n}(z_j^- - z_{ij})^2} \quad (i=1,2,\cdots,m; j=1,2,\cdots,n) \tag{9-8}$$

式中　z_j^+、z_j^- ——加权后各个指标中的最大值与最小值。

6. 计算理想解的贴近度 C^*

第 i 个评估对象到理想解的贴近度用 C^* 表示，可由式（9-9）计算获得。

$$C^* = \frac{D_i^-}{D_i^- + D_i^+} \quad (i=1,2,\cdots,m) \tag{9-9}$$

按照 C^* 值从小到大的顺序对各评估对象进行排序。由于 C^* 的计算公式中包含了被评估对象的各指标值与正理想解、负理想解的距离，可表示出其值到负理想解的距离在总距离中的占比。因此，C^* 值越大，即表示被评估对象与负理想解的距离越远，也可以说明其更接近于正理想解，即该评估对象在这一指标上排名越靠前。

9.2.2 熵权法赋权对 TOPSIS 法的优化

1. 指标赋权方法

指标权重能够体现出评估指标在整个评价模型中相对重要性的高低及其对评价目标影响程度的大小。因此，指标权重的合理性与评估结果的可靠性紧密相关。从上述已建立的指标体系中可知，城镇降雨径流污染控制成套技术工程应用绩效的影响指标较多，需要运用科学合理的方法确定各指标的权重，才能对城镇降雨径流污染控制成套技术工程应用绩效作出科学评估。

评价模型的赋权方法一般有主观和客观两种类型。常见的主观赋权法有专家打分法和层次分析法等。主观赋权法是一种依据个人主观意识的赋权方法，即根据评价者个人对各指标的重视程度来确定指标权重，主要依赖于评价者的个人经验和知识储备；客观赋权法则根据各个指标自身能体现出的信息量大小或指标之间联系的紧密程度来衡量各个评估指标的权重高低，常见的客观赋权法有熵权法、数据包络法等。

由于主观赋权法存在主观局限性，易受到许多主观原因的影响，故本章采用客观赋权法中的熵权法进行赋权。

2. 熵权法

熵权法是一种根据各个指标所能反映出的信息量大小来确定指标权重的客观赋权方法。熵最初来自于物理学中，被用来表征热力学系统的混乱程度，如今熵权法已广泛应用于社会经济和工程技术等多个领域。

熵权法主要依据熵的原理对指标权重作出赋权，即指标对应的熵值越小，所提供的信息量就越大，该指标被赋予的权重就相应较大，在评价中的地位也就越重要。因此，熵权法适用于指标值具有一定差异的评估体系中，本章中城镇降雨径流污染控制成套技术工程应用绩效各指标均符合这一要求。

熵权法一般包括如下 7 个步骤。

（1）构建原始数据矩阵

参照式（9-1）构建原始数据矩阵。

（2）无量纲标准化

由于城镇降雨径流污染控制成套技术工程应用绩效评估原始数据矩阵中各指标的量纲以及数量级均有差异。为了消除评估过程中各评估指标量纲以及数量级不同对评估结果产生的影响，需要对原始数据矩阵做标准化处理，从而构建标准化决策矩阵。

具体无量纲标准化方法，参照式（9-2）。

（3）平移标准化数据

为了使所得数据在计算过程中一直有意义且不改变计算结果，将无量纲标准化后的数据平移一个单位，按式（9-10）计算。

$$y'_{ij} = y_{ij} + 1 \tag{9-10}$$

（4）计算指标比重

f_{ij} 为第 i 个评估对象的第 j 项指标值在该指标总和值中所占的比例，按式（9-11）计算。

$$f_{ij} = \frac{y_{ij}}{\sum_{i=1}^{m} y_{ij}} \tag{9-11}$$

（5）计算指标熵值

第 j 项指标的熵值用 G_j 表示，按式（9-12）进行计算。

$$G_j = -\frac{1}{\ln m}\sum_{i=1}^{m} f_{ij}\ln f_{ij} \tag{9-12}$$

（6）计算差异系数

g_j 是指标值 G_j 的差异系数。对于评估指标来说，指标值的差异越明显，其能够体现的信息量就越大，指标的权重相应地也越大，按式（9-13）进行计算。

$$g_j = 1 - G_j \tag{9-13}$$

（7）计算指标熵权

w_j 是第 j 项指标的熵权，所有权重的集合即上述提到的权重向量 w_j 。权重向量中指标对应的熵值越小，对应的熵权越大，则说明该指标对整体评估结果的影响越大，按式

(9-14) 进行计算。

$$w_j = \frac{g_j}{\sum_{j=1}^{n} g_j} \tag{9-14}$$

3. 基于熵权法改进的 TOPSIS 法

结合上述 TOPSIS 法和熵权法，建立起城镇降雨径流污染控制成套技术工程应用绩效评估模型。具体评估步骤如下：

(1) 对成套技术工程应用原始指标值进行标准化处理；

(2) 使用熵权法计算各个指标的熵值，确定每一个指标的权重；

(3) 根据 TOPSIS 法确定各指标赋权后指标值的理想解与负理想解；

(4) 计算出各个指标值与正、负理想解的距离，得出与负理想解的贴近度关系；

(5) 将计算出的贴近度从小到大进行排序，贴近度越大的指标越接近理想解，即综合评价得分越高。

9.3 成套技术工程应用案例绩效评估

9.3.1 案例基本情况

1. 无锡市径流污染控制工程

(1) 工程简介

无锡市径流污染控制工程位于无锡市太湖新城，利用地形特点，采用包括高效截污型雨水箅和高效吸附净化带、地下潜流渗滤反应阻隔墙和原位净化蓄水回用停车位等多项控制技术，形成径流污染控制成套技术，并进行了工程应用，达到了径流雨水下渗过程高效净化的目的。无锡市径流污染控制工程及其成套技术详细内容见 7.5 节。

(2) 工程运行效果

无锡市径流污染控制工程服务面积为 1160m^2，对 SS、COD、TP 和 NH_3-N 的削减率分别为 90.4%、65.0%、85.0%和 74.0%，年削减负荷分别为 12567kg、2442kg、25kg 和 59kg。

1) 高效截污型雨水箅和高效吸附净化带技术工程应用效果

降雨径流产生时，道路雨水首先经过快速截污雨水箅进入雨水收集管内，由收集管导入雨水净化带，在此处通过下渗和净化作用到达净化带底层，在底层鹅卵石处短暂缓冲后排出该设施。出水进行分质处理，达到排放标准的出水直接排入就近水体中，污染较高的出水仍需进入污水处理厂进一步处理。高效吸附净化带对 SS、COD、TP、TN、NH_3-N 的平均去除率分别达 89.9%、58.5%、80.9%、54.8%和 7.6%。

2) 地下潜流渗滤反应阻隔墙技术工程应用效果

降雨径流产生后，沿道路坡度进入周边的绿地，大量雨水由于促渗措施的存在形成地下潜流，道路径流中携带的大量氮、磷、微量有机物等污染物也被携带入地下潜流，进入水体必须先穿透布置在水土交界处的阻隔墙，该设施能够高效吸附地下潜流中携带的污染物，使污染物固定在柱体当中。地下潜流渗滤反应阻隔墙对径流中SS、COD、TP和NH_3-N的平均去除率分别达92.0%、70.0%、90.9%和57.7%。

3）原位净化蓄水回用停车场工程应用效果

降雨期间，一部分雨水在停车场处原位下渗，通过透水铺装下的过滤填料处理后进入集水管道；另一部分雨水则产生局部径流，通过停车场车位间透水管渠的过滤作用进入集水管道。滤后雨水贮存在地下蓄水池中，可作为浇灌绿地、洗车等用水。原位净化蓄水回用停车场对径流中SS、COD、TP和NH_3-N的平均去除率分别达89.3%、66.4%、83.3%和86.8%。

2. 合肥市溢流污染控制工程

（1）工程简介

合肥市溢流污染控制工程采用合流制系统溢流量控制成套技术，主要包括：老城区合流制排水系统溢流污染数值模拟技术、面向削减溢流量的合流制排水系统调蓄池设计与运行技术和老城区合流制排水系统优化运行技术。本工程建设在合肥市老城区内，服务于环城路以内区域，总面积约5.2km^2。工程选取调蓄设计标准为降雨量8mm，调蓄容积6500m^3；调蓄池选址位于逍遥津公园东南角，采用全地下式，位于公园现状水体和绿化下，占地面积约为1000m^2，由新建截流井、进水总管、调蓄池、放空总管及放空泵组成。

合肥市溢流污染控制工程在逍遥津现状排涝泵站DN2400合流总管处设置截流井，截流井内设置格栅，初期径流经过格栅后经新建DN600进水总管进入调蓄池。调蓄池内设置放空泵，旱天将调蓄池内贮存的初期雨水排入环城东路污水总管，最终进入王小郢污水处理厂处理后排放。其中，调蓄池平面尺寸为37.5m×28.8m，有效水深7.5m，埋深约12.05～13.80m；采用重力进水，水泵压力提升放空，调蓄池放空时间为8～16h；调蓄池内含门式冲洗装置5套、放空泵2台及出水计量设施，配套电气、自控、除臭和通风设备。

（2）工程应用效果

合肥市溢流污染控制工程的调蓄池工作流程主要分为截流、蓄水和排水三个阶段。降雨初期径流量较小时，调蓄池闸门关闭，由污水截流泵截流污水和初期雨水。当降雨强度超过截流能力，泵站内水位接近防汛安全水位时，打开调蓄池进水闸门，初期雨水进入雨水调蓄池；调蓄池贮满时，关闭进水闸门，根据南淝河水位和前池水位确定泵站自排或强排。待降雨结束后，逍遥津泵站前池的水位降至低水位时，开启放空泵将池内初期雨水提升排至污水截流干管。

合肥市溢流污染控制工程建成后，于2016年6月至12月总计214d期间（降雨天数83d），调蓄池运行28次，降雨溢流场次削减19次，调蓄池溢流水量削减率为38.3%，污染负荷削减率为32%以上；运行期间调蓄池对SS、COD、NH_3-N和TN的削减负荷分别为34.1t、36.1t、2.0t和3.0t，对应削减率分别为40%、32%、42%和39%。

3. 重庆市地表径流污染净化工程

（1）工程简介

重庆市地表径流污染净化工程位于重庆市建胜镇，采用初期径流自动分流井-多功能塘-梯级人工湿地成套技术（见图 9-2）。建胜镇建筑密度高，下垫面径流污染负荷高，降雨径流引起的溢流污染严重。本工程占地面积约 2500m^2，单次处理初期雨水径流量为 1000m^3。雨季时，通过雨水分流井将初期地表径流自动截流进入处理设施进行蓄存、处理、排放。

重庆市地表径流污染净化工程流程为：初期径流自动分流井将生活污水、初期径流和后期径流分别进行分流和贮存，实现 3 类污水的自动分流治理；多功能塘在完成径流滞蓄的同时利用塘内的水生态系统完成碳、氮、磷污染物的高效截留与降解；梯级人工湿地利用山地河流陡峭岸坡带，采用序批式人工湿地-垂直流人工湿地-水平潜流人工湿地的多级湿地组合，强化湿地自然复氧能力和水量调蓄能力，增强系统脱氮效能，形成高效的地表径流污染净化成套技术。其中，序批式人工湿地能够运行类似 SBR 污水处理的“进水-降解-排水-闲置”工况，4 种工况的停留时间分别为 0.5h、6h、0.5h 和 2h。梯级人工湿地工艺中的二级垂直流人工湿地与三级水平潜流人工湿地均采用间歇入、出流的运行方式，与一级序批式人工湿地运行工况对应。序批式人工湿地在排空闲置期间，蒸腾作用大，易引起植物过量失水而发生倒伏，因此，可考虑选择生长周期较长、景观和经济价值较高的木本植物，如柳树和红树等。

图 9-2　重庆市地表径流污染净化工程

（2）工程应用效果

在雨季，合流污水首先进入初期径流自动分流井，将初期径流自动分流至多功能塘对 SS 进行去除，然后经序批式人工湿地和垂直流人工湿地进行有机物、NH_3-N 和 TP 的去除，最后进入水平潜流人工湿地，强化氮、磷营养物去除，实现初期径流的脱氮除磷深度净化，最终出水安全排放至伏牛溪。

工程设计出水 COD、NH_3-N 和 TP 达到《地表水环境质量标准》GB 3838—2002 V 类水质标准。运行期间 COD、NH_3-N、TN 和 TP 年去除率分别为 82%、94%、65%和 78%；实现了 COD 减排 19.4t/年，NH_3-N 减排 0.9t/年，TN 减排 3.28t/年，TP 减排 0.62t/年。

9.3.2　案例评估结果与分析

对上述三项成套技术工程应用开展现场调研和工程实证，其基本信息如表 9-2 所示。其中，C_1表示无锡市径流污染控制工程，C_2表示合肥市溢流污染控制工程，C_3表示重庆市地表径流污染净化工程；指标 B_9 和 B_{10} 含义为具有相关文件得“2”，没有相关文件得“1”。

成套技术工程应用综合评价指标原始数据　　表 9-2

指标层	无锡市径流污染控制工程（C_1）	合肥市溢流污染控制工程（C_2）	重庆市地表径流污染净化工程（C_3）
投资建设成本 B_1（万元）	88.72	3681.93	196.85
运行维护成本 B_2（元/m^3）	0.089	0.05	0.04
市政污水节省费用 B_3（元/年）	1938	45267	23553
COD 净化率 B_4（%）	65	32	82
SS 净化率 B_5（%）	90	40	82
TP 净化率 B_6（%）	85	39	78
NH_3-N 净化率 B_7（%）	74	42	94
出水水质稳定度 B_8	0.0083	0.2247	0.0235
技术规范与标准建设 B_9	1	2	2
工程维护与绩效考核 B_{10}	1	1	2

1. 确定指标权重

在收集成套技术工程应用基础资料的基础上，运用式（9-1）～式（9-3）对表 9-2 中的指标原始数据进行标准化处理。为获得式（9-4）中加权后的指标数据值，使用熵权法式（9-10）～式（9-14）分别计算评估指标 B_1～B_{10}的权重比例，再将指标值与权重值相乘，得到各指标的最终权值。熵权法所得结果与加权化指标数据见表 9-3 和表 9-4。

成套技术工程应用综合评价指标标准化数据与权重　　表 9-3

指标层	标准化数据			熵值	熵权
	C_1	C_2	C_3		
投资建设成本 B_1	1.0000	0.0000	0.9699	0.9610	0.1023
运行维护成本 B_2	0.0000	0.7959	1.0000	0.9644	0.0934
市政污水节省费用 B_3	0.0000	1.0000	0.4989	0.9656	0.0901

续表

指标层	标准化数据			熵值	熵权
	C_1	C_2	C_3		
COD净化率 B_4	0.6600	0.0000	1.0000	0.9658	0.0897
SS净化率 B_5	1.0000	0.0000	0.8400	0.9637	0.0952
TP净化率 B_6	1.0000	0.0000	0.8478	0.9635	0.0956
NH_3-N净化率 B_7	0.6154	0.0000	1.0000	0.9659	0.0893
出水水质稳定度 B_8	1.0000	0.0000	0.9298	0.9619	0.0998
技术规范与标准建设 B_9	0.0000	1.0000	1.0000	0.9602	0.1042
工程维护与绩效考核 B_{10}	0.0000	0.0000	1.0000	0.9464	0.1404

成套技术工程应用综合评价指标加权化数据 **表9-4**

指标层	加权化数据			最大值	最小值
	C_1	C_2	C_3		
投资建设成本 B_1	0.1023	0.0000	0.0992	0.1023	0.0000
运行维护成本 B_2	0.0000	0.0743	0.0934	0.0934	0.0000
市政污水节省费用 B_3	0.0000	0.0901	0.0449	0.0901	0.0000
COD净化率 B_4	0.0592	0.0000	0.0897	0.0897	0.0000
SS净化率 B_5	0.0952	0.0000	0.0800	0.0952	0.0000
TP净化率 B_6	0.0956	0.0000	0.0810	0.0956	0.0000
NH_3-N净化率 B_7	0.0549	0.0000	0.0893	0.0893	0.0000
出水水质稳定度 B_8	0.0998	0.0000	0.0928	0.0998	0.0000
技术规范与标准建设 B_9	0.0000	0.1042	0.1042	0.1042	0.0000
工程维护与绩效考核 B_{10}	0.0000	0.0000	0.1404	0.1404	0.0000

2. 计算贴近度

在计算各指标权重的基础上，根据基于熵权法改进的TOPSIS法评价步骤，确定正理想解与负理想解的各指标值，如表9-5所示。

根据式（9-5）～式（9-8），分别计算出三个工程应用（C_1、C_2和C_3）各指标值到正、负理想解的距离。各工程应用案例到正、负理想解的准则层距离和总距离见表9-6。

成套技术工程应用评价体系正、负理想解 **表9-5**

指标层	正理想解	负理想解
投资建设成本 B_1	0.1023	0.0000
运行维护成本 B_2	0.0934	0.0000
市政污水节省费用 B_3	0.0901	0.0000
COD净化率 B_4	0.0897	0.0000
SS净化率 B_5	0.0952	0.0000
TP净化率 B_6	0.0956	0.0000

续表

指标层	正理想解	负理想解
NH_3-N 净化率 B_7	0.0893	0.0000
出水水质稳定度 B_8	0.0998	0.0000
技术规范与标准建设 B_9	0.1042	0.0000
工程维护与绩效考核 B_{10}	0.1404	0.0000

成套技术工程应用综合评价准则层距离与总距离　　表 9-6

名称	C_1		C_2		C_3	
	D^+	D^-	D^+	D^-	D^+	D^-
经济效益 A_1	0.1296	0.1025	0.1039	0.1166	0.0458	0.1435
生态环境效益 A_2	0.0458	0.1572	0.1849	0.0000	0.0200	0.1703
工程长效维护 A_3	0.1749	0.1000	0.1723	0.1044	0.0000	0.1980
总距离	0.2225	0.2124	0.2733	0.1565	0.0500	0.2978

根据表 9-6 中的正、负理想解距离，应用式（9-9）计算出各工程应用的指标贴近度（见表 9-7 和图 9-3），从而得出工程应用各准则层和总体的绩效水平。

成套技术工程应用贴近度水平评价结果　　表 9-7

名称	C_1	C_2	C_3
经济效益 A_1	0.4416	0.5288	0.7581
生态环境效益 A_2	0.7744	0.0000	0.8949
工程长效维护 A_3	0.3638	0.3773	0.9519
综合贴近度	0.4884	0.3641	0.8562

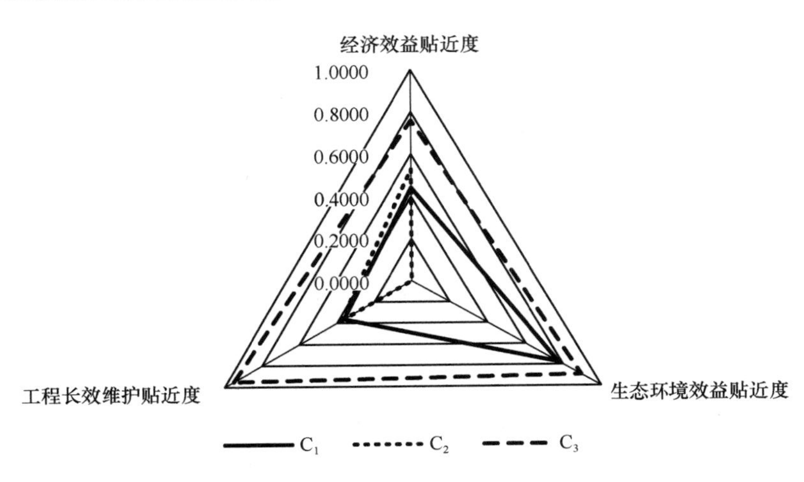

图 9-3　成套技术工程应用贴近度雷达图

3. 评估结果分析

（1）指标层对比分析

由表 9-4 可知，在投资建设成本方面，C_1表现最好，C_3次之，C_2相对较差。在运行维护成本方面，由于人工湿地维护成本更低，故C_3成本较低；因低影响开发技术需要投入最多的运行维护费用，导致C_1运行维护费用较高。在市政污水节省费用方面，C_2的效能最佳；C_3次之，其能够在消除径流雨水的同时，进行污水处理厂尾水的深度净化；C_1相对较弱。

通过对表 9-4 中污染物净化率指标进行分析，可以看出C_1在 SS、TP 和 NH_3-N 的去除方面具有较好的效果；C_3在有机污染物的降解方面具有一定的优越性。此外，C_1和C_3的出水水质更为稳定，而C_2以调蓄设施为主，仅仅依靠自然沉降除污染效果较差且不稳定。由此可见，以 LID 为主的C_1和以人工湿地为主的C_3对污染物的削减效果较好。

在调研及评估过程中，发现上述三个典型工程应用在技术规范、标准建设、工程维护和绩效考核方面也存在较大差异。其中，C_3在上述方面开展了大量工作，使得工程依然运行稳定；而C_1和C_2在管理方面开展的工作较少。在自身工程技术规范、标准建设、工程维护和绩效考核等方面开展工作，是极为必要的，是有利于工程正常运行及维护的，是城镇降雨径流污染控制成套技术工程需要具备的管理措施。

（2）准则层对比分析

由表 9-7 可知，C_3在经济效益方面表现最优，C_2次之，C_1相对较差。在生态环境效益方面，C_3表现最优，C_1次之，C_2相对较差。C_3在工程长效维护方面最优，C_2次之，C_1相对较差。

在经济效益方面，C_3表现最优，这主要是由于该工程的运行维护成本加权化数值为 0.0934，在三个工程应用中最高；投资建设成本加权化数值为 0.0992，在三个工程应用中处于中等；市政污水节省费用加权化数值为 0.0449，在三个工程应用中也处于中等。可见，C_3在经济方面的优势明显，体现在投资、运维和节约污水处理费用三个方面。C_1表现相对较差的原因是该工程的运行维护成本加权化数值最低；其市政污水节省费用加权化数值也是最低的。可见，C_1在运维成本和雨水回用节约污水处理费用方面仍有待提高。

在生态环境效益方面，C_3表现最优，这主要是由于该工程的 COD 净化率加权化数值和 NH_3-N 净化率加权化数值在三个工程应用中都是最高的，其值分别为 0.0897 和 0.0893，且该工程的 SS 净化率加权化数值和 TP 净化率加权化数值在三个工程应用中处于中等。C_2表现相对较差的原因是该工程仅依靠自然沉淀去除雨水径流中的污染物，效果较差，COD 净化率加权化数值、SS 净化率加权化数值、TP 净化率加权化数值和 NH_3-N 净化率加权化数值均为最低，其值都为 0.0000。

在工程长效维护方面，C_3表现最优，这主要是由于该工程的技术规范与标准建设加权化数值和工程维护与绩效考核加权化数值在三个工程应用中都是最高的，其值分别为 0.1042 和 0.1404，且该工程的出水水质稳定度加权化数值在三个工程应用中处于中等。C_1相对较差主要是由于该工程的技术规范与标准建设加权化数值和工程维护与绩效考核加权化数值在三个工程应用中是最低的。可见，加强工程自身的技术标准、运维与考核评估，是有益于工程稳定运行的。

(3) 综合绩效分析

由表 9-7 可知，C_1、C_2和 C_3的综合贴近度分别为 0.4884、0.3641 和 0.8562，对其进行优劣排序可得 $C_3 > C_1 > C_2$。C_3的经济效益、生态环境效益和工程长效维护贴近度分别为 0.7581、0.8949 和 0.9519，其值在三个工程应用中均为最高，所以 C_3的综合绩效水平表现最优。C_1与 C_2的工程长效维护贴近度分别为 0.3638 和 0.3773，二者非常接近，所以 C_1与 C_2的综合绩效水平高低主要取决于经济效益和生态环境效益贴近度。通过对比 C_1与 C_2的经济效益和生态环境效益贴近度发现，C_2的经济效益贴近度为 0.5288，稍高于 C_1的经济效益贴近度 0.4416，但 C_1的生态环境效益贴近度为 0.7744，远远高于 C_2的生态环境效益贴近度 0.0000。因此，C_1的综合绩效水平表现优于 C_2。

由此可见，在三个研究对象中，C_3综合绩效最佳，体现在经济效益、生态环境效益和工程长效维护三个方面。

(4) 工程应用案例解析

C_3的综合贴近度最高，为 0.8562，是排位第二的 C_1的 1.7 倍。因此，C_3 的综合绩效表现最好。C_3投资运维成本低、污染物去除率高、运行稳定、技术规范与绩效考核标准齐全。C_3的重要优势在于：①该工程建筑面积小，投资建设成本低；②工程的运行维护主要体现在清理人工湿地中的腐败植物，操作简单，运行维护成本较低；③工程采用多级人工湿地组合工艺，强化了湿地自然复氧能力，对径流中的污染负荷有较高的削减效果，故该工程 COD 净化率、NH_3-N 净化率和 TP 净化率较高；④当前人工湿地技术在我国发展成熟，所以该工程具有成熟的技术规范与绩效考核标准。然而，该工程处理径流量较小，市政污水节省费用较低。

C_1的综合贴近度排位第二，为 0.4884。其综合绩效水平低于典型人工湿地工程，高于 C_2。C_1存在运行维护成本高、市政污水节省费用少、缺乏技术规范与绩效考核标准等问题，具体体现在：①该工程需要定期开挖以更换填料，运行维护成本较高；②工程处理径流量较小，市政污水节省费用少；③该工程主体采用的 LID 工程措施源自国外的低影响开发理念，此类技术在我国处于初期发展阶段，还未形成相应的技术规范和绩效考核标准。

C_2的综合贴近度仅为 0.3641，综合绩效水平较差。其根本原因在于：①调蓄池建筑面积较大，设备复杂，投资建设成本较高；②调蓄池去除径流中的污染负荷主要是通过沉淀和清淤，其对 COD、NH_3-N 和 TP 净化率较低；③调蓄池具有收集径流量大的优点，但工程受冲击负荷大，出水水质稳定度低；④当前我国调蓄池设计与运行技术还处于发展阶段，其重心在于技术规范与标准建立，缺乏相应的工程维护与绩效考核标准。因此，C_2存在投资建设成本高、缺乏绩效考核标准的问题，在污染物去除率和运行稳定性方面有待进一步提升。

通过对上述 3 项成套技术工程应用的绩效评估，在生态环境效益方面，C_1和 C_3对雨水径流中污染物去除率较高，C_2对雨水径流中污染物去除率低。在经济效益方面，C_1经济绩效水平最低，一方面是因为该工程的运行维护成本高，另一方面是因为该工程径流消纳能力弱，节省市政污水处理费用有限；C_2经济绩效水平排位第二，这主要是得益于该工程运行维护成本较低，且径流消纳能力强的优点；C_3经济绩效水平最高，这是因为该工程投资建设成本和运行维护成本低，具有一定的径流消纳能力。

综上所述，C_1和C_3适用于建筑小区、公园绿地和市政道路等对环境要求较高但产生径流量较少的地块。以调蓄设施为主的C_2则适用于产生径流量较大的区域，如不透水面积较大的中心城区。另外，C_1和C_2尚缺乏相关技术规范和考核标准，因此，在工程实践中要特别注意对这两种成套技术及应用工程进行维护，以保障工程正常运行。

4. 工程改进建议

针对C_1存在运行维护成本高、市政污水节省费用少、缺乏技术规范与绩效考核标准的问题，提出如下3点建议：①采用吸附性能更为持久的新型廉价填料，通过减少工程开挖次数来降低运行维护成本；②利用土壤改良增大径流处理量来提升市政污水节省费用；③在自身工程技术规范、标准建设、工程维护和绩效考核方面开展深入研究，以形成相应的技术规范和绩效考核标准文件。

针对C_2存在投资建设成本高、污染物去除率低、运行稳定性差和缺乏绩效考核标准的问题，提出如下4点建议：①在建设前对区域径流量和污染负荷开展精确的诊断评估工作，合理设计调蓄容积，以降低投资建设成本；②在调蓄设施的入口和出口增设物化处理装备，实现SS的高效去除，在一定程度上消除COD、NH_3-N和TP；③提高工程监测频率，对水质指标异常情况及时反馈处理，以加强出水水质稳定度；④在自身工程维护和绩效考核方面开展深入研究，以形成相应的绩效考核标准文件。

针对C_3存在市政污水节省费用较低的问题，建议通过与区域内其他低影响开发工程设施相结合，形成整体的绿色设施消除径流污染，吸纳更多的径流量，并开展雨水收集和回用工程，以此提升市政污水节省费用。

第 10 章　城镇降雨径流污染控制成片区工程应用绩效评估

随着我国城镇降雨径流污染问题的逐步突出及相关治理技术的发展，大量单项技术及其组合后形成的成套技术得到快速发展和工程应用。城镇片区是介于城区和单个居住区、商务区等功能区域之间，相对独立、具有特定范围和多种功能、面积较大、下垫面类型较多的区域。通常，此区域影响径流污染负荷的因素较为复杂，单一的关键技术和成套技术往往难以达到降雨径流污染控制目标，需要多种关键技术和成套技术进行集成应用。目前，我国在北京、上海、嘉兴、西安、武汉和深圳等地实施了降雨径流污染控制成片区工程。通过区域海绵设施的建设和雨洪管理理念的引入，使城镇成片区径流污染负荷有较大程度的削减，同时在一定程度上缓解了城镇内涝。为了全面解析城镇成片区径流污染治理工程的实施效果，本章构建了针对城镇成片区降雨径流污染控制工程应用绩效的评估指标体系和评估方法，以西安西咸新区沣西新城片区和嘉兴片区为案例，进行了绩效评估。在此基础上，对存在的问题提出改进意见，为我国城镇成片区降雨径流污染控制工程规划设计和建设运维提供参考。

10.1　评估指标体系

10.1.1　评估指标体系的构建原则

具体指标构建原则详见第 8 章 8.1.1 节，此处不再赘述。

10.1.2　评估指标体系的构建

工程绩效评估往往是一个复杂的、具有多维性的系统，为了能对工程项目实施效果的真实情况做出比较准确的评价，在选择评估指标时不仅要遵循上述原则，还要对各评估指标合理划分层次等级，进行系统归类，形成具有严密逻辑框架的指标体系结构。

对于工程的绩效评估来说，工程的目的、投入、产出以及影响是常规指标。然而，城镇成片区降雨径流污染控制工程涉及的关键技术和成套技术较多，如何进行规范化规划设计、建设和运维是实现多种关键技术、成套技术选择和设置的关键。此外，在城镇成片区降雨径流污染控制工程中开展规范化的管理机制建设尤为重要，是一项重要指标。

因此，本章以工程的目的、投入、产出、过程和管理等因素为出发点，构建工程绩效评估指标，包括：经济效益、生态环境效益、社会效益、工程施工及运行状况以及机制建设。从目标层、准则层、指标层三个方面构建了城镇成片区降雨径流污染控制工程绩效评估指标框架。

其中，第一层次是目标层，即总体评估对象“城镇成片区降雨径流污染控制工程绩效”；第二层次是准则层，是从城镇成片区治理工程各方面的特点凝练出来的5个子系统，分别是经济效益子系统、生态环境效益子系统、工程施工及运行状况子系统、社会效益子系统和机制建设子系统，每个子系统根据自身特点可为第三层次中具体指标的选取提供参考方向；第三层次是指标层，包含若干个具体指标，可以直接反映各个子系统总体情况。具体的绩效评估指标框架结构如图10-1所示。

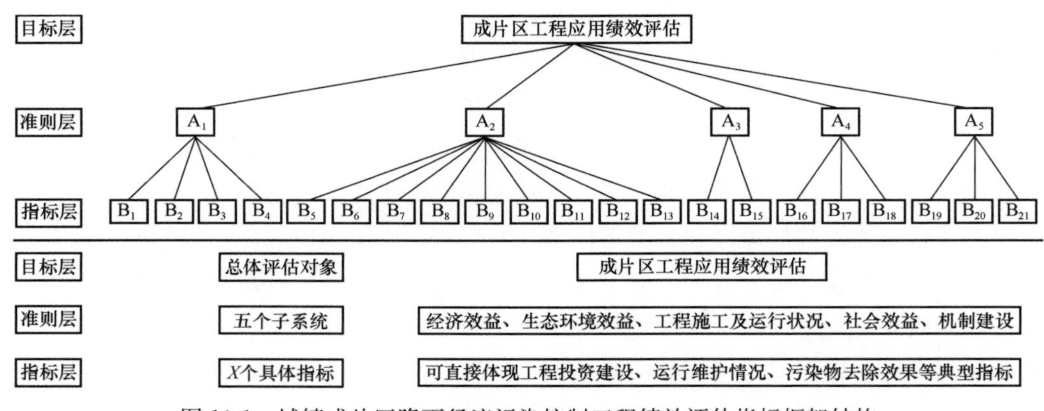

图10-1 城镇成片区降雨径流污染控制工程绩效评估指标框架结构

10.1.3 评估指标

本章从城镇成片区降雨径流污染控制工程的目的、投入、产出、过程和管理5个方面构建了包含经济效益、生态环境效益、工程施工及运行状况、社会效益和机制建设等对应的5个准则层的评估指标。其中，经济效益能够体现出工程的经济性；生态环境效益和社会效益能够体现出工程建设后给环境和社会等方面带来的效益；工程施工及运行状况能够体现出工程在建设、运行上的稳定程度；机制建设能够体现出工程在运行、维护管理制度上的落实情况。

在经济效益子系统中，投入成本和产出效益这两个评估主体，是反映工程经济性的重要方面。其中，反映投入成本的主要是投资建设成本和运行维护成本2项指标；反映产出效益的主要是雨水综合利用节水费用和节省市政污水处理费用2项指标。

在生态环境效益子系统中，城镇成片区降雨径流污染控制工程的主要目标是削减径流污染，减少径流总量，提高城市水环境和景观环境质量。因此，实现径流中主要污染物的净化是重中之重，体现在SS、COD、TN和TP等特征污染物的净化率；其次是保障基本的径流总量控制率，提高城镇成片区对径流量的控制效果；最后通过对径流污染的削减与净化，提高对径流雨水的综合利用，实现对污水的再生，提高城镇成片区非常规水资源的高效利用。在实现径流污染负荷削减、径流总量控制和非常规水资源利用后，改善工程及周边的景观环境，也是建设美丽城市的重要环节，是评估城镇成片区降雨径流污染控制工程的重要因素。其中，反映景观生境状态的主要是植被覆盖率和景色美观度 2 项指标。

工程施工及运行状况子系统中，工程施工和工程运行是反映工程绩效水平的重要内容。其中，工程质量合格率是衡量工程施工水平与质量的指标；工程运行稳定度是表征工程运行状况的指标。

社会效益子系统包括减轻市政污水处理压力、缓解城市内涝和回补地下水 3 项指标，反映了工程对缓解城镇污水处理厂压力、保障水安全等方面的影响，能够在一定程度上评估工程的社会效益。

在机制建设子系统中，管控制度及落实情况能够为工程建设与运维提供保障；技术规范与标准建设是对工程长效运行的经验总结，能够体现出工程的典型性以及在行业规范化和标准化方面的贡献；绩效考核和奖励机制是工程稳定运行、合理运维的技术和政策保障，能够间接说明工程在保障运维方面的能力。

本章将城镇成片区降雨径流污染控制工程绩效评估指标划分为目标层、准则层和指标层 3 个层次。其中，准则层包括经济效益、生态环境效益、社会效益、工程施工及运行状况、机制建设 5 个方面。表 10-1 给出了城镇成片区降雨径流污染控制工程绩效三级评估指标体系。

城镇成片区降雨径流污染控制工程绩效三级评估指标体系　　表 10-1

目标层	准则层	指标层
城镇成片区降雨径流污染控制工程应用绩效	经济效益 A_1	投资建设成本 B_1（万元）
		运行维护成本占比 B_2（%）
		雨水综合利用节水费用 B_3（元）
		节省市政污水处理费用 B_4（元）
	生态环境效益 A_2	COD 净化率 B_5（%）
		SS 净化率 B_6（%）
		TP 净化率 B_7（%）
		TN 净化率 B_8（%）
		径流总量控制率 B_9（%）
		雨水原位处理资源化利用率 B_{10}（%）
		雨污水再生利用率 B_{11}（%）
		植被覆盖率 B_{12}（%）
		景色美观度 B_{13}
	工程施工及运行状况 A_3	工程质量合格率 B_{14}（%）
		工程运行稳定度 B_{15}
	社会效益 A_4	减轻市政污水处理压力 B_{16}
		缓解城市内涝 B_{17}
	机制建设 A_5	回补地下水 B_{18}
		管控制度及落实情况 B_{19}
		技术规范与标准建设 B_{20}
		绩效考核和奖励机制 B_{21}

注：本研究确定的指标体系包括 8 个定性指标和 13 个定量指标，其中 B_1～B_{12}、B_{14} 为定量指标；B_{13}、B_{15}～B_{21} 为定性指标。

1. 定量指标的含义

（1）投资建设成本

投资建设成本是工程在基本建设活动中发生的应计入工程项目成本的全部投资支出，包括人工费、机械设备费和材料费等。工程在建设过程中投入成本越少，工程在综合效益上越具有优越性。

（2）运行维护成本占比

运行维护成本是指工程在建设完成后，为保证后续工程的正常运行所投入的维护管理费用。由于本研究中涉及的 2 项城镇降雨径流污染控制成片区工程的后期运行维护费用不能直接测算，因此此处运行维护成本采用运行维护成本和总投资建设成本的比值，即运行维护成本占比来替代，详见式（10-1）。

$$\text{运行维护成本占比}(\%)=\frac{\text{工程后期维护管理费用总和}}{\text{总投资建设成本}}\times 100\% \tag{10-1}$$

（3）雨水综合利用节水费用

城镇径流污染治理工程能在一定程度上开展径流雨水收集、净化与综合利用，实现非常规水资源利用，从而节约水资源。这里指的是在城镇径流污染治理工程中开展雨水综合利用所节省的水资源的费用。

（4）节省市政污水处理费用

城镇径流污染治理工程通过对径流雨水进行渗、滞、蓄和净等功能有效削减径流量，降低污染负荷排放量，减少了经市政管网流入污水处理厂的合流制污水，减轻了污水处理厂的污染负荷，从而节省了市政污水处理费用。

（5）SS、COD、TN 和 TP 净化率

污染物的控制效果是评估城镇成片区降雨径流污染控制工程绩效的一项重要指标，本研究中污染物指标主要选取 SS、COD、TN 和 TP 净化率，计算方法见式（10-2）。

$$\text{污染物净化率}(\%)=\frac{(\text{进入设施的污染物浓度}-\text{流出设施的污染物浓度})}{\text{进入设施的污染物浓度}}\times 100\% \tag{10-2}$$

（6）径流总量控制率

径流总量控制率是指通过自然和人工强化的渗透、滞蓄和净化等方式，工程或设施内累计得到控制的雨量占总降雨量的比例，计算方法见式（10-3）。

$$\text{径流总量控制率}(\%)=\frac{\text{累计控制雨量}}{\text{总降雨量}}\times 100\% \tag{10-3}$$

（7）雨水原位处理资源化利用率

雨水原位处理资源化利用率是指雨水收集并原位净化后用于道路浇洒、园林绿地灌溉、市政杂用、工农业生产、冷却、景观、河道补水等途径的总量与收集区域总降雨量的比值。

（8）雨污水再生利用率

雨污水再生利用率是指雨污水经污水处理厂再生处理后资源化利用率，如用于河道生态补水、景观、市政杂用和工业等。

（9）植被覆盖率

植被覆盖率能够反映一个区域的景观结构特点，通常是指植被覆盖面积占片区土地面积之比，计算方法见式（10-4）。

$$植被覆盖率(\%)=\frac{植被覆盖面积}{片区土地面积}\times 100\% \tag{10-4}$$

（10）工程质量合格率

工程质量合格率是指一定时期内验收鉴定的竣工单位工程中评为合格品的工程所占的比例。

2. 定性指标的含义

（1）景色美观度

景色美观度是指径流污染治理工程整体环境条件给人感官的享受程度，分为景色自然美观、景色自然、景色一般三个等级。

（2）工程运行稳定度

工程运行稳定度是指工程各技术或设备在实际运行过程中，能尽量不受外界条件影响，稳定有效运行的程度。

（3）减轻市政污水处理压力

降雨径流污染治理工程通过削减径流量、降低污染负荷、综合利用雨水资源，减少了直接经市政管网流入污水处理厂的合流制污水，减轻了污水处理厂的处理压力。

（4）缓解城市内涝

降雨径流污染治理工程通过源头削减、雨污分流、初期雨水弃流、雨污调蓄、末端生态治理及厂网联动等措施，能够有效减少径流量，实现削峰、错峰，在一定程度上缓解城市内涝，保障城市水安全。

（5）回补地下水

降雨径流污染治理工程通过提高下垫面透水能力，利用渗透作用实现雨水下渗，使地表径流下渗到地下用于回补地下水，能够在一定程度上反映回补地下水的能力。

（6）管控制度及落实情况、技术规范与标准建设、绩效考核和奖励机制

上述管理措施的落实，以及治理工程对行业规范化、标准化方面的贡献直接反映了城镇径流污染治理工程的典型性及对工程建设与运维的保障。

10.1.4　评估标准

本章通过查阅国内外关于评估标准制定方面的文献资料，结合对相关工程的实地调研以及征求城镇降雨径流领域内专家意见，对各定性指标合理划分评分等级，并确定各等级的评估标准，具体见表 10-2。

各定性指标的分级及评分标准　　表 10-2

评估指标	评分标准	分值
景色美观度	A. 景色自然美观	[6，9]
	B. 景色自然	[3，6)
	C. 景色一般	[1，3)
工程运行稳定度	A. 工程运行稳定度好	[6，9]
	B. 工程运行稳定度一般	[3，6)
	C. 工程运行稳定度差	[1，3)
减轻市政污水处理压力	A. 可很大程度上减轻市政污水处理压力	[6，9]
	B. 可适当减轻市政污水处理压力	[3，6)
	C. 可稍微减轻市政污水处理压力	[1，3)
缓解城市内涝	A. 可很大程度上缓解城市内涝	[6，9]
	B. 可适当缓解城市内涝	[3，6)
	C. 可稍微缓解城市内涝	[1，3)
回补地下水	A. 能很大程度上回补地下水	[6，9]
	B. 能一定程度上回补地下水	[3，6)
	C. 可稍微回补地下水	[1，3)
管控制度及落实情况	A. 管控制度及落实情况较好	[6，9]
	B. 管控制度及落实情况一般	[3，6)
	C. 管控制度及落实情况较差	[1，3)
技术规范与标准建设	A. 技术规范与标准建设较好	[6，9]
	B. 技术规范与标准建设一般	[3，6)
	C. 技术规范与标准建设较差	[1，3)
绩效考核和奖励机制	A. 绩效考核和奖励机制完善	[6，9]
	B. 绩效考核和奖励机制一般	[3，6)
	C. 绩效考核和奖励机制不完善	[1，3)

10.2 评估方法与等级

10.2.1 方法选择

在对一个多目标多决策的方案进行综合评判时，要考虑的因素有很多。如何定量分析这些因素的优先级、相对重要程度，是本领域的难点之一。对于城镇成片区降雨径流污染控制工程绩效评估而言，如何对各个评估指标进行合理赋权，对整个工程绩效进行客观、科学的评判，是关键问题。鉴于此，需要构建城镇成片区降雨径流污染控制工程绩效评估模型。

城镇成片区降雨径流污染控制工程绩效评估是针对在城镇成片区建设的规模化径流污染控制工程的建设与运行效果开展全面综合评估。当前，用于工程绩效评估的综合评价方法众多，最常见的有德尔菲法、数据包络法、层次分析法、模糊综合评价法、熵权法和TOPSIS法等。德尔菲法又被称为专家打分法，具有操作简单、形式直观的优点，但其评价过程往往受专家经验、个人偏好、知识水平等因素影响，导致最后的评价结果系统性较差，具有一定的主观性。数据包络法是以“相对效率”理论为基础提出的一类广泛用于效率评价的方法，它对指标的量纲无要求，通过评价对象的观测数据求出各评价指标的权重，具有一定的客观性，但它的评价结果只是对被评价对象的相对有效性做出判断，无法给出决策分析。层次分析法是目前评价工作中使用较多的一种多目标决策方法，其在权重确定过程中，既有专家的主观判断分析，也有数学模型的精确计算推理，然而它还是不能摆脱评价过程的主观性和随机性，且对评价样本数量有一定的限制。模糊综合评价法是基于模糊数学隶属度理论提出的评价方法，其模型简单、易懂，能通过精确的数学理论模型处理模糊的评价对象，对蕴藏信息呈现模糊性的资料做出比较科学、合理、贴近实际的量化评价效果，但其评价时要求评价人数不能少于 10 人，且评价者必须对被评价对象有相当深的了解。

本章经过综合评估方法的比选，最终采用将熵权法和TOPSIS法相结合的评估模型对城镇成片区降雨径流污染控制工程开展绩效评估。基于熵权-TOPSIS模型的评估方法一方面通过熵权法利用原始数据得到权重的相对客观、可靠性，另一方面还能通过TOPSIS法对评估对象进行优劣排序，实现决策分析。

这一方法与第 9 章中的绩效评估方法是一致的。故有关熵权法、TOPSIS法及其耦合方法的基本原理和评价步骤不再赘述。

10.2.2　评估等级

根据基于熵权-TOPSIS模型的评估方法，由式（9-9）计算出来的相对贴近度是最终确定被评估对象绩效水平的依据。相对贴近度越大，说明被评估对象和理想解越接近，绩效水平越好；相对贴近度越小，说明被评估对象和理想解越远，绩效水平越差。根据已有学者的研究成果，将相对贴近度划分为 4 个等级标准，用来表示城镇降雨径流污染控制成片区示范工程的绩效水平，具体等级标准见表 10-3。

绩效水平评判标准　　表 10-3

贴近度	[0，0.3]	(0.3，0.6]	(0.6，0.8]	(0.8，1.0]
绩效水平	低级	中级	良好	优秀

10.3　案例工程概况

10.3.1　西咸新区沣西新城径流污染治理工程

1. 沣西新城建成区基本概况

西咸新区地处西安市和咸阳市的交界处，是我国最早建设的一批海绵城市试点之一，整个西咸新区由五个各具特色的新城组成，沣西新城是其中之一。沣西新城位于沣河以西、渭河以南，是西咸新区的重要组成部分，整个沣西新城总面积 143km^2。

沣西新城按发展布局分为三个主要区域，从北往南依次是：建成区、核心区及拓展区。建成区位于渭河以南，老西宝高速以北；核心区位于新、老西宝高速之间；拓展区为新西宝高速以南区域。

沣西新城结合当地已有工作基础，将城镇径流污染治理工程建设区确定为沣西新城核心区内的部分区域。核心区规划用地包含：科技创新港、信息产业园、综合文教园及服务核心区。规划用地以城市建设用地为主，构建以自然水系、中心绿廊、环形公园、街区公园和道路绿地为核心的城市多级开放空间与绿地骨架。

根据西咸新区现状地形和排水管网排水走向，西咸新区可划分为渭河流域、泾河流域、沣河流域、皂河流域和新河流域 5 个流域汇水分区。沣西新城所处流域主要分属渭河流域、新河流域及沣河流域。

对沣西新城现状地形进行 GIS 数据和径流模拟分析，得出自然地形地貌条件下的汇水分区。基于上述流域汇水分区和自然地形条件下的子汇水分区划分，将沣西新城核心区划分为 10 个子汇水分区，其中新河流域 2 个，分别为新河片区、沙河片区；渭河流域 4 个，分别为渭河 1 号片区、渭河 2 号片区、渭河 5 号片区、渭河 8 号片区；沣河流域 3 个，分别为沣河 1 号片区、沣河 2 号片区、沣河 3 号片区；绿廊片区（分属渭河、沣河流域）。

处于沣西新城建成区径流污染治理工程范围内的汇水分区共计 6 个，包括新河片区（1 号汇水分区，试点面积 5.29km^2）、渭河 1 号片区（2 号汇水分区，试点面积 6.17km^2）、绿廊片区（3 号汇水分区，试点面积 6.45km^2）、渭河 2 号片区（4 号汇水分区，试点面积 1.72km^2）、沣河 2 号片区（5 号汇水分区，试点面积 0.72km^2）、渭河 8 号片区（6 号汇水分区，试点面积 2.15km^2）。本节的研究对象就是沣西新城建成区径流污染治理工程中 6 个汇水分区的径流污染治理工程建设成效。

2. 建成区径流污染治理关键技术与工程

建成区开发前用地性质主要为农田及村庄，开发建设后主要为公园绿地、商业、工业及住宅用地。建成区径流污染治理工程从建筑小区及市政道路径流污染控制、雨水管渠及地表排水输送系统、末端绿廊调蓄及雨水再生回用四个方面构建雨水组织系统，治理理念如图 10-2 所示。

沣西新城建成区内的 6 个子汇水片区的划分以河湖水系、自然地形为基底，考虑了绿地、交通、重大绿色基础设施布局等特征。在汇水片区内为了有效控制径流污染、提高水资源利用率，沣西新城围绕“源头减排、过程控制、末端调控、系统治理”的思路建设了一系列的径流污染控制工程。各汇水分区中使用到的径流污染控制工程及对应技术如表 10-4 所示。

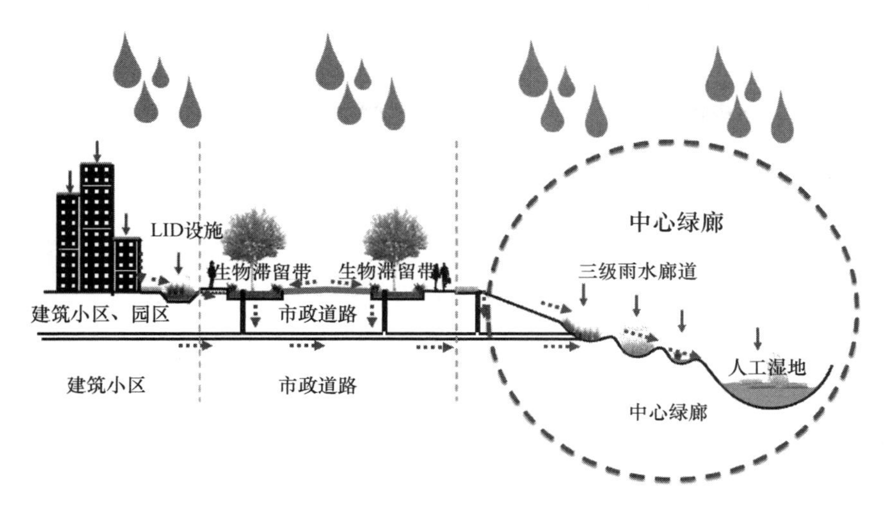

图 10-2　建成区径流污染治理理念

沣西新城各汇水分区径流污染控制关键技术与治理工程　　表 10-4

汇水分区	项目名称	项目类型	年径流总量控制率（%）	雨水调蓄容积（m^3）	主要采用的径流污染控制技术
1号汇水分区（新河片区）	交大创新港一期	片区整体开发	84	8218.6	渗滤减排型渗排管、新型雨水口沉积物高效截污设施、渗排型植草沟、生态停车场、碎石渗透沟、阶梯式雨水花园、植被缓冲带与下凹式绿地滞留减排设施、复合介质生物滞留设施、蓄水模块及雨水收集回用处理设施
	新渭沙湿地公园	公园绿地类	88	1396.8	表流型人工湿地、潜流型人工湿地、透水铺装、生态停车场、生态草沟
2号汇水分区（渭河1号片区）	天福和园一期	建筑小区类	84	3758.2	下渗雨水花园、滞蓄型雨水花园、下凹式绿地、植被浅沟、高位植坛、滤水石笼、透水砖铺装、生态停车场、调蓄池
	新业佳苑一期	建筑小区类	84	719.4	阶梯式雨水花园、透水混凝土铺装、植被浅沟、高位植坛、生态停车场、雨落管断接
	天雄西路	市政道路类	85	—	透水混凝土铺装、生物滞留设施、植草沟
	天元路	市政道路类	85	—	透水混凝土铺装、生物滞留设施、植草沟
3号汇水分区（绿廊片区）	秦皇大道南段	市政道路类	85	—	装配式截污框、窗口式排水口、生态型滞留草沟、转输型草沟、人行道过水暗涵、透水陶瓷砖铺装、干塘
	信息四路	市政道路类	85	—	透水混凝土铺装、生物滞留设施
	数据二路	市政道路类	85	—	透水混凝土铺装、生物滞留设施
	数据六路	市政道路类	85	—	透水混凝土铺装、生物滞留设施、植草沟
	开元路（西段）	市政道路类	85	—	透水混凝土铺装、转输型植草沟、渗排型植草沟、干塘

续表

汇水分区	项目名称	项目类型	年径流总量控制率（%）	雨水调蓄容积（m³）	主要采用的径流污染控制技术
3号汇水分区（绿廊片区）	沣渭大道	市政道路类	85	—	透水混凝土铺装、下凹式绿带、植生滞留槽、集料蓄水沟
	兴园路	市政道路类	85	—	透水混凝土铺装、植生滞留槽、下凹式绿带、集料蓄水沟
	秦皇大道林带	公园绿地类	85	57792	排水暗渠、干塘、转输型植草沟
	中心绿廊一期	公园绿地类	87	4794.5	雨水廊道、人工湿地、下渗湿地、排渗沟、过滤槽、雨水泵站
4号汇水分区（渭河2号片区）	康定路西段	市政道路类	85	—	透水混凝土铺装、转输型植草沟、生物滞留设施
	尚业路	市政道路类	85	—	生物滞留带、转输型植草沟
	同德路	市政道路类	85	—	透水混凝土铺装、生物滞留设施
	同德公寓	建筑小区类	85	1378.6	透水砖铺装、下凹式绿地、植被浅沟、阶梯式雨水花园
	中国联通一期	建筑小区类	84	2285.2	绿色屋顶、透水铺装、雨水花园、下凹式绿地、雨落管断接
	中国移动一期	建筑小区类	84	1581.6	绿色屋顶、透水铺装、转输型植草沟、下凹式绿地、碎石渗透沟
	西部云谷	建筑小区类	84	1236.2	雨落管断接、透水铺装、绿色屋顶、高位植坛、生态停车场
	同德佳苑一期	建筑小区类	84	2414	雨水花园、植被浅沟、下凹式绿地、透水混凝土铺装
	总部经济园一期	建筑小区类	84	3048.7	绿色屋顶、雨落管断接、生态停车场、透水铺装
	环形公园一期	公园绿地类	90	2009.1	渗透塘、透水铺装、生态停车场、下凹式绿地
5号汇水分区（沣河2号片区）	环形公园三期	公园绿地类	88	2316.5	渗透塘、渗井、透水铺装、生态停车场、生态沟渠
	沣河滩面治理工程	水系类	85	2189.7	生态护岸、植草沟、排渗沟、雨水泵站
6号汇水分区（渭河8号片区）	统一路西段	市政道路类	85	—	透水混凝土铺装、生物滞留设施
	永平路	市政道路类	85	—	透水混凝土铺装、生物滞留设施
	咸阳职业技术学院	建筑小区类	84	6472.7	人工速渗井、雨落管断接
	康定和园一期	建筑小区类	84	1924.6	下凹式绿地、雨水花园、植被浅沟、透水混凝土铺装
	白马河公园	公园绿地类	90	1292.6	渗透塘、透水铺装、生态停车场、生态草沟

沣西新城在径流污染治理工程的建设过程中，结合当地实际情况，使用了许多典型措施，如集植草沟、石笼过滤带、溢流井等设施于一体的道路径流控制系统；能满足当地植物生长需求，具有良好渗透性能的下凹式绿地新型基质配土以及新型人工速渗井等。图 10-3～图 10-6 是上述设施在沣西新城径流污染治理工程中的应用概况。

图 10-3　植草沟与下凹式绿地新型基质配土

图 10-4　人工速渗井与雨水花园

图 10-5　透水沥青铺装与渗渠

图 10-6　墙面垂直绿化与人工湿地

3. 建成区径流污染治理工程成效

在实施径流污染治理工程后，建成区年径流总量控制率为 86.09%，SS、COD 和 TP 负荷削减率分别为 67.31%、72.22% 和 71.62%，均优于规划目标要求（SS：60%；COD：50%；TP：40%）。建成区各汇水分区径流总量控制及径流污染物削减情况见表 10-5。

沣西新城建成区径流污染控制设施建设与运行效能　　**表 10-5**

汇水分区	年径流总量控制率（%）	SS 削减率（%）	COD 削减率（%）	TP 削减率（%）
试点整体	86.09	67.31	72.20	71.62
1 号汇水分区	85.12	67.75	72.73	71.75
2 号汇水分区	85.96	62.34	68.06	66.86
3 号汇水分区	86.95	67.51	72.36	71.99
4 号汇水分区	87.05	75.60	79.33	79.14
5 号汇水分区	86.97	74.40	78.24	77.90
6 号汇水分区	85.97	67.41	72.30	71.96
建成区规划目标	85.00	60.00	50.00	40.00

10.3.2　嘉兴市径流污染治理工程

1. 嘉兴市建成区基本概况

嘉兴市地处浙江省东北部，毗邻苏州、上海、杭州，靠近太湖，是长江三角洲重要城市之一。嘉兴在开展径流污染治理及海绵城市建设时，确定的建设区是以西板桥港、长水塘、槜李路、纺工路、富润路、菜花泾等围成的建成区，整个海绵城市建设示范区占地面积 18.44km^2。建设区涵盖旧城区、新城区、南湖景区和水源保护地等多种典型性区块，建设过程中用到多种雨水收集与利用工程技术，能够有针对性地解决今后城镇降雨径流污染控制相关基础设施建设过程中可能遇到的各种问题，具有明显的示范意义。

根据嘉兴市平原河网城市河网密布的特点，结合城市的排水格局和管控单元边界，进行汇水分区的划定。根据整个建设区范围内建设年代、建设开发密度、绿化率和市政公用设施现状等情况进行分析，将整个嘉兴市建成区径流污染治理工程区分为 4 个各具特点的试点区域：老旧城改造区、南湖重点保护区、已建新城改造区和未建新城改造区。本章的研究对象就是嘉兴海绵城市建设示范区 4 个汇水分区中的降雨径流污染控制工程建设情况。

2. 建成区径流污染治理关键技术与工程

嘉兴在建成区径流污染治理工程的建设中，采用了多种具有径流滞蓄、收集与利用的污染控制措施，以解决由降雨带来的径流污染及洪涝问题，各汇水分区中使用到的降雨径流污染控制工程及对应的降雨径流污染控制技术如表 10-6 所示。

嘉兴市各汇水分区降雨径流污染控制工程一览表　　表 10-6

汇水分区	项目名称	项目类型	年径流总量控制率（%）	主要采用的径流污染控制技术
旧城改造示范区	嘉兴市辅成小学	公共建筑类	80.00	下凹式绿地、植被浅沟、阶梯式雨水花园、雨水湿地
	秀洲公寓	住宅小区类	28.38	多功能树池、滞留减排与过流净化集成、不透水面水力连接分割、初期雨水弃流、复合介质多级过滤、雨水径流回用循环过滤
	古井寺小区	住宅小区类	61.19	初期雨水弃流、多功能树池、滞留减排与过流净化集成、复合介质多级过滤、雨落管断接
	江南大厦	公共建筑类	80.00	渗排型植草沟、生态停车场、阶梯式雨水花园、复合介质生物滞留设施、蓄水模块及雨水收集回用处理设施、多功能树池
	建南公寓	住宅小区类	51.70	多功能树池、滞留减排与过流净化集成、不透水面水力连接分割、初期雨水弃流、复合介质多级过滤、雨水径流回用循环过滤
	环城路（勤俭路—秀城桥）东段	市政道路类	80.00	透水混凝土铺装、窗口式排水口、初期雨水弃流装置、雨水口沉积物高效截污设施
南湖重点保护示范区	城南花园	公园绿地类	66.10	透水铺装、下凹式绿地、雨水花园、生态驳岸
	水立方国际商务宾馆	住宅小区类	66.10	透水陶瓷铺装、多功能生态树池、雨水花园、雨落管断接、下凹式绿地、植被浅沟
	绝缘厂宿舍	住宅小区类	53.10	多功能树池、渗排型植草沟、植被缓冲带与下凹式绿地、不透水面水力连接分割、雨水径流回用循环过滤
	南湖大桥下绿地	公园绿地类	88.97	雨水口沉积物高效截污设施、渗排型植草沟、植被缓冲带与下凹式绿地滞留减排设施、雨水花园
	城南路（中环南路—真合里港）两侧区域	公园绿地类	67.90	转输型植草沟、下凹式绿地、排水暗渠、碎石渗透沟、雨水花园、多功能树池
	中环南路（放鹤洲路—长水塘）	市政道路类	81.20	透水混凝土铺装、窗口式排水口、初期雨水弃流装置、雨水口沉积物高效截污设施
	南湖市民广场	公共建筑类	86.15	透水陶瓷铺装、碎石渗透沟、多功能树池、雨水花园、下凹式绿地
	南湖停车场	公共建筑类	79.88	开孔透水砖、雨水回用设施、植草沟、碎石渗透沟
	烟雨社区（烟雨苑）	住宅小区类	81.19	雨水花园、绿色屋顶、雨落管断接、不透水面水力连接分割、多功能树池

续表

汇水分区	项目名称	项目类型	年径流总量控制率（%）	主要采用的径流污染控制技术
已建新城改造示范区	博雅酒店	住宅小区类	75.00	多功能生态树池、雨水花园、雨落管断接、下凹式绿地、透水陶瓷铺装
	嘉兴大剧院	公共建筑类	82.70	生态硅砂滤水石、花岗岩混铺路面、排水沟、下凹式绿地、旱溪、雨水花园、植草浅沟、透水停车场、透水嵌草小平台
	府南花园一区	住宅小区类	75.00	雨水花园、渗排型植草沟、植被缓冲带与下凹式绿地滞留减排设施、多功能生态树池、雨落管断接
	新都名邸	住宅小区类	80.00	绿色屋顶、雨落管断接、植被缓冲带与下凹式绿地滞留减排设施、复合介质生物滞留设施、蓄水模块及雨水收集回用处理设施
	府南公园	公园绿地类	80.90	下凹式绿地、雨水花园、雨水湿地、生态停车场
	玉泉路（中环南路—由拳路）	市政道路类	85.50	透水混凝土铺装、窗口式排水口、初期雨水弃流装置、雨水口沉积物高效截污设施
	珠庵路（玉泉路—南湖大道）两侧区域	公园绿地类	80.00	转输型植草沟、生态树池、下凹式绿地、排水暗渠、雨水花园
未建新城建设示范区	府南四区	住宅小区类	53.10	阶梯式雨水花园、生态停车场、下凹式绿地、雨水塘、雨水回用设施
	南湖大道（马塘泾港—隆兴港）	市政道路类	85.00	透水陶瓷铺装、生物滞留设施、窗口式排水口
	南湖大道（马塘泾港—隆兴港）两侧区域	公园绿地类	85.00	多功能生态树池、新型雨水口沉积物高效截污设施、渗排型植草沟、碎石渗透沟、植被缓冲带与下凹式绿地滞留减排设施、雨水花园
	南湖大道（隆兴港—槜李路）	市政道路类	91.10	透水混凝土铺装、窗口式排水口、初期雨水弃流装置、雨水口沉积物高效截污设施
	南湖大道（隆兴港—槜李路）两侧区域	公园绿地类	91.10	排水暗渠、植被浅沟、下凹式绿地、转输型植草沟、雨水花园
	中央公园（北）	公园绿地类	93.00	阶梯式雨水花园、生态停车场、下凹式绿地、雨水湿地
	嘉兴市规划设计研究院有限公司	公共建筑类	71.30	绿色屋顶、雨水调蓄设施、生态树池、高位花坛、雨落管断接
	植物园	公园绿地类	93.00	旱溪、生态排水沟、透水铺装、雨水塘、木桩驳岸
	纺工路—富润路	市政道路类	72.98	透水混凝土铺装、窗口式排水口、雨水口沉积物高效截污设施
	纺工路—富润路两侧区域	公园绿地类	66.10	转输型植草沟、下凹式绿地、排水暗渠、雨水花园

嘉兴在径流污染治理过程中，结合当地实际情况，使用了许多典型径流污染控制措施，如集观赏、休闲游憩和雨水调蓄等功能于一体的绿色屋顶，利用当地发达水系设置的雨水湿地，以及临河而建的控污型岸边带等，如图10-7所示。

图10-7　嘉兴市建成区径流污染治理设施与工程

（a）绿色屋顶；（b）雨水湿地；（c）湿式滞留池；（d）透水陶瓷铺装；

（e）控污型岸边带；（f）带截污挂篮的雨水箅子

3. 建成区径流污染治理工程成效

通过源头的滞留、过滤、净化，结合初期雨水弃流池、调蓄池等灰色雨水设施的截留控制，建成区径流 SS 削减率达到了 45%～60%（目标不低于 40%），年径流总量控制率达到了 78.2%（控制目标为 78%），其他参数见表 10-7。

嘉兴市建成区径流污染控制设施建设与运行效能　　表 10-7

汇水分区	年径流总量控制率（%）	SS 削减率（%）	COD 削减率（%）	TP 削减率（%）
试点整体	78.20	53.00	57.18	43.86
旧城改造示范区	67.85	48.00	49.85	46.15
南湖重点保护示范区	76.71	45.00	55.77	46.43
已建新城改造示范区	82.12	62.00	60.24	42.86
未建新城建设示范区	85.26	57.00	62.88	40.00
建成区规划目标	78.00	40.00	—	—

10.4 评估结果与分析

10.4.1 确定指标权重

如第 9 章所述，本节在采用熵权法求各评估指标的权重时，定量指标的数据来自于调研城市的径流污染治理工程；定性指标统一制定评分标准，具体见表 10-8 和表 10-9。其中，定性指标量化过程中，根据相关工程实地调研以及征求行业内专家意见，制定评分等级与相应的评分标准。

沣西新城各汇水分区径流污染控制工程专家打分表　　表 10-8

评估指标	评分标准	分值范围	分值					
			1 号汇水分区	2 号汇水分区	3 号汇水分区	4 号汇水分区	5 号汇水分区	6 号汇水分区
景色美观度	A. 景色自然美观	[6，9]						
	B. 景色自然	[3，6)						
	C. 景色一般	[1，3)						
工程运行稳定度	A. 工程运行稳定度好	[6，9]						
	B. 工程运行稳定度一般	[3，6)						
	C. 工程运行稳定度差	[1，3)						
减轻市政污水处理压力	A. 可很大程度上减轻市政污水处理压力	[6，9]						
	B. 可适当减轻市政污水处理压力	[3，6)						
	C. 可稍微减轻市政污水处理压力	[1，3)						

续表

评估指标	评分标准	分值范围	分值					
			1号汇水分区	2号汇水分区	3号汇水分区	4号汇水分区	5号汇水分区	6号汇水分区
缓解城市内涝	A. 可很大程度上缓解城市内涝	[6，9]						
	B. 可适当缓解城市内涝	[3，6)						
	C. 可稍微缓解城市内涝	[1，3)						
回补地下水	A. 能很大程度上回补地下水	[6，9]						
	B. 能一定程度上回补地下水	[3，6)						
	C. 可稍微回补地下水	[1，3)						
管控制度及落实情况	A. 管控制度及落实情况较好	[6，9]						
	B. 管控制度及落实情况一般	[3，6)						
	C. 管控制度及落实情况较差	[1，3)						
技术规范与标准建设	A. 技术规范与标准建设较好	[6，9]						
	B. 技术规范与标准建设一般	[3，6)						
	C. 技术规范与标准建设较差	[1，3)						
绩效考核和奖励机制	A. 绩效考核和奖励机制完善	[6，9]						
	B. 绩效考核和奖励机制一般	[3，6)						
	C. 绩效考核和奖励机制不完善	[1，3)						

嘉兴市各汇水分区径流污染控制工程专家打分表　　表 10-9

评估指标	评分标准	分值范围	分值			
			旧城改造示范区	南湖重点保护示范区	已建新城改造示范区	未建新城建设示范区
景色美观度	A. 景色自然美观	[6，9]				
	B. 景色自然	[3，6)				
	C. 景色一般	[1，3)				
工程运行稳定度	A. 工程运行稳定度好	[6，9]				
	B. 工程运行稳定度一般	[3，6)				
	C. 工程运行稳定度差	[1，3)				
减轻市政污水处理压力	A. 可很大程度上减轻市政污水处理压力	[6，9]				
	B. 可适当减轻市政污水处理压力	[3，6)				
	C. 可稍微减轻市政污水处理压力	[1，3)				
缓解城市内涝	A. 可很大程度上缓解城市内涝	[6，9]				
	B. 可适当缓解城市内涝	[3，6)				
	C. 可稍微缓解城市内涝	[1，3)				

续表

评估指标	评分标准	分值范围	分值			
			旧城改造示范区	南湖重点保护示范区	已建新城改造示范区	未建新城建设示范区
回补地下水	A. 能很大程度上回补地下水	[6，9]				
	B. 能一定程度上回补地下水	[3，6)				
	C. 可稍微回补地下水	[1，3)				
管控制度及落实情况	A. 管控制度及落实情况较好	[6，9]				
	B. 管控制度及落实情况一般	[3，6)				
	C. 管控制度及落实情况较差	[1，3)				
技术规范与标准建设	A. 技术规范与标准建设较好	[6，9]				
	B. 技术规范与标准建设一般	[3，6)				
	C. 技术规范与标准建设较差	[1，3)				
绩效考核和奖励机制	A. 绩效考核和奖励机制完善	[6，9]				
	B. 绩效考核和奖励机制一般	[3，6)				
	C. 绩效考核和奖励机制不完善	[1，3)				

使用专家打分表，由领域内的相关专家进行打分，取各专家打分的平均值作为定性指标的量化数据。其中，西咸新区沣西新城建成区径流污染治理工程共邀请 n 位专家进行打分，包括工程研究人员（占20%）、工程管理人员（占40%）、工程设计人员（占40%）；嘉兴市建成区径流污染治理工程共邀请 n 位专家进行打分，包括工程研究人员（占20%）、工程管理人员（占30%）、工程设计人员（占50%）。相关现场调查和代表性专家打分原始数据见表10-10和表10-11。

沣西新城建成区径流污染治理工程绩效评估指标代表性专家打分原始数据　表10-10

评估指标	1号汇水分区	2号汇水分区	3号汇水分区	4号汇水分区	5号汇水分区	6号汇水分区
投资建设成本 B_1（万元）	8201.00	44623.00	28663.50	16300.00	2894.20	14214.00
运行维护成本占比 B_2（%）	7.00	8.00	7.00	7.00	6.00	7.00
雨水综合利用节水费用 B_3（元）	34679.60	44096.50	74730.45	12919.95	6152.13	17161.44
节省市政污水处理费用 B_4（元）	60689.30	71785.00	75813.50	20097.70	28444.10	25027.10
COD净化率 B_5（%）	72.73	68.06	72.36	79.33	78.24	72.30
SS净化率 B_6（%）	67.75	62.34	67.51	75.60	74.40	67.41
TP净化率 B_7（%）	71.75	66.86	71.99	79.14	77.90	71.96
TN净化率 B_8（%）	27.93	39.09	43.60	30.55	33.62	37.41
径流总量控制率 B_9（%）	85.12	85.96	86.95	87.05	86.97	85.97
雨水原位处理资源化利用率 B_{10}（%）	9.00	10.00	17.00	12.00	9.00	9.00
雨污水再生利用率 B_{11}（%）	40.00	43.00	69.00	45.00	51.00	48.00

续表

评估指标	1 号汇水分区	2 号汇水分区	3 号汇水分区	4 号汇水分区	5 号汇水分区	6 号汇水分区
植被覆盖率 B_{12}（%）	68.00	77.00	86.00	74.00	78.00	75.00
景色美观度 B_{13}	7.60	7.20	9.00	6.80	6.90	7.90
工程质量合格率 B_{14}（%）	92.00	95.00	95.00	93.00	91.00	93.00
工程运行稳定度 B_{15}	7.80	7.60	8.00	7.30	7.60	7.20
减轻市政污水处理压力 B_{16}	7.90	7.80	8.20	7.10	6.90	7.40
缓解城市内涝 B_{17}	8.20	7.70	8.80	8.00	7.90	8.10
回补地下水 B_{18}	8.30	7.30	8.80	7.20	8.40	7.00
管控制度及落实情况 B_{19}	8.40	8.40	8.20	8.40	8.20	8.30
技术规范与标准建设 B_{20}	8.50	8.40	8.40	8.40	8.30	8.10
绩效考核和奖励机制 B_{21}	8.00	7.60	8.00	7.60	7.70	8.00

嘉兴市建成区径流污染治理工程绩效评估指标代表性专家打分原始数据　　表 10-11

评估指标	旧城改造示范区	南湖重点保护示范区	已建新城改造示范区	未建新城建设示范区
投资建设成本 B_1（万元）	17392.99	69140.98	30800.84	3592.48
运行维护成本占比 B_2（%）	6.00	7.00	5.00	6.00
雨水综合利用节水费用 B_3（元）	3041.50	3300.00	1817.20	3141.60
节省市政污水处理费用 B_4（元）	2488.50	2700.00	1486.80	2570.40
COD 净化率 B_5（%）	49.85	55.77	60.24	62.88
SS 净化率 B_6（%）	48.00	45.00	62.00	57.00
TP 净化率 B_7（%）	46.15	46.43	42.86	40.00
TN 净化率 B_8（%）	75.59	69.11	66.96	72.32
径流总量控制率 B_9（%）	67.85	76.71	82.12	85.26
雨水原位处理资源化利用率 B_{10}（%）	12.94	11.84	7.27	9.26
雨污水再生利用率 B_{11}（%）	36.70	38.60	37.80	38.80
植被覆盖率 B_{12}（%）	11.35	32.21	44.95	39.75
景色美观度 B_{13}	5.60	7.90	7.40	7.50
工程质量合格率 B_{14}（%）	98.00	97.00	96.00	97.00
工程运行稳定度 B_{15}	7.00	7.80	7.10	7.50
减轻市政污水处理压力 B_{16}	7.10	7.20	6.80	7.40
缓解城市内涝 B_{17}	7.00	7.90	7.70	7.60
回补地下水 B_{18}	4.70	6.00	5.70	5.50
管控制度及落实情况 B_{19}	7.50	7.60	7.80	7.80
技术规范与标准建设 B_{20}	8.10	8.20	8.20	8.00
绩效考核和奖励机制 B_{21}	7.10	7.50	7.30	7.40

在由多个指标构建的评估体系中，各个指标的单位和数量级均不相同，不能直接进行比较。因此，对各指标的原始数据进行标准化处理是进行后续工程绩效评价估的第一步。根据熵权-TOPSIS模型的原理，利用式（9-1）和式（9-3）对表10-10和表10-11的原始数据进行标准化处理，标准化数据见表10-12和表10-13。

沣西新城建成区径流污染治理工程绩效评估指标标准化数据　　表10-12

评估指标	1号汇水分区	2号汇水分区	3号汇水分区	4号汇水分区	5号汇水分区	6号汇水分区
投资建设成本 B_1	0.8728	0.0000	0.3825	0.6787	1.0000	0.7287
运行维护成本占比 B_2	0.5000	0.0000	0.5000	0.5000	1.0000	0.5000
雨水综合利用节水费用 B_3	0.4160	0.5533	1.0000	0.0987	0.0000	0.1605
节省市政污水处理费用 B_4	0.7285	0.9277	1.0000	0.0000	0.1498	0.0885
COD净化率 B_5	0.4144	0.0000	0.3815	1.0000	0.9033	0.3762
SS净化率 B_6	0.4080	0.0000	0.3899	1.0000	0.9095	0.3824
TP净化率 B_7	0.3982	0.0000	0.4178	1.0000	0.8990	0.4153
TN净化率 B_8	0.0000	0.7122	1.0000	0.1672	0.3631	0.6050
径流总量控制率 B_9	0.0000	0.4352	0.9482	1.0000	0.9585	0.4404
雨水原位处理资源化利用率 B_{10}	0.0000	0.2500	1.0000	0.3750	0.0000	0.0000
雨污水再生利用率 B_{11}	0.0000	0.1034	1.0000	0.1724	0.3793	0.2759
植被覆盖率 B_{12}	0.0000	0.5000	1.0000	0.3333	0.5556	0.3889
景色美观度 B_{13}	0.3636	0.1818	1.0000	0.0000	0.0455	0.5000
工程质量合格率 B_{14}	0.2500	1.0000	1.0000	0.5000	0.0000	0.5000
工程运行稳定度 B_{15}	0.7500	0.5000	1.0000	0.1250	0.5000	0.0000
减轻市政污水处理压力 B_{16}	0.7692	0.6923	1.0000	0.1538	0.0000	0.3846
缓解城市内涝 B_{17}	0.4545	0.0000	1.0000	0.2727	0.1818	0.3636
回补地下水 B_{18}	0.7222	0.1667	1.0000	0.1111	0.7778	0.0000
管控制度及落实情况 B_{19}	1.0000	1.0000	0.0000	1.0000	0.0000	0.5000
技术规范与标准建设 B_{20}	1.0000	0.7500	0.7500	0.7500	0.5000	0.0000
绩效考核和奖励机制 B_{21}	1.0000	0.0000	1.0000	0.0000	0.2500	1.0000

嘉兴市建成区径流污染治理工程绩效评估指标标准化数据　　表10-13

评估指标	旧城改造示范区	南湖重点保护示范区	已建新城改造示范区	未建新城建设示范区
投资建设成本 B_1	0.7895	0.0000	0.5849	1.0000
运行维护成本占比 B_2	0.5000	0.0000	1.0000	0.5000
雨水综合利用节水费用 B_3	0.8257	1.0000	0.0000	0.8932
节省市政污水处理费用 B_4	0.8257	1.0000	0.0000	0.8932
COD净化率 B_5	0.0000	0.4543	0.7974	1.0000
SS净化率 B_6	0.1765	0.0000	1.0000	0.7059
TP净化率 B_7	0.9565	1.0000	0.4448	0.0000

续表

评估指标	旧城改造示范区	南湖重点保护示范区	已建新城改造示范区	未建新城建设示范区
TN 净化率 B_8	1.0000	0.2491	0.0000	0.6211
径流总量控制率 B_9	0.0000	0.5089	0.8196	1.0000
雨水原位处理资源化利用率 B_{10}	1.0000	0.8060	0.0000	0.3510
雨污水再生利用率 B_{11}	0.0000	0.9048	0.5238	1.0000
植被覆盖率 B_{12}	0.0000	0.6208	1.0000	0.8452
景色美观度 B_{13}	0.0000	1.0000	0.7826	0.8261
工程质量合格率 B_{14}	1.0000	0.5000	0.0000	0.5000
工程运行稳定度 B_{15}	0.0000	1.0000	0.1250	0.6250
减轻市政污水处理压力 B_{16}	0.5000	0.6667	0.0000	1.0000
缓解城市内涝 B_{17}	0.0000	1.0000	0.7778	0.6667
回补地下水 B_{18}	0.0000	1.0000	0.7692	0.6154
管控制度及落实情况 B_{19}	0.0000	0.3333	1.0000	1.0000
技术规范与标准建设 B_{20}	0.5000	1.0000	1.0000	0.0000
绩效考核和奖励机制 B_{21}	0.0000	1.0000	0.5000	0.7500

依据式（9-10）～式（9-14），确定各评估指标的权重，分别得到沣西新城和嘉兴评估指标的熵值和熵权，此处的熵权即各指标的权重，如表 10-14 和表 10-15 所示。

沣西新城建成区径流污染治理工程绩效评估指标熵值和熵权　　表 10-14

评估指标	熵值	熵权
投资建设成本 B_1	0.8739	0.0292
运行维护成本占比 B_2	0.8710	0.0299
雨水综合利用节水费用 B_3	0.7514	0.0576
节省市政污水处理费用 B_4	0.7473	0.0585
COD 净化率 B_5	0.8434	0.0363
SS 净化率 B_6	0.8440	0.0361
TP 净化率 B_7	0.8494	0.0349
TN 净化率 B_8	0.8217	0.0413
径流总量控制率 B_9	0.8626	0.0318
雨水原位处理资源化利用率 B_{10}	0.5163	0.1121
雨污水再生利用率 B_{11}	0.7317	0.0622
植被覆盖率 B_{12}	0.8528	0.0341
景色美观度 B_{13}	0.7226	0.0643
工程质量合格率 B_{14}	0.8364	0.0379
工程运行稳定度 B_{15}	0.8163	0.0426
减轻市政污水处理压力 B_{16}	0.8200	0.0417

续表

评估指标	熵值	熵权
缓解城市内涝 B_{17}	0.7997	0.0464
回补地下水 B_{18}	0.7657	0.0543
管控制度及落实情况 B_{19}	0.7544	0.0569
技术规范与标准建设 B_{20}	0.8856	0.0265
绩效考核和奖励机制 B_{21}	0.7173	0.0655

嘉兴市建成区径流污染治理工程绩效评估指标熵值和熵权　　表 10-15

评估指标	熵值	熵权
投资建设成本 B_1	0.7758	0.0429
运行维护成本占比 B_2	0.7500	0.0479
雨水综合利用节水费用 B_3	0.7902	0.0402
节省市政污水处理费用 B_4	0.7902	0.0402
COD 净化率 B_5	0.7582	0.0463
SS 净化率 B_6	0.6678	0.0636
TP 净化率 B_7	0.7529	0.0473
TN 净化率 B_8	0.6992	0.0576
径流总量控制率 B_9	0.7667	0.0447
雨水原位处理资源化利用率 B_{10}	0.7355	0.0506
雨污水再生利用率 B_{11}	0.7676	0.0445
植被覆盖率 B_{12}	0.7792	0.0423
景色美观度 B_{13}	0.7884	0.0405
工程质量合格率 B_{14}	0.7500	0.0479
工程运行稳定度 B_{15}	0.6319	0.0705
减轻市政污水处理压力 B_{16}	0.7631	0.0454
缓解城市内涝 B_{17}	0.7822	0.0417
回补地下水 B_{18}	0.7783	0.0425
管控制度及落实情况 B_{19}	0.7244	0.0528
技术规范与标准建设 B_{20}	0.7610	0.0458
绩效考核和奖励机制 B_{21}	0.7652	0.0450

10.4.2　计算贴近度

由熵权-TOPSIS 模型评估步骤可知，在确定权重之后，通过 TOPSIS 进行综合评估。沣西新城和嘉兴市两个建成区径流污染治理工程加权化数据和正、负理想解可由式（9-4）～式（9-6）计算得到，见表 10-16 和表 10-17。

综合运用表 10-16 和表 10-17 中的数据，以式（9-7）和式（9-8）分别计算沣西新城和嘉兴市各个汇水分区总体及 5 个准则层的欧式距离；利用式（9-9）分别计算两个试点城市各个汇水分区的综合相对贴近度及 5 个准则层的相对贴近度。具体评估结果见表 10-18 和表 10-19；根据评估结果绘制贴近度雷达图，如图 10-8 和图 10-9 所示。

沣西新城建成区径流污染治理工程绩效评估加权化数据　　表 10-16

评估指标	加权化数据						Y^+	Y^-
	1 号汇水分区	2 号汇水分区	3 号汇水分区	4 号汇水分区	5 号汇水分区	6 号汇水分区		
B_1	0.0255	0.0000	0.0112	0.0198	0.0292	0.0213	0.0000	0.0292
B_2	0.0149	0.0000	0.0149	0.0149	0.0299	0.0149	0.0000	0.0299
B_3	0.0240	0.0319	0.0576	0.0057	0.0000	0.0092	0.0576	0.0000
B_4	0.0427	0.0543	0.0585	0.0000	0.0088	0.0052	0.0585	0.0000
B_5	0.0150	0.0000	0.0138	0.0363	0.0328	0.0137	0.0363	0.0000
B_6	0.0147	0.0000	0.0141	0.0361	0.0329	0.0138	0.0361	0.0000
B_7	0.0139	0.0000	0.0146	0.0349	0.0314	0.0145	0.0349	0.0000
B_8	0.0000	0.0294	0.0413	0.0069	0.0150	0.0250	0.0413	0.0000
B_9	0.0000	0.0139	0.0302	0.0318	0.0305	0.0140	0.0318	0.0000
B_{10}	0.0000	0.0280	0.1121	0.0420	0.0000	0.0000	0.1121	0.0000
B_{11}	0.0000	0.0064	0.0622	0.0107	0.0236	0.0172	0.0622	0.0000
B_{12}	0.0000	0.0170	0.0341	0.0114	0.0189	0.0133	0.0341	0.0000
B_{13}	0.0234	0.0117	0.0643	0.0000	0.0029	0.0321	0.0643	0.0000
B_{14}	0.0095	0.0379	0.0379	0.0190	0.0000	0.0190	0.0379	0.0000
B_{15}	0.0319	0.0213	0.0426	0.0053	0.0213	0.0000	0.0426	0.0000
B_{16}	0.0321	0.0289	0.0417	0.0064	0.0000	0.0160	0.0417	0.0000
B_{17}	0.0211	0.0000	0.0464	0.0127	0.0084	0.0169	0.0464	0.0000
B_{18}	0.0392	0.0090	0.0543	0.0060	0.0422	0.0000	0.0543	0.0000
B_{19}	0.0569	0.0569	0.0000	0.0569	0.0000	0.0284	0.0569	0.0000
B_{20}	0.0265	0.0199	0.0199	0.0199	0.0133	0.0000	0.0265	0.0000
B_{21}	0.0655	0.0000	0.0655	0.0000	0.0164	0.0655	0.0655	0.0000

嘉兴市建成区径流污染治理工程绩效评估指标加权化数据　　表 10-17

评估指标	加权化数据				Y^+	Y^-
	旧城改造示范区	南湖重点保护示范区	已建新城改造示范区	未建新城建设示范区		
B_1	0.0339	0.0000	0.0251	0.0429	0.0000	0.0429
B_2	0.0239	0.0000	0.0479	0.0239	0.0000	0.0479
B_3	0.0332	0.0402	0.0000	0.0359	0.0402	0.0000
B_4	0.0332	0.0402	0.0000	0.0359	0.0402	0.0000
B_5	0.0000	0.0210	0.0369	0.0463	0.0463	0.0000
B_6	0.0112	0.0000	0.0636	0.0449	0.0636	0.0000

续表

评估指标	加权化数据				Y^+	Y^-
	旧城改造示范区	南湖重点保护示范区	已建新城改造示范区	未建新城建设示范区		
B_7	0.0453	0.0473	0.0210	0.0000	0.0473	0.0000
B_8	0.0576	0.0143	0.0000	0.0358	0.0576	0.0000
B_9	0.0000	0.0227	0.0366	0.0447	0.0447	0.0000
B_{10}	0.0506	0.0408	0.0000	0.0178	0.0506	0.0000
B_{11}	0.0000	0.0403	0.0233	0.0445	0.0445	0.0000
B_{12}	0.0000	0.0262	0.0423	0.0357	0.0423	0.0000
B_{13}	0.0000	0.0405	0.0317	0.0335	0.0405	0.0000
B_{14}	0.0479	0.0239	0.0000	0.0239	0.0479	0.0000
B_{15}	0.0000	0.0705	0.0088	0.0441	0.0705	0.0000
B_{16}	0.0227	0.0302	0.0000	0.0454	0.0454	0.0000
B_{17}	0.0000	0.0417	0.0324	0.0278	0.0417	0.0000
B_{18}	0.0000	0.0425	0.0327	0.0261	0.0425	0.0000
B_{19}	0.0000	0.0176	0.0528	0.0528	0.0528	0.0000
B_{20}	0.0229	0.0458	0.0458	0.0000	0.0458	0.0000
B_{21}	0.0000	0.0450	0.0225	0.0337	0.0450	0.0000

沣西新城建成区径流污染治理工程贴近度水平评估结果　　表 10-18

评估对象	1号汇水分区	2号汇水分区	3号汇水分区	4号汇水分区	5号汇水分区	6号汇水分区
经济效益贴近度	0.5191	0.7435	0.8207	0.1842	0.0917	0.2068
生态环境效益贴近度	0.1838	0.2664	0.8081	0.4181	0.3452	0.2865
工程施工及运行状况贴近度	0.5231	0.6714	1.0000	0.3203	0.3286	0.2892
社会效益贴近度	0.6390	0.3141	1.0000	0.1834	0.4274	0.2582
机制建设贴近度	1.0000	0.4780	0.5444	0.4780	0.2163	0.6474
综合贴近度	0.4341	0.4210	0.7534	0.3790	0.3170	0.3501

嘉兴市建成区径流污染治理工程贴近度水平评估结果　　表 10-19

评估对象	旧城改造示范区	南湖重点保护示范区	已建新城改造示范区	未建新城建设示范区
经济效益贴近度	0.5560	1.0000	0.1852	0.5311
生态环境效益贴近度	0.4473	0.5246	0.5465	0.6385
工程施工及运行状况贴近度	0.4045	0.7567	0.1014	0.5844
社会效益贴近度	0.2626	0.8153	0.4931	0.7343
机制建设贴近度	0.2387	0.6541	0.7655	0.5706
综合贴近度	0.4142	0.6436	0.4765	0.6062

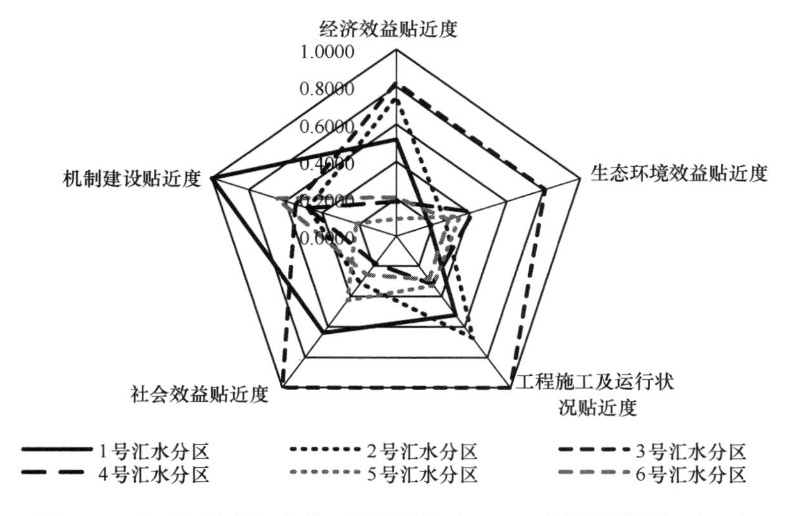

图 10-8　沣西新城各汇水分区径流污染治理工程绩效评估指标贴近度

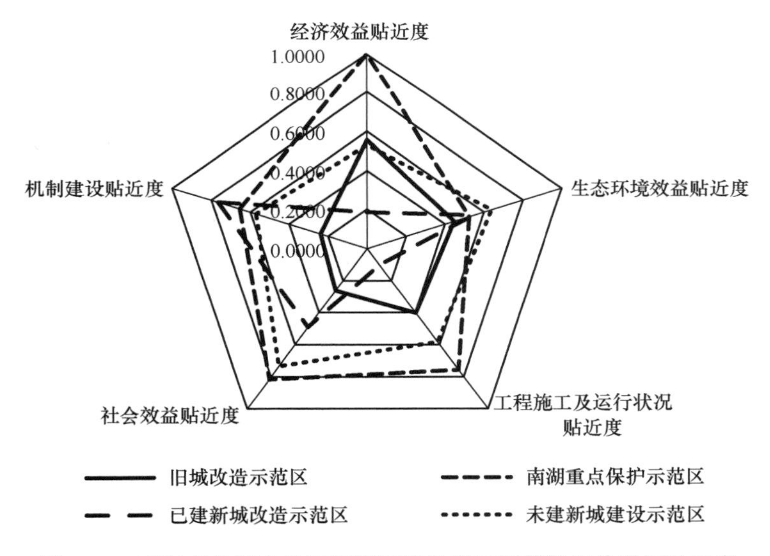

图 10-9　嘉兴市各汇水分区径流污染治理工程绩效评估指标贴近度

10.4.3　评估结果与改进建议

1. 西咸新区沣西新城径流污染治理工程

（1）指标体系内部分析

从表 10-18 和图 10-8 可以看出，沣西新城 1 号和 6 号汇水分区的径流污染治理工程都是机制建设绩效水平最高，3 号汇水分区在经济效益绩效、生态环境效益绩效、工程施工及运行状况绩效和社会效益绩效 4 个方面的水平都很高；而 4 号和 5 号汇水分区在 5 个准则层上的绩效水平都不高。由此可以看出，6 个汇水分区在不同领域的绩效水平差异较明显。这可能与各个汇水分区投入的径流污染治理工程的数量及应用技术的种类有关。

3号汇水分区中用到了许多径流污染治理工程与措施，其中最典型的就是中心绿廊人工湿地。中心绿廊将沣西新城核心区1/3的面积汇聚成一个综合海绵体，为该区增加了一道亮丽的风景。同时，绿廊还兼具雨水调蓄及回补地下水的作用，是一个集景观性和功能性于一体的城市开放空间雨洪调蓄枢纽。对沣西新城而言，中心绿廊的建设大幅降低了未来城市发展过程中发生城市径流污染及内涝的可能性。通过雨水、再生水及地表水的调配实现生态补水需求的平衡，展现了生态型雨洪调蓄枢纽的经济性和长期有效性。然而，4号和5号汇水分区建设开发程度低，投入建设的径流污染治理工程数量较少，大部分工程正在建设中，这也就导致了4号和5号两个汇水分区在5个准则层上的绩效水平普遍不高。

在5个准则层的评估指标中，机制建设绩效水平高于其他4个准则层指标，而经济效益绩效整体偏低。这一评估结果说明建成区径流污染治理工程在机制建设方面取得的成效较高。然而，各个汇水分区的绩效水平差异较大，过于偏向于单一地块的建设，导致连片区整体绩效水平不高。在以后的建设中应注重连片区径流污染治理工程建设，避免过于分散。

（2）综合绩效分析

从表10-18可以看出，6个汇水分区的综合贴近度均大于0.3。根据表10-3绩效水平评判标准可知，6个汇水分区的绩效水平均达到了中级以上水平。其中，3号汇水分区的降雨径流污染治理工程绩效水平为良好。总体来说，西咸新区沣西新城径流污染治理工程绩效水平为中等偏上。该方法评估的结果与当地实际情况是一致的。

（3）改进建议

通过对沣西新城径流污染治理工程的现场调研及绩效评估，对该地域的径流污染治理提出如下建议。

由于沣西新城属于西北干旱缺水型城市，且城区内分布有大面积湿陷性黄土，土壤渗透性较好（平均渗透系数在1×10^{-6}～3.8×10^{-5}m/s数量级之间）。因此，沣西新城在规划径流污染治理工程实施方案时，可以考虑以源头控制技术为主，结合过程拦截、超标径流排放等径流调蓄措施，详见图10-10所示的技术路线。

首先，在城市建筑屋面、道路、广场、公园和绿地等径流形成的源头地块，通过绿色屋顶、透水铺装、下凹式绿地、雨水花园和植草沟等源头减排措施实现径流污染削减、雨水利用及峰值流量削减；其次，通过蓄水池、调节塘、人工湿地等措施对雨水进行截流调蓄；最后，将这些截流调蓄措施与道路行泄通道、红线外绿地、末端水体（沣河和渭河）等结合，构建超标雨水径流排放系统，对在暴雨时管网排放不及时的溢流雨水进行排放或调蓄，实现洪峰流量削减、雨水贮存及自然下渗。

2. 嘉兴市径流污染治理工程

（1）指标体系内部分析

从表10-19和图10-9可以看出，在嘉兴市建成区径流污染治理工程评估结果中，南湖重点保护示范区在经济效益绩效、工程施工及运行状况绩效和社会效益绩效3个方面的

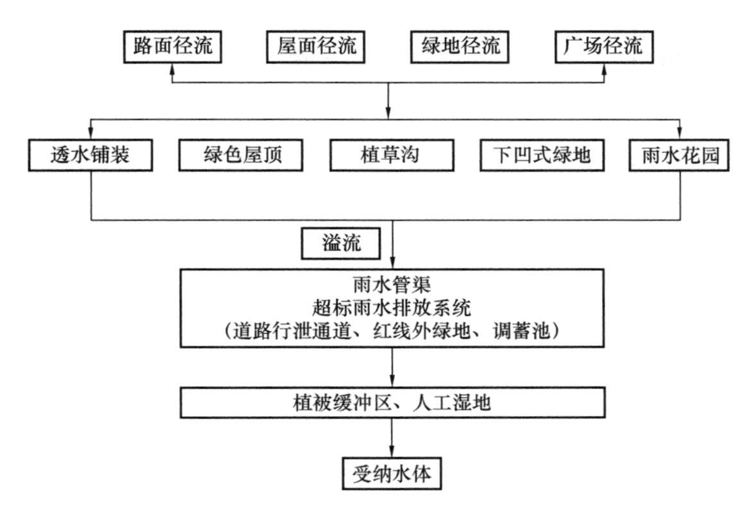

图 10-10　沣西新城建成区径流污染控制技术路线图

建设水平都较高，已建新城改造示范区的机制建设绩效水平最高，未建新城建设示范区的生态环境效益绩效水平最高；旧城改造示范区在 5 个准则层上的绩效水平均没有达到良好，评估结果较差。

由此可以看出，嘉兴市 4 个汇水分区在不同领域的绩效水平存在差异。其中，南湖重点保护示范区在 5 个准则层上的绩效水平都比较高。这是由于嘉兴在建设海绵城市的同时，结合“十二五”水专项、“河长制”和“五水共治”等项目围绕着南湖开展了大量的径流污染治理工程，并取得了一定的成效。

在 5 个准则层的评估指标中，社会效益绩效水平高于其他 4 个准则层指标，而经济效益绩效整体偏低。这说明嘉兴市在径流污染治理工程建设中，社会效益建设方面取得的成效大。与沣西新城径流污染治理工程相比，虽然嘉兴市各个汇水分区的绩效水平差异较小，但依然存在一定的差异，连片区整体绩效水平还有待提高。

（2）综合绩效分析

从表 10-19 可以看出，4 个汇水分区的综合贴近度均大于 0.3。根据表 10-3 绩效水平评判标准可知，4 个汇水分区的绩效水平均达到了中级以上水平，其中南湖重点保护示范区和未建新城建设示范区的径流污染治理工程绩效水平为良好。总体来说，嘉兴市建成区径流污染治理工程绩效水平为中等偏上。

（3）改进建议

通过对嘉兴市建成区径流污染治理工程的现场调研及绩效评估，对该地区的径流污染治理提出如下建议。

嘉兴属于典型的平原河网城市，雨水资源丰富，市内河网密布，地下水位高，土壤渗透能力差。这一特点使得嘉兴在进行降雨径流污染控制时，更适合以雨水收集贮存与利用措施为主。根据径流产生点可将嘉兴市建成区的下垫面分为城市建筑屋面、城市道路、广场与绿地、城市水系 4 类。对于这 4 类下垫面产生的径流，可通过采用单一径流污染控制技术或者几种不同径流污染控制技术的组合，实现源头径流污染削减、中途雨水净化利用、末端河道水体修复，详见图 10-11 所示的技术路线。

对于城市建筑屋面来说，在建筑屋面材料的选择上，应尽量选用环保型、对雨水径流水质影响较小的材料。其次，对于有条件的地区，在屋面坡度适宜的情况下可以考虑采用绿色屋顶和屋顶花园等径流污染控制措施。同时，还可将屋面径流通过雨落管断接的方式引入建筑周围的绿地内，让雨水下渗；或通过植草沟、雨水管渠将雨水引入雨水箱、雨水罐等雨水收集模块，对雨水进行集蓄回用。

对于城市道路而言，在满足交通运输及行人使用基本功能的前提下，可采用透水铺装的路面设计；在道路两侧，可设置开口路牙和排水暗渠，便于径流雨水汇入道路周围的径流污染控制设施；在道路旁的绿化带可设置植草沟、生态树池、下凹式绿地、雨水花园等径流污染控制设施，实现对道路雨水的滞蓄、净化。

对于广场与绿地而言，绿地是城市中天然的透水下垫面，具有较好的径流雨水净化和下渗功能，对于城镇降雨径流污染的控制有着非常重要的作用。在径流污染控制项目中，要充分发挥绿地对径流雨水的净化以及下渗作用。同时还可结合地形构造，在绿地与广场周围设置植草沟、碎石渗透沟、雨水花园等小型径流污染控制设施，实现对周边区域径流雨水的汇集与处理。

对于城市水系来说，城市水系在改善城市生态环境方面发挥着重要作用，是城市水循环过程中的重要环节。嘉兴市河网密布，水系发达，在降雨径流污染控制的整个环节中，要充分考虑到河道水系的重要性。在降雨径流入河之前，可建设植被缓冲带、人工湿地、生态护岸等径流污染控制设施，对降雨径流及其携带的污染物进行拦截，防止城市水生态环境遭到破坏。

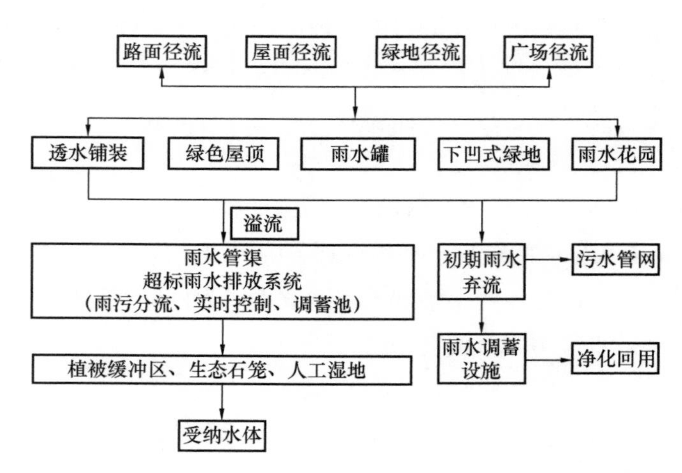

图 10-11　嘉兴市建成区径流污染控制技术路线图

附录　城镇区域 CN 值表

<table>
<tr><th colspan="4">土地覆盖描述</th><th colspan="4">水文土壤组</th></tr>
<tr><th colspan="3">土地覆盖和水文条件</th><th>不透水面比例[a]</th><th>A</th><th>B</th><th>C</th><th>D</th></tr>
<tr><td colspan="8">充分开发的城市区域（植被确定）</td></tr>
<tr><td rowspan="3">开放空间</td><td rowspan="3">草坪、公园、高尔夫球场、公墓等[b]</td><td>差（草皮覆盖率＜50%）</td><td></td><td>68</td><td>79</td><td>86</td><td>89</td></tr>
<tr><td>中（草皮覆盖率 50%～75%）</td><td></td><td>49</td><td>69</td><td>79</td><td>84</td></tr>
<tr><td>好（草皮覆盖率＞75%）</td><td></td><td>39</td><td>61</td><td>74</td><td>80</td></tr>
<tr><td rowspan="5">不透水面</td><td colspan="2">停车场、屋面、行车道等（包括公路）</td><td></td><td>98</td><td>98</td><td>98</td><td>98</td></tr>
<tr><td rowspan="4">街道、马路</td><td>铺砌的、有排水管(包括公路)</td><td></td><td>98</td><td>98</td><td>98</td><td>98</td></tr>
<tr><td>铺砌的、有明渠（包括公路）</td><td></td><td>83</td><td>89</td><td>92</td><td>93</td></tr>
<tr><td>砂砾层（包括公路）</td><td></td><td>76</td><td>85</td><td>89</td><td>91</td></tr>
<tr><td>泥土（包括公路）</td><td></td><td>72</td><td>82</td><td>87</td><td>89</td></tr>
<tr><td rowspan="2">西部沙漠城市地区</td><td colspan="2">自然沙漠景观[c]</td><td></td><td>63</td><td>77</td><td>85</td><td>88</td></tr>
<tr><td colspan="2">人工景观</td><td></td><td>96</td><td>96</td><td>96</td><td>96</td></tr>
<tr><td rowspan="8">城市地区</td><td colspan="2">商业区</td><td>85</td><td>89</td><td>92</td><td>94</td><td>95</td></tr>
<tr><td colspan="2">工业区</td><td>72</td><td>81</td><td>88</td><td>91</td><td>93</td></tr>
<tr><td rowspan="6">居住区</td><td>小于 1/8 英亩（住宅面积）</td><td>65</td><td>77</td><td>85</td><td>90</td><td>92</td></tr>
<tr><td>1/4 英亩</td><td>38</td><td>61</td><td>75</td><td>83</td><td>87</td></tr>
<tr><td>1/3 英亩</td><td>30</td><td>57</td><td>72</td><td>81</td><td>86</td></tr>
<tr><td>1/2 英亩</td><td>25</td><td>54</td><td>70</td><td>80</td><td>85</td></tr>
<tr><td>1 英亩</td><td>20</td><td>51</td><td>68</td><td>79</td><td>84</td></tr>
<tr><td>2 英亩</td><td>12</td><td>46</td><td>65</td><td>77</td><td>82</td></tr>
<tr><td colspan="8">开发中的城市区域</td></tr>
<tr><td colspan="3">重新分级透水区域（无植被）[d]</td><td></td><td>77</td><td>86</td><td>91</td><td>94</td></tr>
</table>

[a] 不透水面比例确定的前提条件是认为不透面直接接入排水系统。不透水面的 *CN* 值取 98，透水面认为等同于处于好的水文条件的开放空间。多种水文条件需要计算综合 *CN* 值。

[b] *CN* 值同样适用于牧场，但是综合 *CN* 值的计算方法不同。

[c] 计算自然沙漠景观的综合 *CN* 值时，不透水面 *CN* 值取 98，透水面认为等同于处于差的水文条件的沙漠灌木。

[d] 开发中区域综合 *CN* 值需要根据开发强度（不透水面比例）和重新分级透水区域的 *CN* 值确定。

注：1 英亩≈4047m^2。

参 考 文 献

[1] TUCCILLO M. Size fractionation of metals in runoff from residential and highway storm sewers [J]. Science of the total environment，2006，355(1-3)：288-300.

[2] 刘志刚，欧浪波，胡丹，等．北京城市雨水、树冠水和地表径流中有机氯农药的污染特征[J]. 环境工程学报，2012，6(3)：804-810.

[3] 王建龙，夏旭，冯伟．基于场降雨的北京某高架桥雨水径流中多环芳烃污染特征[J]. 环境化学，2020，39(7)：1832-1838.

[4] 韩景超，毕春娟，陈振楼，等．城市不同功能区径流中 PCBs 的污染特征及毒性评价[J]. 中国环境科学，2013，33(3)：546-552.

[5] 杨清伟，梅晓杏，孙姣霞，等．典型环境内分泌干扰物的来源、环境分布和主要环境过程[J]. 生态毒理学报，2018，13(3)：42-55.

[6] ZHAO J L，HUANG Z，ZHANG Q Q，et al. Distribution and mass loads of xenoestrogens bisphenol a，4-nonylphenol，and 4-tert-octylphenol in rainfall runoff from highly urbanized regions：a comparison with point sources of wastewater [J]. Journal of hazardous materials，2021，401：123747.

[7] LEI K，PAN H，ZHU Y，et al. Pollution characteristics and mixture risk prediction of phenolic environmental estrogens in rivers of the Beijing-Tianjin-Hebei urban agglomeration，China [J]. Science of the total environment，2021，787：147646.

[8] 范重阳，秦华鹏，许楠．深圳石岩河流域内分泌干扰物的季节性分布及其初期冲刷效应研究[C]//中国化学会．2014 年第 12 届全国水处理化学大会论文集．广州，2014：143.

[9] 罗丽婵．城市环境中雨水径流 PPCPs 污染特性及其控制的研究[D]. 北京：清华大学，2017.

[10] 王愔睿．塑胶场径流中典型污染物及微塑料的赋存与风险评估[D]. 北京：北京建筑大学，2021.

[11] 曹宏宇，黄申斌，李娟英，等．上海临港新城初期地表径流污染特性与初期效应研究[J]. 水资源与水工程学报，2011，22(6)：66-71.

[12] 陈双．宜兴市城市雨水径流污染特性的研究[D]. 西安：西安建筑科技大学，2016.

[13] 陈铁．南方某市小流域降雨径流污染监测与控制研究[D]. 哈尔滨：哈尔滨工业大学，2019.

[14] 陈伟，潘增辉，邢云鹏．石家庄市城市屋面降雨污染特征观测初步分析[C]//中国环境科学学会. 2018 中国环境科学学会科学技术年会论文集(第二卷). 合肥，2018：983-986.

[15] 陈伟，裴沙沙，潘增辉．雨水湿地处理屋面降雨径流观测及试验分析[C]//华北水利水电大学. 2020(第八届)中国水生态大会论文集．郑州，2020：1-7.

[16] 初晓冶．上海化工区雨水污染特征及环境风险防控[D]. 上海：华东师范大学，2020.

[17] 储金宇，蔡裕领，吴春笃，等．镇江老城区降雨地表径流污染特征分析[J]. 工业安全与环保，2012，38 (12)：58-61.

[18] 邸文正．嘉兴市路面雨水土壤渗滤回用技术研究[D]. 北京：北京建筑大学，2014.

[19] 丁庆玲，王倩，张琼华，等．太湖上游城市宜兴城区主干道路径流污染特征解析[J]. 环境科学学

报，2017，37(9)：3456-3463.
[20] 董智渊．宜兴城镇化新区和北京凉水河流域雨水径流污染控制研究[D]．北京：北京林业大学，2018.
[21] 董智渊，曲丹，孙德智．宜兴城镇化新区雨水径流污染控制研究[C]//中国环境科学学会．2018中国环境科学学会科学技术年会论文集(第二卷)．合肥，2018：827-835.
[22] 窦月芹，吴涓，陈众，等．合肥春季雨水径流污染过程及特征分析[J]．水资源保护，2017，33(5)：86-90.
[23] 杜玉来．合肥市经开区初期雨水污染特征及其截流调蓄研究[D]．合肥：合肥工业大学，2018.
[24] 冯萃敏，米楠，王晓彤，等．基于雨型的南方城市道路雨水径流污染物分析[J]．生态环境学报，2015，24(3)：418-426.
[25] 傅金祥，陈峥，由昆，等．北方严寒地区路面径流污染特征分析[J]．沈阳建筑大学学报(自然科学版)，2016，32(3)：553-559.
[26] 甘春娟，朱子奇，刘梦一，等．秀山县城区雨水径流污染特征综合评价[J]．三峡生态环境监测，2020，5(4)：73-81.
[27] 高斌，许有鹏，陆苗，等．高度城镇化地区城市小区降雨径流污染特征及负荷估算[J]．环境科学，2020，41(8)：3657-3664.
[28] 龚苗苗，蔡成豪，苗涵倩，等．临安区不同功能区道路降雨径流污染特征及源解析[J]．环境监测管理与技术，2019，31(4)：18-22.
[29] 古明哲，常素云，许伟，等．天津市区雨水径流污染指标分类及污染源解析[J]．南水北调与水利科技，2018，16(5)：85-92，101.
[30] 古玉，王渲，方正．典型城市降雨径流污染特征调查分析[J]．中国农村水利水电，2020(6)：46-50，57.
[31] 谷雨，张乃明．昆明主城区城市地表径流污染特征分析[J]．环境工程学报，2013，7(7)：2587-2595.
[32] 郭凤震，郭婧，刘庆华，等．邯郸市区不同下垫面降雨径流水质变化特征研究[J]．水科学与工程技术，2012(1)：85-87.
[33] 何国羽．不同城市道路降雨径流污染特征研究[D]．杭州：浙江工业大学，2015.
[34] 何胜男，陈文学，廖定佳，等．城市场次降雨径流污染负荷快速估算方法[J]．湖泊科学，2021，33(1)：138-147.
[35] 贺涛，杨乐亮，王钉，等．广州市文教区和公园区城市径流污染试验及特征分析[J]．人民珠江，2014，35(3)：95-98.
[36] 洪国喜，袁梦琳，尤征懿．无锡市城区降雨特征对径流污染的影响分析[J]．水文，2019，39(2)：33-38，66.
[37] 胡明，刘心远，严玉林，等．不同入河排水口降雨径流污染特征识别[J]．环境科学学报，2021，41(1)：164-173.
[38] 华蕾，邹本东，鹿海峰，等．北京市城市屋面径流特征研究[J]．中国环境监测，2012，28(5)：109-115.
[39] 黄绍霖，曾悦，洪武扬，等．福州市中心城区降雨径流污染特征研究[J]．亚热带资源与环境学报，2012，7(3)：26-31.

[40] 蒋元勇．城市集水区降雨径流污染特征及调控模拟研究[D]．南昌：南昌大学，2015.

[41] 孔燕，冯海涛，聂菊芬．抚仙湖流域城镇降雨径流污染特征及排放负荷研究[J]．环境科学导刊，2018，37(5)：26-32.

[42] 来雪慧，赵金安，李丹，等．太原市工业区不同下垫面降雨径流污染特征[J]．水土保持通报，2015，35(6)：97-100，105.

[43] 李春林，刘淼，胡远满，等．沈阳市降雨径流污染物排放特征[J]．生态学杂志，2014，33(5)：1327-1336.

[44] 李春荣，刘坤，林积泉，等．海口市城区不同下垫面降雨径流污染特征[J]．中国环境监测，2013，29(5)：80-83.

[45] 李贺，李田，李彩艳．上海市文教区屋面径流水质特性研究[J]．环境科学，2008(1)：47-51.

[46] 李恒鹏，黄文钰，杨桂山，等．太湖上游典型城镇地表径流面源污染特征[J]．农业环境科学学报，2006(6)：1598-1602.

[47] 李娟英，曹宏宇，王静，等．上海临港新城地表径流污染特征研究[J]．上海海洋大学学报，2011，20(4)：594-599.

[48] 李曼，曲直，刘佩勇，等．基于人工降雨的北方城市道路径流污染特征研究[J]．中国给水排水，2020，36(21)：110-114.

[49] 李强．基于贵州省六镇高速公路的路面降雨径流污染特性及处理对策研究[D]．北京：北京化工大学，2018.

[50] 李松波，向美洲，陈前虎．杭州市城区不同土地利用类型降雨径流污染特征[J]．浙江科技学院学报，2012，24(6)：475-480.

[51] 刘大喜，李倩倩，李铁龙，等．天津市降雨径流污染状况研究[J]．中国给水排水，2015，31(11)：116-119.

[52] 刘根，易利芳．湖州雨水径流污染的初期弃流控制技术研究[J]．科技信息，2012(29)：91-93.

[53] 刘琴平．西安市降雨径流特征及初期污染控制研究[D]．西安：西安理工大学，2020.

[54] 龙剑波，李兴扬，王书敏，等．城市区域不同屋顶降雨径流水质特征[J]．环境工程学报 2014，8(7)：2895-2900.

[55] 马慧雅．北京城区降雨径流污染特征分析[D]．开封：河南大学，2016.

[56] 潘璐．武汉典型校区降雨径流污染特征及污染负荷研究[D]．武汉：湖北工业大学，2018.

[57] 潘璐，刘德富，刘瑞芬．武汉某校区广场停车场雨季降雨径流污染特征[J]．湖北工业大学学报，2018，33(4)：94-99.

[58] 祁晓红．营口地区夏季降雨径流下的水质污染过程及特征分析[J]．地下水，2020，42(2)：78-79.

[59] 秦雅琪．南宁市城区雨水径流污染特征研究[D]．南宁：广西大学，2018.

[60] 邱玲玲．惠州市城市降雨径流氮、磷污染特征研究[J]．环境，2012(Sup2)：8-9.

[61] 任洪艳，李姿，王雪飞，等．无锡市校园降雨径流污染特性分析[J]．齐鲁工业大学学报(自然科学版)，2014，28(2)：15-20.

[62] 盛建国，曾平，张灿灿，等．镇江老城区降雨径流污染特征分析[J]．江苏科技大学学报(自然科学版)，2011，25(5)：496-499.

[63] 石少山．深圳市某区降雨径流污染特征研究[J]．广东水利水电，2021(5)：57-61.

[64] 孙中浩．太湖流域典型城市面源污染削减技术研究[D]．西安：西安建筑科技大学，2017.

[65] 孙中浩，张建锋，王倩，等．城市垃圾转运站道路径流污染特征研究[J]．环境工程，2018，36(4)：88-92.

[66] 滕俊伟，尹秋晓，李飞鹏，等．上海市高架道路降雨径流的水质特征与负荷估算[J]．净水技术，2014，33(3)：18-21，47.

[67] 田永静，李田，何绍明，等．苏州市枫桥工业园区非点源污染特性研究[J]．中国给水排水，2009，25(13)：89-91，94.

[68] 童祯恭，付龙望，李俊．南方某高校降雨径流面源污染研究[J]．华东交通大学学报，2021，38(2)：136-141.

[69] 涂晶晶，艾南竹．城市雨水径流污染特征分析：以佛山新城为例[J]．广东水利水电，2018(9)：33-39.

[70] 万由令，张波，吴春笃．镇江市地表径流污染特征分析[J]．安徽农业科学，2011，39(27)：16716-16717，16787.

[71] 王海邻，曹雪莹，任玉芬，等．北京城市主干道降雨径流污染负荷分析[J]．环境科学学报，2019，39(6)：1860-1867.

[72] 王浩升．武汉市不同下垫面降雨径流污染特征分析与污染负荷估算[D]．武汉：华中科技大学，2015.

[73] 王婧，荆红卫，王浩正，等．北京市城区降雨径流污染特征监测与分析[J]．给水排水，2011，47(Sup1)：135-139.

[74] 王显海，来庆云，杜靖宇，等．宁波市城区不同下垫面降雨径流水质特征分析[J]．环境工程，2016，34(Sup1)：312-316.

[75] 王晓．保定市府河周边降雨径流非点源污染特征研究[D]．石家庄：河北农业大学，2021.

[76] 王旭婷，吴玮，李淮．苏州古城各功能区路面降雨径流分析[J]．江苏水利，2019(7)：9-14.

[77] 王渲．城市降雨径流污染特征及预测模型研究[D]．武汉：武汉大学，2018.

[78] 王雪梅，颜杰，何俊，等．西昌邛海滨湖公路不同路段路面径流污染研究[J]．公路，2019，64(1)：265-271.

[79] 王宇翔，杨小丽，胡如幻，等．常州市湖塘纺织工业园降雨径流污染负荷分析[J]．水资源保护，2017，33(3)：68-73.

[80] 王昭．西安市路面径流污染排放特征[D]．西安：长安大学，2016.

[81] 韦小惠．长沙市路面径流污染特征及处治措施研究[D]．长沙：长沙理工大学，2015.

[82] 吴民山．天津滨海临港工业园区径流污染特征研究[D]．邯郸：河北工程大学，2020.

[83] 吴民山，李思敏，张文强，等．天津滨海临港工业园区径流污染特征及其控制策略[J]．环境工程学报，2020，14(12)：3435-3446，3240.

[84] 吴亚刚，陈莹，陈望，等．西安市某文教区典型下垫面径流污染特征[J]．中国环境科学，2018，38(8)：3104-3112.

[85] 夏振民，张劲，易齐涛，等．烟台文教区不透水下垫面降雨径流过程污染特性分析[J]．烟台大学学报(自然科学与工程版)，2020，33(2)：238-245.

[86] 闫静．呼和浩特市路面径流污染特点及控制方案研究[D]．呼和浩特：内蒙古大学，2014.

[87] 颜子俊，刘焕强，孙海罗，等．温州市不同功能区地表径流污染特征研究[J]．环境科学与技术，2012，35(Sup1)：203-208.

[88] 袁艳，李新，付江波．苏州城区路面降雨径流污染特征分析研究[J]．环境科学与管理，2014，39(12)：68-73.

[89] 张红举，陈方．太湖流域面源污染现状及控制途径[J]．水资源保护，2010，26(3)：87-90.

[90] 张立，许航．武汉市降雨径流污染特征分析[J]．市政技术，2014，32(5)：90-93.

[91] 张士官．城市工业区降雨径流污染特征及区域概化模型研究[D]．青岛：青岛理工大学，2019.

[92] 张士官，焦春蛟，吕谋，等．青岛市李沧工业园区降雨径流污染特征研究[J]．人民珠江，2020，41(3)：103-108.

[93] 张淑娜，李小娟．天津市区道路地表径流污染特征研究[J]．中国环境监测，2008(3)：65-69.

[94] 张伟，罗乙兹，钟兴，等．北京市中心城区某沥青屋面和金属屋面径流污染特征[J]．科学技术与工程，2019，19(23)：358-365.

[95] 张枭雄．SZ 市龙岗区道路面源污染特征研究[D]．沈阳：沈阳建筑大学，2020.

[96] 张映鹏．大连城区雨水径流规律及污染负荷分析[D]．武汉：华中科技大学，2014.

[97] 张志彬，孟庆宇，马征．城市面源污染的污染特征研究[J]．给水排水，2016，52 (Sup1)：163-167.

[98] 张志强．平原城市降雨径流污染特征分析[J]．山东化工，2019，48(8)：170-171.

[99] 赵登良，徐征和，边振，等．济南市不同下垫面降雨径流水质变化特征分析[J]．中国农村水利水电，2020(9)：177-181.

[100] 赵坤．典型城市道路雨水径流污染特征研究[D]．重庆：重庆交通大学，2018.

[101] 赵晓佳，王少坡，于贺，等．天津中心城区典型下垫面降雨径流污染冲刷特征分析[J]．环境工程，2019，37(7)：34-38，87.

[102] 赵玉坤，梅生成．太湖流域城市地表径流污染物浓度及污染特征分析[J]．环境科技，2019，32(4)：52-59.

[103] 周飞祥．城市降雨径流污染及其控制的研究进展[J]．建设科技，2014(12)：68-71.

[104] 周峰，曹明明，柯凡，等．巢湖流域塘西河上游分流制系统降雨径流污染特征及初期冲刷效应[J]．湖泊科学，2017，29(2)：285-296.

[105] 周国升，吕谋，张振星，等．基于 SWMM 模型的青岛市典型工业园区径流污染特征分析[J]．水电能源科学，2021，39(6)：42-45.

[106] 周曼，王晋虎，盖园春，等．苏州市某河网区水污染负荷研究分析[J]．环境与发展，2020，32(12)：177-179.

[107] 周志鹏，陈铁，杨松文，等．基于雨型的南方典型小流域城市降雨径流污染特征研究[J]．天津科技 2020，47(9)：86-92.

[108] 朱红生．城市道路初期雨水截流与处理技术研究[D]．北京：清华大学，2016.

[109] 朱子奇．万州区海绵城市雨水径流污染影响因素分析[D]．重庆：重庆交通大学，2019.

[110] 庄景，罗海琳，雷禹．基于雨型的南方城市道路降雨径流污染负荷分析[J]．水资源与水工程学报，2017，28(2)：110-114.

[111] 罗欢，陈秀洪，吴琼，等．深圳湾流域面源与截排溢流污染特征及其对水环境的影响[J]．自然资源学报，2020，35(12)：3018-3028.

[112] 边兆生，蔡甜，戴慧奇．合流制分区排水系统溢流污染负荷评估与治理[J]．中国给水排水，2020，36(21)：115-120.

[113] 谢帮蜜，张建，吴宪宗，等．饮用水源水库入库支流截污工程溢流污染对水库的影响研究[C]//

中国环境科学学会．中国环境科学学会 2019 年科学技术年会——环境工程技术创新与应用分论坛论文集(四)．西安，2019：163-166，184.

[114] 王强，全春林，叶婉露，等．北京老城雨污合流排水溢流污染控制对策研究[C]//中国城市规划学会．共享与品质——2018 中国城市规划年会论文集(01 城市安全与防灾规划)．杭州，2018：118-130.

[115] 周美成，陈俊，董良飞，等．苏南老城区合流制管网的溢流污染特征[J]．环境工程学报，2015，9(7)：3159-3164.

[116] 李海燕，徐尚玲，黄延，等．合流制排水管道雨季出流污染负荷研究[J]．环境科学学报，2013，33(9)：2522-2530.

[117] 吴春笃，张贝贝，任雁，等．镇江市合流制管网溢流污染源解析[J]．环境科学与技术，2011，34(10)：182-185.

[118] 段庄，陈诗浩，姚娟娟，等．珠海浅丘地区城中村合流制排水的水量和水质特征[J]．中国给水排水，2020，36(13)：101-105.

[119] 尹华升，黄渊圣，陈雷，等．沅江市下琼湖黑臭水体治理工程案例分析[J]．中国资源综合利用，2021，39(3)：201-204.

[120] 李贺，李田．上海高密度居民区合流制系统雨天溢流水质研究[J]．环境科学，2006(8)：1565-1569.

[121] 李田，戴梅红，张伟，等．水泵强制排水系统合流制溢流的污染源解析[J]．同济大学学报(自然科学版)，2013，41(10)：1513-1518，1525.

[122] 王龙涛，段丙政，赵建伟，等．重庆市典型城镇区地表径流污染特征[J]．环境科学，2015，36(8)：2809-2816.

[123] 刘翠云，车伍，董朝阳．分流制雨水与合流制溢流水质的比较[J]．给水排水，2007，43(4)：51-55.

[124] 李思远，管运涛，陈俊，等．苏南地区合流制管网溢流污水水质特征分析[J]．给水排水，2015，51(Sup1)：344-348.

[125] 何庆慈，李立青，孔玲莉，等．武汉市汉阳区的暴雨径流污染特征[J]．中国给水排水，2005，21(2)：101-103.

[126] 韩芸，彭党聪，许玮，等．合流制管道溢流水质分析及特性研究[J]．西安建筑科技大学学报(自然科学版)，2007(6)：834-838.

[127] 尹华升，黄渊圣，刘丽，等．沅江市石矶湖黑臭水体治理工程案例分析[J]．湖南城市学院学报(自然科学版)，2021，30(4)：15-18.

[128] 海永龙，佃柳，郁达伟，等．降雨特征对合流制管网溢流污染的影响[J]．环境工程学报，2020，14(11)：3082-3091.

[129] 沈军，李田，钱静，等．合肥市杏花排水系统雨水调蓄池池型方案的探讨[J]．中国给水排水，2012，28(17)：40-43，48.

[130] ROESNER L A，ALDRICH J A，DICKINSON R E. Storm water management model，user's manual，version 4：addendum I，EXTRAN [M]. USEPA，1988.

[131] 张伟，周永潮．城市雨水径流污染负荷计算及评价模型[J]．湖南城市学院学报(自然科学版)，2005，14(3)：27-29.

[132] DELETIC A, MAKSUMOVIC C T. Evaluation of water quality factors in storm water from paved areas [J]. Jouranl of environmental engineering, 1998, 124(9): 869-879.

[133] 王宝山，黄廷林，程海涛，等．小区域雨水径流污染物输送研究[J]．给水排水，2010，36(3)：128-131.

[134] SANSALONE J J, CRISTINA C M. First flush concepts for suspended and dissolved solids in small impervious watershed [J]. Jouranl of environmental engineering, 2004, 130(11): 1301-1314.

[135] MAJ S, KHAN S, LI Y X, et al. Fist flush phenomena for highways: how it can meaningfully defined [C]// Proceedings of 9th International Conference on Urban Drainage. Oregon, 2002: 1-11.

[136] CHARBENEAU R J, BARRETTI M. Evaluation of methods for estimating stormwater pollutant loads [J]. Water environment research, 1998, 70(7): 1295 -1302.

[137] BRODIE I, ROSEWELL C. Theoretical relationships between rainfall intensity and kinetic energy associated with stormwater particle washoff [J]. Journal of hydrology, 2007, 340: 40-47.

[138] EGODAWATTA P, THOMAS E, GOONETILLEKE A. Mathematical interpretation of pollutant wash-off from urban road surfaces using simulated rainfall [J]. Water research, 2007, 41(13): 3025-3031.

[139] WÜST W, KERN U, HERMANN R. Street wash-off behaviour of heavy metals, polyaromatic hydrocarbons and nitrophenols [J]. Science of the total environment, 1994, 146/147: 457-463.

[140] PARIENTE S. Soluble salts dynamics in the soil under different climatic conditions [J]. Catena, 2001, 43: 307-321.

[141] HAIRSINE P B, ROSE C W. Rainfall detachment and deposition: sediment transport in the absence of flow-driven processes [J]. Soil science society of America journal, 1991, 55: 320-324.

[142] LISLE I G, ROSE C W, HOGARTH W L, et al. Stochastic sediment transport in soil erosion [J]. Journal of hydrology, 1998, 204: 217-230.

[143] GAO B, WALTER M T, STEENHUIS T S, et al. Investigating ponding depth and soil detachability for a mechanistic erosion model using a simple experiment [J]. Journal of hydrology, 2003, 277 (1/2): 116-124.

[144] ZOPPOU C. Review of urban storm water models [J]. Environment modeling and software, 2001, 16(3): 195-231.

[145] 岑国平，沈晋，范荣生．马斯京根法在雨水管道流量验算中的应用[J]．西安理工大学学报，1995，11(4)：275-279.

[146] WANG G, YAO C M, OKOREN C, et al. 4-Point FDF of Muskingum method based on the complete St Venant equations [J]. Journal of hydrology, 2006, 324(1-4): 339-349.

[147] 任伯帜．城市设计暴雨及雨水径流计算模型研究[D]．重庆：重庆大学，2004.

[148] 张丹．旅游景区公路和栈道年径流污染负荷计算模型[D]．重庆：西南交通大学，2007.

[149] 张善发，李田，高廷耀．上海市地表径流污染负荷研究[J]．中国给水排水，2006，22(21)：57-60，63.

[150] 董欣，陈吉宁，赵冬泉．SWMM 模型在城市排水系统规划中的应用[J]．给水排水，2006，32(5)：106-109.

[151] 周志才．基于 SWMM 模型的上海市松江国际生态商务区海绵城市建设效果评价[J]．环境工程，

2020，38(8)：167-173.

[152] 陈明辉，黄培培，吴非，等．基于SWMM的城市排水管网承载力评价与优化研究[J]. 测绘通报，2014(3)：54-57，62.

[153] 程伟，王宏峰，谌志涛．基于SWMM的雨水管道优化设计[J]. 山西建筑，2013，39(25)：135-137.

[154] 马俊花，李婧菲，徐一剑，等．暴雨管理模型(SWMM)在城市排水系统雨季溢流问题中的应用[J]. 净水技术，2012，31(3)：10-15，19.

[155] 李彦伟，尤学一，季民，等．基于SWMM模型的雨水管网优化[J]. 中国给水排水，2010，26(23)：40-43.

[156] 李朋，贺佳，吴朱昊，等．SWMM模型在海绵城市建设径流控制模拟中的应用[J]. 城市道桥与防洪，2019(11)：69-72，80.

[157] CAMORANI G，CASTELLARIN A，BRATH A. Effects of land-use changes on the hydrologic response of reclamation systems [J]. Physics and chemistry of the earth，Parts A/B/C，2005，30(8-10)：561-574.

[158] 梁春娣，孙艳伟．基于SWMM的透水性路面水文效应分析[J]. 山西水利科技，2012(3)：6-7，27.

[159] 王雯雯，赵智杰，秦华鹏．基于SWMM的低冲击开发模式水文效应模拟评估[J]. 北京大学学报(自然科学版)，2012，48(2)：303-309.

[160] 张胜杰．利用暴雨管理模型(SWMM)对低影响开发措施效果的模拟研究[J]. 中国建设信息，2013(19)：76-78.

[161] 吴建立，孙飞云，董文艺，等．基于SWMM模拟的城市内河区域雨水径流和水质分析[J]. 水利水电技术，2012，43(8)：90-94.

[162] 熊赟，李子富，胡爱兵，等．某低影响开发居住小区水量水质的SWMM模拟[J]. 中国给水排水，2015，31(17)：100-103.

[163] 王建龙，涂楠楠，席广朋，等．已建小区海绵化改造途径探讨[J]. 中国给水排水，2017，33(18)：1-8.

[164] 熊向陨，那金，潘晓峰，等．基于SWMM模型的海绵城市措施效果模拟研究：以深圳市光明新区为例[J]. 给水排水，2018，54(4)：129-133.

[165] 钟力云．基于SWMM的上海市某城市小区排除地表积水能力校核[J]. 城市道桥与防洪，2014(1)：78-80，84.

[166] 丛翔宇，倪广恒，惠士博，等．基于SWMM的北京市典型城区暴雨洪水模拟分析[J]. 水利水电技术，2006(4)：64-67.

[167] 刘俊，郭亮辉，张建涛，等．基于SWMM模拟上海市区排水及地面淹水过程[J]. 中国给水排水，2006，22(21)：64-66，70.

[168] 马晓宇，朱元励，梅琨，等．SWMM模型应用于城市住宅区非点源污染负荷模拟计算[J]. 环境科学研究，2012，25(1)：95-102.

[169] PARK S Y，LEE K W，PARK I H，et al. Effect of the aggregation level of surface runoff fields and sewer network for a SWMM simulation [J]. Desalination，2008，226(1-3)：328-337.

[170] BARCO J，WONG K M，STENSTROM M K. Automatic calibration of the USEPA SWMM model

for a large urban catchment [J]. Journal of hydraulic engineering, 2008, 134(4): 466-474.

[171] 郑磊，杨雪婷，葛银杰．SWMM模型及GIS的系统整合实现[J]．中国科技信息，2013(3)：76-77.

[172] 杨菁荟，张万昌．SWAT模型及其在水环境非点源污染中的应用研究进展[J]．水土保持研究，2009，16(5)：260-266.

[173] CHIANG L, CHAUBEY I, GITAU M W, et al. Differentiating impacts of land use changes from pasture management in a CEAP watershed using the SWAT model [J]. Transactions of the ASABE, 2010, 53(5): 1569-1584.

[174] 唐莉华，林文婧，张思聪，等．基于SWAT模型的温榆河流域非点源污染模拟与分析[J]．水力发电学报，2010，29(4)：6-13.

[175] 朱丽，秦富仓，姚云峰，等．SWAT模型灵敏性分析模块在中尺度流域的应用：以密云县红门川流域为例[J]．水土保持研究，2011，18(1)：161-165，275.

[176] 王艳君，吕宏军，施雅风，等．城市化流域的土地利用变化对水文过程的影响：以秦淮河流域为例[J]．自然资源学报，2009，24(1)：30-36.

[177] FRANCZYK J, CHANG H. The effects of climate change and urbanization on the runoff of the Rock Creek basin in the Portland metropolitan area, Oregon, USA [J]. Hydrological processes: an international journal, 2009, 23(6): 805-815.

[178] SANG X, ZHOU Z, WANG H, et al. Development of soil and water assessment tool model on human water use and application in the area of high human activities, Tianjin, China [J]. Journal of irrigation & drainage engineering, 2010, 136(1): 23-30.

[179] GASSMAN P W, REYES M R, GREEN C H, et al. The soil and water assessment tool: historical development, applications, and future research directions [J]. Transactions of the ASABE, 2007, 50(4): 1211-1250.

[180] 薛亚婷，孙文锦，邹长武，等．基于SWAT模型的赤水河流域面源污染研究[J]．亚热带资源与环境学报，2020，15(3)：17-23.

[181] 梁灵君，杨忠山，刘超．基于MIKE 11的北京市典型区域降雨径流特征研究[J]．水文，2012，32(1)：39-42，28.

[182] 杨静，洪德松，张斌．基于高精度MIKE模型的居住小区雨水系统评价及内涝积水分析[J]．水利与建筑工程学报，2019，17(3)：236-241.

[183] 孙楠，范肖予，郭梦京．基于Mike Flood模型的老旧小区海绵化改造研究[J]． 山西水利科技，2020(3)：1-5，10.

[184] 董良海，高子泰．老(旧)城区海绵城市改造探索与实践[J]．环境工程，2019，37(7)：13-17.

[185] 张旭，李占斌，何文虹，等．基于MIKE URBAN的西安市中心城区雨洪过程模拟[J]．水资源与水工程学报，2019，30(6)：157-163.

[186] 田开迪，沈冰，贾宪．MIKE SHE模型在灞河径流模拟中的应用研究[J]．水资源与水工程学报，2016，27(1)：91-95.

[187] 张叶，孟德娟，于子铖，等．基于MIKE21的城市河流水质改善与达标分析[J]．水电能源科学，2020，38(9)：48-52.

[188] DENARDO J C, JARRETT A R, MANBECK H B, et al. Stormwater mitigation and surface temperature reduction by green roofs [J]. Transactions of the ASAE, 2005, 48(4): 1491-1496.

[189] VANWOERT N D, ROWE D B, ANDRESEN J A, et al. Green roof stormwater retention: effects of roof surface, slope, and media depth [J]. Journal of environmental quality, 2005, 34(3): 1036-1044.

[190] CARTER T L, RASMUSSEN T C. Hydrologic behavior of vegetated roofs 1 [J]. Journal of the American water resources association, 2006, 42(5): 1261-1274.

[191] VOLDER A, DVORAK B. Event size, substrate water content and vegetation affect storm water retention efficiency of an un-irrigated extensive green roof system in Central Texas [J]. Sustainable cities and society, 2014, 10: 59-64.

[192] TEEMUSK A, MANDER Ü. Rainwater runoff quantity and quality performance from a greenroof: the effects of short-term events [J]. Ecological engineering, 2007, 30(3): 271-277.

[193] GREGOIRE B G, CLAUSEN J C. Effect of a modular extensive green roof on stormwater runoff and water quality [J]. Ecological engineering, 2011, 37(6): 963-969.

[194] JARRETT A R, HUNT W F, BERGHAGE R D. Annual and individual-storm green roof stormwater response models[C]//ASAE Annual Meeting. American Society of Agricultural and Biological Engineers, 2006: 1.

[195] 王书敏，何强，张峻华，等．绿色屋顶径流氮磷浓度分布及赋存形态[J]. 生态学报，2012，32(12)：3691-3700.

[196] 王书敏，何强，孙兴福，等．两种植被屋面降雨期间调峰控污效能分析[J]. 重庆大学学报，2012，35(5)：137-142.

[197] BERNDTSSON J C, BENGTSSON L, JINNO K. Runoff water quality from intensive and extensive vegetated roofs [J]. Ecological engineering, 2009, 35(3): 369-380.

[198] BERNDTSSON J C, EMILSSON T, BENGTSSON L. The influence of extensive vegetated roofs on runoff water quality [J]. Science of the total environment, 2006, 355(1-3): 48-63.

[199] 孔磊，康威，谭松明，等．绿色建筑小区阶梯式绿地设计与应用探究[J]. 中国给水排水，2016，32(1)：90-93.

[200] TIAN S G. Effect analysis on rainwater conservation benefit of concave herbaceous field in Jinan City[C]//Advanced Materials Research. Trans Tech Publications Ltd., 2013, 726: 3685-3689.

[201] 曲婵．下凹式绿地和透水步道的雨水蓄渗效率研究及 SWMM 模型模拟[D]. 西安：西北大学，2017.

[202] 宋召凤. 下凹式绿地径流削减公式及实验论证[J]. 绿色科技，2017(14)：119-121.

[203] YANG L, ZHANG L, LI Y, et al. Water-related ecosystem services provided by urban green space: a case study in Yixing City (China) [J]. Landscape and urban planning, 2015, 136: 40-51.

[204] 范群杰．城市绿地系统对雨水径流调蓄及相关污染削减效应研究[D]. 上海：华东师范大学，2006.

[205] 申红彬，张书函，徐宗学．北京未来科技城 LID 分块配置与径流削减效果监测[J]. 水利学报，2018，49(8)：937-944.

[206] 郭宇超．基于 SWMM 模型的低影响开发优化设计及雨洪控制效果的研究[D]. 郑州：华北水利水电大学，2020.

[207] FASSMAN E A, BLACKBOURN S. Urban runoff mitigation by a permeable pavement system over

impermeable soils [J]. Journal of hydrologic engineering, 2010, 15(6): 475-485.

[208] COLLINS K A, HUNT W F, HATHAWAY J M. Hydrologic comparison of four types of permeable pavement and standard asphalt in eastern North Carolina [J]. Journal of hydrologic engineering, 2008, 13(12): 1146-1157.

[209] 赵飞，张书函，陈建刚，等．透水铺装雨水入渗收集与径流削减技术研究[J]. 给水排水，2011，47(Sup1)：254-258.

[210] 金建荣，李田，时珍宝．高地下水位地区透水铺装控制径流污染的现场实验[J]. 环境科学，2017，38(6)：2379-2384.

[211] 赵现勇，程方，张杏娟，等．不同结构透水路面对雨水径流污染物的削减作用[J]. 天津城市建设学院学报，2012，18(4)：280-285.

[212] BROWN R A, BORST M. Nutrient infiltrate concentrations from three permeable pavement types [J]. Journal of environmental management, 2015, 164: 74-85.

[213] 北京建筑大学．海绵城市建设技术指南：低影响开发雨水系统构建(试行)[M]. 北京：中国建筑工业出版社，2014.

[214] 中华人民共和国水利部．雨水集蓄利用工程技术规范：GB/T 50596—2010[S]. 北京：中国计划出版社，2010.

[215] 高婷，余拥军，左国友．雨水口的管理与养护[J]. 山西建筑，2006(3)：184-185.

[216] 闫庆武．城市雨水口的管理与养护[J]. 天津建设科技，2007(Sup1)：277-278.

[217] 潘国庆．不同排水体制的污染负荷及控制措施研究[D]. 北京：北京建筑工程学院，2008.

[218] 翁荟黎．工业企业初期雨水收集控制系统建设[J]. 现代工业经济和信息化，2021，11(10)：93-95.

[219] 刘广华，凯德．视界住宅工程雨水回收再利用系统简介[J]. 浙江建筑，2009，26(3)：72-73.

[220] 周军．合流制雨水泵站直排河道的消毒除黑技术研究[D]. 上海：同济大学，2005.

[221] 奉桂红，刘世文，胡永龙．深圳市实施排水系统分流制的探讨[J]. 中国给水排水，2002(10)：24-26.

[222] 车伍，唐磊．中国城市合流制改造及溢流污染控制策略研究[J]. 给水排水，2012，48(3)：1-5.

[223] 李伟鹏．探析非开挖修复和开挖修复的利弊[J]. 中国建筑金属结构，2020(12)：132-133.

[224] 杜宪．非开挖技术与开挖技术结合修复市政排水管道工程实例[J]. 中国资源综合利用，2018，36(6)：171-173，176.

[225] 李连合，黄宗仁，宋小伟，等．翻转热水固化法 CIPP 在变向管道一次性修复中的应用[J]. 工程建设与设计，2019(16)：72-73.

[226] 徐一茗．合流制管道溢流的影响因素及其污染治理措施[J]. 山西建筑，2010，36(34)：170-172.

[227] 唐磊，车伍，赵杨，等．合流制溢流污染控制系统决策[J]. 给水排水，2012，48(7)：28-34.

[228] YAMAMOTO S. Mechanism behind manole cover ejection phenomenon and its prevention measures [C]//International Conference on Urban Drainage, 2002: 1-16.

[229] 王江波，王子初，温佳林，等．香港城市防洪排涝对策与启示[J]. 中国给水排水，2022，38(6)：48-54.

[230] BOBYLEV N. Sustainability and vulnerability analysis of critical underground infrastructure [M]// Managing Critical Infrastructure Risks. Springer, Dordrecht, 2007: 445-469.

[231] REIS B K，ESPEY J W H. Waller creek tunnel project [C]//World Environmental and Water Resources Congress. Texas，2008：1-8.

[232] 赵泽坤，车伍，赵杨，等．美国合流制溢流污染控制灰绿设施结合的经验[J]．中国给水排水，2018，34(20)：36-41.

[233] KOO D H，JUNG J K，LEE W. Sustainability applications for storm drainage systems minimizing adverse impacts of global climate change [M]//Better Pipeline Infrastructure for a Better Life. ICPTT 2012. 2013：36-47.

[234] Water Environment Federation. Prevention and control of sewer system overflows [M]. Alexandria，Virginia：WEF Press，2011.

[235] 唐磊．合流制改造及溢流污染控制技术与策略研究[D]．北京：北京建筑大学，2013.

[236] 杨雪，车伍，李俊奇，等．国内外对合流制管道溢流污染的控制与管理[J]．中国给水排水，2008(16)：7-11.

[237] 车伍，李俊奇，陈和平，等．城市规划建设中排水体制的战略思考[J]．昆明理工大学学报，2005，30(3)：72-76.

[238] BROMBACH H. Combined-Sewer-Overflow control in West Germany-history，practice and experience [C]//Design of Urban Runoff Quality Controls. ASCE，1989：359-374.

[239] 王家卓，胡应均，张春洋，等．对我国合流制排水系统及其溢流污染控制的思考[J]．环境保护，2018，46(17)：14-19.

[240] 徐贵泉，陈长太，张海燕．苏州河初期雨水调蓄池控制溢流污染影响研究[J]．水科学进展，2006(5)：705-708.

[241] 中华人民共和国住房和城乡建设部，国家市场监督管理总局．室外排水设计标准：GB 50014—2021[S]．北京：中国计划出版社，2021.

[242] 张伟，蒋玖璐．福州市马沙溪调蓄池在初期雨水径流污染控制中的应用[J]．中国市政工程，2020(6)：52-54.

[243] 王建龙，彭柳苇，李茳鑫，等．一种基于管网调蓄的雨水径流调控装置：CN112647582A [P]．2021-04-13.

[244] 王文海，王建龙．一种基于旋流沉砂原理的管网径流净化装置：CN112717493A[P]．2021-04-30.

[245] 李虹，蒋隽睿，何义明，等．雨水排水系统晴天入流量实时预测方法与控制策略研究[J]．上海电气技术，2010，3(4)：58-62.

[246] 张彧．基于城市生态化雨洪管理的径流污染控制措施优化方法研究[D]．天津：天津大学，2018.

[247] 徐祖信，王卫刚，李怀正，等．合流制排水系统溢流污水处理技术[J]．环境工程，2010，28(Supl)：153-156.

[248] 李义强，张璐，耿雪萌，等．海绵城市理念在高速公路上的应用研究[J]．水土保持应用技术，2020(3)：27-29.

[249] GUO E，CHEN L，SUN R，et al. Effects of riparian vegetation patterns on the distribution and potential loss of soil nutrients：a case study of the Wenyu River in Beijing [J]. Frontiers of environmental science & engineering，2015，9(2)：279-287.

[250] 李萍萍，崔波，付为国，等．河岸带不同植被类型及宽度对污染物去除效果的影响[J]．南京林业大学学报(自然科学版)，2013，37(6)：47-52.

[251] HAYCOCK N E, MUSCUTT A D. Landscape management strategy for the control of diffuse pollution [J]. Landscape and urban planning, 1995, 31(1-3): 313-321.

[252] OSBORNE L L, KOVACIC D A. Riparian vegetated buffer strips in water - quality restoration and stream management [J]. Freshwater biology, 1993, 29(2): 243-258.

[253] LEE K H, ISENHART T M, SCHULTZ R C. Sediment and nutrient removal in an established multi-species riparian buffer [J]. Journal of soil and water conservation, 2003, 58(1): 1-8.

[254] HEFTING M M, CLEMENT J C, BIENKOWSKI P, et al. The role of vegetation and litter in the nitrogen dynamics of riparian buffer zones in Europe [J]. Ecological engineering, 2005, 24(5): 465-482.

[255] 吉林省建设标准化管理办公室．吉林省海绵城市建设技术导则(试行)[S]. 长春：吉林人民出版社，2016.

[256] 刘雷斌，黄鸥，郭磊，等．城市道路雨水口收水量研究[J]. 给水排水，2016，52(Sup1)：12-16.

[257] 段丙政，赵建伟，高勇，等．绿色屋顶对屋面径流污染的控制效应[J]. 环境科学与技术，2013，36(9)：57-59.

[258] 裔士刚，王祥勇，康威，等．改良型下凹绿地对小区雨水径流的调蓄净化效能[J]. 中国给水排水，2017，33(5)：134-138.

[259] 许萍，司帅，张建强，等．深圳光明新区透水沥青道路与滞留带对径流水质水量控制效果研究[J]. 给水排水，2015，51(11)：64-69.

[260] 王晓璐．快速城市化区域径流污染特征与综合控制技术研究[D]. 北京：清华大学，2015.

[261] 王贤萍．嘉兴市海绵城市建设实践与探索[J]. 中国给水排水，2016，32(14)：33-35.

[262] 王晓昌，王永坤，任心欣，等．深圳市某体育中心低影响开发系统应用与模拟评估[J]. 给水排水，2016，52(5)：91-96.

[263] 郭昉，李志平，吴毅晖，等．昆明市某污水处理厂雨季一级强化运行效果分析[J]. 中国给水排水，2015，31(9)：11-14.

[264] 梁静芳．制药行业水污染防治技术评估方法研究[D]. 石家庄：河北科技大学，2010.

[265] 王振飞．基于 AHP 和模糊综合评估法对汽车服务备件的分类研究[D]. 长春：吉林大学，2011.

[266] 钱嫦萍．中国南方城镇河流污染治理共性技术集成与工程绩效评估[D]. 上海：华东师范大学，2014.

[267] 郭金玉，张忠彬，孙庆云．层次分析法的研究与应用[J]. 中国安全科学学报，2008，18(5)：148-153.

[268] 朱建军．层次分析法的若干问题研究及应用[D]. 沈阳：东北大学，2005.

[269] 吴云燕，华中生，查勇．AHP 中群决策权重的确定与判断矩阵的合并[J]. 运筹与管理，2003(4)：16-21.

[270] 徐志新，郭怀成，郁亚娟，等．基于多准则群体决策模型的生态工业园区建设模式决策研究[J]. 环境科学研究，2007(2)：123-129.

[271] 赵一宁，李朝玺，安彩妹，等．基于不同城镇污水处理厂的运行成本分析研究[J]. 给水排水，2018，54(Sup2)：48-50.

[272] 黄洁．污水处理厂 COD 和氨氮总量削减的成本模型[J]. 化工设计通讯，2018，44(11)：207.

[273] 赵玲萍，张凤娥，董良飞，等．改进的熵权 TOPSIS 模型在农村生活污水处理优选中的应用[J].

节水灌溉，2013(12)：52-54，58.

[274] 曾瑶．基于TOPSIS法和熵权法的高等教育绩效评估[D]．广州：暨南大学，2016.

[275] 张鸿涛，李东玲，张金辉，等．组合人工湿地在河流考核断面水质达标保障工程中的应用[J]．给水排水，2021，57(1)：49-53.

[276] 柴宏祥，鲍燕荣，林华东，等．山地城市次级河流人工强化自然复氧技术与措施[J]．中国给水排水，2013，29(14)：9-12.

[277] 常雅婷，卫婷，嵇斌，等．国内各地区人工湿地相关规范/规程对比分析[J]．中国给水排水，2019，35(8)：27-33.

[278] 段田莉，成功，郑媛媛，等．高效垂直流人工湿地+多级生态塘深度处理污水厂尾水[J]．环境工程学报，2017，11(11)：5828-5835.

[279] 王建龙，车伍，易红星．基于低影响开发的城市雨洪控制与利用方法[J]．中国给水排水，2009，25(14)：6-9，16.

[280] 王建龙，黄涛，张萍萍，等．合流制溢流调蓄池污染控制研究进展[J]．环境污染与防治，2015，37(8)：85-89，95.

[281] 施祖辉，胡艳飞．调蓄池在合流制污水系统中的应用[J]．给水排水，2008，44(7)：43-45.

[282] 黄建秀，李怀正，叶剑锋，等．调蓄池在排水系统中的研究进展[J]．环境科学与管理，2010，35(4)：115-118.

[283] 杨正，车伍，赵杨．城市"合改分"与合流制溢流控制的总体策略与科学决策[J]．中国给水排水，2020，36(14)：46-55.

[284] 何珊，王慧峰，张永祥，等．化学/生物联合PRB技术去除地下水中的硝酸盐[J]．中国给水排水，2014，30(3)：48-51.

[285] 蔡晓霜，翟洪艳，赵俊．低渗透性土壤地区下凹式绿地的改良方法及效果[J]．给水排水，2020，56(Sup1)：696-701，707.

[286] 钟晔，紫檀，甄晓玥．实时控制系统提升调蓄池处理能力的模拟研究[J]．给水排水，2021，57(4)：144-150.

[287] 徐贵泉，陈长太，林卫青，等．初期雨水调蓄池控制溢流污染研究[J]．中国给水排水，2005，21(8)：19-22.

[288] 常晓栋，徐宗学，赵刚，等．基于SWMM模型的城市雨洪模拟与LID效果评价：以北京市清河流域为例[J]．水力发电学报，2016，35(11)：84-93.

[289] 王鹏飞．城市面源污染岸堤漫流阻控技术研究[D]．沈阳：沈阳大学，2014.

[290] 陈守煜．复杂水资源系统优化模糊识别理论与应用[M]．长春：吉林大学出版社，2002.

[291] 于京春，宋海宁，王湘宁，等．城镇燃气管道风险综合评价方法的选择[J]．煤气与热力，2010，30(9)：22-25.

[292] 虞晓芬，傅玳．多指标综合评价方法综述[J]．统计与决策，2004(11)：119-121.

[293] 刘秋常，韩涵，李慧敏，等．基于熵权TOPSIS法的海绵城市建设绩效评价：以河南省鹤壁市为例[J]．人民长江，2017，48(14)：23-26.

[294] 鲁春阳，文枫，杨庆媛，等．基于改进TOPSIS法的城市土地利用绩效评价及障碍因子诊断：以重庆市为例[J]．资源科学，2011，33(3)：535-541.